智慧职

电气及PLC控制技术

（西门子S7-1200）

徐锋　陈涛　主编

高等教育出版社·北京

内容简介

“电气及 PLC 控制技术”是机电一体技术和工业机器人技术等专业的基础课程。全书从便于初学者理解和掌握的角度出发，总体采用基于理实一体教学过程的方法编写。

本书第 1~4 章介绍电气控制系统中常用低压电器的工作原理、使用方法、基本控制线路及其设计方法；第 5~18 章以西门子 S7-1200 PLC 为主，讲解了 PLC 的原理及工作过程，并通过具体的应用项目实例练习，掌握各主要指令的原理和应用方法，以便为今后的工程应用打下良好的基础。第 1~14 章可作为高职及职教本科的基础教学内容；第 15~18 章可作为职教本科的选修教学内容。

本书可作为本科职业教育、高等职业教育、成人教育等机构的机械电子工程、机电一体化及相关专业教材，也可作为相关技术人员的参考用书。

图书在版编目（C I P）数据

电气及 PLC 控制技术：西门子 S7-1200 / 徐锋，陈涛主编. -- 北京：高等教育出版社，2021.6

ISBN 978-7-04-055437-3

Ⅰ. ①电… Ⅱ. ①徐… ②陈… Ⅲ. ①电气控制-高等职业教育-教材②可编程序控制器-高等职业教育-教材 Ⅳ. ①TM571.2②TM571.6

中国版本图书馆 CIP 数据核字（2021）第 023939 号

策划编辑 曹雪伟　　责任编辑 曹雪伟　　封面设计 王　鹏　　版式设计 杨　树
插图绘制 黄云燕　　责任校对 窦丽娜　　责任印制 田　甜

出版发行 高等教育出版社
社　　址 北京市西城区德外大街 4 号
邮政编码 100120
印　　刷 北京市密东印刷有限公司
开　　本 787mm × 1092mm　1/16
印　　张 17.5
字　　数 380 千字
购书热线 010-58581118
咨询电话 400-810-0598
网　　址 http://www.hep.edu.cn
　　　　 http://www.hep.com.cn
网上订购 http://www.hepmall.com.cn
　　　　 http://www.hepmall.com
　　　　 http://www.hepmall.cn
版　　次 2021年 6 月第 1 版
印　　次 2021年 6 月第 1 次印刷
定　　价 48.60 元

物 料 号 55437-00

前言

“电气及 PLC 控制技术”是高等职业教育机械电子工程、智能制造工程等工科类专业的基础课程。全书从便于初学学生理解和掌握的角度出发，总体采用基于理实一体化的方法编写，通过精心设计，把知识和岗位技术技能需要融入 18 个章节之中。本书采用项目教学、理论指导实践的方式组织内容，在内容选取方面以“实用、必需”为出发点，内容多样，实用性强，重视对技术应用的训练和对职业素养的培养。理论与实践结合，通过设计不同工作任务，巧妙地将理论知识点训练融入各个项目任务中，各个项目按照理论知识点与技术应用要求循序渐进编排，符合学生认知规律，体现了高职本科技术应用型人才培养的特色。

本书第 1~4 章介绍电气控制系统中常用低压电器的工作原理、使用方法、基本控制线路及其设计方法；第 5~18 章以西门子 S7-1200 PLC 为主，讲解 PLC 的原理及工作过程，并通过具体的应用项目实例练习，掌握各主要指令的原理和应用方法，以便为今后的工程应用打下良好的基础。第 1~14 章可作为高职及职教本科的基础教学内容。第 15~18 章可作为职教本科的选修教学内容。

本书注重实际，强调应用，结构合理，通俗易懂，注重对学生职业技术技能的培养，是一本工程性较强的技术应用类教材，可作为职业本科、高职高专、成人教育等院校的机械电子工程、智能制造工程、机电一体化、机械设计制造及其自动化等相关专业的教学用书，也可作为 PLC 工程应用领域的工程技术人员的学习参考用书。

本书由徐锋、陈涛、陈杨宇、禹用发共同编写。在本书的编写过程中得到华航唯实机器人科技股份有限公司及相关行业专家的大力支持，在此一并表示感谢。编写过程中，参阅了大量文献资料，在此向这些文献资料的作者表示衷心的感谢。

由于编者水平有限，书中难免存在不足之处，恳请广大读者批评指正。

编　者

2021 年 2 月

目录

第1章 常用低压电器的基本知识

凡是根据外界特定的信号和要求自动或手动接通与断开电路，断续或连续地改变电路参数，实现对电路或非电对象的切换、控制、保护、检测和调节的电工器械称为电器。

1.1 低压电器简介

低压电器通常指在交流 1 200 V 以下或直流 1 500 V 以下电路中，起通断、保护、控制或调节作用的电器。常用的低压电器主要有接触器、继电器、刀开关、低压断路器（空气开关）、组合开关、行程开关、按钮、熔断器等。

1.1.1 低压电器的分类

低压电器种类繁多，功能各样，构造各异，用途广泛，常见分类方法如下。

动画
低压电器的定义与分类

1. 按用途或控制对象分

① 低压配电电器。主要用于低压配电系统，要求系统发生故障时准确动作、可靠工作，在规定条件下具有相应的动稳定性与热稳定性，使电器不会被损坏，如刀开关、组合开关、熔断器及断路器等。

② 低压控制电器。主要用于电气传动系统，要求寿命长、体积小、重量轻且动作迅速、准确、可靠，如接触器、继电器、起动器、主令电器和电磁铁等。

2. 按动作方式分

① 自动切换电器。依靠自身参数的变化或外来信号的作用，自动完成接通或分断等动作，如接触器、继电器等。

② 非自动切换电器。主要用外力（如人力）直接操作进行切换的电器，如刀开关、组合开关和按钮等。

3. 按执行功能分

① 有触点电器。有可分离的动触点、静触点，并利用触点的接通和分断来切换电路，如接触器、刀开关和按钮等。

② 无触点电器。无可分离的触点，主要利用电子元件的开关效应，即导通和截止来实现电路的通、断控制，如接近开关、霍尔开关和电子式时间继电器等。

4. 按工作原理分

① 电磁式电器。根据电磁感应原理动作的电器，如交流、直流接触器，电磁式继电器和电磁铁等。

② 非电量控制电器。依靠外力或非电量的信号（如速度、压力、温度等）的变化而动作的电器，如组合开关、行程开关、速度继电器、压力继电器和温度继电器等。

1.1.2　低压电器的技术术语

由于电路的工作电压或电流等级、通断频繁程度及负载性质等不同，必须对低压电器提出不同的技术要求，从而满足不同的使用条件，保证低压电器能可靠地为电气系统提供服务。有关低压电器常用技术术语如下。

1. 使用类别

按最新国标 GB/T 14048—2012 规定，低压电器主触点和辅助触点的标准使用类别及用途列于表 1-1 中。

表 1-1　低压电器主触点和辅助触点的标准使用类别及用途

触点	电流种类	使用类别	典型用途
主触点	交流	AC-1	无感或微感负载、电阻炉
		AC-2	绕线式电动机的起动、分断
		AC-3	笼型电动机的起动、运转中分断
		AC-4	笼型电动机的起动、反接制动与反向运转①、点动②
	直流	DC-1	无感或微感负载、电阻炉
		DC-3	直流并励电动机的起动、反接制动或反向运转、点动
		DC-5	直流串励电动机的起动、反接制动或反向运转、点动
辅助触点	交流	AC-12	控制电阻性负载和光电耦合器隔离的固态负载
		AC-13	控制变压器隔离的固态负载
		AC-14	控制小容量电磁铁负载
		AC-15	控制交流电磁铁负载
	直流	DC-12	控制电阻性负载和光电耦合器隔离的固态负载
		DC-13	控制电磁铁负载
		DC-14	控制电路中有经济电阻的电磁铁负载

注：① 反接制动与反向运转指当电动机正在运转时通过反接电动机原来的联结方式，使电动机迅速停止或反转。

② 点动指在短时间内激励电动机一次或多次，以此使被驱动机械获得小的移动。

2. 额定工作电压

额定工作电压指在规定条件下，保证低压电器正常工作的电压值。一般指触点额定电压值。电磁式低压电器还规定了电磁线圈的额定工作电压。

3. 额定工作电流

额定工作电流指由低压电器具体使用条件确定的电流值。它与额定工作电压、电网频率、使用类别、触点寿命及防护参数等因素有关。同样的低压开关电器使用条件不同，工作电流值也不同。

4. 通断能力

通断能力用控制规定的非正常负载时所能接通和断开的电流值来衡量。

① 接通能力指开关闭合时不会造成触点熔焊的能力。

② 断开能力指开关断开时能可靠灭弧的能力。

5. 操作频率

低压开关电器在每小时内能实现的最高操作循环次数。

6. 寿命

低压电器的寿命包括机械寿命和电气寿命。

（1）机械寿命

机械开关电器在需要修理或更换机械零件前所能承受的无载操作循环次数。

（2）电气寿命

在规定的正常工作条件下，机械开关电器在需要修理或更换零件前所能承受的负载操作循环次数。

1.1.3　常用低压电器

1. 组合开关（转换开关）

（1）基本知识及选型使用

① 组合开关的作用：主要用于交流 50 Hz/380 V、直流 220 V 电源引入和作为 5 kW 以下小容量电动机的直接起动和不频繁接通、分断的电源开关。

动画
组合开关的外形

② 组合开关的图形符号、文字符号如图 1-1 所示。

③ 组合开关型号与规格的含义如图 1-2 所示。

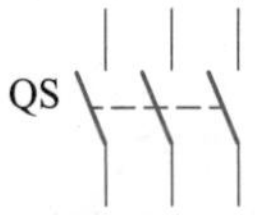

QS

图 1-1　组合开关的图形符号和文字符号

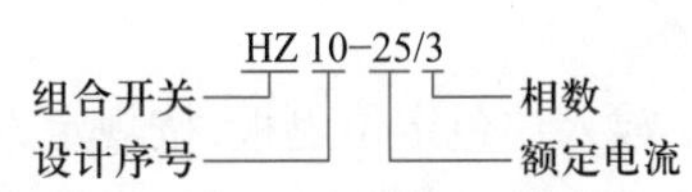

图 1-2　组合开关型号与规格的含义

④ 组合开关常用型号与规格（HZ10 系列）有 HZ10-10/3、2，HZ10-25/3、2，HZ10-60/3、2，HZ10-100/3、2，HZ10-150/3，HZ10-200/3。

⑤ 组合开关的选型计算：组合开关的选型原则：组合开关触点通电额定电流按交流电动机额定电流的 1.5～2.5 倍来选择，即

$$I_C=(1.5\sim2.5)I_N$$

例：有一台三相交流电动机额定电流为 10 A，试选择组合开关（按 2 倍电动机额定电流选择）。

解：

$$I_C=2I_N=2\times10\ \text{A}=20\ \text{A}$$

计算结果为 20 A，查常用型号与规格（HZ10 系列），选用型号 HZ10–25/3。

（2）组合开关维修实习训练

选用 HZ10–25/3 型组合开关。

① 组合开关的结构如图 1–3 所示。

② 拆卸步骤：取下手柄；取下上端盖，连同定位弹簧联体转轴一同抽出；取出定位船形凸轮和白色定位隔板；抽出绝缘方轴；分别取下各相绝缘隔板和绝缘隔板圆形凹槽内的动触点及静触点。

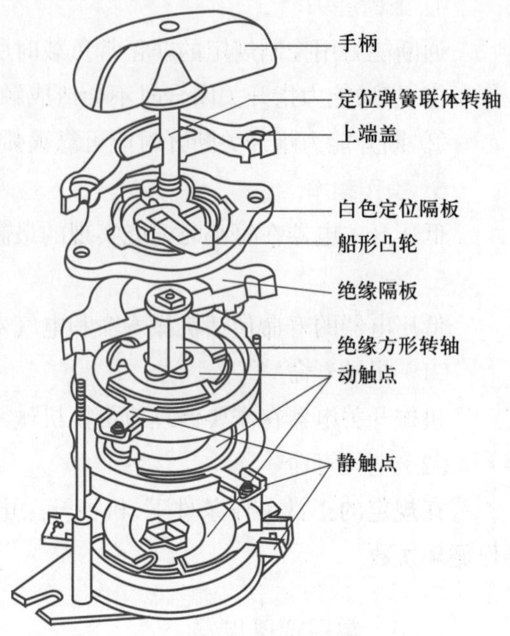

图 1–3　组合开关结构图

③ 检查修理：

a. 检查动、静触点是否严重磨损、灼伤、损坏，如果有上述情况则进行更换。

b. 检查支撑动触点的圆形红色绝缘纤维板是否破裂、损坏，如果破裂、损坏，则必须更换。

c. 检查定位弹簧联体转轴是否失去弹性或脱落，如果失去弹性应更换；若脱落必须重新安装到位。

d. 检查船形凸轮在白色定位隔板上的定位方向是否正确，如果方向错误必须将方向转动 90° 安装到位。

④ 组装步骤：

动画
组合开关的结构

a. 分别在各相各层绝缘隔板槽内放入对应的圆形动触点及静触点。绝缘隔板和触点按序重叠安装。

b. 将绝缘方形转轴插入各层绝缘隔板槽内放入的圆形动触点的中间方形孔中。

c. 放入白色定位隔板，按规定方向安入定位船形凸轮。

d. 插入定位弹簧联体转轴，盖好上端盖。

e. 旋紧上端盖两侧固定螺母。

f. 安装好手柄。

2. 低压断路器

（1）基本知识及选型使用

① 低压断路器的作用。低压断路器旧称空气开关或自动空气断路器，主要用于低压动力电路中。它相当于刀开关、熔断器、热继电器和欠电压继电器的组合，不仅可以接通和分断正常负载电流和过负载电流，还可以分断短路电流。低压断路器可以手动直接操作和电动操作，也可以远程遥控操作。

动画
低压断路器的类型及图形符号

② 低压断路器的图形符号、文字符号如图 1–4 所示。

③ 低压断路器规格与型号的含义如图 1–5 所示。

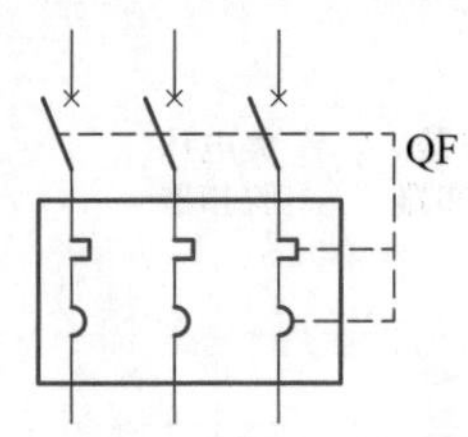

图 1-4 低压断路器的图形符号和文字符号

DZ 5 - □ / □ □ □

塑壳式断路器
设计序号
额定电流
极数
0-无辅助触点
2-有辅助触点
0-无脱扣器
1-热脱扣器式
2-电磁脱扣式
3-复式

图 1-5 低压断路器型号与规格的含义

④ 低压断路器的常用型号与规格有 DZ5-20、DZ5-330、DZ15L-40/2901、DZ15L-100/2901、DW15-630、DW15-1600。

⑤ 低压断路器的选型计算：

动画
低压断路器的外形

a. 低压断路器的额定电压应不小于线路、设备的正常工作电压，额定电流应不小于线路、设备的正常工作电流。

b. 热脱扣器的整定电流应大于或等于线路的计算负载电流，可按计算负载电流的 1 ~ 1.1 倍确定；同时应不大于线路导体长期允许电流的 0.8 ~ 1 倍。

动画
低压断路器的工作原理

（2）低压断路器认识和使用训练

① 低压断路器的组成。低压断路器一般由脱扣器、触点系统、灭弧装置、传动机构、基架和外壳等部分组成，在投入运行时，操作手柄已经使主触点闭合，自由脱扣机构将主触点锁定在闭合位置。其实物图片如图 1-6 所示，结构示意图如图 1-7 所示。

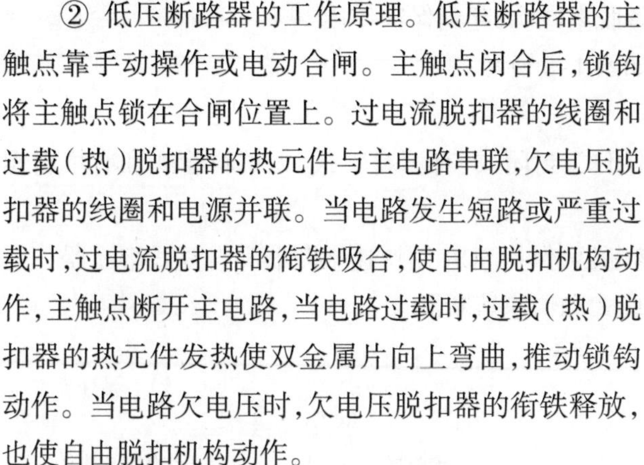

② 低压断路器的工作原理。低压断路器的主触点靠手动操作或电动合闸。主触点闭合后，锁钩将主触点锁在合闸位置上。过电流脱扣器的线圈和过载（热）脱扣器的热元件与主电路串联，欠电压脱扣器的线圈和电源并联。当电路发生短路或严重过载时，过电流脱扣器的衔铁吸合，使自由脱扣机构动作，主触点断开主电路，当电路过载时，过载（热）脱扣器的热元件发热使双金属片向上弯曲，推动锁钩动作。当电路欠电压时，欠电压脱扣器的衔铁释放，也使自由脱扣机构动作。

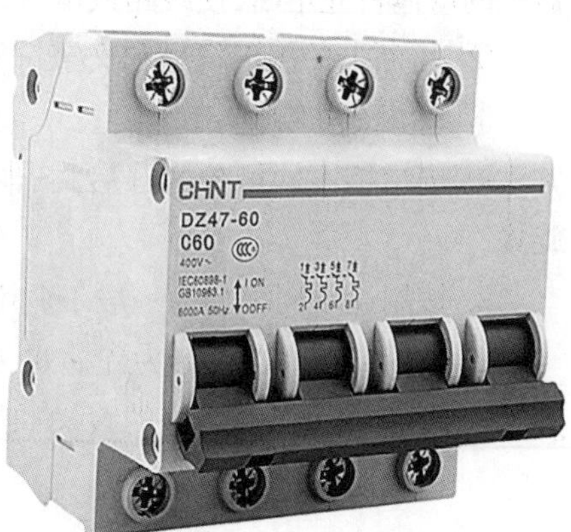

图 1-6 低压断路器

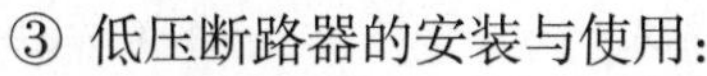

③ 低压断路器的安装与使用：

a. 低压断路器应垂直安装，电源线应接在上端，负载接在下端。

b. 低压断路器用作电源总开关或电动机的控制开关时，在电源进线侧必须加装刀开关或熔断器等，以形成明显的断开点。

c. 低压断路器使用前应将脱扣器工作面上的防锈油脂擦净，以免影响其正常工作。同时应定期检修，清除断路器上的积尘，给动作机构添加润滑剂。

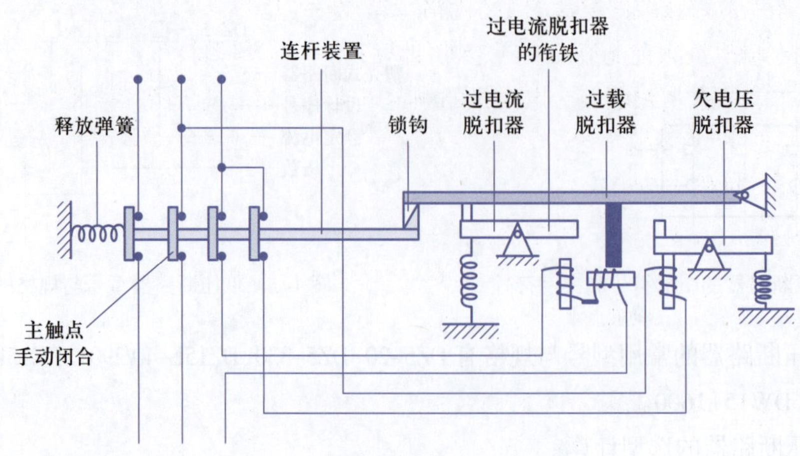

图 1–7　低压断路器的结构示意图

d. 各脱扣器的动作值调整好后，不允许随意变动，并应定期检查各脱扣器的动作值是否满足要求。

e. 断路器的触点使用一定次数或分断短路电流后，应及时检查触点系统，如果触点表面有毛刺、颗粒等，应及时维修或更换。

动画
低压断路器的结构

3. 熔断器

（1）基本知识及选型使用

① 熔断器的作用。熔断器在配电电路及电动机控制线路中用于严重过载和短路保护。它串联在线路中，当线路或电气设备发生短路或严重过载时，熔断器中的熔体首先熔断，使线路或电气设备脱离电源，起到保护作用。

动画
熔断器的类型及图形符号

② 熔断器的图形符号和文字符号如图 1–8 所示。

③ 熔断器的分类：

a. 按结构不同可分为开启式、半封闭式、封闭式、有填料管式、无填料管式和有填料螺旋式。

b. 按用途不同可分为一般工业用熔断器、保护 SCR 用快速熔断器和自复式熔断器。

c. 常用的熔断器可分为瓷插式、螺旋式和快速熔断器。

④ 熔断器型号与规格的含义如图 1–9 所示。

FU

图 1–8　熔断器的图形符号和文字符号

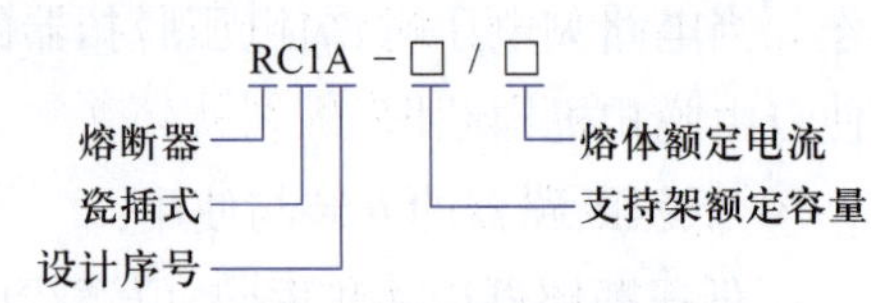

图 1–9　熔断器型号与规格的含义

⑤ 熔断器常用型号与规格（RC1A 系列）：RC1A–5/2、4、5，RC1A–10/5 、6、10，RC1A–15/6、10、15，RC1A–30/15、20、25、30，RC1A–60/30、40、50、60。

⑥ 选型计算：

a. 电气照明线路按线路电流的 1~1.1 倍计算：$I_C=(1.0\sim1.1)I_N$。

b. 单台电动机按额定电流的 1.5~2.5 倍计算：$I_C=(1.5\sim2.5)I_N$。

c. 多台电动机按照最大一台电动机的额定电流 I_{max} 加上其余所有电动机的额定电流之和计算：$I_C=(1.5\sim2.5)I_{max}+\sum I$。

（2）熔断器维修实习训练

选用 RC1A-10A 型瓷插式熔断器，如图 1-10 所示。

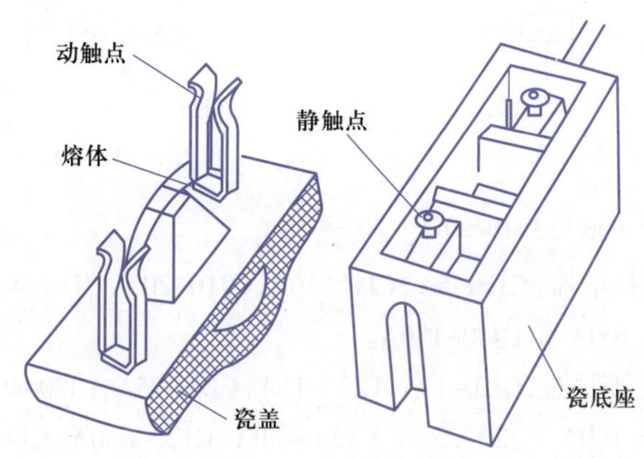

图 1-10 RC1A-10A 型瓷插式熔断器结构图

① RC1A-10A 型瓷插式熔断器由瓷盖、瓷底座、熔体、静触点和动触点组成。

动画
瓷插式熔断器的结构

② 拆卸步骤：

a. 拆下瓷盖上动触点的固定螺钉。

b. 取下瓷盖上的动触点。

c. 拆下瓷底座上静触点的固定螺钉。

d. 取下瓷底座上的静触点。

③ 检查修理：

动画
熔断器的工作原理

a. 检查动触点是否损坏或严重灼伤，若是，则必须更换。

b. 动触点轻微灼伤，需要用 0 号砂纸打磨灼伤部分，使其光滑亮洁。

c. 静触点压线螺钉滑丝，必须更换螺钉；静触点内螺纹滑丝，必须更换静触点。

d. 检查动触点上的熔体固定螺钉是否齐全、有无滑丝现象，并进行相应处理。

e. 瓷盖、瓷底座如果破裂就必须更换。

④ 组装步骤：

a. 用固定螺钉将动触点固定在瓷盖上。

b. 用固定螺钉将静触点固定在瓷底座上。

c. 将熔体安装在动触点上。

4. 交流接触器

（1）基础知识及选型使用

① 交流接触器的作用。交流接触器用于电气线路或电动机控制线路中控制容量较大的电气设备的频繁接通、分断电路，并可以实现失电压、欠电压释放保护功能，还可以实现远距离自动控制的一种电器。

动画
交流接触器的工作原理

② 交流接触器的图形符号和文字符号如图 1-11 所示。

③ 交流接触器型号与规格的含义如图 1-12 所示。

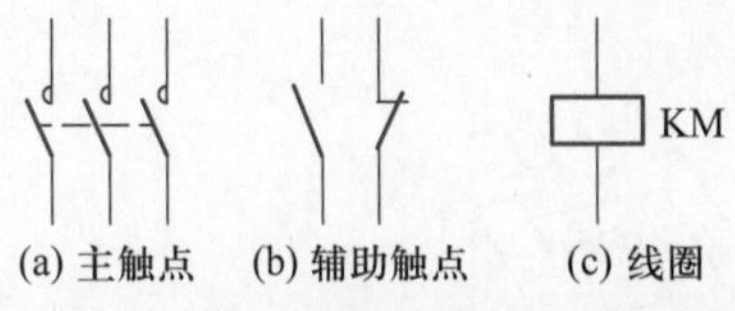

图 1-11　交流接触器的图形符号和文字符号

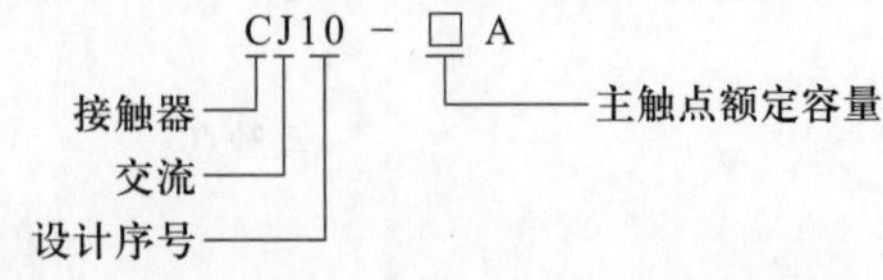

图 1-12　交流接触器型号与规格的含义

④ 交流接触器常用型号与规格（CJ × A 系列）：

a. CJ10 系列交流接触器：CJ10-5A、CJ10-10A、CJ10-20A、CJ10-40A、CJ10-60A、CJ10-75A、CJ10-80A、CJ10-100A 和 CJ10-150A。

b. CJ20 系列交流接触器：CJ20-10A、CJ20-16A、CJ20-25A、CJ20-40A、CJ20-63A、CJ20-100A、CJ20-160A、CJ20-250A、CJ20-400A、CJ20-630A、CJ20-1 000A 和 CJ20-1 250A。

动画
交流接触器的外形

c. CJ12 系列交流接触器：CJ12-100A/2、3、4、5，CJ12-150A/2、3、4、5，CJ12-250A/2、3、4、5，CJ12-400A/2、3、4、5 和 CJ12-600A/2、3、4、5。

几种交流接触器的外形图如图 1-13 所示。

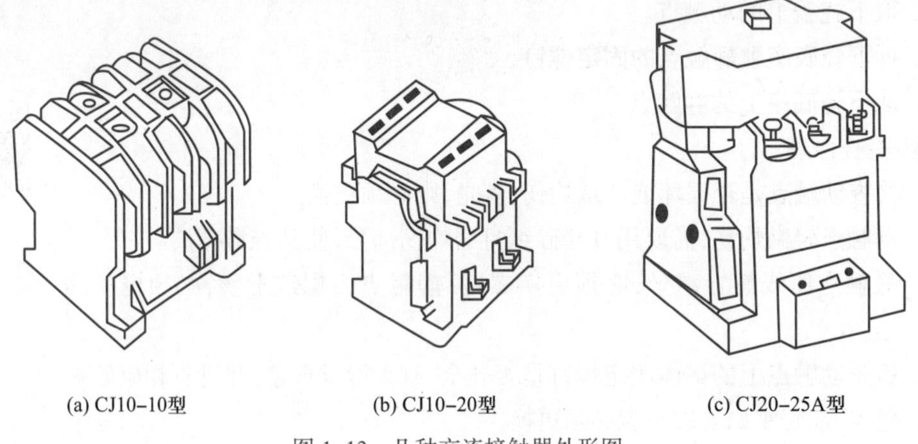

图 1-13　几种交流接触器外形图

⑤ 交流熔断器的选型计算：交流接触器的选型是根据交流电动机的额定电流来计算的，即按下列经验公式：

$$I_C = \frac{P}{KU_N}$$

式中：I_C 为交流接触器主触点容量电流值（单位：A）；P 为交流电动机额定电功率（单位：

W); K 为安全需要系数(取值范围:1 ~ 1.4);U_N 为电动机额定电压(单位:V)。

(2)交流接触器维修实习训练

选用 CJ10-20A 型交流接触器。

① 交流接触器的结构示意图如图 1-14 所示。

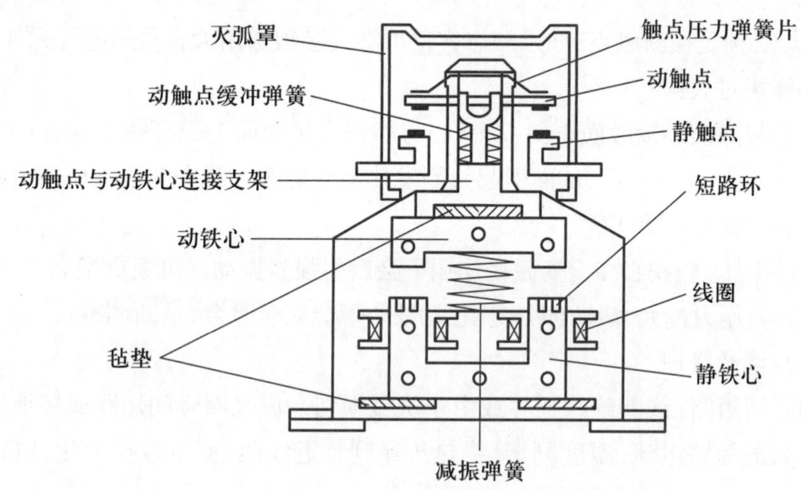

图 1-14 CJ20-25A 型交流接触器结构示意图

动画
交流接触器
的结构

② 交流接触器的拆卸步骤:

a. 打开灭弧罩。

b. 提起动触点缓冲弹簧压力支架,推出触点压力弹簧片,取出动触点。

c. 取下所有静触点。

d. 打开底部盖板,取出静铁心和减振弹簧。

e. 抽出线圈引线端弹性卡片与外部接线柱的连接。

f. 取出线圈。

g. 取出动触点与动铁心连接支架。

h. 拆下支架上的动铁心和辅助动触点。

③ 交流接触器的常见故障及处理方法:

a. 触点过热:

- 接触压力不足,接触电阻增大而引起过热。调整动触点缓冲弹簧或更换新弹簧。
- 触点表面接触不良,触点表面氧化或积垢都会引起触点表面接触电阻增大。用电工刀或干布打磨、清理触点表面氧化物或积垢。
- 触点表面烧毛或被电弧灼伤,引起触点表面接触电阻增大。用细锉刀锉平触点表面烧毛或被电弧灼伤的部分,然后用 0 号水磨砂纸打磨光滑。

b. 触点磨损:

- 电气磨损:由于触点间电弧或电火花的高温使触点金属气化和蒸发所至。
- 机械磨损:由于触点闭合时触点接触面的相对滑动摩擦而造成。

磨损到只有原来的$\frac{2}{3}\sim\frac{1}{2}$厚度时，必须更换新触点。

c. 触点熔焊。当触点闭合时，由于撞击和产生振动，在动、静触点间的小间隙中产生短电弧，其温度可达 3 000～6 000 ℃，可使触点表面被灼伤以至熔焊，熔化的金属将动、静触点焊接在一起。

触点熔焊必须更换新触点，如果触点容量不够大必须选用大容量的电气元件。

d. 铁心噪声过大：

● 动铁心与静铁心接触面歪斜，动铁心与静铁心接触面上积有锈蚀、油污、尘垢造成接触不良，都会产生振动和噪声，从而引起线圈发热甚至烧毁。解决办法就是采用将接触面用细纱布放在平铁板上进行打磨。

● 短路环损坏：静铁心在交变磁场作用下会产生强烈振动。重新更换。

● 减振弹簧压力过大、活动部分受阻、动铁心不能完全吸合，重新调整。

e. 线圈故障及修理：

● 线圈匝间短路；线圈绝缘损坏或由于机械损伤造成线圈匝间短路或接地。使部分线圈中产生较大的短路电流，温度剧增，将热传递到临近线匝，使事故扩大化，以致整个线圈烧毁。

● 线圈的更换：选用同型号同规格的成品线圈更换。

④ 组装步骤：

a. 将动铁心安装在动触点与动铁心连接的支架上，并安好固定销钉，再将辅助动触点安装在动触点与动铁心连接支架上的两侧框架内。

b. 将动触点与动铁心连接支架装入交流接触器绝缘框架壳内。

c. 装入线圈。

d. 装入外部接线柱，插入线圈引线端弹性卡片形成线圈与接线柱的连接。

e. 打开灭弧罩。

f. 安装减振弹簧并将铁心拖架放置在减振弹簧上。

g. 将静铁心骑在铁心拖架上，再盖好底部盖板，并用螺钉旋紧。

h. 将交流接触器绝缘框架壳整个反转 180°，再提起上部触点压力弹簧支架，推入动触点和触点压力弹簧片。

i. 安装好所有主、辅助静触点。

j. 盖好灭弧罩。

5. 热继电器

(1) 基础知识及选型使用

动画
热继电器的
工作原理

① 热继电器作用。热继电器主要用于电动机的过载保护。

② 热继电器的图形符号和文字符号如图 1–15 所示。

③ 热继电器型号与规格的含义如图 1–16 所示。

④ 热继电器的常用型号规格：

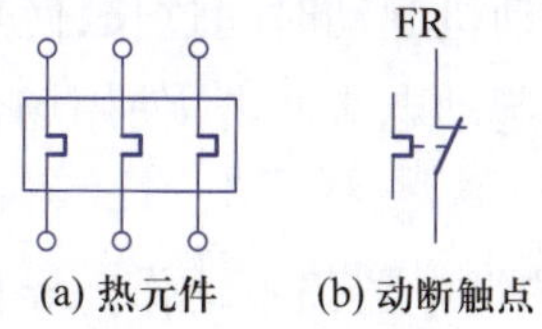

图 1-15 热继电器的图形符号和文字符号

JR16B －□/3D
继电器
热元件
设计序号
设计改进型
断相保护
相数
主触点额定容量

图 1-16 热继电器型号与规格的含义

a. JR16B 系 列：JR16B-20/3D、JR16B-40/3D、JR16B-60/3D、JR16B-80/3D、JR16B-100/3D 和 JR16B-150/3D。

动画
热继电器的选型及图形符号

b. JR20 系列：JR20-10A、JR20-16A、JR20-25A、JR20-63A、JR20-160A、JR20-250A、JR20-400A 和 JR20-630A。

⑤ 选型计算。一般情况下可选用两相结构的热继电器，但若电网均衡性差以及环境恶劣的情况则应选三相结构的热继电器。对于△联结的电动机要选用带断相保护装置的热继电器（即型号后带 D）。热继电器的整定电流一般在海拔高度 1 000 m 以下且环境温度 -40 ~ 25 ℃时按电动机额定电流的 0.95~1.05 倍整定。热继电器的整定电流一般在海拔高度 1 000 m 以上且环境温度 25 ℃以上时按电动机额定电流的 1.1~1.3 倍整定。

（2）热继电器认识和检查实习训练

选用 JR16B-20 型热继电器。

① 热继电器结构如图 1-17 所示。

a. 热元件：由双金属片及围绕在双金属片外面的电阻丝组成。双金属片是由两种热膨胀系数不同的金属片复合而成（如铁镍铬合金和铁镍合金）。电阻丝一般用康铜、镍铬合金等材料制成，使用时，将电阻丝直接串联在异步电动机的三相电路中。

b. 动作机构：由导板、补偿双金属片、推杆、杠杆和拉簧组成。

c. 电流整定装置：整定旋钮、偏心轮和支撑杆。

d. 动、静触点。

e. 复位按钮。

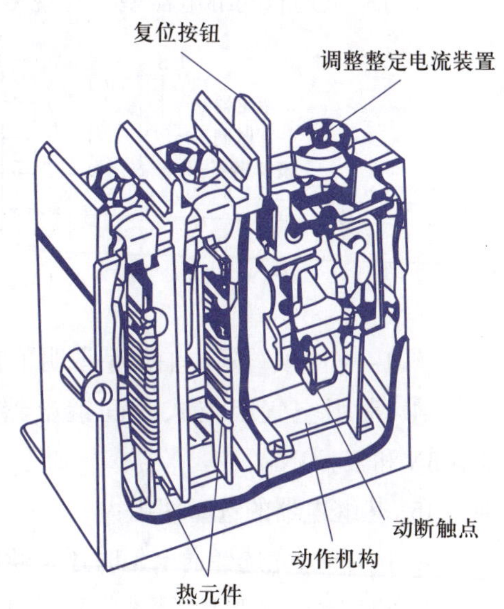

图 1-17 热继电器结构图

② 认识与检查：

a. 打开热继电器侧面的绝缘盖板。

b. 观察热继电器的内部结构，并熟知内部各个零件的名称、作用及其动作原理。

动画
热继电器的结构

c. 由指导教师拿出一些废旧或损坏的热继电器让学生观察以下情况：

• 热元件烧断：当热继电器动作频率太高、负载发生短路、电流过大时，将致使热元件烧断。表现为围绕在双金属片外面的电阻丝烧断部分电弧灼伤发黑。

• 热继电器误动作：整定值偏小，以至未过载就动作；电动机起动时间过长，使热继电器在起动过程中可能脱扣；操作频率太高，使热继电器经常受起动电流冲击；使用场合有强烈的冲击和振动，使热继电器动作机构松动而脱扣。

• 热继电器不动作：电流整定值偏大，以至过载很久而热继电器仍不动作。导板脱扣或连接导线太粗。

6. 时间继电器

（1）基础知识及选型使用

动画
时间继电器的选型及图形符号

① 时间继电器的作用：时间继电器是利用电磁原理或机械动作原理来延迟触点闭合或分断的自动控制电器。

② 时间继电器的图形符号与文字符号如图 1-18 所示。

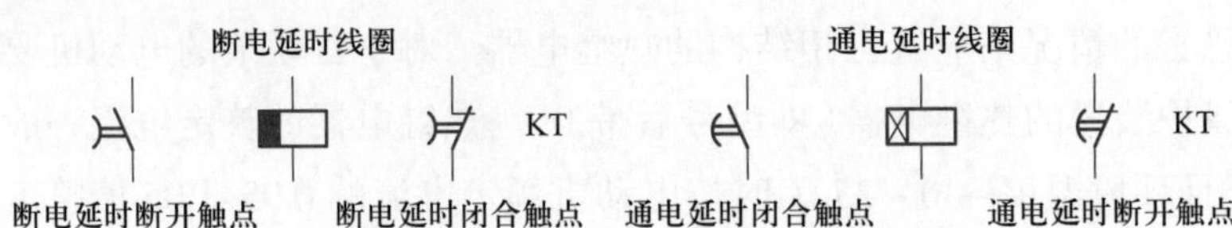

图 1-18　时间继电器的图形符号和文字符号

③ JS_7 系列时间继电器型号与规格的含义如图 1-19 所示。

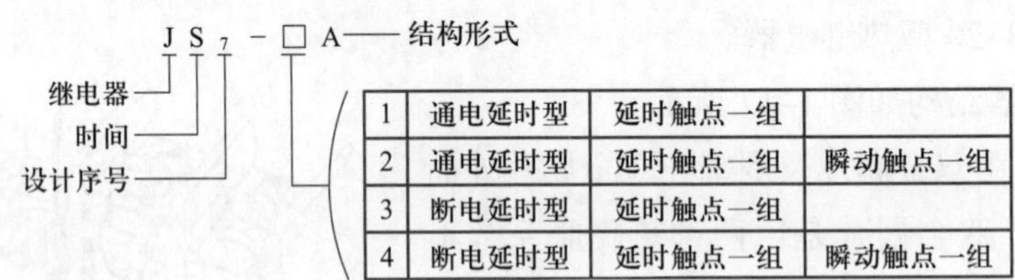

1	通电延时型	延时触点一组	
2	通电延时型	延时触点一组	瞬动触点一组
3	断电延时型	延时触点一组	
4	断电延时型	延时触点一组	瞬动触点一组

图 1-19　时间继电器代号说明

图 1-19 中填写阿拉伯数字说明了它代表的延时类型、触点类型和触点对数。

④ 常用空气阻尼式时间继电器有 JS_7-1A、JS_7-2A、JS_7-3A、JS_7-4A、JS_7-1N、JS_7-2N、JS_7-3N 和 JS_7-4N。

⑤ 热继电器的选型使用：

a. 选择时，先选择通电延时还是断电延时。

b. 决定延时类型后，要选择延时触点和瞬动触点。

c. 根据电路电压等级选择线圈电压等级。

动画
空气阻尼式时间继电器的结构

（2）时间继电器维修实习训练

选用 JS_7-2A 型时间继电器。

① 时间继电器的结构如图 1-20 所示，具体组成如下。

a. 电磁系统：线圈、衔铁、铁心、反力弹簧和弹簧片。

b. 工作触点：两副瞬动触点（一副瞬动时闭合，另一副瞬动时分断）；两副延时触点（一副延时闭合，另一副延时分断）。

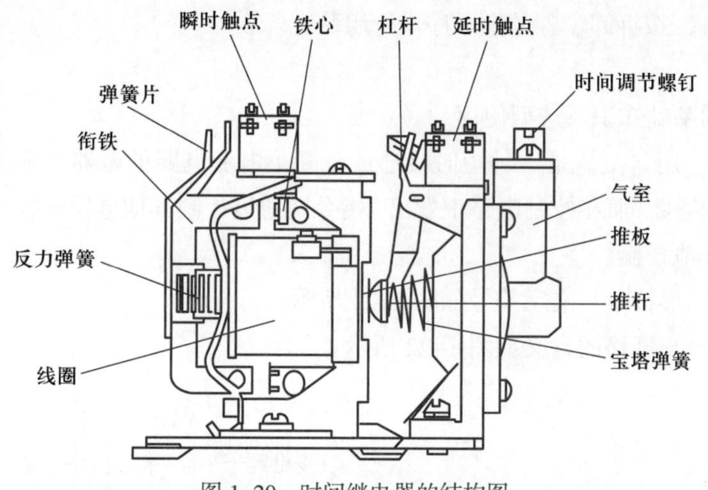

图 1-20 时间继电器的结构图

c. 气室:气室内有一块橡皮薄膜和活塞随空气量的增减而移动,气室上面的时间调节螺钉可以调节延时的长短。

d. 传动机构:杠杆、推板、推杆和宝塔弹簧。

动画
空气阻尼式
时间继电器
的工作原理

② 时间继电器的拆卸步骤:

a. 电磁系统拆卸步骤:

- 拆下电磁系统的整体支架。
- 取下两个反力弹簧。
- 摘下固定线圈用的弹性钢丝卡的挂钩。
- 从整体支架中取出线圈、衔铁、铁心和弹簧片。
- 取出连接衔铁、弹簧片和推板的固定销钉。
- 将衔铁、铁心和弹簧片分解,并取出线圈。(注意:在分解衔铁、铁心和弹簧片时,推板与线圈框架之间有一个用于推板移动的弹子,千万不要丢失。)

b. 气室的拆卸步骤:

- 拆下气室外部固定螺钉,将进气调节部分与气室内橡皮薄膜和活塞及推杆分离。
- 顺时针旋转活塞,使其从活塞推杆旋下。这样橡皮薄膜从活塞与推杆之中分离。
- 逆时针旋转推杆帽,使其从活塞推杆旋下。
- 取下宝塔弹簧。

③ 时间继电器的故障与维修:

故障 1:时间继电器外壳密封不严,橡皮薄膜损坏而漏气,延时动作时间缩短。

故障 2:时间调节螺钉调节时用力过大,造成螺钉在气道中橡胶头部破损,延时动作时间很短。

故障 3:电磁系统整体支架位置与气室之间距离太近,造成延时时间后,触点不动作。

故障 4:由于气道内进入灰尘,造成气道堵塞,延时时间变得很长。

根据上述故障原因适当调节零件或更换损坏的零件。

④ 组装步骤：按拆卸步骤的逆顺序进行组装。

7. 按钮

动画
按钮的工作原理

（1）按钮的基础知识及选型使用

① 按钮的作用。按钮是一种短时接通或分断小电流电路的电器。它不直接控制主电路的通断，而在控制电路中发出“指令”，通过控制其他电器来控制主电路的通断和其他转换。

② 按钮的图形符号与文字符号如图 1–21 所示。

③ 按钮型号与规格的含义如图 1–22 所示。

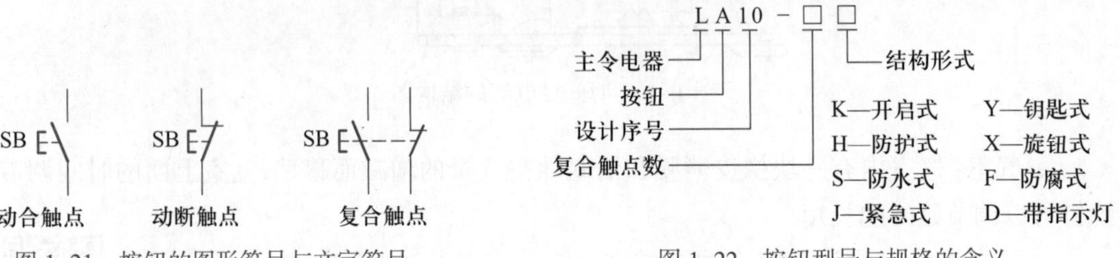

图 1–21　按钮的图形符号与文字符号　　图 1–22　按钮型号与规格的含义

④ 按钮的常用型号及规格有 LA2、LA10–2H、LA10–2K、LA10–2S、LA18–22J、LA10–3H、LA10–3K、LA10–3S、LA18–44J、LA18–22Y、LA18–22X、LA19–11D、LA18–44Y、LA18–44X 和 LA19–22D。

⑤ 按钮的选型使用。选择使用时，必须根据使用场合、环境要求恰当地选择。例如：化工厂内应选用防腐式按钮；潮湿环境应选用防水式按钮；关键设备不可随意起动的场合应选用钥匙式按钮；需要显示运行状态的场合应选用带指示灯按钮；操作机床时防止无意误操作应选用旋钮式按钮。

（2）按钮维修实习训练

按钮的外形与结构如图 1–23 所示。选用 LA10 型按钮。

① LA10 型按钮的组成部分包括金属外壳上盖，金属外壳底座，复合按钮塑料底座，动合、动断静触点，动触点，动触点圆形塑料支架，复位弹簧和按钮帽。

② 拆卸步骤：

a. 取下金属外壳上盖的固定螺钉，打开上盖。

b. 用大拇指将按钮帽按下不松手，食指与中指夹紧动触点圆形塑料支架，并顺时针旋转 10° 左右，从复合按钮塑料底座取出动触点、圆形塑料支架、按钮帽整体。

c. 拆下复合按钮塑料底座固定螺钉，取下复合按钮塑料底座。

d. 拆下静触点固定螺钉，取下动合、动断静触点。

③ 按钮的故障与维修：

a. 静触点松动：拆下复合按钮塑料底座固定螺钉，取下复合按钮塑料底座。旋紧静触点固定螺钉即可。

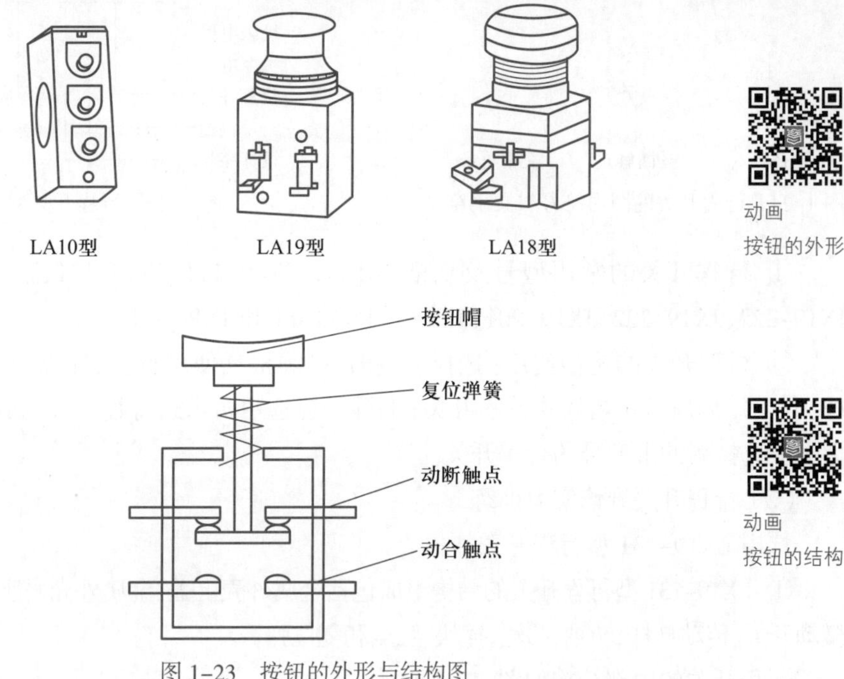

动画
按钮的外形

动画
按钮的结构

图 1-23　按钮的外形与结构图

b. 动触点脱落：从复合按钮塑料底座取出动触点、圆形塑料支架及按钮帽整体。用大拇指将按钮帽用力按下不松手，食指与中指夹紧动触点圆形塑料支架，此时，与按钮帽联体的螺杆与弹簧从圆形塑料支架中伸出，将脱落的动触点卡入动触点圆形塑料支架中螺杆与弹簧之间，修复即告成功。

c. 复合按钮塑料底座、圆形塑料支架、按钮帽整体损坏：必须全部更换新配件。

d. 动、静触点烧损：该故障必须更换相应触点。

④ 组装步骤：

a. 将动合、动断静触点固定在复合按钮塑料底座上。

b. 再将复合按钮塑料底座固定在金属外壳底座上。

c. 将动触点圆形塑料支架和按钮帽整体安装在复合按钮塑料底座中间。

d. 盖上金属外壳上盖并用螺钉固定。

8. 行程开关

（1）行程开关的基础知识及选型使用

① 行程开关的作用。行程开关是一种短时接通或分断小电流电路的电器。它不直接控制主电路的通断，而在控制电路中发出“指令”，通过其他电器来控制主电路的通断和其他转换。行程开关的接通与分断是利用生产机械某些运动部件的碰撞使其触点动作。通常用它来限制机械运动的位置与行程。

动画
行程开关的选型及图形符号

② 行程开关的图形符号与文字符号如图 1-24 所示。

③ 行程开关型号与规格的含义如图 1-25 所示。

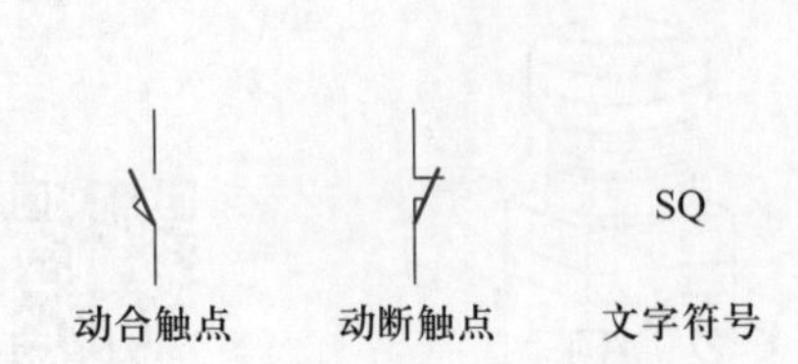

图 1-24　行程开关的图形符号与文字符号

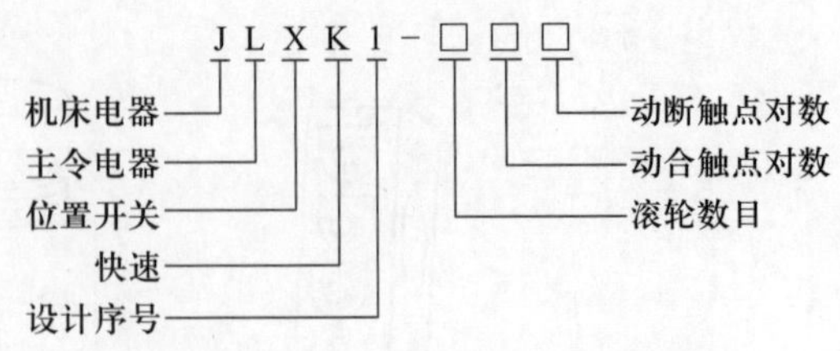

图 1-25　行程开关型号与规格的含义

④ 行程开关的常用型号及规格有 JX19、JX19-111、JX19-121、JX19-131、JX19-212、JX19-222、JX19-232、JX19-001、JLXK1、JXW_1-11 和 JXW_2-11。

⑤ 行程开关的选型使用：选择使用时，必须根据使用场合、环境要求恰当地选择。例如：化工厂内应选用防腐式行程开关；潮湿环境选用防水式行程开关；机械冲击力大应选择耐冲击型号的行程开关。

动画
行程开关的
结构

（2）行程开关维修实习训练

选用 LX19-131 型行程开关。

① LX19-131 型行程开关的结构组成包括金属外壳上盖、金属外壳底座、滚轮、微动开关、传动杠杆、转轴、凸轮、撞块、触点和复位弹簧。

行程开关的内部结构如图 1-26 所示。

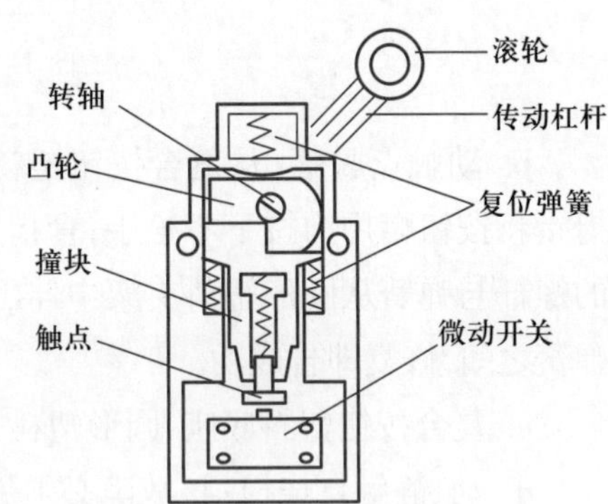

图 1-26　行程开关的内部结构图

② 拆卸步骤：

a. 取下金属外壳上盖的固定螺钉，打开上盖。

b. 取出金属底座内的微动开关。

c. 拆下与传动杠杆联体的端部金属罩。

d. 取出撞块。

e. 拆开传动杠杆与转轴的连接。

③ 行程开关的故障与维修：

a. 动、静触点松动：拆下行程开关塑料底座固定螺钉，取下行程开关塑料盖板。用尖嘴钳将动、静触点扳正，使其接触良好。

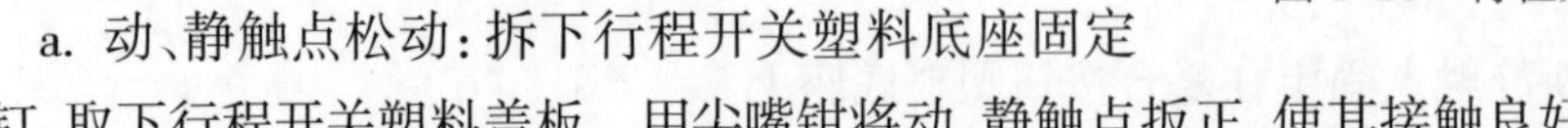

b. 动触点脱落：将动触点用尖嘴钳扳正，并且将触点弹簧压力调整合适或将其安装好。

动画
行程开关的
工作原理

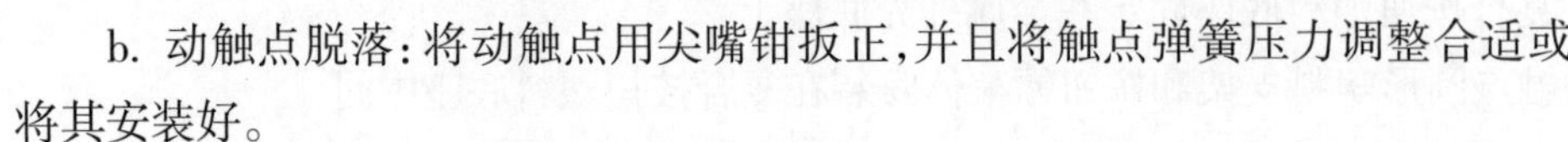

c. 复位弹簧失效：更换复位弹簧。

d. 动、静触点烧损：该故障必须更换相应触点。

e. 传动杠杆松脱：对正传动杠杆与转轴的位置，将传动杠杆上的螺钉拧紧。

④ 组装步骤：

动画
行程开关的
外形

a. 连接传动杠杆与转轴。

b. 将撞块装入金属底座的滑槽内。

c. 将凸轮放入传动杠杆联体的端部金属罩。

d. 将行程开关装入金属底座内并固定。

e. 盖上金属外壳上盖并用螺钉固定。

1.1.4 我国低压电器发展的历程与趋势

我国低压电器产品的发展大致可分为以下几个阶段：20 世纪 50 年代的全面仿苏，60—70 年代的设计第一代产品，70—80 年代引进国外先进技术更新换代制造的第二代产品，90 年代跟踪国外新技术自行开发的第三代智能化电器和最近研发的第四代智能化可通信电器。近年来，我国低压电器行业出现了巨大的变化，低压电器产品发展到了一个崭新的阶段。目前的第四代产品具有性能优良、工作可靠、体积小、组合化、模块化等特点，总体技术性能达到或接近国际先进水平。

总体来说，低压电器的技术水平受设计水平和工艺水平两大方面的限制。从设计水平的角度来看，国内低压电器的产品开发、设计从 20 世纪 90 年代中期开始，已经逐步采用计算机辅助设计（CAD）技术、计算机辅助制造（CAM）技术和计算机辅助分析（CAE）技术。由于针对低压电器的研究和开发的投入较之国际知名公司有一定差距，我国仍然需要在低压电器的设计生产领域对具有原创性技术、自主知识产权的产品加大投入和研发力度。工艺水平主要受模具制造、关键材料、关键零部件制造工艺、关键设备、在线检测设备、自动装配生产线等几方面关键技术的影响，因此，在这些方面也还要加大投入。

低压电器的智能化是未来发展方向。因为低压电器行业在向光伏发电逆变器、新能源控制与保护系统、分布式能源、储能设备、直流开关电器设备等领域扩展，这就对低压电器系统集成和整体解决方案提出了更高的要求。

中国经济持续快速增长，为低压电器产品提供了巨大的市场空间，世界将目光聚焦于中国市场，在改革开放之后的短短几十年，中国低压电器制造业所形成的生产力足以让世界刮目相看，未来低压电器产业将继续保持巨大的发展潜力。

1.2 电气安全

1.2.1 电工安全

1. 触电概念

当人体融及带电体承受过高的电压而导致死亡或局部受伤的现象，称为触电。触电依伤害程度不同可分为电击和电伤两种。

① 电击：指电流触及人体而使内部器官受到损害，它是最危险的触电事故。当电流通过人体时，轻者使人体肌肉痉挛，产生麻电感觉，重者会造成呼吸困难，心脏麻痹，甚至导致死亡。电击多发生在对地电压为 220 V 的低压线路或带电设备上，因为这些带电体是人们日常工作和生活中易接触到的。

② 电伤：由于电流的热效应、化学效应、机械效应以及在电流的作用下使熔化或蒸发的金属颗粒等侵入人体皮肤，使皮肤局部发红、起泡、烧焦或组织破坏，严重时也可危及人的生命。电伤多发生在 1 000 V 及 1 000 V 以上的高压带电体上。

2. 触电方式

（1）接触正常带电体

接触正常带电体触电示意图如图 1–27 所示。

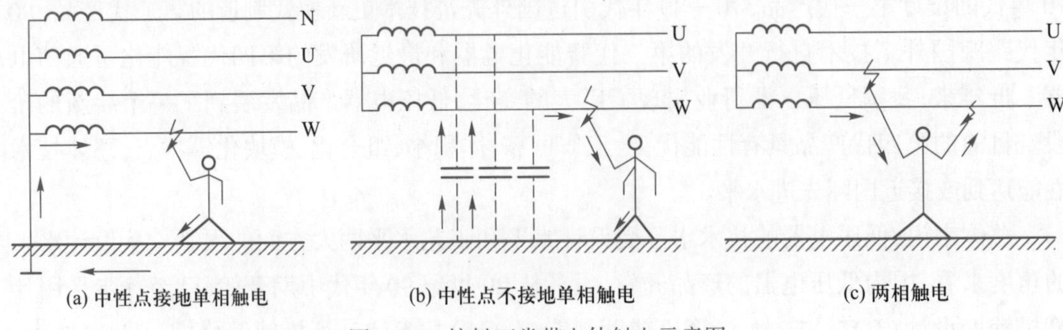

图 1–27　接触正常带电体触电示意图

① 中性点接地单相触电：此时人处于相电压之下，危险较大。

动画

单相触电

② 中性点不接地单相触电：由于导线与地面间绝缘可能不良，甚至有一相接地，当人体接触带电体时，就会有一定的电流通过人体，在交流的情况下，导线与地面间存在的电容也可构成电流的通路。

③ 两相触电：这种触电最为危险，因为人体处于线电压之下，但这种情况不常见。

（2）接触正常不带电的金属体（接触电压触电）

当电动机等设备的绕组绝缘损坏而与外壳接触时，外壳就会由本来不带电转为带电，这时若人体触及外壳，就会发生相当于单相触电的触电事故。大多数触电事故都属于这一种。

动画

两相触电

（3）跨步电压触电

动画

跨步电压触电

当电气设备的绝缘损坏或线路的一相断线落地时，落地点的电位就是导线的电位，电流就会从落地点（或绝缘损坏处）流入大地。离落地点越远，电位越低。根据实际测量，在离导线落地点 20 m 以外的地方，由于入地电流非常小，地面的电位近似等于零。如果有人走近导线落地点附近，由于人的两脚电位不同，则在两脚之间出现电位差，这个电位差称为跨步电压。离电流入地点越近，则跨步电压越大；离电流入地点越远，则跨步电压越小。在 20 m 以外，跨步电压很小，可以看作为零。当发现跨步电压威胁时应赶快把双脚并在起，或赶快用一条腿跳着离开危险区，否则，因触电时间长，也会导致触电死亡。下一节将具体描述接触电压和跨步电压。

3. 安全电流和安全电压

人体触电后最大的摆脱电流，称为安全电流。我国规定安全电流为 30 mA · s，即触电时间 1 s 内，通过人体的最大允许电流为 30 mA。人体触电时，如果接触电压在 36 V 以下，通过人体的电流就不至于超过 30 mA，故安全电压通常规定为 36 V，但在潮湿地面和能导电的厂房，安全电压则规定为 24 V 或者 12 V。

从电气安全角度来说，安全电压与人体电阻有关。人体电阻由体内电阻和皮肤电阻两部分组成。体内电阻一般约为 500 Ω，与接触电压无关。皮肤电阻则随着接触电压和皮肤表面干湿状态有关。

从人身安全角度考虑，人体电阻一般取平均值（2 000 Ω 左右）下限 1 700 Ω，而安全电流采用 30 mA，因此正常环境条件下人体允许持续接触的安全电压为

$$U_{saf}=30\ \text{mA}\times 1\ 700\ \Omega\approx 50\ \text{V}$$

这里的 50 V 称为一般正常环境条件下人体允许持续接触的“安全特低电压”。这里所谓“正常环境”是指环境的地面和空气比较干燥，没有导电的气体和粉尘的一般环境。

1.2.2 接地

1. 接地的概念

（1）接地和接地装置

电气设备或装置的某部分与大地之间进行良好的电气连接，称为“接地”。

埋入地中直接与大地接触的金属物体，称为“接地体”或“接地极”。专门为接地而人为装设的接地体，称为“人工接地体”。兼做接地体用的直接与大地接触的各种金属物件、金属管道及建筑物的钢筋混凝土基础等，称为“自然接地体”。连接接地体与电气设备或装置接地部分的金属导体，称为“接地线”。接地线在电气设备或装置正常运行情况下是不载流的，但在故障情况下要通过接地故障电流。接地线与接地体合称接地装置。

（2）接地电流和对地电压

当电气设备发生故障时，电流就通过接地装置向大地做半球形散开。这一电流，称为“接地电流”（I_E）。由于这半球形的球面，在距接地体越远的地方，球面越大，其散流电阻越小，相对于接地点的电位来说电位越低。

试验说明，在距离接地故障点约 20 m 的地方，实际上散流电阻已趋近于零。电位为零的地方，称为电气上的“地”或“大地”。

电气设备的接地部分，如接地的外壳和接地体等，与零电位的“地”（大地）之间的电位差，称为接地部分的“对地电压”（U_E），如图 1–28（a）所示。

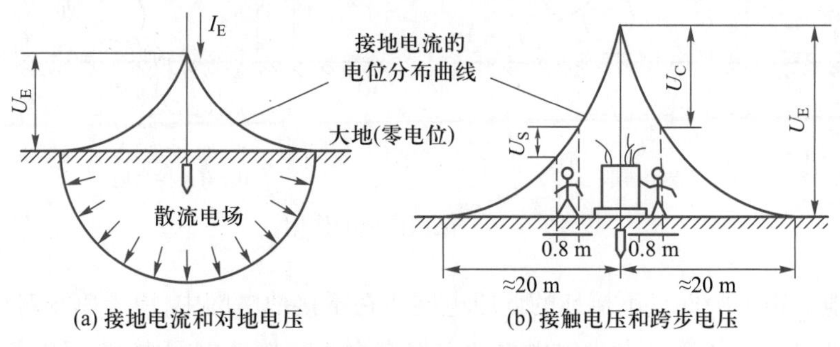

图 1–28　接地及接触电压和跨步电压

（3）接触电压和跨步电压

接触电压（U_C）是指设备的绝缘损坏时，在身体可触及的两部分之间出现的电位差，例

如人站在发生接地故障的设备旁边，手触及设备的金属外壳，这时人手与脚之间所呈现的电位差，即为接触电压。

跨步电压（U_S）是指在接地故障点附近行走时，两脚之间的电位差，如图 1–28（b）所示。在带电的断线落地点附近及雷击时防雷装置泄放雷电流的接地体附近行走时，同样也会出现跨步电压。跨步电压大小与离接地故障点的远近及跨步大小有关，越靠近接地故障点及跨步越大，则跨步电压越大。一般离接地故障点 10 m 内，跨步电压对人比较危险；离接地故障点达 20 m 时，跨步电压一般为零。

2. 接地的类型

电气设备在使用中，若设备绝缘损坏或击穿而造成外壳带电，则人体触及外壳时有触电的可能。为此，电气设备必须与大地进行可靠的电气连接，即接地保护，使人体免受触电的危害。接地可分为工作接地、保护接地和保护接零。

（1）工作接地

工作接地是指电气设备（如变压器中性点）为保证其正常工作而进行的接地。

（2）保护接地

保护接地是指为保证人身安全，防止人体接触设备外露部分而触电的一种接地形式。在中性点不接地系统中，设备外露部分（金属外壳或金属构架），必与大地进行可靠电气连接，即保护接地。

在中性点不接地系统中，如果设备外壳不接地且意外带电，外壳与大地间存在电压，人体触及外壳时，将有电容电流流过。如果将外壳接地，人体与接地体相当于电阻并联，流过每一通路的电流值将与其电阻的大小成反比。人体电阻通常为 600 ~ 1 000 Ω，接地电阻通常小于 4 Ω，流过人体的电流很小，这样就完全能保证人体的安全，如图 1–29 所示。

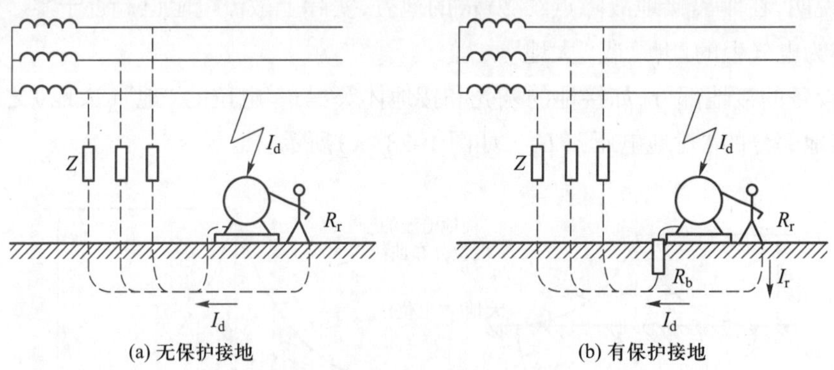

图 1–29　保护接地的作用

保护接地适用于中性点不接地的低压电网。在不接地电网中，由于单相对地电流较小，利用保护接地可使人体避免发生触电事故。但在中性点接地电网中，由于单相对地电流较大，保护接地就不能完全避免人体触电的危险，而要采用保护接零。

（3）保护接零

保护接零是指在电源中性点接地的系统中，将设备需要接地的外露部分与电源中性线直接连接，相当于设备外露部分与大地进行了电气连接。

当设备正常工作时，外露部分不带电，人体触及外壳相当于触及零线，无危险。采用保护接零时，应注意不宜将保护接地和保护接零混用，而且中性点工作接地必须可靠。一旦中性线断线，设备外露部分带电，人体触及同样会有触电的可能。在电源中性线做了工作接地的系统中，为确保保护接零的可靠，还需相隔一定距离将中性线或接地线重新接地，称为重复接地。在重复接地的系统中，即使出现中性线断线，但外露部分因重复接地而使其对地电压大大下降，对人体的危害也大大下降。不过应尽量避免中性线或接地线出现断线的现象。

1.2.3 高频电磁辐射及防护

1. 高频电磁辐射及其危害

高频电磁辐射指频率在 0.1 MHz 以上的电磁波产生的辐射。高频电磁辐射波段的划分如表 1–2 所示。

表 1–2 高频电磁辐射波段的划分

波段	高频			超高频		特高频（微波）		
频率 /MHz	>0.1	0.1 ~ 1.5	1.5 ~ 6	6 ~ 30	30 ~ 300	300 ~ 3 000	3 000 ~ 30 000	≥30 000
波长 /m	>3 000	3 000 ~ 200	200 ~ 50	50 ~ 10	10 ~ 1	1 ~ 0.1	0.1 ~ 0.01	≤0.01
波段	长波	中波	中短波	短波	超短波	分米波	厘米波	毫米波

人体在高频电磁辐射作用下，吸收了辐射能量，会使人体发生生物学效应，使人脑、血液、心脏、肌肉功能等受到不同程度的伤害，这些伤害是由电磁辐射能转换为热能造成的。实践证明，高频电磁辐射对人体的伤害程度是，距离辐射源越近，伤害越重；辐射时间越长，伤害也越重；辐射对女性的伤害比对男性重，对儿童的伤害比对成年人重。而且电磁辐射的频率不同，伤害的程度也不同。一般辐射频率越高，对人体的伤害越严重。

在中、短电磁辐射下，可使人体的中枢神经系统功能失调，出现头晕、头痛、乏力、记忆力减退、白天嗜睡、夜间失眠多梦等神经衰弱症状，可使人体的植物神经系统功能失调，出现多汗、食欲不佳、心悸等症状。有的人还可能出现脱发、手指颤抖、皮肤划痕异常、视力减退、男性性功能减退、女性月经失调、心血管系统异常等症状。

在超短波和微波辐射下，可使人神经衰弱症状加重，自主神经系统功能将严重失调或紊乱，心血管系统症状更明显，如出现心动过速或过缓、血压升高或降低、心悸、心区有压迫感、心区疼痛等症状，心电图、脑电图、脑血流图出现异常。微波辐射还可能损伤眼睛，导致白内障或失明。

高频电磁辐射还会对通信、测量、自动控制等电子设备的工作造成不良影响，甚至可导致信号混乱或事故。有时还会因电磁感应产生火花放电而引起火灾或爆炸事故，特别是对航空及其乘客可能造成难以估计的伤害。

2. 高频电磁辐射的防护

高频电磁辐射的防护主要采取屏蔽和高频接地两项措施。

（1）屏蔽

屏蔽就是利用金属罩将产生高频电磁辐射的设备罩住，使电磁辐射限制在屏蔽空间内，以防止其对人体的伤害。

屏蔽装置通常用铜、铝或铁等金属材料制成，可做成板状、筒状或网状。屏蔽的边角宜做成圆弧形，以避免尖端放电。如果需在屏蔽装置上开孔或开缝时，孔洞的直径或对角线尺寸应小于电磁波波长的 1/5，缝隙宽度应小于电磁波波长的 1/10。

微波电磁辐射的屏蔽，一般用石墨粉、碳粉、铁粉、合成树脂等材料制成能吸收电磁辐射能量的屏蔽体，并将其敷在金属屏蔽板上，配合组成屏蔽吸收体，使之具有更好的屏蔽效果。

如果上述屏蔽方法难以实现时，也可进行人身屏蔽，即工作人员进入高频电磁辐射场所作业时，应穿上特制的金属服，戴上特制的金属头盔，戴上特制的防高频辐射眼镜等。

（2）高频接地

高频接地就是将高频设备的金属外壳及其屏蔽装置接地。

① 高频接地装置的接地线不宜太长，一般应限制在波长的 1/4 之内。如果无法达到上述要求时，则应避开波长 1/4 的奇数倍的长度。这样既有利于人身安全，又可防止对附近电子设备的干扰。

② 高频接地线应采用多股铜线或多层薄铜皮制成的铜带，以减小接地线的电感及其涡流损耗，并加强屏蔽作用。

③ 屏蔽装置的接地，应让屏蔽装置的一点与接地装置相连，以防止有害的不平衡电流。

④ 高频接地体应采用铜材制成，且应竖埋。如果采用板材接地体，其面积应为 $1.5\sim2\ m^2$。

⑤ 电子装置的高频设备、外壳及屏蔽装置均应接地。以防止干扰，其接地体和接地线应为铜材。室内电子装置如电子计算机应将其外壳与地板下面的铜接地网连接。

课后习题

1. 什么是低压电器？低压电器是怎样分类的？
2. 低压电器的发展趋势是什么？
3. 防止触电有哪些措施？
4. 接地有哪些种类？保护接地有哪些形式？
5. 保护接地要注意哪些问题？工作接地要注意哪些问题？
6. 怎样制作接地装置？
7. 电磁辐射的危害是什么？如何防止电磁辐射？
8. 何谓接地电阻？
9. 常见的触电事故主要原因有哪些？

第2章

常用电气电路识读和安装

电气图是用各种电气符号、带注释的围框、简化的外形来表示系统、设备、装置、元件等之间的相互关系或连接关系的一种简图。电气图阐述电的工作原理,描述电气产品的构成和功能,用来指导各种电气设备、电气电路的安装接线、运行、维护和管理。它是沟通电气设计人员、安装人员、操作人员的工程语言,是进行技术交流不可缺少的重要手段。

要做到会看图和看懂图,进而完成电气电路的安装,首先必须掌握有关电气图的基本知识,即应该了解电气图的构成、种类、特点以及在工程中的作用,了解各种电气图形符号,了解绘制电气图的规定等。只有掌握了常用电气电路识读的基本知识和规律,才能完成电气电路的接线和安装工作。

2.1 常用电气电路规定及要求

2.1.1 电气图的分类及主要特点

1. 电气图的分类

根据表达方式和使用场合的不同,电气图通常分为以下几类。

(1) 电气系统图或框图

电气系统图或框图是用电气符号或带注释的围框,概略表示系统或分系统的基本组成、相互关系及其主要特征的简图。它往往是某一系统、某一装置或某一成套设计图中的第一张图样。

电气系统图或框图原则上没有区别,在实际使用时,系统图通常用于系统或成套装置,框图则用于分系统或设备。

图 2-1 所示电动机的主电路就表示了其供电关系,即由三相电源 L1、L2、L3 →熔断器 FU →接触器 KM 主触点→热继电器 FR 热元件→电动机。

电气系统图或框图常用来表示整个工程或其中某一项目的供电关系或电能输送关系,也可表示某一装置或设备各主要组成部分的关系。

(2) 电路图

电路图是根据电路的工作原理,以阅读和分析电路方便为原则,用国家统一规定的电气图形符号和文字符号绘制，采用电器元件展开形式，按工作顺序从上而下或从左而右排列，详细表示电路、设备或成套装置的全部组成和连接关系，而不考虑其实际位置和大小的简图。

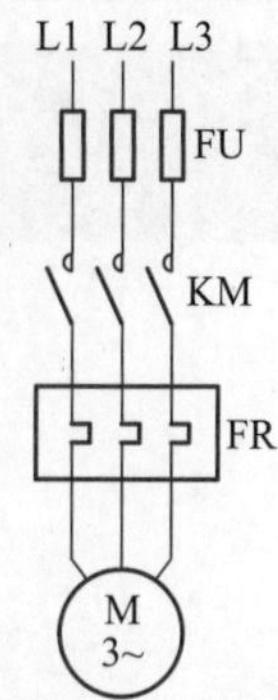

图 2-1　电动机的主电路供电系统图

电路图的作用是便于详细理解电路、设备或成套装置及其组成部分的工作原理；便于分析和计算电路的特性及参数，为测试和寻找故障提供信息，为编制接线图、实际安装和维修提供依据。

按照电路图所描述的对象及其所表示的工作原理，电路图可分为以下几种。

① 电力系统电路图。电力系统电路图又分为发电厂变电电路图、厂矿变配电电路图和动力及照明配电电路图。其中每种又分主电路图和副电路图。主电路图也称主接线图或一次电路图，以下称其为主接线图。电力系统电路图中的主接线图实际上就是电力系统的系统图。

主接线图是把电气设备或电器元件，如隔离开关、断路器、互感器、避雷器、电力电容器、变压器、母线等（称为一次设备），按一定顺序连接起来，汇集和分配电能的电路图。

副电路图也称二次接线图或二次电路图，以下称其为二次接线图。为了保证一次设备安全可靠地运行及方便操作，必须对其进行控制、检测和保护，这就需要许多附属设备。这些附属设备称为二次设备。将表示二次设备的图形符号按一定顺序绘制成的电气图，称为二次接线图。

② 生产机械电气控制电路图。对电动机及其他用电设备的供电和运行方式进行控制的电气图，称为生产机械电气控制电路图。生产机械电气控制电路图一般分为主电路和辅助电路两部分。主电路是指从电源到电动机或其他用电装置中电流所通过的电路。辅助电路包括控制电路、照明电路、信号电路和保护电路等。辅助电路主要由继电器或接触器的线圈、触点，按钮，照明灯，信号灯及控制变压器等电器元件组成。

③ 电子电路图。电子电路图反映由电子电器元件组成的设备或装置工作原理，又可分为电力电子电路图和电子电器（无触点电子电路）图。

（3）位置图（布置图）

位置图是指用正投影法绘制的图。位置图表示成套装置和设备中各个项目的布局、安装位置。位置图一般用图形符号绘制。

（4）接线图或接线表

表示成套装置、设备、电器元件的连接关系，用以进行安装接线、检查、试验与维修的一种简图或表格。接线图（表）可分为单元接线图（表）、互连接线图（表）、端子接线图（表）以及电缆配置图（表）。

（5）功能图

功能图是用于表示理论的或理想的电路而不涉及具体实现方法的图。这种图可以为绘制电路图等提供依据。

（6）功能表图

功能表图是表示控制系统（如一个供电过程或工作过程）的作用和状态的图。这种图通常采用图形符号和文字叙述相结合的表示方法，用以全面表达控制系统的控制过程、功能和特性，但并不表达具体实施过程。

（7）等效电路图

等效电路图是表示理论的或理想的元件（如电阻、电感、电容等）及其连接关系的，供分析和计算电路特性、状态之用的图。

（8）逻辑图

逻辑图是主要用二进制逻辑单元图形符号绘制的图，一般的数字电路图便属于这种图。

（9）程序图

程序图是详细表示程序单元和程序片及其连接关系的简图，用于对程序的理解。

2. 电气图的主要特点

电气图与机械图、建筑图以及其他专业的技术图相比，有其明显的特点。

（1）简图是电气图的主要形式。

简图是用图形符号、带注释的框或简化的外形表示系统或设备中各组成部分之间相互关系的一种图。绝大多数电气图都采用简图形式，除了必须标明实物形状、位置、安装尺寸的图外，大量的电气图都是简图，即仅表示电路中各设备、装置、电器元件等功能及连接关系的图。

值得一提的是，简图并不是指内容简单，而是指形式的简化，是相对于严格按几何尺寸、绝对位置而绘制的机械图而言的。简图具有如下特点。

① 各组成部分或电器元件用图形符号表示，不具体表示其外形及结构特征。

② 在相应的图形符号旁标注文字符号、数字编号。

③ 按功能和电流流向表示各装置、设备及电器元件的相互位置关系。

④ 没有投影关系，不要标注尺寸。

（2）元件和连接线是电气图的主要表达内容。

（3）图形符号、文字符号是组成电气图的主要要素。

（4）电气图中的电器元件均按自然状态绘制。所谓“自然状态”，是指电器元件和设备的可动部分表示为非激励（未通电、未受外力作用）或不工作的状态或位置。比如，接触器线圈未得电时，其触点处于尚未动作的位置；断路器、负荷开关等处在断开位置。

（5）电气图往往与主体工程及其他配套工程的图有密切关联。

2.1.2 电气制图的一般规则

电气制图有一定的规范。了解和掌握电气制图的一般规则，有助于快速、准确地看图。

1. 电气图的组成

电气图一般由电路、技术说明和标题栏三部分组成。

（1）电路

电路是电流的通路，它是为了某种需要由某些电工设备或电器元件按一定方式组合起来的。把这种电路画在图纸上，就是电路图。

电路的结构形式和所能完成的任务是多种多样的，就构成电路的目的来说一般有两个：一是进行电能的传输、分配与转换；二是进行信息的传递和处理。

如图 2–2 所示，电力系统的作用是实现电能的传输、分配和转换，其中包括电源、负载和中间环节。

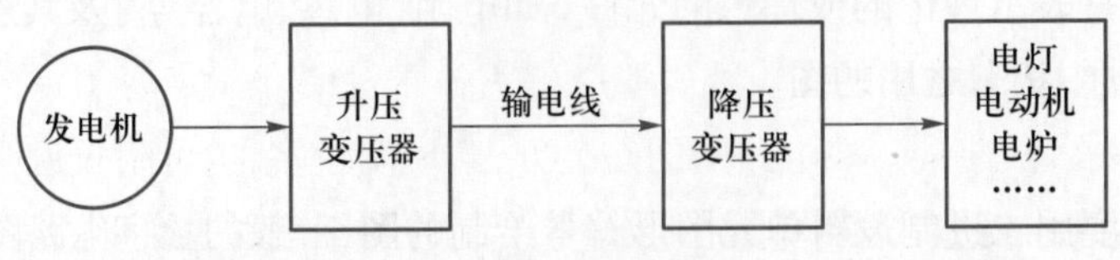

图 2–2　电力系统

发电机是电源，是供应电能的设备。在发电厂内可把热能、水能或核能转换为电能。除发电机外，电池也是常用的电源。

电灯、电动机和电炉等都是负载，是取用电能的设备，它们分别把电能转换为光能、机械能和热能等。

变压器（包括升压变压器和降压变压器）和输电线是中间环节，是连接电源和负载的部分，起传输和分配电能的作用。

图 2–3 所示为扩音机电路示意图，是进行信号传递和处理的一个实例。在这个电路中，先由话筒把语言或音乐（通常称为信息）转换为相应的电信号，而后通过电路传递到扬声器，把电信号还原为语言或音乐。由于话筒输出的电信号比较微弱，不足以推动扬声器发音，因此中间还要用放大器将电信号放大，这个过程称为信号处理。

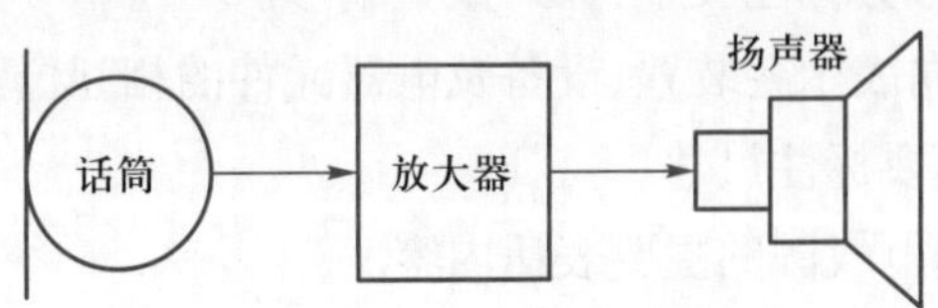

图 2–3　扩音机电路示意图

在图 2–3 中，话筒是输出电信号的设备，称为信号源，相当于电源，但与上述的发电机、电池这种电源不同，信号源输出的电信号（电压和电流）的变化规律取决于所加的信息。扬声器是接收和转换电信号的设备，也就是负载。

信号传递和处理的例子是很多的，如收音机和电视机，它们的接收天线（信号源）把载有语言、音乐、图像信息的电波接收后转换为相应的电信号，而后通过电路对电信号进行传递和处理（调谐、变频、检波、放大等），送到扬声器和显像管（负载），最终还原为原始信息。

不论是电能的传输和转换，或者是信号的传递和处理，其中电源或信号源的电压或电流称为激励，它推动电路工作；由于激励而在电路各部分产生的电压和电流称为响应。所谓电路分析，就是在已知电路的结构和电器元件参数的条件下，讨论电路的激励与响应之间的关系。本书着重介绍前一类电路，即进行电能的传输、分配与转换的电路（以下简称电路）。

电路是电气图的主要构成部分。由于电器元件的外形和结构比较复杂，因此采用国家统一规定的图形符号和文字符号来表示电器元件的不同种类、规格以及安装方式。此外，根据电气图的不同用途，要绘制成不同形式的图。有的只绘制电路图，以便了解电路的工作过程及特点。对于比较复杂的电路，通常还要绘制接线图。必要时，还要绘制分开表示的接线图（俗称展开接线图）、平面布置图等，以供生产部门和用户使用。

（2）技术说明

电气图中的文字说明和元件明细表等总称为技术说明。文字说明是为了注明电路的某些要点及安装要求等，通常写在电路图的右上方，若说明较多，也可附页说明。元件明细表用来列出电路中元件的名称、符号、规格和数量等。元件明细表以表格形式写在标题栏的上方。

（3）标题栏

标题栏画在电路图的右下角，其中注有工程名称、图名、图号，还有设计人、制图人、审核人、批准人的签名和日期等。标题栏是电气图的重要技术档案，栏目中的签名人要对图中的技术内容各负其责。

2. 电气图的布局

为了清楚地表明电气系统或设备各组成部分间、各电器元件间的连接关系，以便于使用者了解其原理、功能和动作顺序，对电气图的布局有一定要求。

电气图布局的原则是便于绘制、易于识读、突出重点、均匀对称以及清晰美观；布局的要点是从总体到局部、从主接线图（主电路图或一次接线图）到二次接线图（副电路图）、从主要到次要、从左到右、从上到下、从图形到文字。

（1）整个图面的布局

整个图面的布局应体现重点突出、主次分明、疏密匀称、清晰美观等特点。为此，应精心构思，做到心中有数；合理进行规划，划定各部分的位置；找出基准，逐步绘图。

如某供电系统电气主接线图，包括接线图、主要电气设备明细表、技术说明和标题栏等四部分。在进行整个图面布局时，首先按此表达内容构思，经构思后选定用 A1 图幅；第二步便划定各部分的位置，如图 2-4（a）所示；第三步画出基准线，如图 2-4（b）所示，再具体进行各部分的绘制。

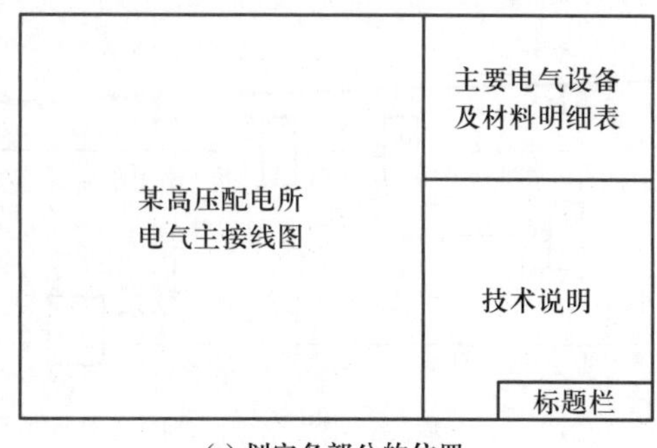

(a) 划定各部分的位置

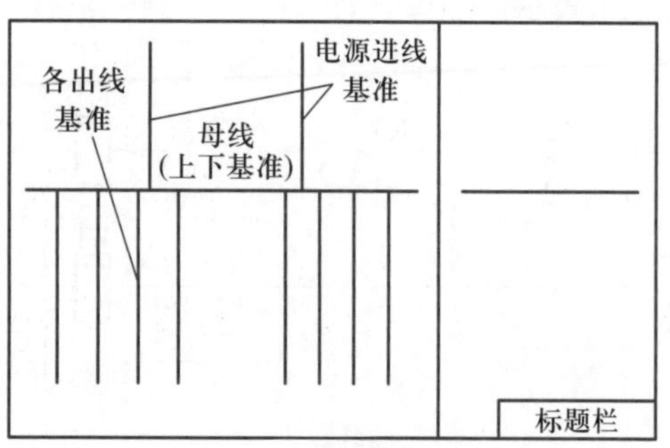

(b) 画出基准线

图 2-4　图面布局示例

(2) 电路或电器元件的布局

① 电路或电器元件布局的原则：

a. 电路水平布局时，相同或类似项目应纵向对齐，如图 2–5(a)所示；垂直布局时，则应横向对齐，如图 2–6(a)所示。

b. 功能相关的项目应靠近绘制，以清晰表达其相互关系并利于识图。

c. 同等重要的并联通路应按主电路对称布局。

② 电路或电器元件的布局方法：

a. 功能布局法：指电气图中电路或电器元件符号的布置，只考虑便于看出它们所表示的电路或电器元件功能关系，而不考虑其实际位置的一种布局方法。在这种布局方法中，将表示对象划分为若干功能组，按照因果关系从左到右或从上到下布置；为了强调并便于看清其中的功能关系，每个功能组的电器元件应集中布置在一起，并尽可能按工作顺序排列；也可将电器元件的多组触点分散在各功能电路中，而不必将它们画在一起，以利于看清其中的功能关系。功能布局法广泛应用于电路图、功能表图及逻辑图中。

b. 位置布局法：指电气图中电路或电器元件符号的布置与该电器元件实际位置基本一致的布局方法。接线图、位置图均采用这种方法，这样可以清楚地看出电路或电器元件的相对位置和导线的走向。

(3) 图线的布置

电气图的布局要求重点突出信息流及各功能单元间的功能关系，因此图线的布置应有利于识别各种过程及信息流向，并且图中各部分之间的间隔要均匀。对于因果关系清楚的电气图，其布局顺序应使信息的基本流向为自左至右或从上到下。例如，在电子线路中，输入在左边，输出在右边。如果不符合这一规定且流向不明显，则应在信息线上加开口箭头。

表示导线、信号通路、连接线等的图线一般应为直线，即横平竖直，尽可能减少交叉和弯曲。

① 水平布置：将表示设备和元件的图形符号按横向(行)布置，连接线呈水平方向，各类似项目纵向对齐。如图 2–5 所示，图中各电器元件、二进制逻辑单元按行排列，从而使各连接线基本上都是水平线。水平布置图的电器元件和连接线在图上的位置可用图幅分区的行号来表示。

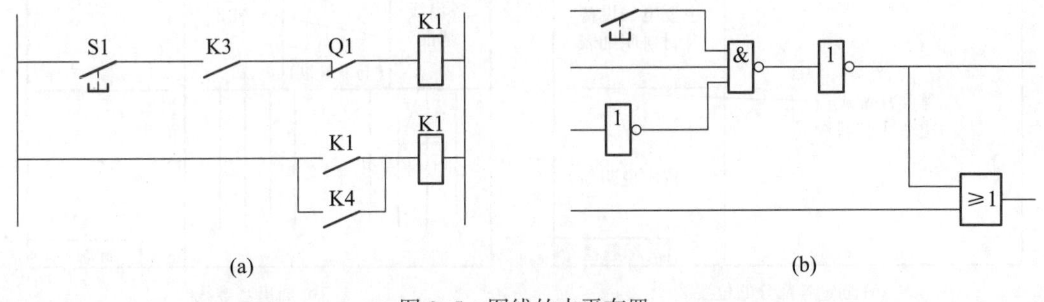

图 2–5 图线的水平布置

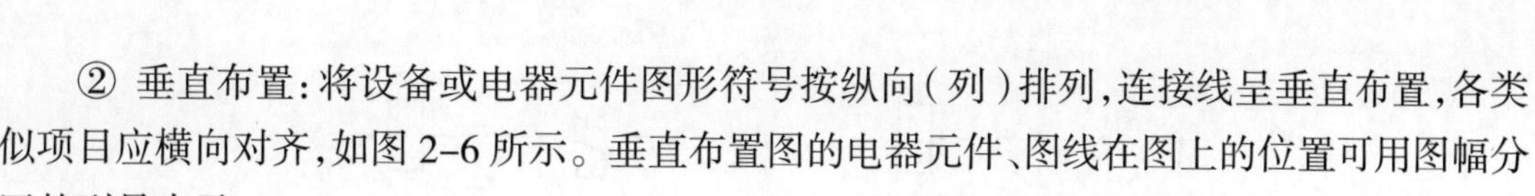

② 垂直布置：将设备或电器元件图形符号按纵向（列）排列，连接线呈垂直布置，各类似项目应横向对齐，如图 2–6 所示。垂直布置图的电器元件、图线在图上的位置可用图幅分区的列号表示。

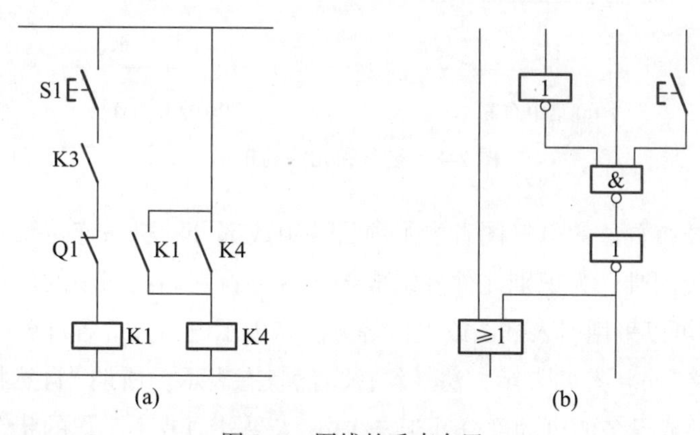

图 2–6　图线的垂直布置

③ 交叉布置：为了把相应的元件连接成对称的布局，也可以采用斜向交叉线表示，如图 2–7 所示。

电器元件的排列一般应按因果关系、动作顺序从左到右或从上到下布置。看图时，也应按这一规律分析阅读。在概略图中，为了便于表达功能概况，常需绘制非电过程的部分流程，但其控制信号流的方向应与电控信号流的流向相互垂直，以示区别。

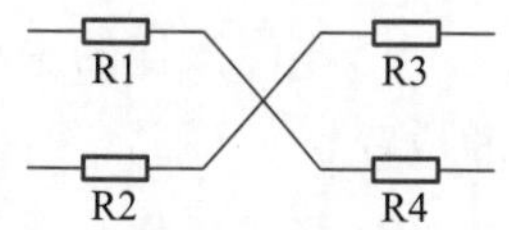

图 2–7　图线的交叉布置

3. 电气图的基本表示方法

（1）电器元件的表示方法

① 电器元件的集中、半集中和分开布置的表示方法。同一个电气设备或电器元件在不同类型的电气图中往往采用不同的图形符号来表示。例如，对概略图、位置图，往往用方框符号、简化外形符号或简单的一般符号来表示；对电路图和部分接线图，往往用一般图形符号来表示，绘出其电气连接关系，在符号旁标注项目代号，必要时还标注有关的技术数据。对于驱动部分和被驱动部分间具有机械连接关系的电器元件，如继电器、接触器的线圈和触点，以及同一个设备的多个电器元件，例如转换开关的各对触点，可用集中布置，也可用分开布置来表示。

集中布置法是把电器元件、设备或成套装置中一个项目各组成部分的图形符号在电气图上集中绘制在一起的方法，各组成部分用机械连接线（虚线）连接，连接线必须是一条直线。

为了使设备和装置的电路布局清晰，易于识别，也可以把一个项目图形符号的各部分分开布置，并仅用项目代号表示它们之间的关系，这种方法称为分开布置法。

图 2–8 是这两种布置方法的示例，其中继电器 K 的线圈和触点分别集中布置［如图 2–8（a）所示］和分开布置［如图 2–8（b）所示］。采用分开布置法的图与采用集中布置法的图给出的信息应等量，这是一条基本原则。

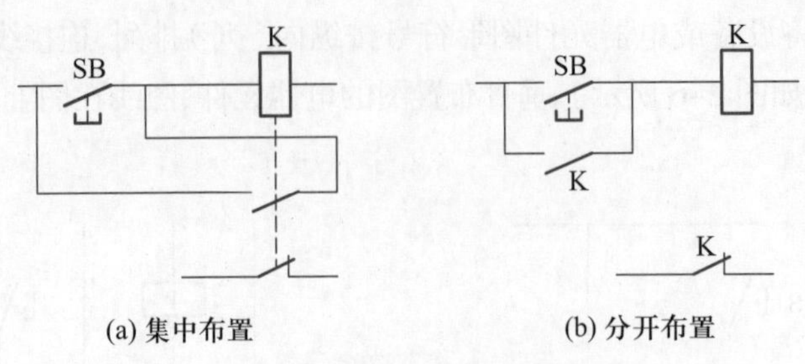

图 2–8　设备和元件的布置

由于采用分开布置法的电气图省去了项目各组成部分的机械连接线，因此查找某个元件的相关部分比较困难。为识别元件各组成部分或寻找它们在图中的位置，除了要重复标注项目代号外，还可以采用引入插图或表格等方法来表示电器元件各部分的位置。

② 电器元件工作状态的表示方法。均按自然状态表示。所谓“自然状态”或“自然位置”，是指电器元件或设备的可动部分处于未得电、未受外力或不工作的状态或位置。例如：

a. 中间继电器、时间继电器、接触器和电磁铁的线圈未得电时，动铁心未被吸合，因而其触点处于未动作的位置。

b. 断路器、负荷开关和隔离开关处在断开位置。

c. 零位操作的手动控制开关在零位状态或位置，不带零位的手动控制开关在图中规定的位置。

d. 机械操作开关、按钮和行程开关处在非工作状态或不受力状态时的位置。

e. 保护用电器处在设备正常工作状态时的位置，如热继电器处在双金属片未受热且未脱扣时的位置，速度继电器处在主轴转速为零时的位置。

f. 标有“OFF”位置且有多个稳定位置的手动控制开关处在“OFF”位置；未标有断开“OFF”位置的控制开关处在图中规定的位置。

g. 对于有两个或多个稳定位置或状态的其他开关装置，可处在其中的任何一个位置或状态，必要时在图中说明。

h. 事故、备用、报警等开关处在设备、电路正常使用或正常工作位置。

③ 电器元件触点位置的表示方法。

a. 对于继电器、接触器、开关、按钮等的触点，其触点符号通常规定为“左开右闭、下开上闭”，即当触点符号垂直布置时，动触点在静触点左侧为动合（常开）触点，而在右侧为动断（常闭）触点；当触点符号水平布置时，动触点在静触点下侧为动合（常开）触点，而在上侧为动断（常闭）触点，如图 2–9 所示。

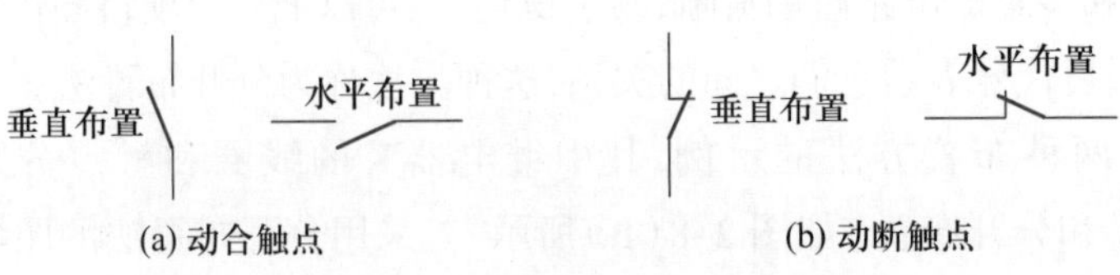

图 2–9　开关、触点位置表示方法

b. 万能转换开关、控制器等非电或人工操作的触点符号一般用图形、操作符号以及触点闭合表来表示。例如，5 个位置的控制器或操作开关可用图 2–10 所示的图形表示，以 “0” 代表操作手柄在中间位置，两侧的罗马数字表示操作位置数，此数字处也可写手柄转动位置的角度。在该数字上方可标注文字符号来表示向前、向后、自动、手动等操作。短画线表示手柄操作触点开闭的位置线，有黑点“·”者表示手柄（手轮）转向此位置时触点接通，无黑点者表示触点不接通。复杂开关允许不以黑点的有无来表示触点的开闭而另用触点闭合表来表示。多于一个以上的触点分别接于各电路中，可以在触点符号上加注触点的线路号（本图例为 4 个线路号）或触点号。一个开关的各触点允许不画在一起，用如表 2–1 所示的触点闭合表来表示。

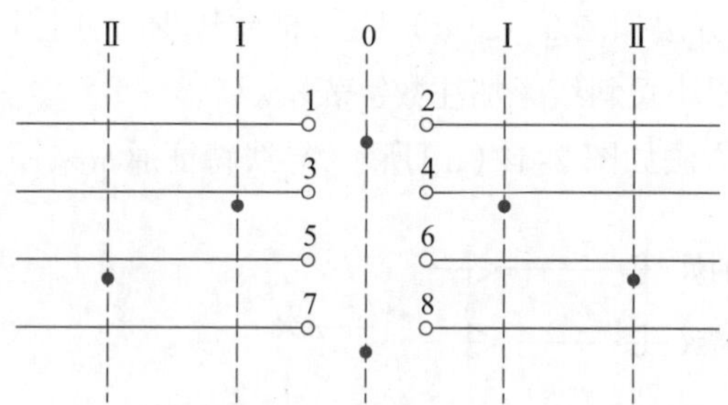

图 2–10　多位置控制器或操作开关的表示方法

表 2–1　触点闭合表

触点	向后位置		中间位置	向前位置	
	2	1	0	1	2
1–2	–	–	+	–	–
3–4	–	+	–	+	–
4–6	+	–	–	–	+
2–8	–	–	+	–	–

④ 电器元件技术数据及有关注释和标注的表示方法。

a. 电器元件技术数据的表示方法。电器元件的技术数据（如型号、规格、整定值等）一般标注在其图形符号附近。当连接线为水平布置时，尽可能标注在图形符号的下方，如图 2–11（a）所示；垂直布置时，标注在项目代号下方，如图 2–11（b）所示。技术数据也可以标注在继电器线圈、仪表、集成电路等的方框符号或简化外形符号内，如图 2–11（c）所示。

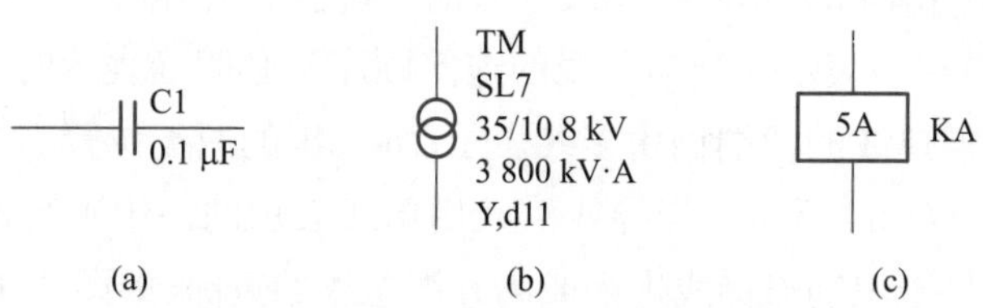

图 2–11　电器元件技术数据的表示方法

在生产机械电气控制电路图和电力系统电路图中，技术数据常用表格形式标注。

b. 注释和标注的表示方法。当电器元件的某些内容不便于用图示形式表达清楚时，可采用注释方法。注释可放在需要说明的对象附近。

（2）连接线的一般表示方法

电气图上各种图形符号之间的相互连线，统称为连接线。

① 导线的一般表示方法：

a. 导线的一般表示符号如图 2–12（a）所示，可用于表示单根导线、导线组，也可以根据情况通过图线粗细、图形符号及文字、数字来区分各种不同的导线，如图 2–12（b）所示的电缆等。

b. 导线的根数表示方法如图 2–12（c）所示，根数较少时，用斜线（45°）数量代表导线根数；根数较多时，用一根小短斜线旁加注数字表示。

c. 导线特征的标注方法如图 2–12（d）所示，导线特征通常采用字母、数字符号标注。

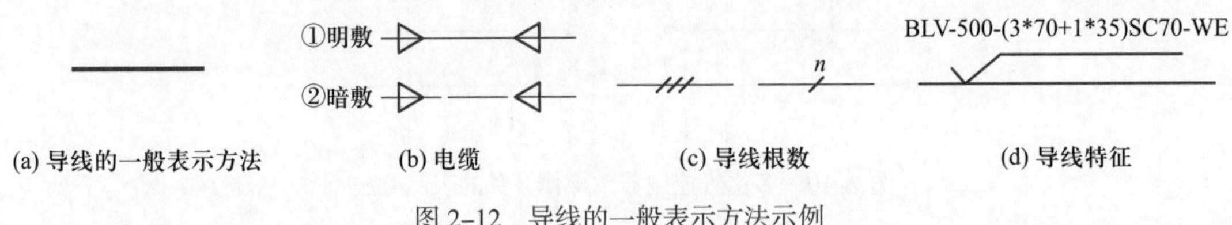

图 2–12　导线的一般表示方法示例

② 图线的粗细。主电路图、主接线图、电流电路等采用粗实线；辅助电路图、二次接线图、电压电路图等则采用一般实线或细实线，而母线通常要比粗实线宽 2～3 倍。

③ 导线连接点的表示。“T” 形连接点可加实心圆点 “•”，也可不加实心圆点，如图 2–13（a）所示。对 “＋” 形连接点，则必须加实心圆点，如图 2–13（b）所示。

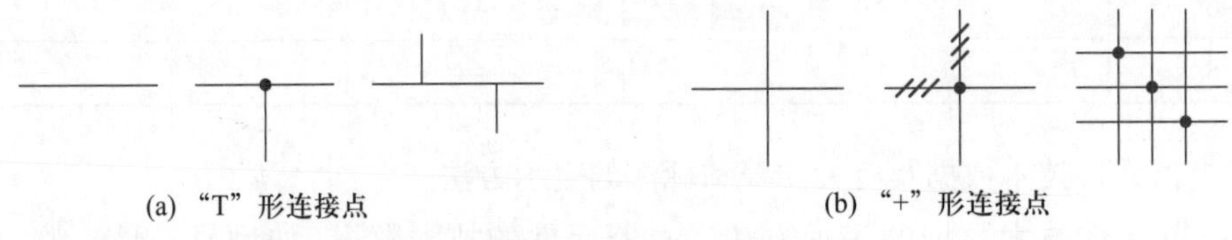

图 2–13　导线连接点的表示方法

④ 连接线的连续表示法和中断表示法：

a. 连接线的连续表示法。是将表示导线的连接线用同一根图线首尾连通的方法。连续线既可用多线也可用单线表示。当图线太多时，为使图面清断，易画易读，对于多条去向相同的连接线常用单线法表示。当多条线的连接顺序不必明确表示时，可采用图 2–14（a）所示的单线表示法，但单线的两端仍用多线表示；导线组的两端位置不同时，应标注相对应的文字符号，如图 2–14（b）所示。当导线汇入用单线表示的一组平行连接线时，汇接处用斜线表示，其方向应易于识别连接线进入或离开汇总线的方向，如图 2–14（c）所示；当需要表示导线的根数时，可按图 2–14（d）所示来表示。

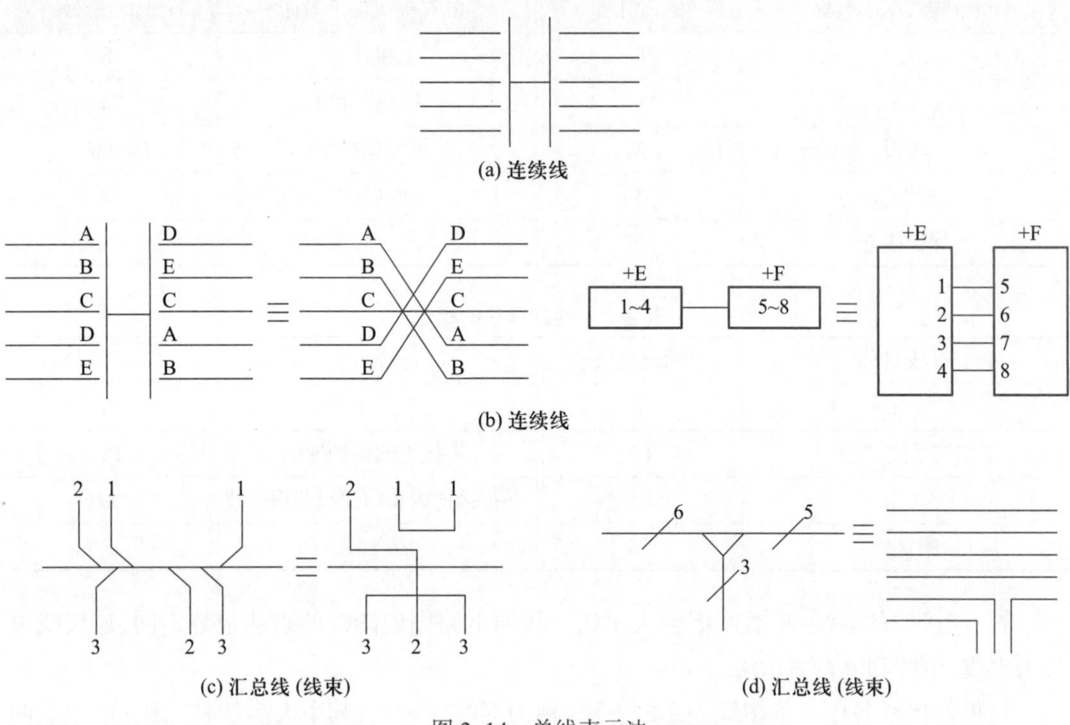

(a) 连续线

(b) 连续线

(c) 汇总线(线束)

(d) 汇总线(线束)

图 2-14 单线表示法

b. 连接线的中断表示法。去向相同的导线组,在中断处的两端标以相应的文字符号或数字编号,以表示连接关系,如图 2-15(a)所示。

两设备或电器元件之间的连接线,如图 2-15(b)所示,在中断处标注文字符号及数字编号,以表示连接关系。

连接线穿越图线较多的区域时,将连接线中断,在中断处加相应的标记,以表示连接关系,如图 2-15(c)所示。

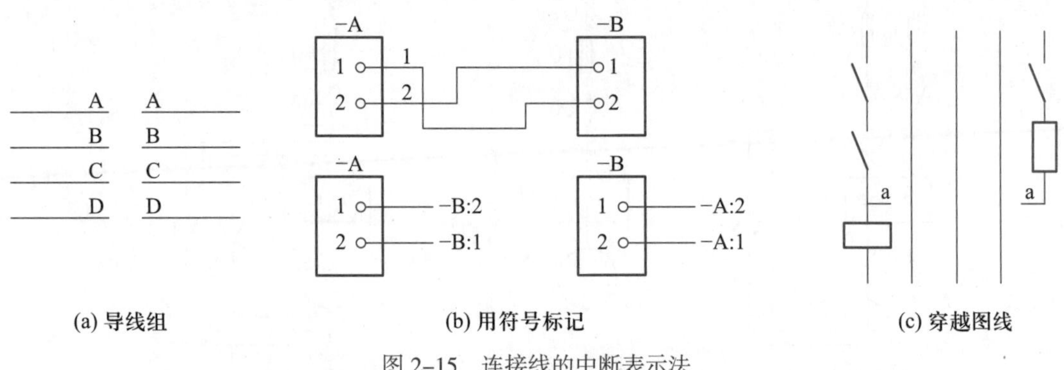

(a) 导线组

(b) 用符号标记

(c) 穿越图线

图 2-15 连接线的中断表示法

⑤ 电器特定接线端子和特定导线端的识别。与特定导线直接或通过中间电器相连的电器接线端子应按表 2-2 和表 2-3 所示的字母进行标记。

表 2-2　特定导线端子的标记

电气接线端子名称	标记符号	电气接线端子名称	标记符号
1 相	U	接地	E
交流系统：2 相	V	无噪声接地	TE
3 相	W	机壳或机架	MM
中性线	N	等电位	CC
保护接地	PE		

表 2-3　特定导线的标记

导线名称	标记符号	导线名称	标记符号
1 相	L1	保护接地	PE
交流系统：2 相	L2	不接地的保护导线	PU
3 相	L3	保护接地线和中性线共用一线	PEN
中性线	N	接地线	E

⑥ 连接线的多线、单线和混合表示法。按照电路图中图线的表达根数不同，连接线可分为多线、单线和混合表示法。

每根连接线各用一条图线表示的方法，称为多线表示法，其中大多数是三线：两根或两根以上（大多数是表示三相系统的 3 根线）连接线用一条图线表示的方法，称为单线表示法；在同一图中，单线和多线同时使用的方法，称为混合表示法。

图 2-16 所示为三相笼型异步电动机Y-△降压起动电路电气控制电路图的多线、单线和混合表示法。图 2-16（a）所示为多线表示法，描述电路工作原理比较清楚，但图线太多；图 2-16（b）为单线表示法，图面简单，但对某些部分（如△联结）描述不够详细；图 2-16（c）为混合表示，兼有二者的优点，在许多情况下被采用。

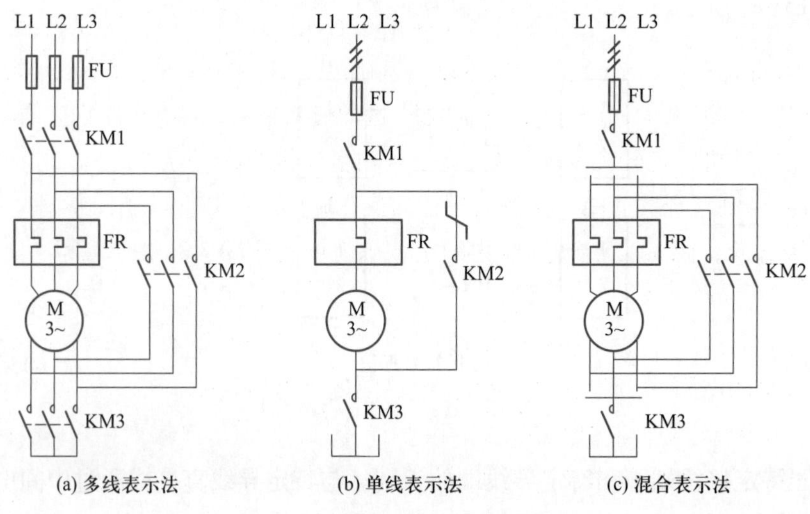

图 2-16　多线、单线和混合表示法

2.1.3 看电气图的基本要求和步骤

看电气图,应弄清看图的基本要求,掌握好看图步骤,这样才能提高看图的水平,加快分析电路的速度。

在初步掌握电气图的基本知识,熟悉电气图中常用的图形符号、文字符号、项目代号和回路标号,以及电气图的基本构成、分类、主要特点的基础上,本节讲述看电气图的基本要求和基本步骤,为以后看图或绘制各类电气图提供总体思路和引导。

1. 看图的基本要求

(1) 从简单到复杂,循序渐进地看图

初学者要本着从易到难、从简单到复杂的原则看图。一般来讲,照明电路比电器控制电路简单,单项控制电路比系列控制电路简单。复杂的电路都是简单电路的组合,从看简单的电路图开始,搞清每一个电气符号的含义,明确每一个电器元件的作用,理解电路的工作原理,为看复杂电气图打下基础。

(2) 应具有电工学、电子技术的基础知识

电工学讲的主要就是电路和电器。电路又可分为主电路、主接线电路以及辅助电路、二次接线电路。主电路是电源向负载输送电能的电路。主电路一般包括发电机、变压器、开关、熔断器、接触器主触点、电容器、电力电子器件和负载(如电动机、电灯)等。辅助电路是对主电路进行控制、保护、监测以及指示的电路。辅助电路一般包括继电器、仪表、指示灯、控制开关和接触器辅助触点等。通常,主电路通过的电流较大,导线线径较粗;而辅助电路中通过的电流较小,导线线径也较小。

电器是电路不可缺少的组成部分。在供电电路中,常常用到隔离开关、断路器、负荷开关、熔断器和互感器等;在机床等机械设备的电气控制电路中,常常用到各种继电器、接触器和控制开关等。我们应了解这些电器元件的性能、结构、原理、相互控制关系以及在整个电路中的地位和作用。

在实际生产的各个领域中,所有电路如输变配电、电力拖动、照明、电子电路、仪器仪表和家电产品等,都是建立在电工、电子技术理论基础之上的。因此,要想准确、迅速地看懂电气图,必须具备一定的电工、电子技术基础知识,进而分析电路,理解图纸所包含的内容。如三相笼型异步电动机的正转和反转控制,就是利用电动机的旋转方向是由三相电源的相序来决定的原理,用倒顺开关或两个接触器进行切换,通过改变输入电动机的电源相序来改变电动机的旋转方向。而Y-△起动则应用的是电源电压的变动引起电动机起动电流及转矩变化的原理。

也可以结合电器元件的结构和工作原理看图。电路由各种电器元件、设备或装置组成,例如电子电路中的电阻、电容、各种晶体管等,供配电高低压电路中的变压器、隔离开关、断路器、互感器、熔断器、避雷器以及继电器、接触器、控制开关、各型高低压柜等,必须掌握它们的用途、主要构造、工作原理及与其他元件的相互关系(如连接、功能及位置关系),才能真正看懂电路图。例如,KA、KT、KS 分别表示电流、时间、信号继电器,要看懂图,必须要把

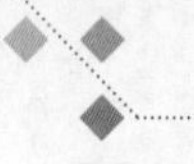

这几种继电器的功能、主要构造（线圈、触点）、动作原理（如时间继电器的延时闭合）及相互关系搞清楚。又例如，要看懂电子电路的放大电路图，必须把晶体管、晶闸管、电阻、电容的基本构造和工作原理弄懂。

（3）要熟记和会用电气图形特号和文字符号

电气简图所用的图形符号和文字符号以及项目代号、接线端子标记等是电气技术文件的“词汇”，而“词汇”掌握得越多，记得越牢，“文章”才能写得越好。

图形符号和文字符号很多，要做到熟记会用，可从个人专业出发，先熟读会背各专业共用的和本专业的图形符号，然后逐步扩大，掌握更多的符号，就能读懂更多的不同专业的电气图。

（4）熟悉各类电气图的典型电路

典型电路一般是最常见、常用的基本电路。如供配电系统的电气主接线图中的单母线接线，由此典型电路可导出单母线不分段、单母线分段接线，而由单母线分段又可分为是隔离开关分段还是断路器分段。电力拖动中的起动、制动、正反转控制电路，联锁电路和行程限位控制电路，电子电路中的整流电路和放大、振荡、调谐等电路，都是典型电路。

不管多么复杂的电路，都是由典型电路派生而来的，或者是由若干典型电路组合而成的。掌握熟悉各种典型电路，有利于对复杂电路的理解，能较快地分清主次环节及其与其他部分的相互联系，抓住主要矛盾，从而看懂较复杂的电气图。

（5）掌握各类电气图的绘制特点

各类电气图都有各自的绘制方法和绘制特点。掌握电气图的主要特点及绘制电气图的一般规则，例如电气图的布局、图形符号及文字符号的含义、图线的粗细、主副电路的位置、电气触点的画法、电气图与其他专业技术图的关系等，并利用这些规则，就能提高看图效率，进而自己也能设计电气图。大型的电气图纸往往不只一张，也不只是一种图，因而读图时应将各种有关的图纸联系起来，对照阅读。通过概略图、电路图找联系，通过接线图、布置图找位置，交错阅读会收到事半功倍的效果。

（6）把电气图与土建图、管路图等对应起来看

电气施工往往与主体工程（土建工程）及其他工程（如工艺管道、给水排水管道、采暖通风管道、通信线路、机械设备等安装工程）配合进行。电气设备的布置与土建平面布置、立面布置有关，线路走向与建筑结构的梁、柱、门窗、楼板的位置和走向有关，还与管道的规格、用途和走向有关；安装方法又与墙体结构和楼板材料有关。特别是一些暗敷线路、电气设备基础及各种电气预埋件，更与土建工程密切相关。因此，阅读某些电气图还要与有关的土建图、管路图及安装图对应起来看。

（7）了解涉及电气图的有关标准和规程

看图的主要目的是用来指导施工、安装，指导运行、维修和管理。有些技术要求不可能都一一在图纸上反映出来、标注清楚。由于这些技术要求在有关的国家标准或技术规程、技术规范中已做了明确的规定，因而在读电气图时，还必须了解这些相关标准、规程、规范，这样才能真正读懂图。

2. 看图的一般步骤

(1) 详看图纸说明

拿到图纸后，首先要仔细阅读图纸的主标题栏和有关说明，如图纸目录、技术说明、电器元件明细表、施工说明书等，结合已有的电工知识，对该电气图的类型、性质、作用有一个明确的认识，从整体上理解图纸的概况和所要表述的重点。

(2) 看概略图和框图

由于概略图和框图只是概略表示系统或分系统的基本组成、相互关系及其主要特征，因此紧接着就要详细看电路图，才能搞清它们的工作原理。概略图和框图多采用单线图，只有某些 380 V/220 V 低压配电系统概略图才部分地采用多线图。

(3) 看电路图是看图的重点和难点

电路图是电气图的核心，是内容最丰富，也最难读懂的电气图纸。

看电路图首先要看有哪些图形符号和文字符号，了解电路图各组成部分的作用，分清主电路和辅助电路，交流回路和直流回路；其次，按照先看主电路，再看辅助电路的顺序进行。

看主电路时，通常要从下往上看，即先从用电设备开始，经控制电器元件，顺次往电源端看；看辅助电路时，则自上而下、从左至右看，即先看主电源，再顺次看各条支路，分析各条支路电器元件的工作情况及其对主电路的控制关系，注意电气与机械机构的连接关系。

通过看主电路，要搞清负载是怎样取得电源的，电源线都经过哪些电器元件到达负载和为什么要通过这些电器元件；通过看辅助电路，应搞清辅助电路的构成，各电器元件之间的相互联系和控制关系及其动作情况等。同时，还要了解辅助电路和主电路之间的相互关系，进而搞清楚整个电路的工作原理和来龙去脉。

(4) 电路图与接线图对照起来看

接线图和电路图互相对照，有助于搞清楚接线图。读接线图时，要根据端子标志和回路标号从电源端顺次查下去，搞清楚线路走向和电路的连接方法，以及每条支路是怎样通过各个电器元件构成闭合回路的。

配电盘(屏)内、外电路相互连接必须通过接线端子板。一般来说，配电盘内有几号线，端子板上就有几号线的接点，外部电路的某号线只要在端子板的同号接点上接出即可。因此，看接线图时，要想把配电盘(屏)内、外的电路走向搞清楚，就必须搞清楚端子板的接线情况。

2.2 电气电路的布线、接线和安装

2.2.1 电气控制图的分类及绘制方法

由各种电气控制元件和电路构成，对电动机或生产机械的供电和运行方式进行控制的装置，称为电动机或生产机械的电气控制装置。

以电动机或生产机械的电气控制装置为主要描述对象，表示其工作原理、电气接线、安

装方法等的图样，称为电气控制图。其中，主要表示其工作原理的图样称为电气控制电路图；主要表示其电器元件实际安装位置和接线关系的图样称为电气安装接线图；主要表示其元件布置的图样称为电器元件布置图。电器元件布置图和电气安装接线图又总称为电气设备安装图。电气控制图是最大量、最常见的一类电气图，因而有必要深入了解这类图的形式、特点及其看图方法。

1. 电气控制电路图

电气控制电路图是将电气控制装置的各种电器元件用图形符号表示并按其工作顺序排列，详细表示控制装置、电路的基本构成和连接关系的图。图2-17是三相异步电动机正反转控制电路图，其中一些电器元件的不同组成部分，按照电路连接顺序分开布置。

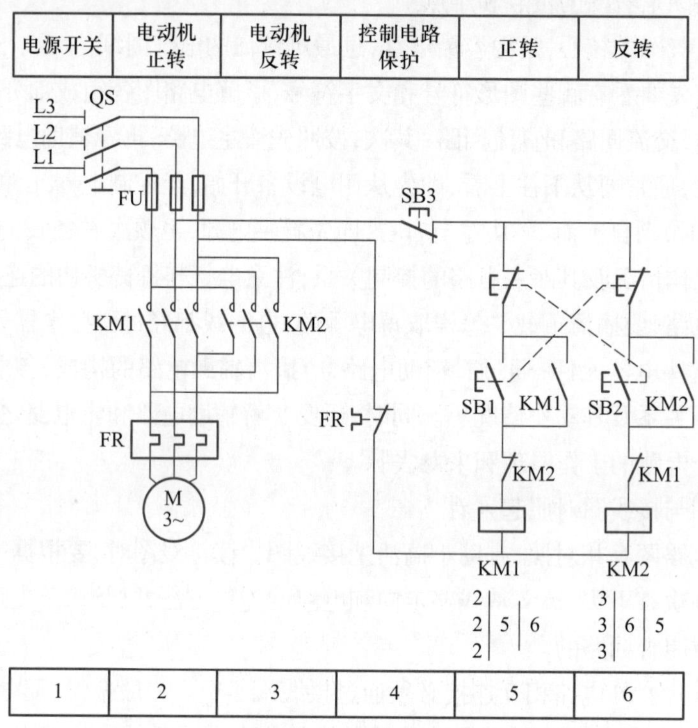

QS—刀开关；KM1—正转接触器；KM2—反转接触器；FU—主电路熔断器；
FR—热继电器；M—三相异步电动机；SB1—正转按钮；SB2—反转按钮；SB3—停止按钮

图2-17　三相异步电动机正反转控制电路图

绘制电气控制电路图，是为了便于阅读和分析电路。它遵循简明、清晰、易懂的原则，根据电气控制电路的工作原理来绘制，图中包括所有电器元件的导电部分和接线端子，但并不按照电器元件的实际布置来绘制。

电气控制电路图一般分为主电路和辅助电路两部分。主电路是电气控制电路中强电流通过的部分，是由电动机以及与它相连接的电器元件（如组合开关、接触器的主触点、热继电器的热元件和熔断器等）所组成的电路图。辅助电路包括控制电路、照明电路、信号电路及保护电路。辅助电路中通过的电流较小。控制电路由按钮、接触器、继电器的吸引线圈和辅助触点以及热继电器的触点等组成。这种电路能够清楚地表明电路的功能。对于分析电路的工作原理十分方便。

在实际的电气控制电路图中，主电路一般比较简单，电器元件数量较少；而辅助电路比主电路要复杂，电器元件也较多。有的辅助电路是很复杂的，由多个单元电路组成，每个单元电路中又有若干小支路，每个小支路中有一个或几个电器元件。对于这样的复杂控制电路，分析起来是比较困难的，要求有坚实的理论基础和丰富的实践经验。

在电气控制电路图中，主电路图与辅助电路图是相辅相成的，其控制功能实际上是辅助电路控制主电路。对于不太复杂的电气控制电路，主电路和辅助电路可以绘制在同一幅图上。

下面简述电气控制电路图的绘制规则和特点。

① 在电气控制电路图中，主电路和辅助电路应分开绘制。电气控制电路图可水平或垂直布置。水平布置时，电源线垂直画，其他电路水平画，控制电路中的耗能元件（如线圈、电磁铁、信号灯等）画在电路的最右端；垂直布置时，电源线水平画，其他电路垂直画，控制电路中的耗能元件画在电路的最下端。

当电路垂直（或水平）布置时，电源电路一般画成水平（或垂直）线，三相交流电源相序L1、L2、L3由上到下（或由左到右）依次排列画出，中线N和保护地线PE画在相线之下（或之右）。直流电源则按正端在上（或在左）、负端在下（或在右）画出。电源开关要水平（或垂直）画出。

主电路，每个受电的动力装置（如电动机）及保护电器（如熔断器、热继电器的热元件等）应垂直电源线画出。主电路可用单线表示，也可用多线表示。

控制电路和信号电路应垂直（或水平）画在两条或几条水平（或垂直）电源线之间。电器的线圈、信号灯等耗电元件直接与下方（或右方）PE水平（或垂直）线连接，而控制触点连接在上方（或左方）水平（或垂直）电源线与耗电元件之间。

无论是主电路还是辅助电路，均应按功能布置，各电器元件一般应按生产设备动作的先后顺序从上到下或从左到右依次排列，可水平布置或垂直布置。看图时，要掌握控制电路编排上的特点，也要一列列或一行行地进行分析。

② 电气控制电路图涉及大量的电器元件（如接触器、继电器开关、熔断器等），为了表达控制系统的设计意图，便于分析系统工作原理，安装、调试和检修控制系统，在绘制电气控制电路图时，所有电器元件均不画出其实际外形，而采用统一的图形符号和文字符号来表示。

③ 在电路图中，同一电器元件的不同部分（如线圈、触点）分散在图中，如接触器主触点画在主电路，接触器线圈和辅助触点画在控制电路中。为了表示是同一电器元件，要在电器的不同部分使用同一文字符号来标明。对于几个同类电器元件，在表示名称的文字符号后的下标加上一个数字序号，以示区别，如K1、K2等。

④ 在机床电气控制电路的不同工作阶段，各个控制电器的工作状态是不同的，各控制电器的众多触点有时断开，有时闭合，而在电气控制电路图中只能表示一种情况。为了不造

成混乱，特作如下规定：所有电器的可动部分均以自然状态画出。

具有循环运动的机械设备，应在电气控制电路图上绘出工作循环图，转换开关、行程开关等应绘出动作程序及触点工作状态表。

由若干元件组成的具有特定功能的环节，可用虚线框括起来，并标注出环节的主要作用，如速度调节器、电流继电器等。

对于电路和电器元件完全相同并重复出现的环节，可以只绘出其中一个环节的完整电路，其余相同环节可用虚线方框表示，并标明该环节的文字符号或环节的名称。该环节与其他环节之间的连线可在虚线方框外面绘出。

对于外购的成套电气装置，如稳压电源、电子放大器、晶体管时间继电器等，应将其详细电路与参数绘在电气控制电路图上。

⑤ 在电路图上可将图分成若干图区，以便阅读查找。在电路图的下方（或右方）沿横坐标（或纵坐标）方向划分图区，并用数字 1、2、3 等（或字母 A、B、C 等）标明，同时在图的上方（或左方）沿横（或纵）坐标方向划分图区，分别用文字标明该图区电路的功能和作用。使读者能清楚地知道某个电器元件或某部分电路的功能，以便于理解整个电路的工作原理。如图 2-17 所示，1 区对应的为“电源开关”QS。

电路图中的接触器、继电器的线圈与受其控制的触点的从属关系（即触点位置）应按下述方法标注：

在每个接触器线圈的文字符号 KM 的下面画两条竖直线，分成左、中、右（或上、中、下）3 栏，把受其控制而动作的触点所处的图区号数字，按表 2-4 规定的内容填上。对备用的触点在相应的栏中用记号“×”标出。

在每个继电器线圈的文字符号（如 KT）下面画一条竖直线，分成左、右（或上、下）两栏，把受其控制而动作的触点所处的图区号数字，按表 2-5 规定的内容填上。同样，对备用的触点在相应的栏中用记号“×”标出。

表 2-4　接触器线圈符号下的数字标志

左（上）栏	中栏	右（下）栏
主触点所处的图区号	辅助动合（常开）触点所处的图区号	辅助动断（常闭）触点所处的图区号

表 2-5　继电器线圈符号下的数字标志

左（上）栏	右（下）栏
动合（常开）触点所处的图区号	动断（常闭）触点所处的图区号

在控制电路图上，一般还在每一并联支路旁注明该部分的控制作用。掌握了这些特点，分析控制电路的作用就会比较容易。

⑥ 在电路图中，有直接电联系的交叉导线连接点要用黑圆点表示。

⑦ 在完整的电路图中还应标明主要电器元件的型号、文字符号、有关技术参数和用途。例如电动机应标明用途、型号、额定功率、额定电压、额定电流和额定转速等。所有电器元件

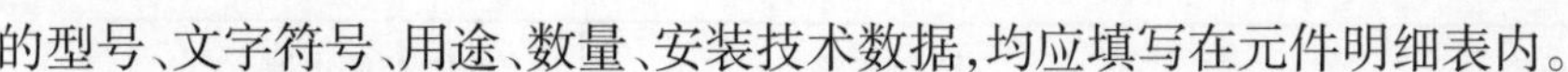

的型号、文字符号、用途、数量、安装技术数据，均应填写在元件明细表内。

⑧ 根据电路图的简易或复杂程度，既可完整地画在一起，也可按功能分块绘制，但整个电路的连接端应统一用字母、数字加以标注，这样可方便地查找和分析其相互关系。

⑨ 电气控制电路标号：

a. 主电路的线号、主电路各接点标记。在机床电气控制电路的主电路中，线号由文字标号和数字标号构成。文字符号用来标明主电路中电器元件和电路的种类和特征，如三相电动机绕组用 U、V、W 表示。数字标号由三位数字构成，并遵循回路标号的一般原则。

三相交流电源的引入线用 L1、L2、L3 来标记，1、2、3 分别代表三相电源的相别，中性线用 N 表示。经电源开关后标号变为 L11、L12、L13，由于电源开关两端属于不同的线段，因此加一个十位数“1”。电源开关之后的三相交流电源主电路分别按 U、V、W 顺序标志，分级三相交流电源主电路采用文字代号 U、V、W 及前面加的阿拉伯数字 1、2、3 等标记，如 1 U、1 V、1 W 及 2 U、2 V、2 W 等。电动机分支电路各接点标记采用三相文字代号后面加数字来表示，数字中的个位数表示电动机代号，十位数字表示该支路各接点的代号，如 U21 为电动机 M1 支路的第二个接点代号，以此类推。电动机定子绕组首端分别用 U、V、W 标记，尾端分别用 U′、V′、W′ 标记。双绕组的中点则用 U″、V″、W″ 标记。

电动机动力电路的标号应从电动机绕组开始自下而上标号。对图 2–18 所示的双电动机控制电路，以电动机 M1 的回路为例，电动机定子绕组的标号为 U1、V1、W1（或首端用 U1、V1、W1 表示，尾端用 U1′、V1′、W1′ 表示），在热继电器 FR 上的另一组线段，标号为 U11、V11、W11，再经接触器 KM 的主触点，标号为 U21、V21、W21，经过熔断器 FU1 与三相电源线相连，并分别与 L11、L12、L13 同电位，因此不再用标号。电动机 M2 回路的标号可以此类推。这个电路的各回路因共用一个电源，故省去了标号中的百位数字。

对图 2–19 所示的单电动机控制电路，由于电路中只有一台电动机，因此标号中不出现表示电动机分号的标记。

若主电路是直流电路，则按数字标号个位数的奇偶性来区分电路的极性；正电源侧用奇数，负电源侧用偶数。

b. 辅助电路的标号。采用阿拉伯数字编号，一般由三位或三位以下的数字组成。标注方法按“等电位”原则进行，在垂直绘制的电路中，标号顺序一般由上而下编号，凡是被线圈、绕组、触点或电阻、电容等元件所间隔的线段，都应标以不同的电路标号。无论是直流还是交流的辅助电路，标号的标注都有以下两种方法：

• 常用的标注方法是首先编好控制电路电源引线线号，“1”通常标在控制线的最上方，然后按照控制电路从上到下、从左到右的顺序，以自然序数递增，每经过一个触点，线号依次递增，电位相等的导线线号相同，接地线作为“0”号线，如图 2–18 中的控制电路所示。

• 以压降元件为界，其两侧面的不同线段分别按标号个位数的奇偶性来依序标号。有时电路中的不同线段较多，标号可连续递增到两位奇偶数，如“11、13、15”“12、14、16”等。压降元件包括接触器线圈、继电器线圈、电阻和照明灯等。

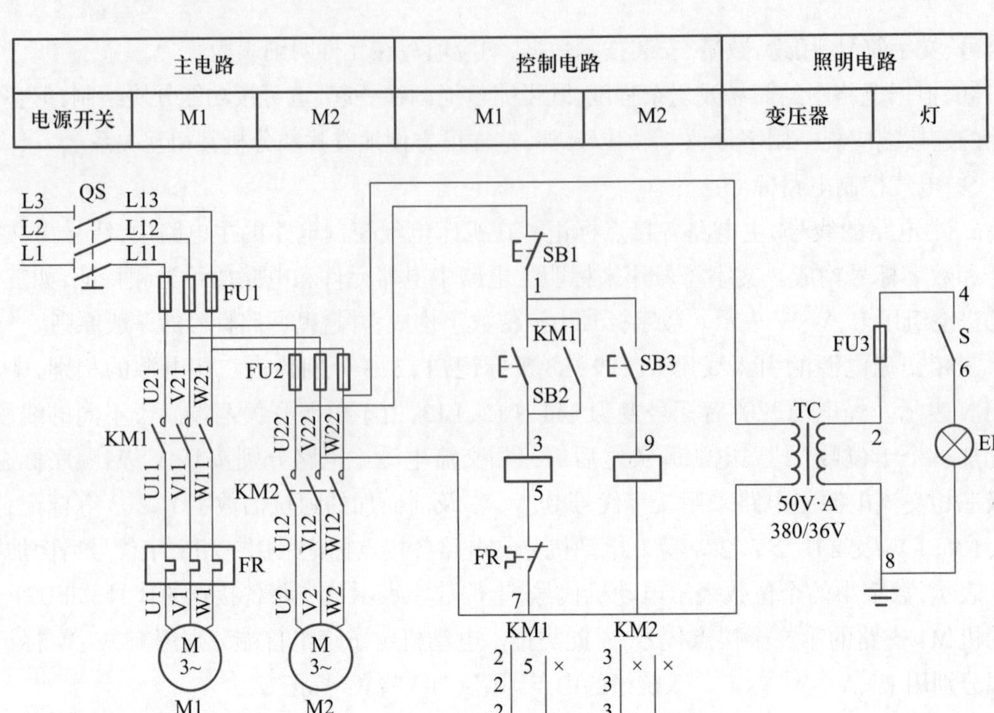

1	2	3	4	5	6	7

图 2–18　双电动机控制电路

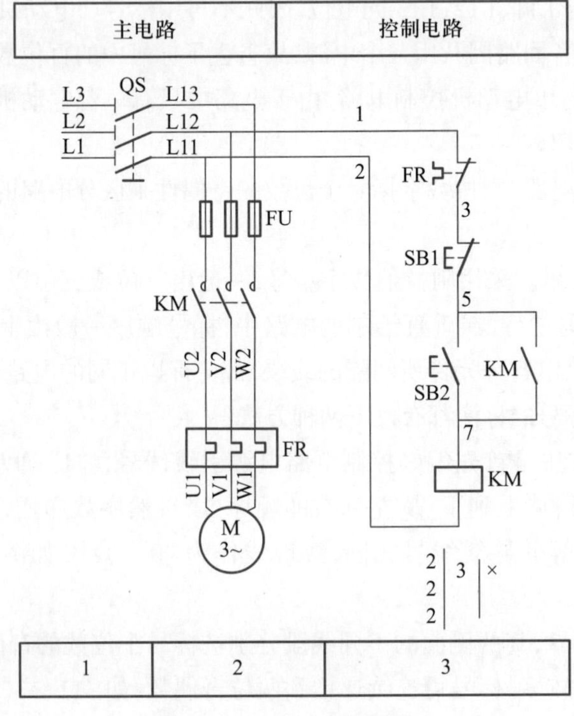

图 2–19　单电动机控制电路

在垂直绘制的电路中，线号采用自上而下或自上至中、自下至中的方式，这里的“中”指压降元件所在位置，线号一般标在连接线的右侧。在水平绘制的电路中，线号采用自左而右或自左至中、自右至中的方式。这里的“中”同样是指压降元件所在位置，线号一般标注于连接线的上方。图 2-20 是垂直绘制的直流控制电路，K1、K2 为耗能元件，因此它们上下两侧的线号分别为奇偶数。与正电源相连的是 1 号线，在 K1 支路中，从上至 K1 元件，经一个触点后线段的标号为 3 号，再经一个触点后的标号为 5 号；在 K1 下侧与负电源相连的线段标号为 2，经一个触点后线段的标号为 4。在 K2 支路中，也在 K2 元件两侧按奇偶数依照 K1 支路的顺序继续编号。

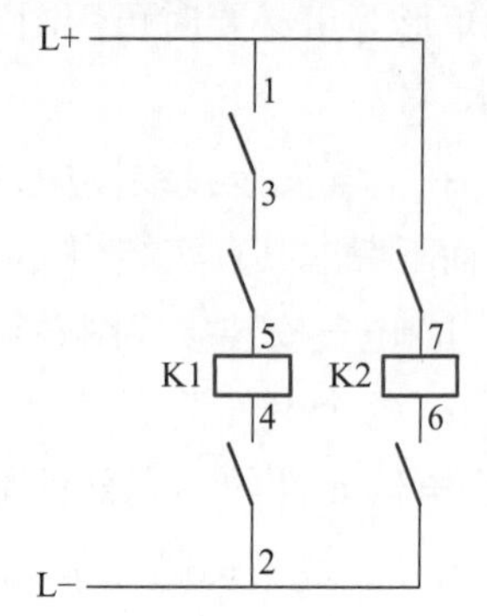

图 2-20　垂直绘制的直流控制电路

无论采用哪种标号方式，电路图与接线图上相应的线号应一致。

2. 电气设备安装图

电气设备安装图是按电器元件的实际安装位置和接线绘制的，根据电器元件布置最合理、连接导线最经济等原则来安排。它为电气设备、电器元件之间的配线及检修电气故障等提供了必要的依据。它包括电器元件布置图和电气安装接线图。

① 电器元件布置图是用来表明生产设备上所有电动机、电器元件的实际位置的图纸，它为电气控制设备的制造、安装、维修提供必要的资料。它一般包括生产设备上的操纵台、操纵箱、电气柜、电动机的位置图，电气柜内电器元件的布置图，操纵台、操纵箱上各元件的布置图等。上述图按复杂程度可集中绘制在一张图上，也可分别绘制。但图中各电器元件的文字符号应与电路图和电器元件明细表上的文字符号相同。在电器元件布置图中，机械设备的轮廓线用细实线或点划线表示，所有可见的和需要表达清楚的电器元件、设备，用粗实线绘出其简单的外形轮廓。各电器元件的安装位置是由机械设备的结构和工作要求决定的，如电动机要和被拖动的机械部件在一起，行程开关应放在要取运行信号的地方，操纵元件放在操纵方便的地方，一般电器元件放在控制框内。

② 电气安装接线图是按照电器元件的实际位置和实际接线绘制的，是表示电器元件、部件、组件或成套装置之间的连接关系的图纸，是电气安装接线、线路检查及维修的依据。根据电器元件布置最合理、连接导线最经济的原则来安排。

电气安装接线图用来表明电气设备各单元之间的接线关系，并标出所需的数据，如接线端子号、连接导线参数等，便于安装接线、线路检查、线路维修和故障处理，在生产现场得到广泛应用。

电气安装接线图与电气控制电路图的绘制有很大区别。电气控制电路图以表明电气设备、装置和控制元件之间的相互控制关系为出发点，以使人能明确分析出电路工作过程为目标。电路安装接线图以表明电气设备、装置和控制电器的具体接线为出发点，以接线方便、布线合理为目标。

电气安装接线图常与电气控制电路图、电器元件布置图配合使用。它有以下特点。

a. 图中表示的电器元件、部件、组件、成套装置都尽量用简单外形轮廓表示（如圆形、方形、矩形等），必要时可用图形符号表示。各电器元件位置应与电器元件布置图中所在位置基本一致。

在电气安装接线图中，电气设备、装置和电器元件均按照国家规定的电气图形符号绘出，而不考虑其真实结构。各电器元件的图形符号、文字符号等均与电气控制电路图一致。

b. 电气安装接线图必须标明每条线所接的具体位置，每条线都有具体明确的线号。

c. 每个电气设备、装置和电器元件都有明确的位置，并应与实际安装位置一致，而且将每个电器元件的不同部件都画在一起，并且常用虚线框起来。比如，一个接触器是将其线圈、主触点及辅助触点都绘制在一起，并用虚线框起来。有的电器元件用实线框图表示出来，其内部结构全部略去，而只画出外部接线。比如，在半导体集成电路图中只画出集成块的外部接线，而在实线框内只标出电器元件的型号。

d. 不在同一控制箱和同一配电板上的各电器元件的连接是经接线端子板连接的，电气互联关系以线束表示，连接导线应标明导线参数（型号、规格、数量、截面积和颜色等），一般不标注实际走线途径。各电器元件的文字符号及端子板编号应与电路图一致，并按电路图和穿线管尺寸的接线进行连接。对于同一控制箱或同一块配电板上的各电器元件之间的导线连接，可直接连接。

e. 走线相同的多根导线可用单线表示。

f. 用连续的实线表示端子之间实际存在的导线。当穿越图面的连接线较长时，可将其中断，并在中断处加注相应的标记以表示两者的连接关系。

2.2.2　电气控制电路安装方法和要求

电气控制电路的主电路和控制电路为其主要部分。主电路一般为执行元件及其附加元件所在的电路。控制电路为控制元件和信号元件所组成的电路，主要用来控制主电路工作。

看电路图的一般方法是先看主电路，再看辅助电路，并用辅助电路的各支路去研究主电路的控制程序。

阅读和分析电气控制电路图的方法主要有两种：查线看图法（又称直接看图法或跟踪追击法）和逻辑代数法（又称间接读图法）。这里重点介绍查线看图法，通过剖析某具体电气控制电路，讲解阅读和分析电气控制电路的方法。

1. 电气控制电路的查线看图法

（1）看主电路的步骤

① 看清主电路中的用电设备。用电设备是指消耗电能的用电器具或电气设备，如电动机、电炉等。看图首先要看清楚有几个用电器，弄清它们的类别、用途、接线方式及一些不同要求等。

图 2-18 中的用电器就是两台电动机 M1、M2。以此为例，应了解下列内容：

a. 类别：交流电动机、直流电动机、异步电动机和同步电动机等。一般生产机械中所用的电动机以交流笼型异步电动机为主。

b. 用途：有的电动机是带动油泵或水泵的，有的是带动塔轮再传到机械上，如传动脱谷机、碾米机、铡草机等。

c. 接线：有的电动机是Y（星形）联结或YY（双星形）联结，有的电动机是△（三角形）联结，有的电动机是Y-△（星形－三角形）即Y起动、△运行。

d. 运行要求：有的电动机要求始终以一个速度运转，有的电动机则要求具有两种速度（低速和高速），还有的电动机是多速运转的，也有的电动机有几种顺向转速和一种反向转速，顺向做功，反向走空车等。

图 2-18 中有两台电动机 M1 和 M2。M1 是油泵电动机，通过它带动高压油泵，再经液压传动使主轴做功；M2 是工作台快速移动电动机。两台电动机接线方法均为Y联结。

② 要弄清楚用电设备是用什么电器元件控制的。控制电器设备的方法很多，有的直接用开关控制，有的用各种起动器控制，还有的用接触器或继电器控制。图 2-18 中的电动机是用接触器控制的。当接触器 KM1 得电吸合时，M1 起动；当 KM2 得电吸合时，M2 起动。

③ 了解主电路中所用的控制电器及保护电器。前者是指除常规接触器以外的其他电器元件，如电源开关（转换开关及断路器）、万能转换开关等。后者是指短路保护器件及过载保护器件，如断路器中电磁脱扣器及热过载脱扣器、熔断器、热继电器和过电流继电器等。

在图 2-18 中，两条主电路中接有电源开关 QS、热继电器 FR 和熔断器 FU1，分别对电动机 M1 起过载保护和短路保护作用。FU2 对电动机 M2 和控制电路起短路保护作用。

④ 看电源，要弄清电源电压等级，是 380 V 还是 220 V，是从母线汇流排供电或配电盘供电，还是从发电机组接出来的。

一般生产机械所用的电源均是三相、380 V、50 Hz 的交流电源，对需采用直流电源的设备，往往采用直流发电机供电或整流装置供电。随着电子技术的发展，特别是大功率整流管及晶闸管的出现，一般通过整流装置来获得直流电。

在图 2-18 中，电动机 M1、M2 的电源均为三相 380 V 交流电，主电路的构成情况是：三相电源 L1、L2、L3 →电源开关 QS →熔断器 FU1 →接触器主触点 KM1 →热继电器 FR →笼型异步电动机 M1；另一条支路，熔断器 FU2 接在熔断器 FU1 端头 U21、V21、W21 上→接触器主触点 KM2 →笼型异步电动机 M2。

一般来说，对主电路作如上内容的分析以后，即可分析辅助电路。

（2）看辅助电路的步骤

由于存在着各种不同类型的生产机械设备，它们对电力拖动也提出了各不相同的要求，表现在电路图上也就有种种不同的辅助电路。因此要说明如何分析辅助电路，就只能介绍方法和步骤。辅助电路包含控制电路、信号电路和照明电路。

在分析控制电路时，要根据主电路中各电动机和执行电器的控制要求，逐一找出控制电路中的控制环节，后面章节将会介绍基本控制电路的知识，将控制电路“化整为零”，按功能不同划分成若干局部控制电路进行分析。如果控制电路较复杂，则可先排除照明、显示等与控制关系不密切的电路，以便集中精力分析控制电路。分析控制电路的最基本的方法是“查线看图”法。

① 看电源。首先看清电源的种类，是交流的还是直流的；其次，要看清辅助电路的电源是从什么地方接来的，其电压等级是多少。辅助电路的电源一般从主电路的两条相线上接来，其电压为单相380 V，有的从主电路的一条相线和零线上接来，电压为单相220 V；此外，也可以从专用隔离电源变压器接来，电压有127 V、110 V、36 V、6.3 V等。变压器的一端应接地，各二次绕组的一端也应接在一起并接地。辅助电路为直流时，直流电源可从整流器、发电机组或放大器上接来，其电压一般为24 V、12 V、6 V、4.5 V、3 V等。辅助电路中的一切电器元件的线圈额定电压必须与辅助电路电源电压一致。否则，电压低时电器元件不动作；电压高时，则会把电器元件线圈烧坏。在图2-18中，辅助电路的电源从主电路的两条相线上接来，电压为单相380 V。

② 了解控制电路中所采用的各种继电器、接触器的用途。如果电路中采用了一些特殊结构的继电器，则应了解它们的动作原理，只有这样，才能了解它们在电路中如何动作以及具有何种用途。

③ 根据控制电路来研究主电路的动作情况。

分析了上面这些内容再结合主电路中的要求，就可以分析控制电路的动作过程。控制电路总是按动作顺序画在两条水平线或两条垂直线之间的。因此，也就可从左到右或从上到下来进行分析。复杂的控制电路在电路中构成一条大支路，在这条大支路中又分成几条独立的小支路，每条小支路控制一个用电器或一个动作。当某条小支路形成闭合回路有电流流过时，支路中的电器元件（接触器或继电器）便动作，把用电设备接入或切断电源。在控制电路中，一般是靠按钮或转换开关把电路接通。对控制电路的分析，必须随时结合主电路的动作要求来进行。只有全面了解主电路对控制电路的要求以后，才能真正掌握控制电路的动作原理。不可孤立地看待各部分的动作原理，而应注意各个动作之间是否有互相制约的关系，如电动机正、反转之间应设有联锁等。在图2-18中，控制电路有两条支路，即接触器KM1和KM2支路，其动作过程如下：

a. 合上电源开关QS，主电路和辅助电路均有电压，辅助电路由线段U22、V22和W22引出。

b. 当按下起动按钮SB2时，即形成一条支路，电流经线段U22→停止按钮SB1→起动按钮SB2→接触器线圈KM1→热继电器FR→线段V22形成回路，使接触器KM1得电吸合。KM1得电吸合，其在主电路中的主触点闭合，使电动机M1得电，开始运转。同理，按下起动按钮SB3，电动机M2开始运转。

在起动按钮SB2两端并接了接触器的辅助动合触点KM1（1-3）。其作用是，在松开起动按钮SB2时，SB2触点断开，由于此时KM1已接通，其辅助动合触点KM1（1-3）已闭合，电流经辅助触点KM1（1-3）流过，电路不会因起动按钮SB2的松开而失电，辅助触点KM1（1-3）起自保持作用。对于接触器KM2，由于工作的要求，不需自保持，当SB3松开，电动机M2即停转。

c. 停车只要按下停止按钮SB1。SB1串联在KM1和KM2电路中。按下停止按钮SB1时，电路开路，接触器KM1失电释放，使主电路中的接触器主触点KM1断开，使电动机失电。当再起动时，必须重新按下起动按钮 SB2 或 SB3。

综上所述，电动机的起动由接触器或继电器控制，而接触器或继电器的吸合或释放则由开关或按钮控制。这种开关或按钮→接触器或继电器→电动机的控制形式，就是机械自动化的基本形式。

④ 研究电器元件之间的相互关系。电路中的一切电器元件都不是孤立存在的，而是相互联系、相互制约的。这种互相控制的关系有时表现在一条支路中，有时表现在几条支路中。图 2–18 所示的电路比较简单，没有相互控制的电器元件，看图时就省略了这一步。

⑤ 研究其他电气设备和电器元件，如整流设备、照明灯等。对于这些电气设备和电器元件，只要知道它们的线路走向以及电路的来龙去脉即可。在图 2–18 中，EL 是局部照明灯，TC 是 380/36 V 照明变压器，提供 36 V 安全电压。照明灯开关 S 闭合时，照明灯 EL 就亮。

上面所介绍的读图方法和步骤，只是一般的通用方法，需通过具体线路的分析逐步掌握，不断总结，才能提高看图能力。

（3）查线看图法的要点

综上所述，电路图的查线看图法的要点如下：

① 分析主电路。从主电路入手，根据每台电动机和执行电器的控制要求去分析各电动机和执行电器的控制内容，包括电动机起动、转向控制、调速和制动等基本控制电路。

② 分析控制电路。根据主电路中各电动机和执行电器的控制要求，逐一找出控制电路中的控制环节，将控制电路“化整为零”，按功能不同划分成若干局部控制电路进行分析。如果控制电路较复杂，则可先排除照明、显示等与控制关系不密切的电路，以便集中精力进行分析。

③ 分析信号、显示电路与照明电路。控制电路中执行元件的工作状态显示、电源显示、参数测定、故障报警和照明电路等部分，多是由控制电路中的元件来控制的，因此还要回过头来对照控制电路对这部分电路进行分析。

④ 分析联锁与保护环节。生产机械对于安全性、可靠性有很高的要求，实现这些要求，除了合理地选择拖动、控制方案以外，在控制电路中还设置了一系列电气保护和必要的电气联锁。在电气控制电路图的分析过程中，电气联锁与电气保护环节是一个重要内容，不能遗漏。

⑤ 分析特殊控制环节。在某些控制电路中，还设置了一些与主电路、控制电路关系不密切，相对独立的某些特殊环节，如产品计数装置、自动检测系统、晶闸管触发电路和自动调温装置等。这些部分往往自成一个小系统，其看图分析的方法可参照上述分析过程，并灵活运用所学过的电子技术、变流技术、自控系统、检测与转换等知识逐一分析。

⑥ 总体检查。经过“化整为零”，逐步分析每一局部电路的工作原理以及各部分之间的控制关系后，还必须用“集零为整”的方法，检查整个控制电路，看是否有遗漏。特别要从整体角度去进一步检查和理解各控制环节之间的联系，以达到清楚地理解电路图中每一个电器元件的作用、工作过程及主要参数。

2. 电气控制电路的接线和安装

学会看电路图是学会看电气安装接线图的基础，学会看电气安装接线图是进行实际接线和安装的基础；反过来，通过对具体电路的接线和安装，又促进看电气安装接线图能力的提高。

看电气安装接线图，首先应弄清楚电气控制电路图，然后再结合电气控制电路图看电气安装接线图，这是看懂电气安装接线图并能够完成电气控制电路安装接线的最佳方法。

电气控制电路接线和安装的一般规律如下。

① 分析清楚电气控制电路图中主电路和辅助电路所含有的电器元件，弄清楚每个电器元件的动作原理。要特别弄清楚辅助电路中电器元件之间的关系，弄清楚辅助电路中有哪些电器元件与主电路有关系。

② 弄清楚电气控制电路图和电气安装接线图中电器元件的对应关系。在电气控制电路图中，表示电器元件的图形符号与电气安装接线图中的图形符号都是按照国家标准规定的图形符号绘制的，但是电气控制电路图是根据电路工作原理绘制的，而电气安装接线图是按电路实际接线绘制的，因而同一个元器件在两种图中的绘制方法可能有些区别。例如，接触器、继电器、热继电器和时间继电器等在电气控制电路图中是将它们的线圈和触点画在不同位置（不同支路中），而在电气安装接线图中是将同一个继电器的线圈和触点画在一起。

③ 弄清楚电气安装接线图中接线导线的根数和所用导线的具体规格。通过对电气安装接线图进行细致观察，可以确定所需导线的准确根数和所用导线的具体规格。

在很多电气安装接线图中并不标明导线的具体型号、规格，而是将电路中所有元器件和导线型号列入元件明细表中。

如果电气安装接线图中没有标明导线的型号、规格，而元件明细表中也没有注明导线的型号、规格，则需要接线人员做出选择。

④ 在电气安装接线图中，主电路的看图与电气控制电路图的主电路的看图方法恰恰相反。看电气控制电路图的主电路时，是从下到上，即先看用电器，再看是什么电器元件来控制用电器的；而看电气安装接线图的主电路时，是从引入的电源线开始，顺次往下看，直到电动机，主要看用电设备是通过哪些电器元件而获得电源的。

⑤ 看辅助电路要按每条小支路去看，每条小支路要从电源顺线去查，经过哪些电器元件后又回到另一相电源。按动作顺序了解各条小支路的作用，主要目的是明白辅助电路是怎样控制电动机的。

⑥ 根据电气安装接线图中的线号，研究主电路的线路走向和连接方法。

图 2–21 为按图 2–18 电路图绘制的 B690 型液压牛头刨床电气安装接线图。

以图 2–21 为例，说明电气安装接线图的看图步骤如下：

首先，根据线号了解主电路的线路走向和连接方法。电源与电动机 M 之间连接线要经过配电盘端子→刀开关 QS →接触器 KM 的主触点（三副主触点）→配电盘端子→电动机接线盒的接线柱。

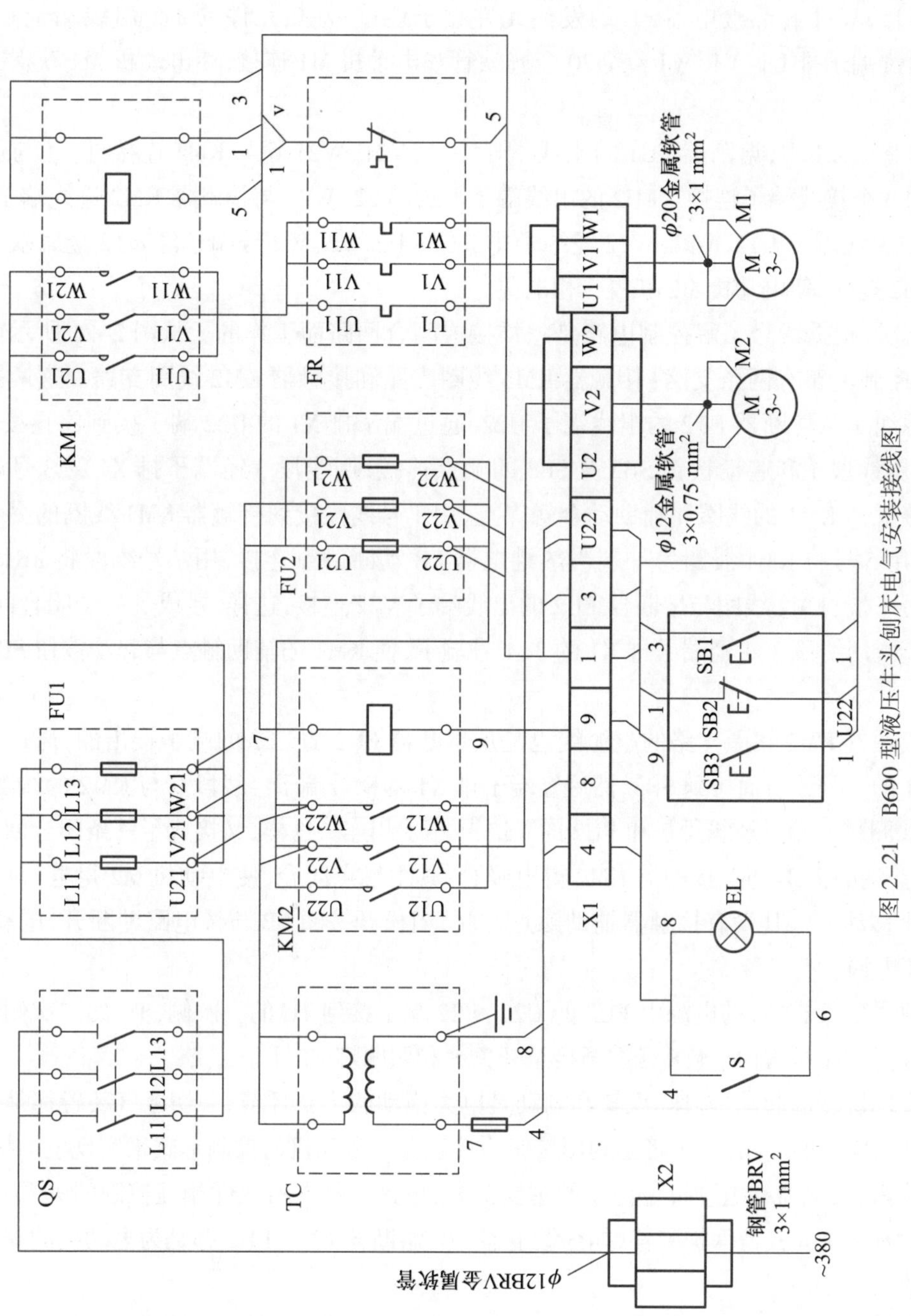

图 2-21 B690 型液压牛头刨床电气安装接线图

在图 2-21 中，三相电源经接线端子排 X2 的 L1、L2、L3 三条线与电源开关 QS 的 3 个接线端子相连，QS 另一出线端子 L11、L12，L13 与熔断器 FU1 的 3 个进线端相接，FU1 的另 3 个出线端子 U21、V21、W21 与接触器 KM1 的 3 个进线端子相连。KM1 的出线端子 U11、V11、W11 和热继电器 FR 的发热元件端子连接，发热元件的 3 个出线端子 U1、V1、W1，通过端子排 U1、V1、W1 经 ϕ20 金属软管和电动机 M1 连接，使电动机 M1 获得三相电源线。

在图 2-21 中，熔断器 FU1 的出线端子 U21、V21、W21 除与 KM1 连接外，还与熔断器 FU2 的 3 个接线端子连接。FU2 的出线端子 U22、V22、W22 与接触器 KM2 进线端子连接，KM2 的出线端子 U12、V12、W12 经端子排 X1 的 U2、V2、W2 号端子经 ϕ12 金属软管与电动机 M2 连接，使电动机 M2 获得三相电源。

其次，根据线号了解控制电路是怎样接成闭合回路而工作的。从图 2-21 所示电路图可知，控制电路有两条支路：接触器 KM1 线圈支路和接触器 KM2 线圈支路。这两条支路的电源线是从熔断器 FU2 的出线端子 U22，通过端子排 X1 的 U22 端子接到停止按钮 SB1 触点，用线段 1 和起动按钮 SB2 及 SB3 的触点连接，用线段 3 经端子排 X1 的 3 号端子排接到接触器 KM1 的线圈和辅助动合触点上，用 1 号线段接到接触器 KM1 线圈的另一个触点上，用 5 号将 KM1 线圈另一端与热继电器 FR 动断触点连接，用 7 号线段将 FR 动断触点的另一端、KM2 线圈与熔断器 FU2 的出线端子 V22 连接，这样，接成了一个闭合回路，使 M1 起动，用线段 3、1 经端子排 X1 的 3、1 号端子，使 KM1 的辅助触点与起动按钮 SB2 触点并联。

接触器 KM2 线圈支路的电源线也是从熔断器 FU2 的 U22 的端子接出的，通过停止按钮 SB1 的 1 号线段而接到 SB3，然后经端子排 X1 的 9 号端子经线段 9 与 KM2 的线圈连接，KM2 线圈另一端点经线段 7 和 FU2 的 V22 号端子相连。这样，又接成了一条闭合回路。当按下起动按钮 SB3 时，接触器 KM2 得电吸合，其主触点闭合，使电动机 M2 得电，带动工作台快速移动。因其没有接触器辅助触点并联，当松开按钮 SB3 时，电路即断开，电动机 M2 被切离电源。

照明变压器 TC 的电源由 FU2 的 U22、V22 端子接到 TC 的一次侧，TC 的二次侧经线段 4、8，通过端子排 X1 的 4、8 号端子接至开关 S 和照明灯 EL 上。

实现机械的起动、调速、反转和制动是电力拖动的主要环节，一切电气装置都是为这种电力拖动服务的。图 2-21 正是利用按钮→接触器→电动机的控制形式来实现电力拖动的。因此按钮、接触器和电动机是该图的主要部分，把这三种电器元件相互控制的关系弄清楚，此图就看懂了。其他保护装置，如热继电器 FR，熔断器 FU1、FU2 都是为电动机的安全运转服务的。

根据线号分析辅助电路的线路走向时，先从辅助电路电源引入端开始，再依次研究每条支路的线路走向。

在实际电路接线过程中，主电路和辅助电路是分先后顺序接线的。这样做的原因，是为了避免主电路、控制电路线路混杂。另外，主电路和控制电路所用导线号规格也不相同。

课后习题

1. 电气控制电路的表示方法有________、________和电气安装接线图3种。

2. 电气控制工程图中，文字符号分为__________和__________。

3. 电气控制电路图是根据________而绘制的，具有结构简单、层次分明、便于________电路的工作原理等优点。

4. 控制电路的标记由__________组成，交流控制电路的标号以重要压降元件为分界，______用奇数标号，______用偶数标号。在直流控制电路中，______按奇数标号，______按偶数标号。

5. 在电气控制电路图中，所有电器元件的______、______必须采用国家规定的统一标准。

6. 绘制电气控制电路图时，主电路用__________绘制在图面的__________，控制电路绘制在图面的________。

7. 绘制电气控制电路图时所有电器元件均按______________和____________的原始状态绘制。

8. 电器元件布置图主要用来表明电气设备上所用电动机、电器的____________。

9. 电气安装接线图是按照电器元件的________和________绘制的。

10. 绘制电气安装接线图时，各电器元件用规定的图形符、文字符号绘制，同一电器元件各部件必须________。各电器元件的位置，应与__________一致。

第3章 三相异步电动机常见控制电路

实现电能与机械能相互转换的电工设备总称为电机。电机利用电磁感应原理实现电能与机械能的相互转换。把机械能转换成电能的设备称为发电机,而把电能转换成机械能的设备称为电动机。在生产上主要用的是交流电动机,特别是三相异步电动机,因为它具有结构简单、坚固耐用、运行可靠、价格低廉、维护方便等优点,被广泛地用来驱动各种金属切削机、起重机、锻压机、传送带、铸造机械、功率不大的通风机及水泵等。

本章主要介绍各种电动机的基本构造、工作原理,表示其转速与转矩之间关系的机械特性,起动、调速及制动的基本原理、基本方法和应用场合等。

3.1 基本控制电路

电气联锁控制的规律是电气控制电路中常见的基本规律,主要包括起动与停止的自锁控制、正反向动作的互锁控制、连续工作与点动工作的联锁控制、多地(或条件)的联锁控制和自动循环控制等规律。

3.1.1 自锁和互锁

一台机械设备有较多的运动部件,这些部件根据设备运行工艺或保护要求的不同,包含互相配合、互相制约、先后顺序等各种控制要求。例如,电梯等升降机械的上、下不能同时进行,机械加工机床的主轴必须在油泵电动机起动使齿轮箱有充足的润滑油后才能工作,龙门刨床的工作台运动不允许刀架移动等,这些要求若用电气控制来实现,就称为电气联锁保护。同时,电气控制系统本身也有互相制约、先后顺序等各种要求,也由电气联锁实现。

实际上,电气联锁控制就是将各种控制电器及其触点,按照一定的逻辑关系组合来实现系统的控制要求。

常见的联锁控制分为自锁和互锁控制。

1. 起动、停止自锁控制电路

图 3-1 所示为最典型的起停控制电路——笼型异步电动机单向全压起动、停止控制电路。主电路由刀开关 QS、熔断器、接触器 KM 的主触点、热继电器 FR 的热元件和电动机 M 组成。控制电路由热继电器 FR 的动断触点、停止按钮 SB1、起动按钮 SB2、接触器 KM 的线

圈及其辅助动合触点组成。

起动时，合上刀开关 QS，按下按钮 SB2，则接触器 KM 线圈得电，其主触点闭合。电动机 M 接通电源起动旋转，同时与起动按钮 SB2 并联的 KM 的辅助动合触点也闭合，使 KM 的线圈经两条路径得电。这样当松开 SB2 时，SB2 自动复位断开，KM 线圈通过其自身辅助动合触点和停止按钮 SB1 的串联支路继续保持得电，保证电动机 M 连续运转。这种依靠接触器自身辅助动合触点保持线圈得电的电路称为自锁（或自保）电路，起自锁作用的动合触点称为自锁（自保）触点。

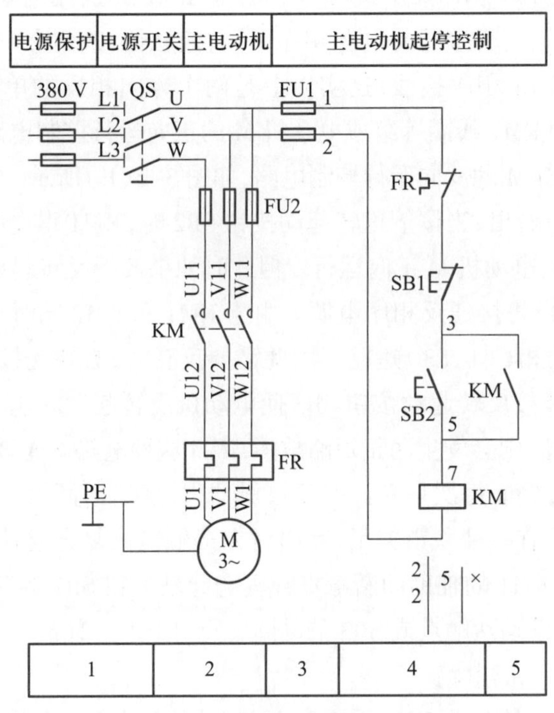

图 3-1　典型的起停控制电路

要使电动机停转，只要按下停止按钮 SB1 即可。按下 SB1，切断 KM 线圈电路，KM 线圈失电释放，KM 的主触点断开，电动机 M 停转，同时 KM 的辅助动合触点也断开，控制电路解除自锁，不能再自行起动。松开 SB1 后，KM 线圈也不能再依靠自锁触点得电，因为原先闭合的自锁触点已在 SB1 复位之前断开。若要电动机重新旋转，须进行第二次起动。

上述过程可用动作顺序表示为：

起动：按下 SB2 → KM 线圈得电吸合→
- KM 辅助动合触点闭合（接通控制电路），自锁
- KM 主触点闭合→电动机 M 起动运转

停止：按下 SB1 → KM 线圈失电释放→
- KM 辅助动合触点断开，解除自锁
- KM 主触点断开→电动机 M 停转

按下起动按钮，电动机转动；松开按钮后，电动机停转。这种控制称为点动控制。

按下起动按钮后再松开，电动机能够连续运行，只有按下停止按钮时电动机才停止，这种具有记忆功能的电路称为自锁电路。

2. 互锁控制电路——正反转控制电路

在生产实践中，很多设备需要两个相反的运行方向。例如，主轴的正、反向转动，机床工作台的前进或后退，起重机吊钩的上升或下降等，这就要求电动机能正、反向运行；三相异步电动机可借助正、反向接触器改变定子绕组电源相序来实现正、反向运行，电路如图 3-2 所示。

主电路如图 3-2（a）所示，采用接触器 KM1 和 KM2 分别控制电动机 M 的正、反向运行。这两只接触器主触点所接通的电源相序不同，接触器 KM1 按 L1-L2-L3 相序接线，接触器 KM2 则按 L3-L2-L1 相序接线，这实质上是两个方向相反的单向运行控制电路的组合，由起动按钮 SB2 和 KM1 线圈等组成电动机 M 的正向运行控制电路，由起动按钮 SB3 与 KM2 线圈等组成电动机 M 的反向运行控制电路，如图 3-2（b）所示。

由图 3-2（b）可以看出，当按下正转起动按钮 SB2 时，KM1 得电吸合并自锁，其主触点闭合，接通正相序电源，电动机 M 正向运行。但此时如果按下反转起动按钮 SB3，则 KM3 得电吸合，其主触点闭合，将接通反相序电源。由于 KM1 和 KM2 同时得电吸合，它们的主触点同时闭合，将造成两相（L1、L3）短路。因此需要反转时，必须先按下停止按钮 SB1 使电动机 M 停转，然后才能按反转起动按钮 SB3 使电动机反转起动。这种操作极不方便，但若直接按下反转起动按钮，则会发生两相短路故障，因此这种电路不能被采用。

为了防止误操作，保证每次只允许一只接触器得电吸合，而另一只接触器不能得电吸合，两只接触器间需要有一种联锁关系，互串对方接触器或复合起动按钮的动断触点。在 KM2 线圈电路中串接 KM1 的辅助动断触点或复合起动按钮 SB2 的动断触点，在 KM1 线圈电路中串接 KM2 的辅助动断触点或 SB3 的动断触点，如图 3-2（c）、（d）、（e）所示。

（1）图 3-2（c）所示的电路

按下起动按钮 SB2，接触器 KM1 得电吸合并自锁，其主触点闭合，电动机 M 正转起动；同时 KM1 的辅助动断触点断开，KM2 无法得电，实现互锁。若需要电动机 M 反转，则只有按下停止按钮 SB1，使 KM1 失电释放，其主触点断开，电动机 M 停转，同时 KM1 的辅助动断触点复位闭合后，KM2 才有得电条件。这时，按下反转起动按钮 SB3，使接触器 KM2 得电吸合并自锁，电动机 M 反转起动；同时 KM2 的辅助动断触点断开，使 KM1 无法得电，实现互锁。这种利用接触器的辅助动断触点的联锁称为电气联锁或接触器联锁，它能有效防止由于误操作而引起的相间短路故障。但是，该电路只能实现“正→停→反”或“反→停→正”，若使电动机由正转变为反转（或由反转变为正转），则必须先按下停止按钮 SB1 后，才能再反向（或正向）起动，操作不太方便。

（2）图 3-2（d）所示的电路

按下正转复合起动按钮 SB2，SB2 动合触点闭合，KM1 得电吸合并自锁，其主触点闭合，电动机 M 正转起动；SB2 动断触点断开，KM2 不能得电，实现互锁。若需电动机 M 反转，按下反转复合起动按钮 SB3，SB3 的动断触点断开，KM1 失电释放，电动机停转，然后 SB3 的

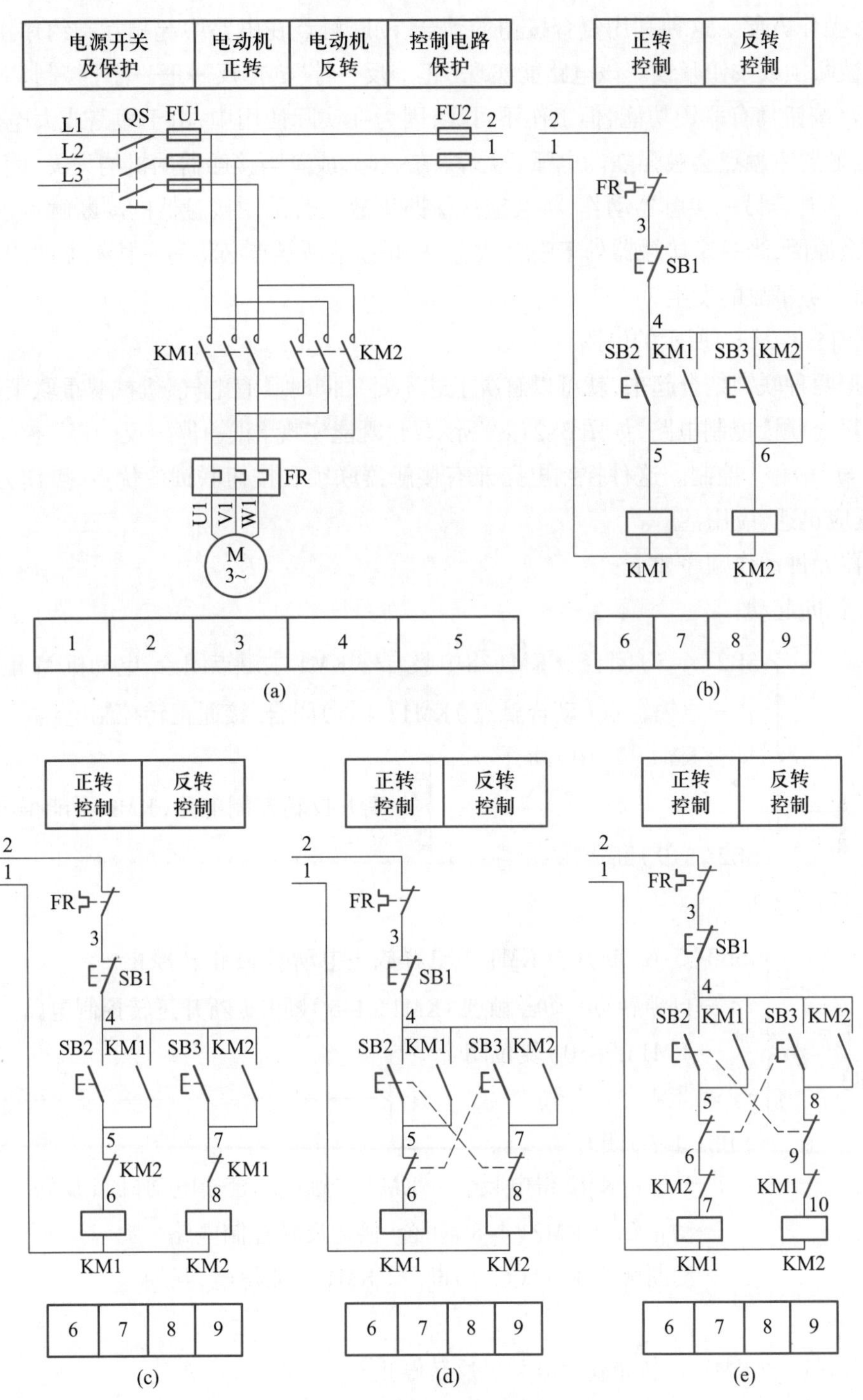

图 3-2　电动机正、反转控制电路

动合触点闭合，KM2 得电吸合，电动机 M 反转起动。这样若改变电动机的旋转方向，当中就不必再按停止按钮 SB1，直接操作正、反转复合起动按钮 SB2、SB3，就能实现电动机的正、反转互换，操作方便。这种利用复合按钮的动合、动断触点在电路中起相互制约作用的接法，称为机械联锁或按钮联锁。该电路能实现“正→反→停”或“反→正→停”控制。

复合按钮具有联锁功能，但工作不可靠，因为在实际使用中，由于短路或大电流的长期作用，接触器主触点会被强烈的电弧“烧焊”在一起，或者当接触器的机构失灵，使主触点不能断开，这时若另一接触器动作，将会造成短路事故。若采用接触器的动断触点进行联锁，不论什么原因，当一个接触器处于吸合状态，其联锁动断触点必将另一接触器的线圈电路切断，从而避免事故的发生。

（3）图 3-2（e）所示的电路

若把两种联锁结合起来，就可以解决上述不足。同时具有电气、机械双重联锁控制的电路称为复合联锁控制电路，如图 3-2（e）所示，它既能实现“正→停→反→停”控制，又能实现“正→反→停”控制。这种控制电路兼有接触器联锁和按钮联锁的优点，操作方便、安全可靠、反应迅速，应用甚广。

电器元件动作顺序如下：

① 正向起动：

按下 SB2 →
- SB2（4–5）闭合→ KM1 得电吸合→ KM1 主触点闭合，电动机 M 正转
  - →自锁触点（动合触点）KM1（4–5）闭合，接通正转控制电路
  - → KM1（9–10）断开→ ┐
- SB2（8–9）断开 → ┘ →断开反转控制电路，KM2 不能得电，互锁

② 反向起动：

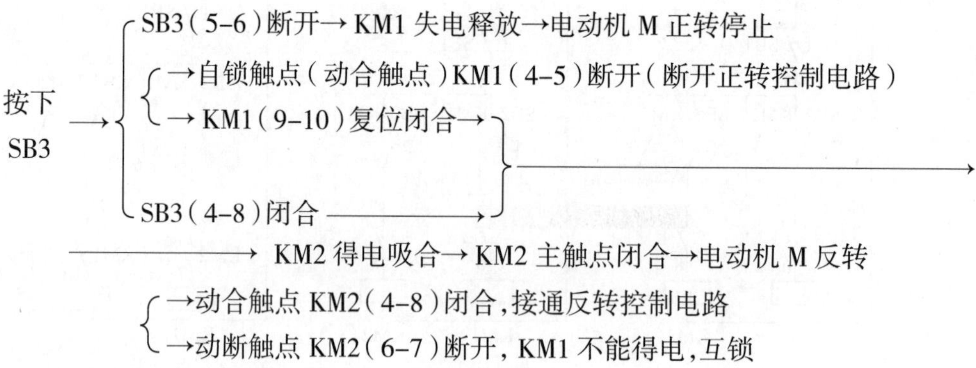

③ 停止：

按下 SB1 → KM2 失电释放→电动机反转停止

3.1.2　点动和连续运行控制线路

在机床加工过程中，大部分时间为连续运行，但有些特殊加工工艺要求机床点动运

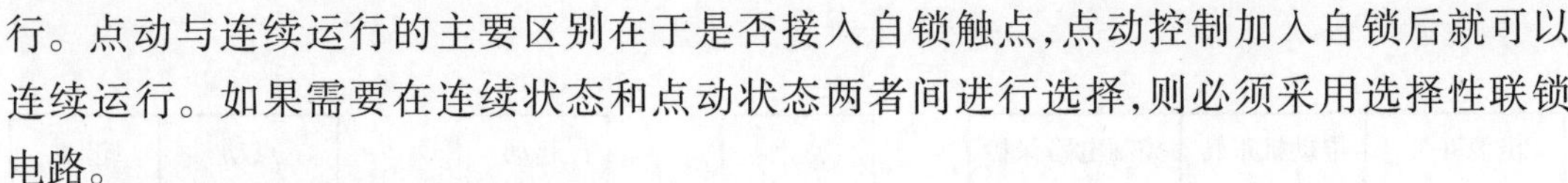

行。点动与连续运行的主要区别在于是否接入自锁触点，点动控制加入自锁后就可以连续运行。如果需要在连续状态和点动状态两者间进行选择，则必须采用选择性联锁电路。

1. 单向运转选择性联锁电路

单向运转选择性联锁电路如图 3-3 所示。机械设备长时间运转，电动机持续工作，称为长动；机械设备手动控制间断工作，称为点动，即按下起动按钮，接触器得电吸合，其主触点闭合，电动机转动，松开按钮，接触器失电释放，主触点断开，电动机停转，这样的控制电路如图 3-3(b)所示。

在长动控制电路中，控制电器能得电后自锁，如图 3-3(c)所示。在点动控制电路中，控制电器不能自锁。

当机械设备要求正常工作时，电器能够自锁长动；调整工作时，电器的自锁环节不起作用，实现点动控制。由图 3-3(d)、(e)、(f)、(g)可以看出，若要求既能点动，又能连续运行，则在点动控制时必须切断保持连续运行的自锁支路，实现方式有 3 种：

① 用转换开关来实现选择，如图 3-3(d)所示，SA 为转换开关。

② 用复合按钮来实现选择，如图 3-3(e)所示。

③ 用继电器来实现选择，如图 3-3(f)、(g)所示。

图 3-3(d)为带转换开关的点动与连续控制电路，用转换开关 SA 选择点动控制或者长动控制。当需要点动时，将 SA 断开，按下 SB2 实现点动控制。当需要连续工作时，合上 SA，将自锁触点接入，操作 SB2 实现连续控制。停车时按停止按钮 SB1。

图 3-3(e)所示的电路增加了一个复合按钮 SB3，复合按钮 SB3 实现点动控制，SB2 实现连续控制。这样，点动控制时，按下点动按钮 SB3，其动断触点先断开自锁电路，动合触点后闭合，接通起动控制电路，KM 得电吸合，主触点闭合，电动机起动运转。松开 SB3 时，KM 失电释放，主触点断开，电动机停转。若需要电动机连续运转，复合按钮 SB3 的动断触点闭合，将自锁触点接入，则按起动按钮 SB2，KM 得电吸合，自锁触点 KM 起作用，电动机连续运行，停车时按停止按钮 SB1。

图 3-3(f)为采用中间继电器 KA 实现点动与连续运行的控制电路。点动时，按下起动按钮 SB3，KM 得电吸合，其主触点闭合，电动机 M 起动；松开按钮 SB3，KM 失电释放，电动机 M 停转，实现点动控制；连续运行时，按下起动按钮 SB2，中间继电器 KA 得电吸合并自锁，KA 的动合触点闭合，KM 得电吸合，电动机 M 连续运行；停车时，按下 SB1，KA、KM 失电释放，电动机 M 停转。

图 3-3(g)所示电路也是采用中间继电器 KA 实现点动的控制电路。利用点动起动按钮 SB2 控制 KA，KA 的动合触点并联在起动按钮 SB3 的两端，控制接触器 KM，再控制电动机 M 实现点动控制。点动时，按下 SB2，KA 得电吸合，KA 的动断触点断开，切断 KM 的自锁回路，KA 的动合触点闭合，使 KM 得电吸合但不能自锁，其主触点闭合，电动机起动运转；松开 SB2，KM 失电释放，电动机停转，实现点动。连续控制时，按下 SB3，停车时按下 SB1。

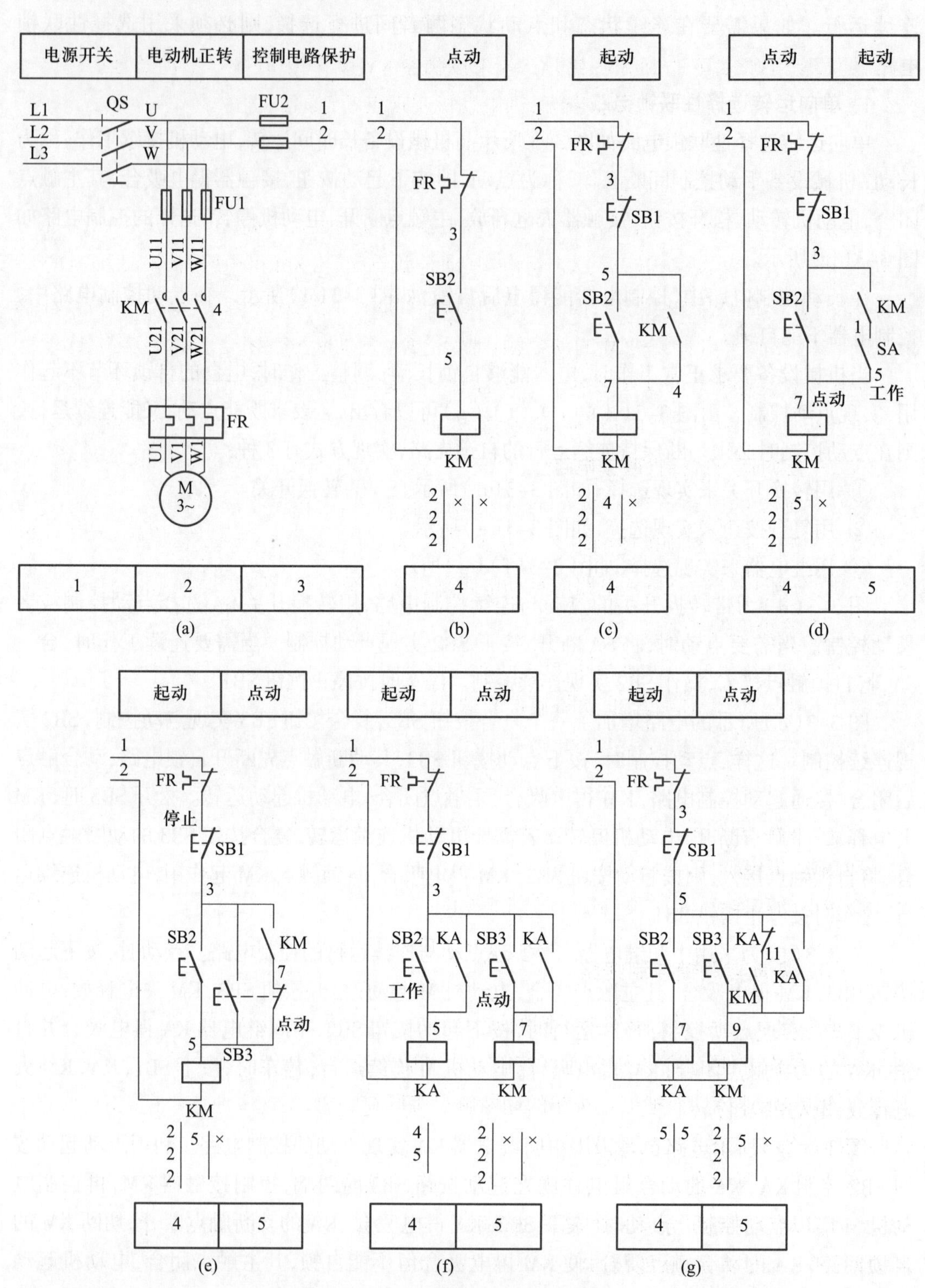

图 3-3 单向运转选择性联锁电路

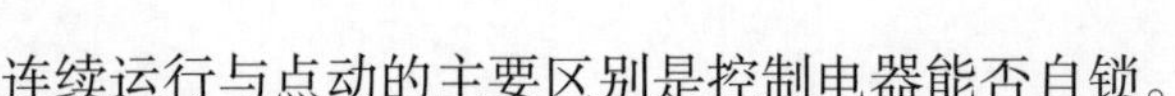

连续运行与点动的主要区别是控制电器能否自锁。

对于图 3-3(e)所示的电路,在点动时,若接触器 KM 的释放时间大于复合按钮 SB3 的复位时间,则点动结束,按钮 SB3 松开。如果接触器 KM 动作快,在 SB3 的动断触点复位闭合前,KM 的辅助动合触点已复位断开,则电动机实现点动;如果 KM 的动作慢一点,则在松开 SB3 后,SB3 的动断触点复位闭合时,KM 的自锁触点尚未完全断开,KM 自锁,电动机连续运行,不能实现正常点动控制。

图 3-3(f)所示的电路中多了一只中间继电器,可靠性大大提高。对于图 3-3(g)所示的电路,当按下点动按钮 SB2 后,KA 得电,其动合触点闭合,KM 得电吸合,电动机 M 点动运行,此时 KM 的动合触点闭合,而 KA 的动断触点断开。当松开 SB2 时,KA 失电,其动合触点断开,使 KM 失电释放,KM 的动合触点断开,KA 的动断触点闭合。KM 最终是得电还是失电由 KM、KA 触点的动作来决定。若 KM 的辅助动合触点断开时间比 KA 的动断触点复位闭合所需的时间长,则 KM 线圈在瞬时存在触点竞争。

2. 正、反向运行选择性联锁电路

图 3-4 所示的电路为图 3-2(e)所示的双重联锁正、反转控制电路和图 3-3(e)所示的用按钮实现选择性联锁电路的组合。也就是说,图 3-2(e)所示电路的接触器 KM1、KM2 的自锁电路用图 3-3(e)所示电路的点动电路部分来代替,就得到如图 3-4 所示的正、反向运行选择性联锁电路。

正转点动:按下点动按钮 SB4,SB4 的动合触点闭合,使 KM1 得电吸合,KM1 的主触点闭合,电动机起动,KM1 的辅助动断触点断开,使 KM2 不能得电,SB4 的动断触点断开,切断 KM1 的自锁电路。松开按钮 SB4,则 KM1 失电释放,电动机停转。

正转连续运行:按下按钮 SB2,使接触器 KM1 得电吸合,KM1 的主触点闭合,电动机 M 起动,同时 KM1 的辅助动合触点闭合,通过 KM1、SB4,使 KM1 自锁,连续运行。按下按钮 SB1,使 KM1 失电释放,电动机 M 停转。

反转点动和连续运行的控制过程与正转相同。

3.1.3 多地点联锁控制线路

所谓多地点控制,是指能够在不同的地方对同一电动机的动作进行控制,在一些大型设备中,为了操作方便,经常采用多地点控制方式。通常把起动按钮的动合触点并联在一起,实现多地点起动控制;而把停止按钮的动断触点串联在一起,实现多地点停止控制,只需将这些按钮分别安装在不同的地方即可。

图 3-5(a)为多地点操作停止优先控制电路,接触器 KM 得电条件为按钮 SB1、SB2、SB3 的任一动合触点闭合,KM 的辅助动合触点构成自锁,这里的动合触点并联构成逻辑或的关系,任一条件满足,就能接通电路;KM 失电条件为按钮 SB4、SB5、SB6 的任一动断触点断开,动断触点串联构成逻辑与的关系,任一条件满足,即可切断电路。

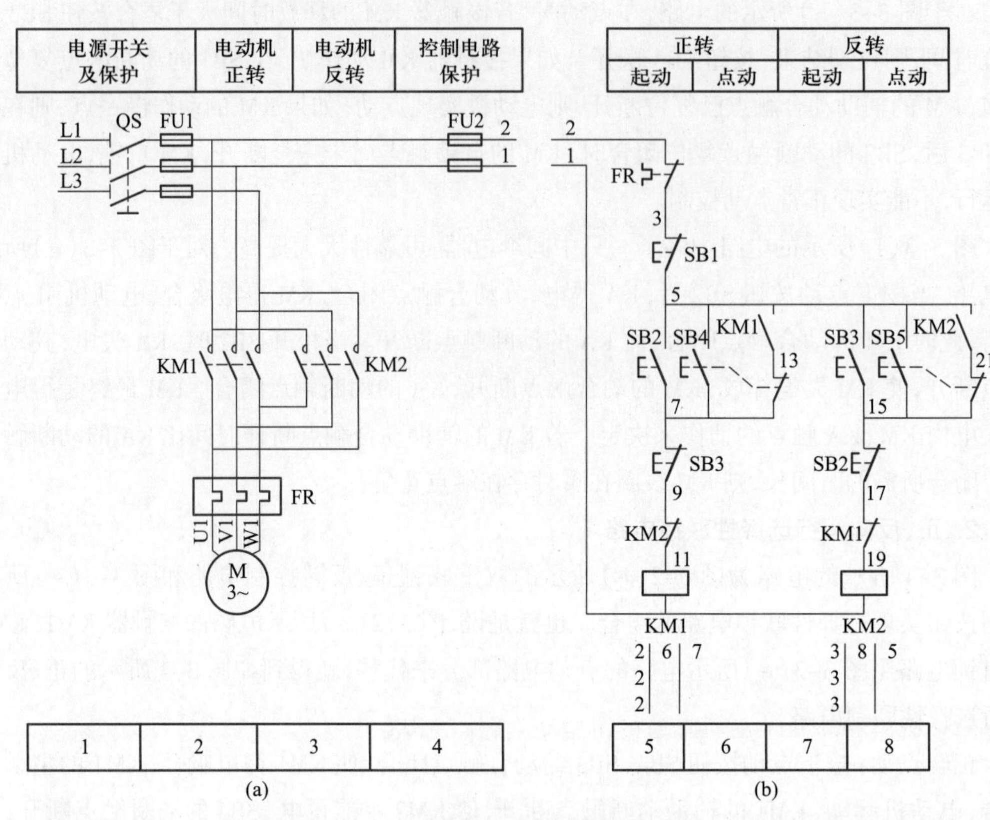

图 3-4　正、反向运行选择性联锁电路

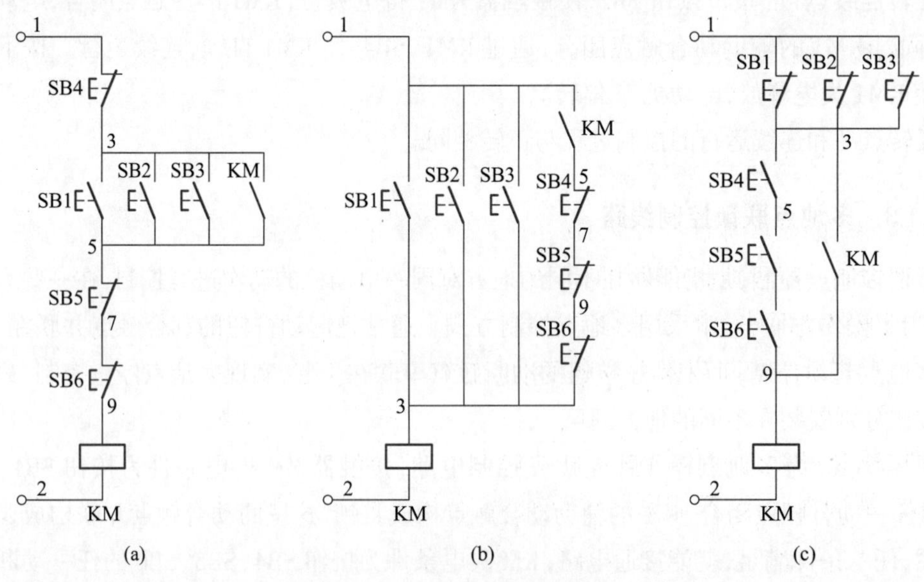

图 3-5　多地点联锁控制电路

在图 3-5(b)所示的电路中,接触器 KM 得电条件为按钮 SB1、SB2、SB3 的任一动合触点闭合,KM 的辅助动合触点构成自锁,这里 SB1、SB2、SB3 的动合触点并联构成逻辑或的关系,任一条件满足,就能接通电路;KM 失电条件为按钮 SB4、SB5、SB6 的任一动断触点断开,动断触点串联构成逻辑与的关系,任一条件满足,即可切断电路。

在图 3-5(c)所示的电路中,KM 得电条件为按钮 SB4、SB5、SB6 的动合触点全部闭合,KM 的辅助动合触点构成自锁,即 SB4、SB5、SB6 的动合触点串联构成逻辑与的关系,全部条件满足,接通电路:KM 失电条件为按钮 SB1、SB2、SB3 的动断触点全部断开,即动断触点并联构成逻辑或的关系,全部条件满足,切断电路。

图 3-6 所示为某万能铣床主轴电动机多地点控制电路。按钮 SB1 和 SB2 的动合触点并联在 KM1 的主触点两端,起到接触器 KM1 得电吸合、起动主轴电动机 M 的作用。它们的实际安装位置分开,无论操作起动按钮 SB1 还是 SB2,其结果都是一样的。同样,按钮 SB3 和 SB4 的动断触点串联,起到使接触器 KM1 失电释放、主轴电动机停车的作用。它们的实际安装位置也是分开的,并且两者操作的结果也相同。

停止按钮的动断触点与起动按钮的动合触点一般配对使用。如果甲地装有起动按钮 SB1 和停止按钮 SB3,乙地装有起动按钮 SB2 和停止按钮 SB4,这样就可以对电动机进行两地控制操作。

按下起动按钮 SB1(或 SB2),接触器 KM1 得电吸合并自锁,按下停止按钮 SB3(或 SB4),接触器 KM1 失电释放。

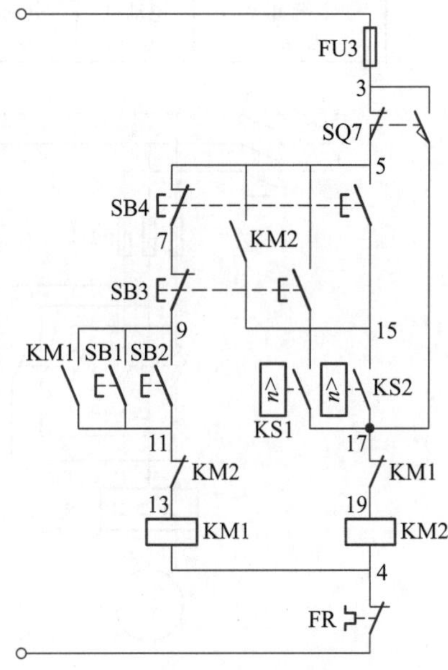

图 3-6　某万能铣床主轴电动机多地点控制电路

3.1.4　自动循环控制线路

生产机械的某些部件运行时,其几何位置是变化的。根据几何位置变化来进行控制称为行程控制。行程控制借助于行程开关来实现,将行程开关安装在事先安排好的地点,当生产机械运动部件上的撞块压合行程开关时,行程开关的触点动作,以达到控制行程的目的。行程开关也可以是非接触式的。行程控制是机械设备应用较广泛的控制方式之一。

行程控制可分为限位控制和自动往返运动控制,利用的参数是“行程”,所应用的电器元件是行程开关,控制电路比较简单,不受其他参数的影响,只与运动部件的位置有关。

图 3-7(a)为某机床工作台往复运动示意图,图 3-7(b)为某机床工作台往复运动控制线路。

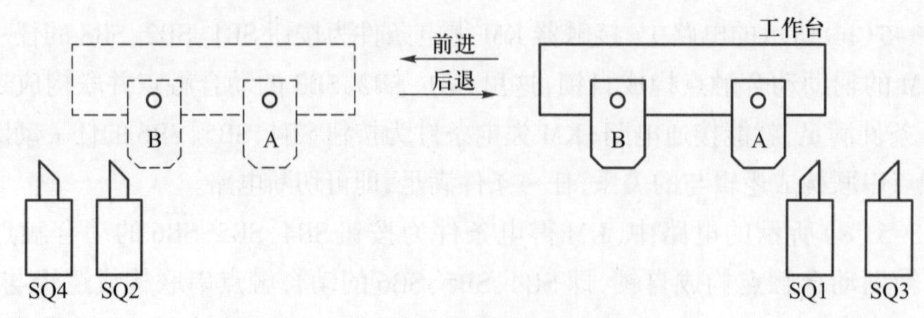

(a) 工作台往复运动示意图

(b) 工作台往复运动控制线路

图 3–7　某机床工作台往复运动

图 3–7 中，按钮控制电动机正反转为手动控制，行程开关控制正反转为自动控制，由机床运动部件在工作过程中下压行程开关，实现电动机正反转自动切换。电动机的正反转可通过 SB1、SB2、SB3 手动控制；也可用行程开关 SQ1 ~ SQ4 实现自动控制。SB1 为停止按钮，SB2、SB3 为不同方向的复合起动按钮，选用复合按钮，是为了不按停止按钮而直接改变运行方向。

行程开关 SQ1 ~ SQ4 安装在机床床身上，其中 SQ1 和 SQ2 安装在工作台运动的指定位置，实现工作台的自动往返；SQ3 和 SQ4 安装在工作台的极限位置，起保护作用。工作台边上装有挡铁，且挡铁 A 与行程开关 SQ1 和 SQ3 处于同一平面，而挡铁 B 与行程开关 SQ2 和 SQ4 处于同一平面。因此，挡铁 A 和行程开关 SQ1、SQ3 碰撞，挡铁 B 和行程开关 SQ2、SQ4

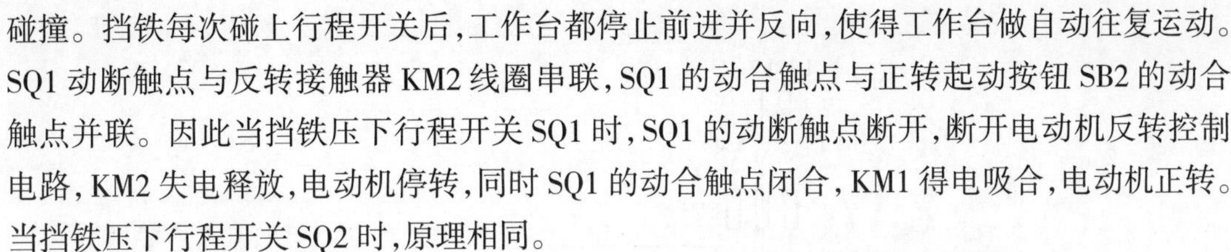

碰撞。挡铁每次碰上行程开关后，工作台都停止前进并反向，使得工作台做自动往复运动。SQ1 动断触点与反转接触器 KM2 线圈串联，SQ1 的动合触点与正转起动按钮 SB2 的动合触点并联。因此当挡铁压下行程开关 SQ1 时，SQ1 的动断触点断开，断开电动机反转控制电路，KM2 失电释放，电动机停转，同时 SQ1 的动合触点闭合，KM1 得电吸合，电动机正转。当挡铁压下行程开关 SQ2 时，原理相同。

当由于某种故障，SQ1（或 SQ2）失灵，工作台到达 SQ1（或 SQ2）给定位置时，未能切断 KM1（或 KM2）线圈电路，继续运行达到 SQ3（或 SQ4）所处的极限位置时，将会压下限位保护行程开关 SQ3（或 SQ4），切断接触器线圈电路，使电动机停转，工作台停留在极限位置内，避免工作台发生超程故障。工作台的往返行程可通过移动挡铁的位置来调节，挡铁间的距离增大，行程就缩短，反之，行程就变长。

工作台往复运动控制线路和图 3-2（c）所示的复合联锁正反转控制电路相似，它们的主电路相同。实质上，在图 3-2（e）中正反转接触器的自锁电路与互锁电路上，增加由行程开关的动合触点并联在起动按钮的动合触点两端而构成的另一条自锁电路，并将行程开关的动断触点串联在接触器线圈电路中构成互锁电路，再考虑运动部件的运动限位位置，即构成图 3-7（b）所示的工作台往复运动控制线路。图中，SB1 为停止按钮，SB2、SB3 为电动机正反转起动按钮，SQ1 为电动机由反转变为正转的行程开关，SQ2 为电动机由正转变为反转的行程开关，SQ3、SQ4 为电动机正、反转运动限位保护行程开关。

3.1.5 顺序控制线路

在多机拖动系统中，各电动机作用不同，有时需要按一定顺序起动才能达到操作目的，保证工作安全可靠。例如某铣床主轴电动机起动后，进给电动机才能起动。这种要求一台电动机起动后另一台电动机才能起动的控制方式称为电动机的顺序控制。如图 3-8 所示为电动机几种不同的顺序控制线路。

图 3-8（b）所示控制电路特点：电动机 M2 的控制电路并接在接触器 KM1 线圈两端，再与 KM1 的自锁触点串联，从而保证了 KM1 得电吸合，电动机 M1 起动后，KM2 线圈才能得电，M2 才能起动，以实现 M1 → M2 的顺序控制，停机为同时停止。

图 3-8（c）所示控制电路特点：电动机 M2 的控制电路串接了接触器 KM1 的辅助动合触点。只要 KM1 线圈不得电，M1 不起动，即使按下 SB4，由于 KM1 的辅助动合触点未闭合，KM2 线圈不得电，从而保证 M1 起动后，M2 才能起动的控制要求。停机无顺序要求，按下 SB1 为同时停机，按下 SB3 为 M2 单独停机。

图 3-8（d）所示控制电路特点：在 SB1 的两端并接了接触器 KM2 的辅助动合触点，从而实现 M1 起动后，才能起动 M2；M2 停转后，M1 才能停转的控制，即 M1、M2 是顺序起动，逆序停机。

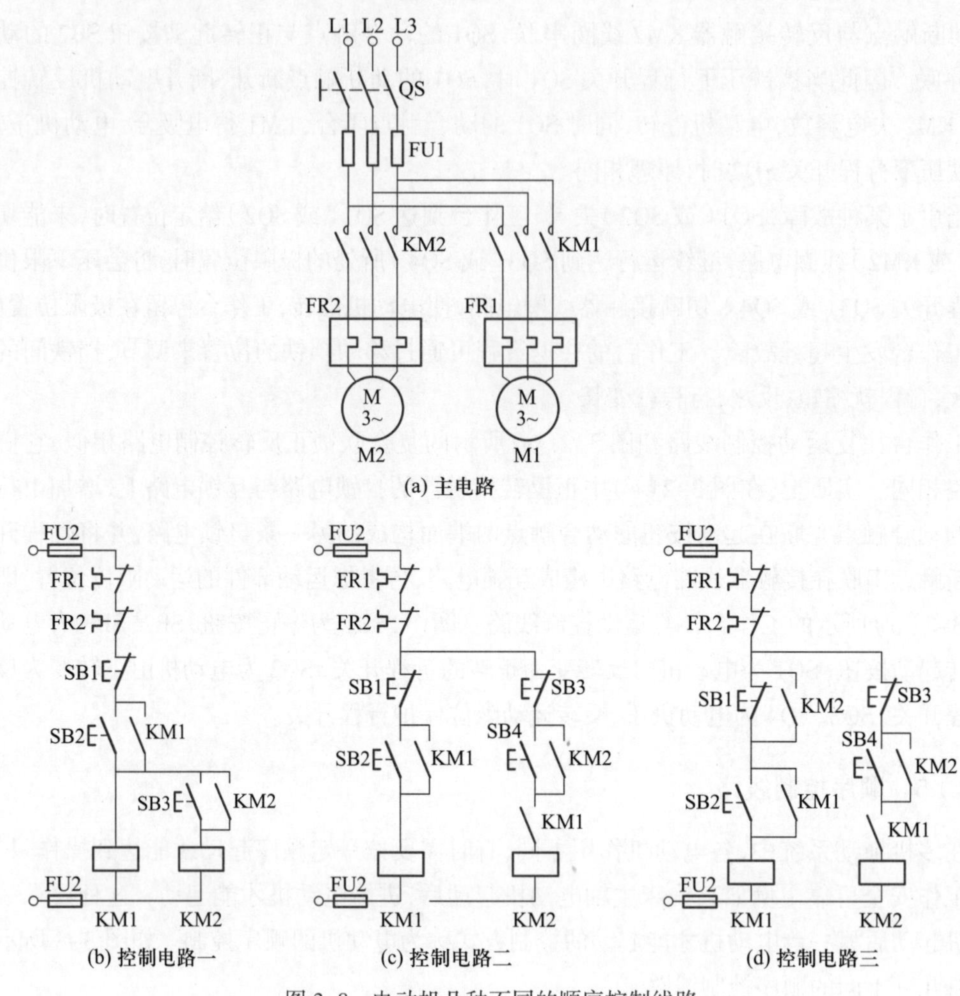

(a) 主电路

(b) 控制电路一　(c) 控制电路二　(d) 控制电路三

图 3-8　电动机几种不同的顺序控制线路

3.2 三相异步电动机的起动控制

三相异步电动机的起动方式有两种，即直接起动（或全压起动）和降压起动。

3.2.1　直接起动

直接起动是一种简单、可靠、经济的起动方法，但由于直接起动时，电动机起动电流为额定电流的 4～7 倍，过大的起动电流一方面会造成电网电压的显著下降，直接影响在同一电网工作的其他电气设备的正常工作，另一方面电动机频繁起动会严重发热，加速线圈老化，缩短电动机寿命，所以直接起动电动机的容量受到一定的限制。通常根据起动次数、电动机容量、供电变压器容量和机械设备是否允许来综合分析，也可用下面的试验公式确定：

$$\frac{I_{st}}{I_N} \leqslant \frac{3}{4} + \frac{S}{4P}$$

式中，I_{st} 为电动机直接起动电流（A）；I_N 为电动机额定电流（A）；S 为供电变压器容量（kV·A）；P 为电动机容量（kW）。

一般容量小于 10 kW 的电动机常采用直接起动。

1. 电动机直接起动开关控制线路

如图 3-9 所示为电动机直接起动开关控制线路。该线路简单、经济，但由于刀开关的控制容量有限，因此其仅适用于不频繁起动的小容量电动机（通常 $P \leqslant 5.5$ kW），且不能远距离控制。

2. 电动机直接起动接触器控制线路

如图 3-10 所示为电动机直接起动接触器控制线路。此线路为常用的最简单控制线路。图中，刀开关 QS、熔断器 FU1、接触器 KM 的主触点、热继电器 FR 的热元件与电动机 M 组成主电路；熔断器 FU2、热继电器 FR 的动断触点、停止按钮 SB1、起动按钮 SB2、接触器 KM 线圈及辅助动合触点组成控制电路。

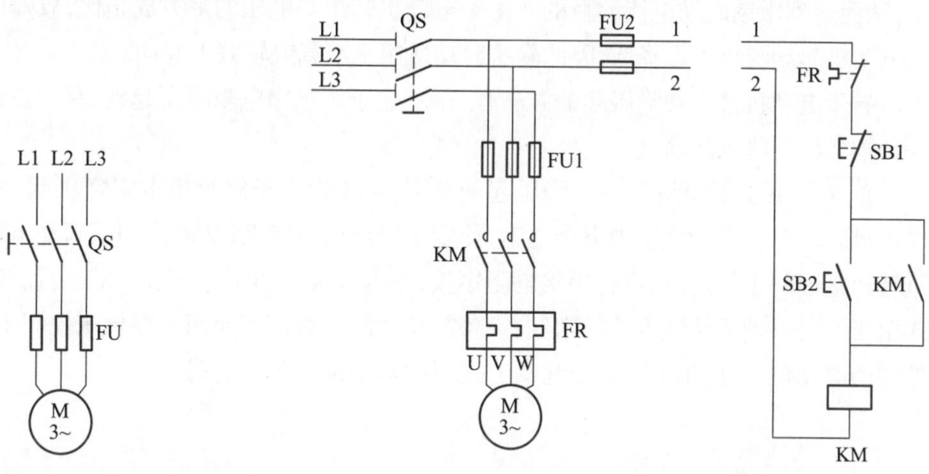

图 3-9　电动机直接起动开关控制线路　　图 3-10　电动机直接起动接触器控制线路

起动控制：合上电源开关 QS →按下起动按钮 SB2 →接触器 KM 线圈通电吸合→ KM 的主触点闭合→电动机 M 得电起动；同时接触器 KM 的辅助动合触点闭合，使 KM 线圈绕过 SB2 经 KM 的辅助动合触点通电。当松开 SB2 时，KM 线圈仍通过自身的辅助动合触点继续保持通电，从而使电动机连续运转。

停止控制：按下停止按钮 SB1 →接触器 KM 线圈断电释放→ KM 的主触点及辅助动合触点均断开→电动机 M 失电停转。当松开 SB1 时，由于 KM 自锁触点已断开，故接触器线圈不可能通电，电动机继续断电停机。

短路保护：由熔断器 FU1、FU2 分别实现主电路与控制电路的短路保护。

过载保护：由热继电器 FR 实现电动机的长期过载保护。当电动机出现长期过载时，热继电器动作，串接在控制电路中的 FR 的动断触点断开，切断 KM 线圈电路，使电动机脱离电源，实现过载保护。

欠电压和失电压保护：由接触器本身的电磁机构来实现。当电源电压严重过低或失电压时，接触器的衔铁自行释放，电动机失电而停机。当电源电压恢复正常时，接触器线圈不能自动得电，只有再次按下起动按钮 SB2 后电动机才会起动，防止突然断电后的来电，造成人身伤害及设备损害，故又具有安全保护作用，此种保护又称为零电压保护。

设置欠电压、零电压（失电压）保护的控制线路具有三方面优点：第一，防止电源电压严重下降时电动机欠电压运行；第二，防止电源电压恢复时，电动机自行起动造成设备和人身事故；第三，避免多台电动机同时起动造成电网电压的严重下降。

此种电路不仅能实现电动机频繁起动控制，而且可实现远距离的自动控制，故是最常用的简单控制线路。

3.2.2 串电阻（或电抗）降压起动

所谓降压起动是指利用起动设备将电压适当降低后加到电动机的定子绕组上进行起动，待电动机起动运转后，再使其电压恢复到额定值正常运行。由于电流随电压的降低而减小，从而达到限制起动电流的目的。由于电动机转矩与电压的平方成正比，故降压起动将导致电动机起动转矩大为降低，因此降压起动适用于空载或轻载下起动。

异步电动机常用的降压起动方法有三种：定子绕组串电阻降压起动、星—三角降压起动和自耦变压器降压起动。

首先介绍定子绕组串电阻降压起动。图 3-11 为定子绕组串电阻降压起动控制线路。电动机起动时在定子绕子中串接电阻，使定子绕组电压降低，从而限制了起动电流。待电动机转速接近额定转速时，再将串接电阻短接，使电动机在额定电压下正常运行。这种起动方式由于不受电动机接线方式的限制，设备简单、经济，被广泛应用。在机床控制中，用作点动控制的电动机，常用串电阻降压起动方式限制电动机的起动电流。

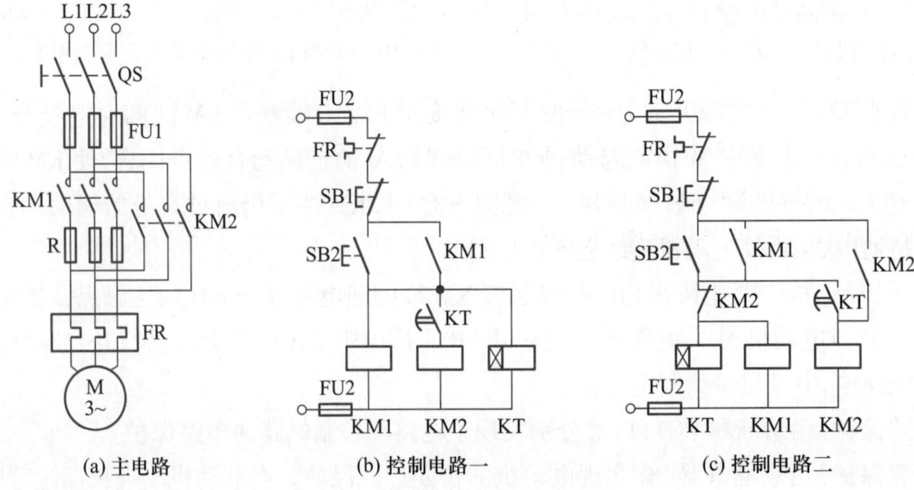

(a) 主电路 (b) 控制电路一 (c) 控制电路二

图 3-11 定子绕组串电阻降压起动控制线路

图 3-11(b)所示电路的控制过程为:

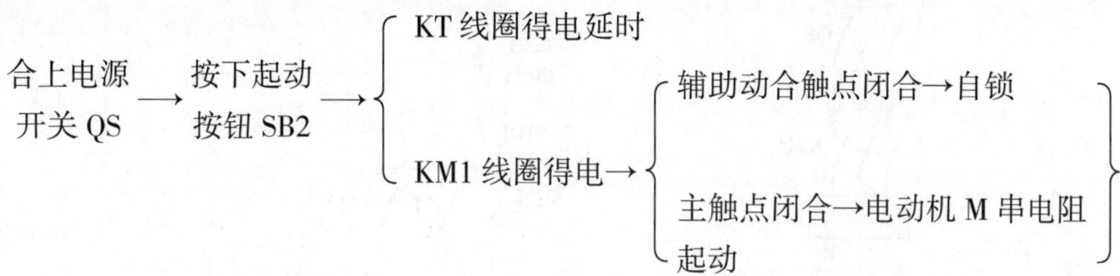

→ KT 延时→延时闭合动合触点闭合→ KM2 线圈得电→ KM2 的主触点闭合→切除降压电阻 R →电动机 M 全压正常运行

此电路虽简单,但 KM1 线圈及 KT 线圈始终得电,既不安全(一般时间继电器线圈按短时工作设计),也没必要。图 3-11(c)在原控制电路上进行改进,在 KM2 得电后,用其动断触点断开 KM1 及 KT 线圈电路,同时 KM2 自锁,使得电动机正常运行时仅有 KM2 得电工作,从而提高控制线路的安全性和可靠性。

此种起动方法中的起动电阻一般采用由电阻丝绕制的板式电阻或铸铁电阻,电阻功率大、通流能力强,但由于起动过程中能量损耗较大,往往将电阻改成电抗,只是电抗价格较高,使成本变高。

3.2.3 星—三角降压起动

对于正常运行为三角形(△)联结的电动机,在起动时,定子绕组先接成星形(Y),当转速上升到接近额定转速时,将定子绕组接线方式由星形改接成三角形,使电动机进入全压正常运行。一般功率在 4 kW 以上的三相笼型异步电动机均为三角形联结,因此均可采用星—三角(Y—△)降压起动的方法来限制起动电流。

图 3-12 所示为电动机容量在 4 ~ 13 kW 时采用的控制线路。该电路用两个接触器来控制 Y—△降压起动,由于电动机容量不太大,且三相平衡,星形联结电流很小,故可以利用接触器 KM2 的辅助动断触点来连接电动机。该电路仍采用时间原则实现由 Y 联结向△联结的自动换接。

图 3-13 所示为另一种 Y—△降压起动控制线路。该控制线路中用三个接触器来实现控制目的。其中 KM3 为星形联结接触器,KM2 为三角形联结接触器,KM1 为接通电源的接触器。当 KM1、KM3 线圈得电时,绕组实现 Y 联结降压起动,当 KM1、KM2 线圈得电时,绕组实现△联结,电动机转入正常运行。该电路由时间继电器按时间原则实现自动换接。

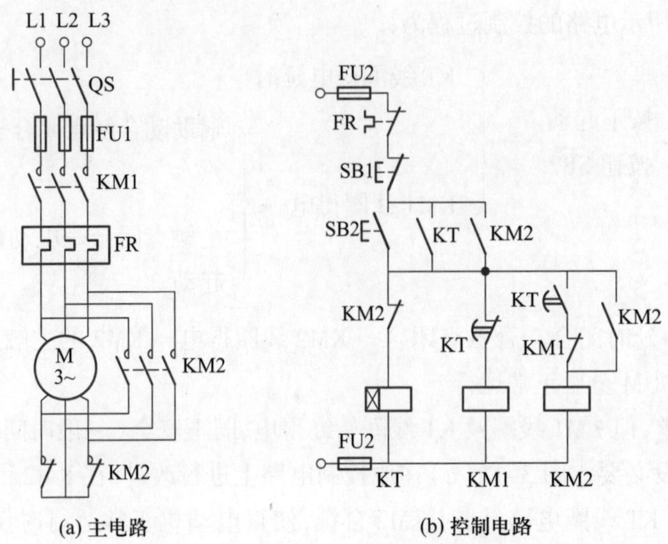

(a) 主电路　　(b) 控制电路

图 3-12　Y—△降压起动控制线路一

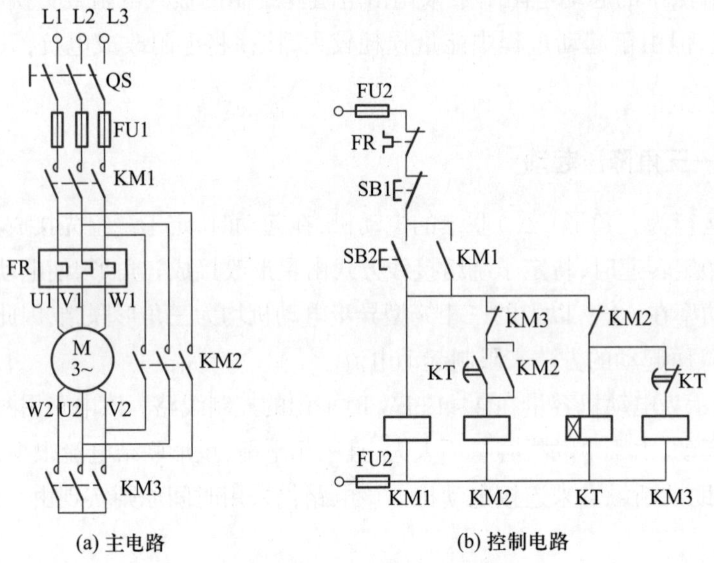

(a) 主电路　　(b) 控制电路

图 3-13　Y—△降压起动控制线路二

该电路常用于 13 kW 以上电动机的起动控制。电路控制过程如下：

合上电源开关 QS ⟶ 按下起动按钮 SB2 ⟶

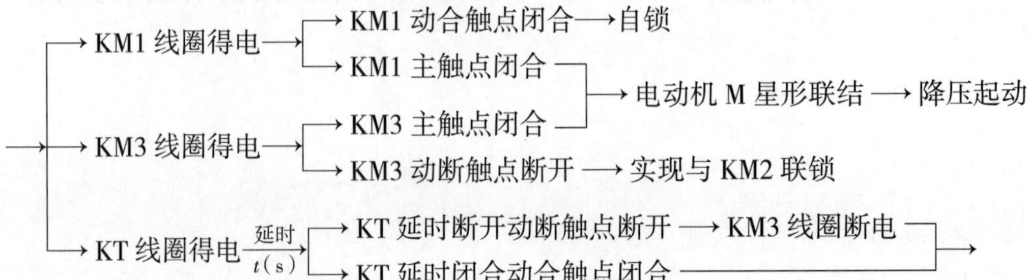

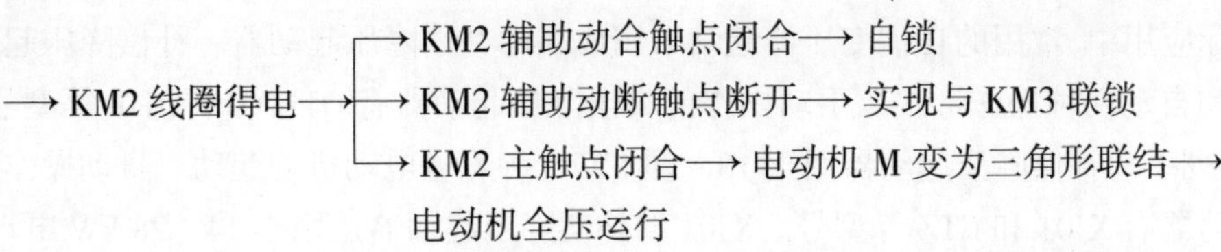

笼型异步电动机采用 Y—△ 降压起动时，定子绕组起动时电压降至额定电压的 $1/\sqrt{3}$，起动电流降至全压起动的 1/3，从而限制了起动电流，但由于起动转矩也随之降至全压起动的 1/3，故仅适用于空载或轻载起动。

与其他降压起动方法相比，Y—△ 降压起动投资少，线路简单，操作方便，在机床电动机控制中应用较普遍。

3.2.4　自耦变压器降压起动

电动机在起动时，先经自耦降压器降压，限制起动电流，当转速接近额定转速时，切除自耦变压器转入全压运行，这种起动方法称为自耦变压器降压起动。

电动机降压起动时，定子绕组得到的电压是自耦变压器的二次电压 U_2，自耦变压器电压比 $K=U_1/U_2>1$，由电动机原理可知：当利用自耦变压器将起动时电压降为额定电压的 $1/K$ 时，电网供给的起动电流减小到 $1/K^2$，当然，起动转矩也降为直接起动的 $1/K^2$，所以自耦变压器降压起动常用于空载或轻载起动。

图 3–14 所示为自耦变压器降压起动控制线路。该电路采用了两个接触器 KM1、KM2 来实现降压起动的切换控制。KM1 为降压接触器，KM2 为正常运行接触器，KT 为起动时间接触器，KA 为起动中间继电器。

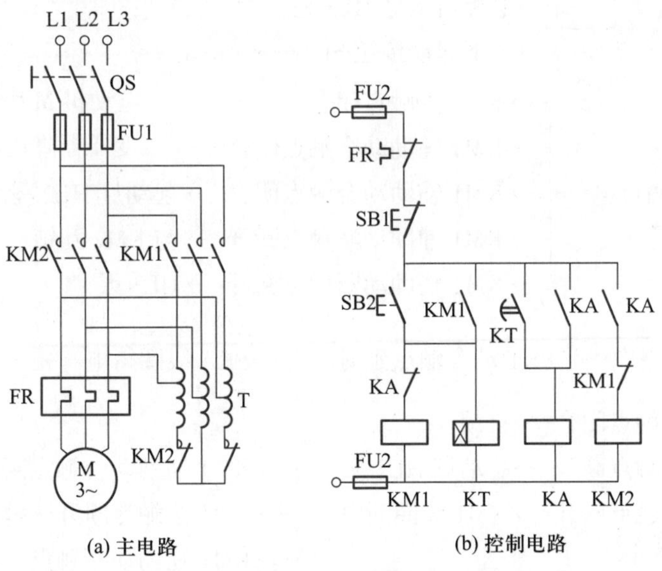

(a) 主电路　　(b) 控制电路

图 3–14　自耦变压器降压起动控制线路

该电路根据时间原则来实现自动控制，由于在电动机起动过程中会出现二次涌流冲击，因此其仅适用于不频繁起动、电动机容量在 30 kW 以下的设备。

在实际应用中，常用的自耦变压器起动采用成品的补偿降压起动器。补偿降压起动器包括手动和自动两种操作形式。手动操作的补偿降压起动器有 QJ3、QJ5、QJ10 等型号，其中 QJ10 系列手动补偿降压起动器用于 10～75 kW 八种容量电动机的起动。自动操作的补偿降压起动器有 XJ01 和 CTZ 等型号。XJ01 型补偿降压起动器适用于 14～28 kW 电动机，其控制线路如图 3-15 所示。

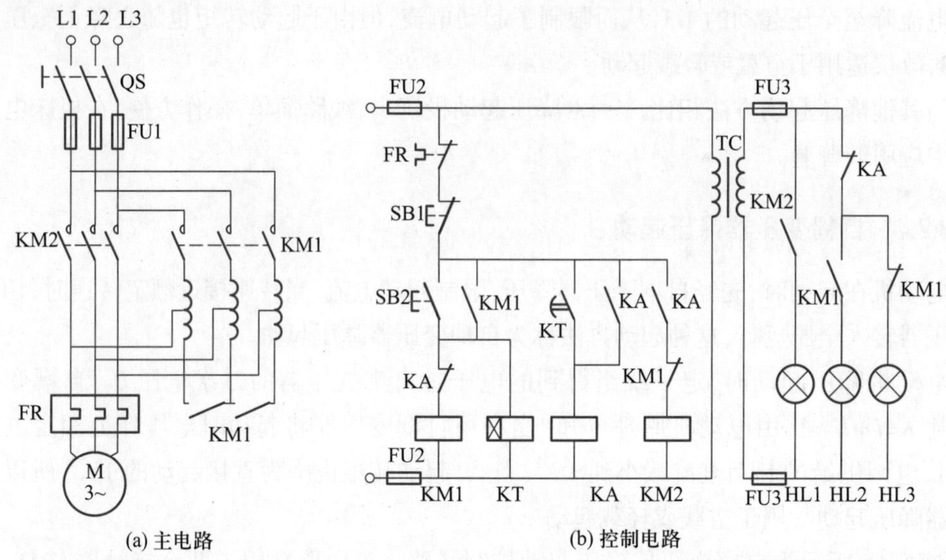

图 3-15　XJ01 型补偿降压起动器的控制线路

电路控制过程如下：

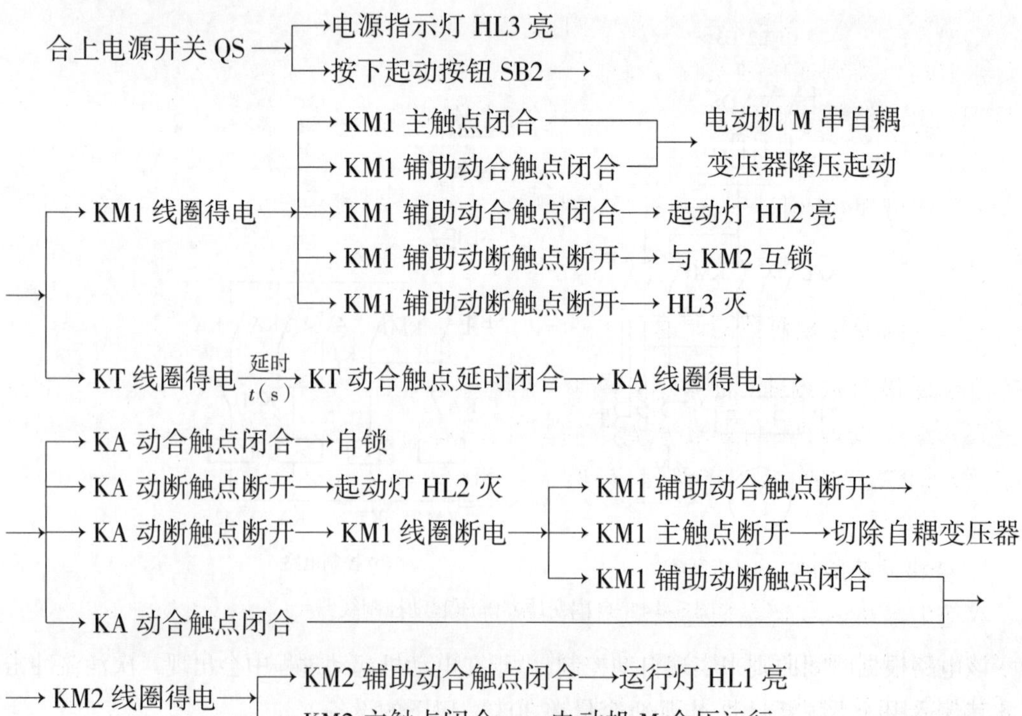

自耦变压器二次绕组有 65%、73%、85%、100% 等抽头，能获得 42.3%、53.3%、72.3% 及 100% 直接起动时的起动转矩。此方法显然比前两种方法起动转矩大，且灵活、方便，故自耦变压器尽管价格较贵，但仍是三相异步电动机最常用的一种降压起动装置。

3.3 三相异步电动机的调速控制

在生产实践中，许多生产机械的电力拖动系统运行速度需要根据加工工艺要求而人为调节。这种负载不变，人为调节转速的过程称为调速。通过改变传动机构转速比而改变系统运行转速的调速方法称为机械调速；通过改变电动机参数而改变系统运行转速的调速方法称为电气调速。

不同的生产机械，调速的要求和目的不同，归结起来，调速的意义主要体现在以下三个方面：

① 提高产品质量。金属切削机床进行精加工时，通过提高切削速度来提高工件加工表面的光洁程度。

② 提高工作效率。龙门刨床刨切时，刀具切入和切出用较低速度，中间切削过程用较高速度，工作台返程用高速。

③ 节约能源。对于泵类负载，通过调节转速来调节流量，与通过调节阀门的方法相比，节能效果显著。

三相异步电动机是应用广泛的交流电动机，由其转速公式 $n=(1-s)60f/p$ 可知，三相异步电动机的调速方法有改变电动机定子绕组的磁极对数 p，改变电源频率 f 以及改变转差率 s 三种。其中改变转差率的方法可通过调节定子电压、转子电阻以及采用串级调速、电磁转差离合器调速等来实现。目前广泛使用的仍然是改变磁极对数和改变转子电阻的调速方法。随着晶闸管变流技术的发展，变频调速和串级调速已在很多生产领域获得应用。

由上述可知，三相异步电动机有三种调速方法，即改变磁极对数、改变转差率和改变频率。

3.3.1 改变磁极对数的调速

改变磁极对数调速（简称变极调速）有两种方法：一是改变定子绕组的连接方法；二是在定子上设置具有不同磁极对数的两套互相独立的绕组。变极调速一般可得到两级、三级速度，最多可获得四级速度，但常见的是两级速度变极调速，即双速电动机的变速。

1. 变极调速原理

双速电动机的变速是通过改变定子绕组的连接方法来改变磁极对数，从而实现转速的改变。如图 3-16（a）所示，每相定子绕组由两个线圈连接而成，共有三个抽头。常见的定子绕组接法有两种：一种是由星形联结改为双星形联结，即将图 3-16（c）所示的星形联结接成图 3-16(d)所示的双星形联结;另一种是由三角形联结改为双星形联结,即由图 3-16(b)所示的三角形联结接成图 3-16(d)所示的双星形联结。当每相定子绕组的两个线圈串联后接入三相电源时,电流方向及分布如图 3-16(b)或图 3-16(c)所示,电动机以四极低速运行。当每相定子绕组中两个线圈并联时,由中间抽头(U3、V3、W3)接入三相电源,其他两抽头汇集一点构成双星形联结,电流方向及分布如图 3-16(d)所示,电动机以两极高速运行。两种接线方式变换成双星形均使磁极对数减少一半,转速增加一倍。但 Y→YY 切换适用于拖动恒转矩性质的负载;而△→YY 切换适用于拖动恒功率性质的负载。

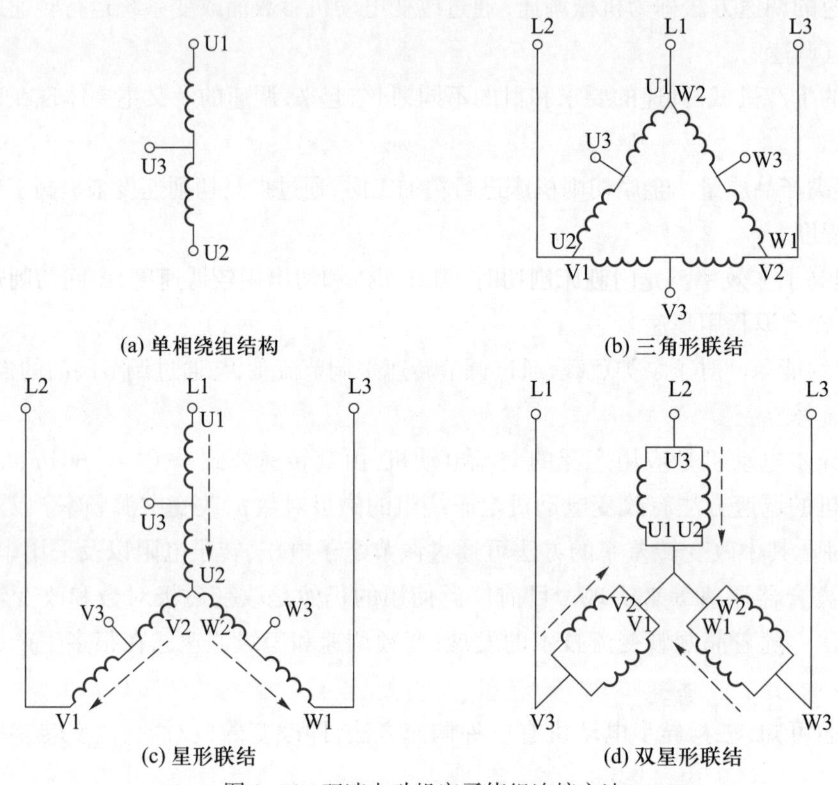

(a) 单相绕组结构　(b) 三角形联结

(c) 星形联结　(d) 双星形联结

图 3-16　双速电动机定子绕组连接方法

应当注意,变极调速有“反转向方案”和“同转向方案”两种方法。若变极后电源相序不变,则电动机反转高速运行:若要保持电动机变极后转向不变,则必须在变极的同时改变电源相序。

2. 双速电动机控制线路

双速电动机的控制线路有许多种,用双速手动开关进行控制时,其线路较简单,但不能带负载起动,通常是用交流接触器来改变定子绕组的连接方法从而改变其转速。下面介绍两种常见的双速电动机控制线路。

(1) 按钮、接触器控制的双速电动机控制线路

图 3-17(a)、(b)所示为按钮、接触器控制的双速电动机控制线路,接触器 KM1 的主触

点闭合构成三角形联结，低速运行；接触器 KM2 和 KM3 的主触点闭合构成双星形联结，高速运行。

复合按钮 SB2、SB3 的采用及 KM1、KM2 动断触点的互锁的目的是防止电源短路，该电路适用于小容量电动机的控制。

（2）接触器、时间继电器控制的双速电动机控制线路

图 3-17（a）、（c）所示为接触器、时间继电器控制的双速电动机控制线路。图中 SA 为选择开关，选择电动机低速运行或高速运行。当 SA 置于“低速”位置时，接通 KM1 线圈电路，电动机直接起动，低速运行。当 SA 置于“高速”位置时，首先接通 KM1 线圈电路，电动机绕组按三角形联结低速起动，时间继电器通电延时，由时间继电器 KT 切断 KM1 线圈电路，同时接通 KM2、KM3 线圈电路，电动机的转速自动由低速切换至高速。该控制线路适用于较大功率电动机的控制。

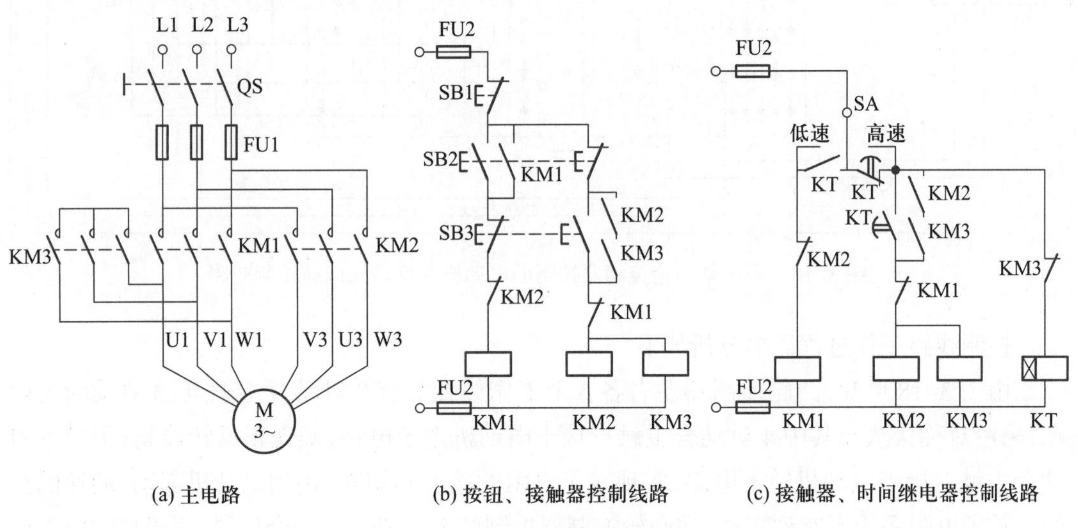

图 3-17 双速电动机控制线路

3.3.2 改变转差率的调速

绕线式异步电动机可采用转子回路串电阻的方法来实现改变转差率 s 的调速。电动机的转差率 s 随着转子回路所串电阻的变化而变化，可使电动机工作在不同的人为特性上，以获得不同转速，从而实现调速目的。通常，采用凸轮控制器来实现绕线式异步电动机的调速控制，在起重机、吊车等生产机械上应用广泛。

图 3-18 所示为采用某凸轮控制器控制的绕线式异步电动机的正反转和调速控制线路。在电动机 M 的转子回路中串接三相不对称电阻，用于起动和调速，转子回路的电阻和定子电路相关部分与凸轮控制器的各触点连接，通过凸轮控制器触点来换接电动机定子电源相序和切除电阻，实现电动机正反转和调速的控制。

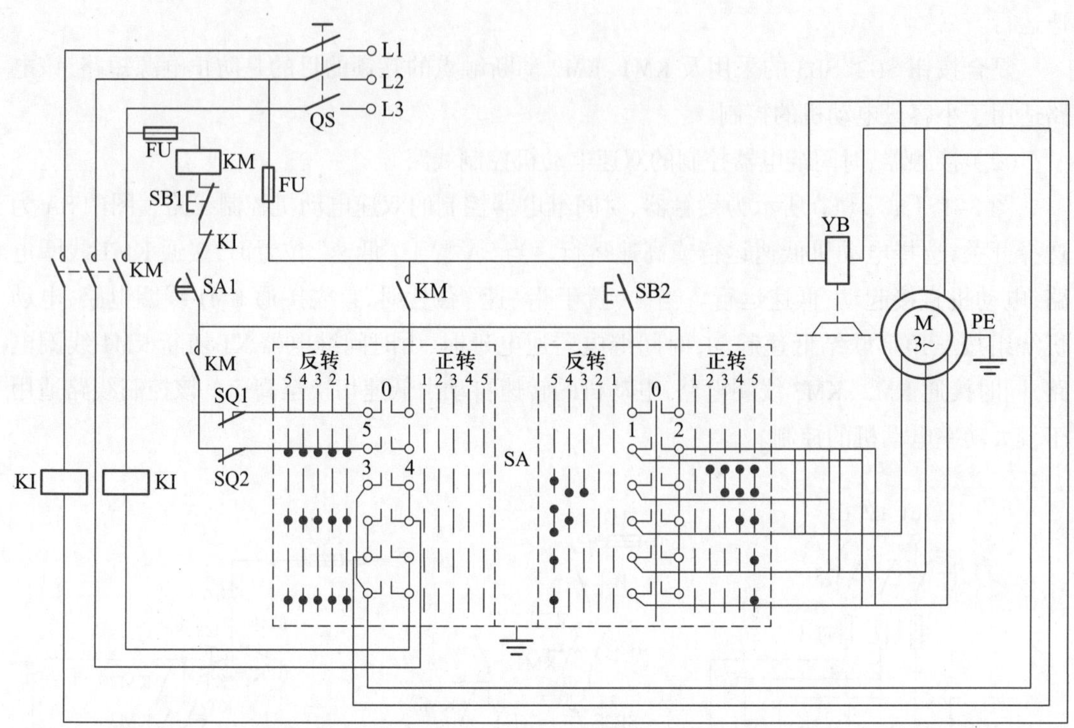

图 3-18　采用某凸轮控制器控制的电动机正反转和调速控制线路

控制线路工作过程简单分析如下：

由图 3-18 可知，凸轮控制器左右各 5 个工作位置共有 9 对动合主触点、3 对动断主触点，采用对称接法。其中 4 对动合主触点接于电动机定子电路，实现正反转控制；另外 5 对动合主触点接于电动机转子电路，实现转子电阻的接入和切除，达到电动机起动、调速的目的。转子电阻采用不对称接法，在凸轮控制器控制的上升或下降 5 个位置，逐级切除电阻以获得不同的运动速度。余下的 3 对动断主触点，其中 1 对用以实现零位保护，即只有手柄在零位时才能操作，否则控制主电路的接触器线圈回路断开，无法操作；同时，在由正转变反转或由反转变正转时，必须经过零位并稍做停留，以减小反向冲击电流。此外，另两对动断主触点分别与两个终端位置的限位开关 SQ1、SQ2 相配合实现限位保护。在凸轮控制器控制电路中，过电流继电器 KI 实现过载与短路保护；紧急开关 SA1 用于事故情况下的急停保护；电磁抱闸 YB 实现电动机的机械制动。

在图 3-18 所示电路的凸轮控制器的触点展开图中，黑点表示该位置触点接通，无黑点表示断开。

3.3.3　变频调速

三相异步电动机变频调速是非常成熟的技术，国外许多国家在 20 世纪末就已普及应用，我国自主生产的交流调速装置也在 20 世纪末进入生产领域，发挥巨大作用。

1. 变频调速原理

由三相异步电动机转速公式 $n=(1-s)60f/p$ 可知，只要连续改变 f，就可以实现平滑调速，但变频调速时要注意变频与调压的配合。变频调速通常分为基频（额定频率）以下调速和基频以上调速两种。

（1）基频以下调速

在基频以下调速时，速度调低。在调节过程中，必须配合电源电压的调节，否则电动机无法正常运行。原因是根据电动机电动势电压平衡方程 $U_1 \approx E_1=4.44fNK\phi_m$（式中，$N$ 为每相绕组的匝数；ϕ_m 为电动机气隙磁通的最大值；K 为电动机的结构系数），当 f 减小时，若 U_1 不变，则必使 ϕ_m 增大，而在电动机的设计制造过程中，磁路磁通 ϕ_m 已设计得接近饱和，ϕ_m 的增大必然使磁路饱和，励磁电流剧增，使电动机无法正常工作。为此，在调节中应使 ϕ_m 恒定不变，则必须使 $U/f=$ 常数，可见，在基频以下调速时，为恒磁通调速，相当于直流电动机的调压调速，此时应使定子电压随频率成正比例变化。

（2）基频以上调速

在基频以上调速时，速度调高。但是，不能同时按比例升高电压，因为电压升高将会超过电动机额定电压，从而超过电动机绝缘耐压限度，危及电动机绕组的绝缘。因此，频率上调时应保持电压不变，即 $U=$ 常数（即为额定电压），此时，f 增大，ϕ_m 应减小，相当于直流电动机弱磁调速。

2. 变频调速的机械特性

（1）$U/f=$ 常数的变频调速机械特性

图 3-19 为 $U/f=$ 常数的变频调速机械特性曲线。由图可见，最大转矩随 f 的减小而减小。此时直线部分斜率仍不变，机械特性保持较高的硬度。只要 f 连续变化，转速 n 将连续变化。由于 ϕ_m 不变，调速过程中电磁转矩不变，因此属于恒转矩调速。

（2）$U=U_N$ 的变频调速机械特性

图 3-20 为 $U=U_N$ 的变频调速机械特性曲线。由图可见，最大转矩随 f 的增大而减小，且机械特性的硬度略为变软，同样，连续改变 f 可连续改变转速 n。因 f 增大时 ϕ_m 减小，但调速过程中功率基本不变，故属于恒功率调速。

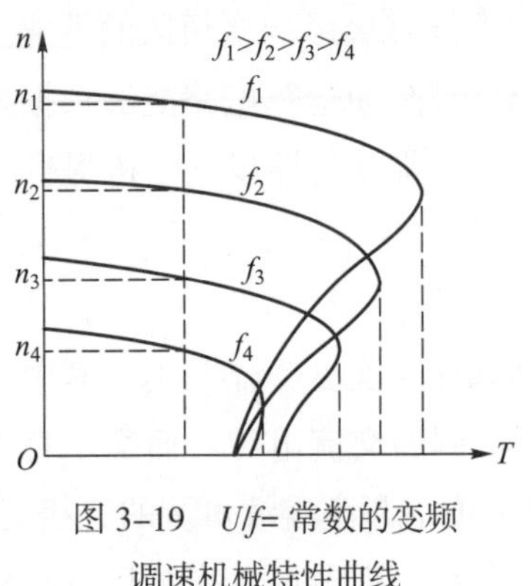

图 3-19　$U/f=$ 常数的变频调速机械特性曲线

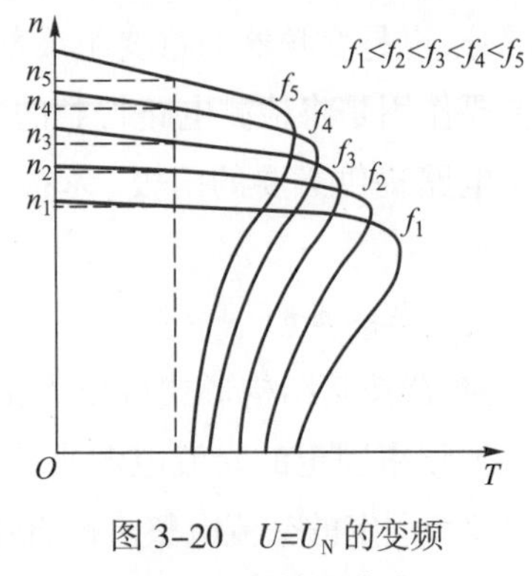

图 3-20　$U=U_N$ 的变频调速机械特性曲线

由以上分析可知，三相异步电动机变频调速的整个调速范围较广（可达 10 : 1），且平滑性好，机械特性硬，静差率小，是一种比较合理的调速方法。

3.4 变频器

3.4.1　变频器简介

1. 变频器的结构及分类

变频器已有数十年的历史，在其发展过程中曾出现过多种类型，一般来说，变频器的基本组成如图 3-21 所示。

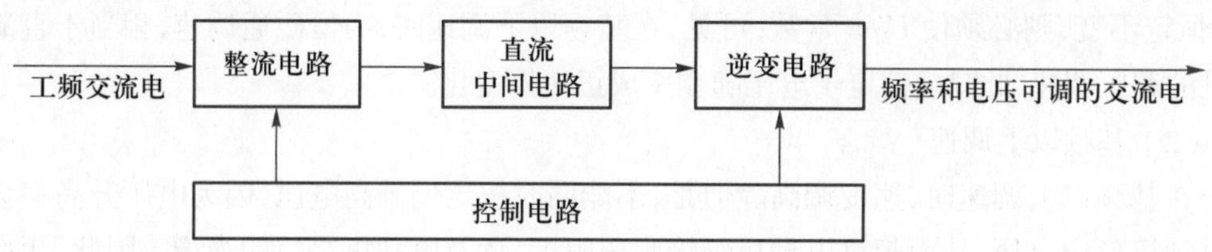

图 3-21　变频器的基本组成

（1）变频器的结构

通常变频器包括整流电路、直流中间电路、逆变电路和控制电路。

动画
变频器的结构与拆装

整流电路由全波整流桥组成，主要作用是对工频交流电进行整流，给逆变电路和控制电路提供所需的直流电源。

直流中间电路对整流电路的输出进行平滑（滤波），以保证逆变电路和控制电路能够得到质量较高的直流电源。

逆变电路是变频器的核心部分。它的作用是在控制电路的控制下将直流中间电路输出的直流电源转换为频率、电压任意可调的交流电源。逆变电路的输出就是变频器的输出，它被用来实现对异步电动机的调速控制。

控制电路包括主控制电路、信号检测电路、门极驱动电路、外部接口电路以及保护电路等几部分，也是变频器的重要组成部分。控制电路的性能直接影响变频器的性能。控制电路的主要作用是将检测电路得到的各种信号送至运算电路，使运算电路能够根据要求为变频器主电路提供必要的门极（基极）驱动信号，并对变频器以及异步电动机提供必要的保护。

（2）变频器的类型

① 变频器按其结构形式可分为交 – 直 – 交变频器和交 – 交变频器两类。其中交 – 交变频器是把频率固定的交流电源直接变换成频率连续可调的交流电源。而交 – 直 – 交变频器是把频率固定的交流电整流成直流电，再把直流电逆变成频率连续可调的三相交流电。因把直流电逆变成交流电的环节较易控制，在频率的调节范围以及改善变频后电动机的特

性方面均具有明显的优势，因此目前普遍采用交－直－交变频器。

② 变频器按电源性质又可分为电压型和电流型两类。电压型变频器又称电压源变频器，具有电压源特性，其基本结构如图 3-22（a）所示，图中直流环节主要采用大电容滤波，使中间直流电源近似恒压源，具有低阻抗。电流型变频器又称电流源变频器，具有电流源特性，其基本结构如图 3-22（b）所示，图中直流环节采用大容量电感滤波，使中间直流电源近似恒流源，具有高阻抗。

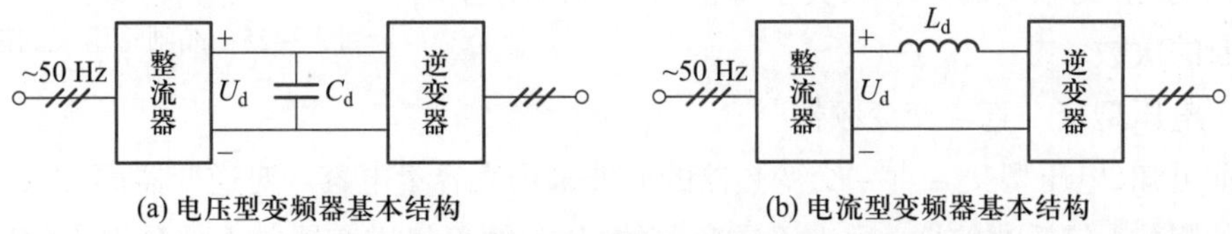

图 3-22 电压型与电流型变频器基本结构

③ 变频器按电压的调制方式可分为 PAM（脉幅调制）和 PWM（脉宽调制）两类。PAM 型变频器输出电压的大小通过改变直流电压的大小来进行调制。在中小容量变频器中，极少应用这种方式。PWM 型变频器输出电压的大小通过改变输出脉冲的占空比来进行调制。目前普遍采用占空比按正弦规律的正弦波脉宽调制（SPWM）方式。

2. 交－直－交变频器

图 3-23 为交－直－交变频器的组成。它由整流调压、滤波及逆变三部分组成。整流调压、滤波在此不做详述，这里主要介绍逆变器的工作原理。

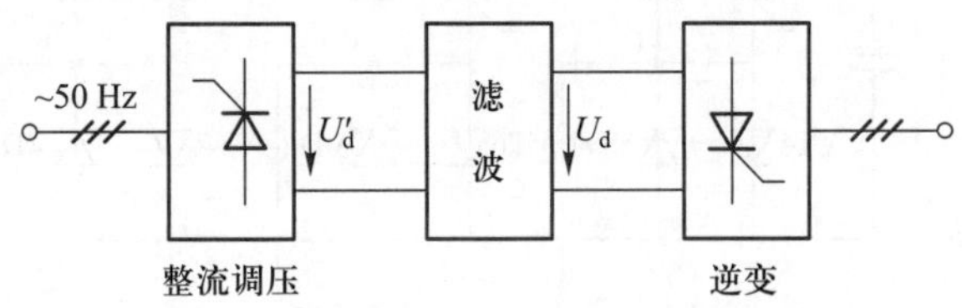

图 3-23 交－直－交变频器的组成

（1）逆变器的工作原理

图 3-24 所示为最简单的单相桥式逆变器工作原理。

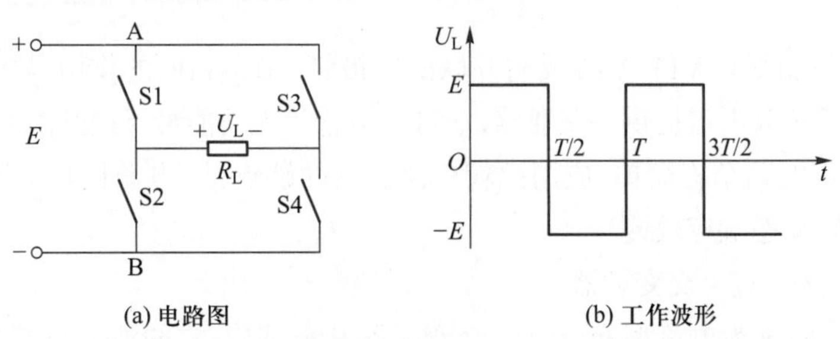

图 3-24 逆变器工作原理

若图 3–24 中开关 S1、S4 闭合，S2、S3 断开，则负载 R_L 分别与 A、B 两点相连，此时直流电源 E 通过 A 向 R_L 提供电流，经 B 回到 E；若 S1、S4 断开，S2、S3 闭合，则电流在 R_L 中反向。若每经 $T/2$ 时，S1、S4 及 S2、S3 交换导通一次，则在负载两端的电压（或负载中的电流）波形将为一频率为 $f=1/T$ 的交变方波。若用晶闸管取代 4 个开关可得到图 3–25 所示的晶闸管组成的逆变器。很明显，交流电的频率取决于每秒内两组晶闸管导通和关断的次数。

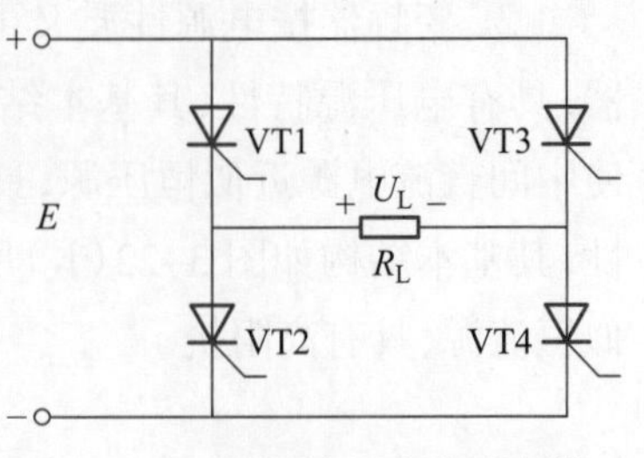

图 3–25　晶闸管组成的逆变器

（2）电压型交 – 直 – 交变频器

由前可知，电压型交 – 直 – 交变频器的滤波采用大容量电容。对逆变器部分来说，其直流电源的阻抗（包括滤波器）远小于逆变器的阻抗，故可将逆变器前面部分视为恒压源，其直流输出电压 U_d 稳定不变。因此，经过逆变器切换后输出的交流电压波形接近于矩形波。

图 3–26 所示为三相电压型交 – 直 – 交逆变器的主电路（不包括换流）。假设每一个晶闸管的导通角为 π，让晶闸管按 VT1、VT2、…、VT6 的顺序触发导通，各触发信号彼此相位差为 π/3，换流瞬时完成，则在任何瞬间，每一个臂上只有一个 VT 导通，而三个臂上各有一个 VT 导通。该电路的工作波形如图 3–27 所示，可见它是一个由矩形波组成的三相交流波形。

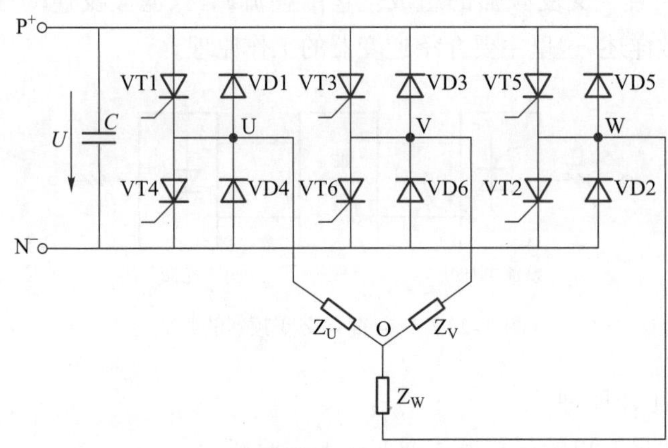

图 3–26　三相电压型交 – 直 – 交逆变器主电路

图 3–26 中与晶闸管 VT1~VT6 反向并联的二极管 VD1~VD6 的作用是在该晶闸管由截止转为导通时，给负载电流提供一条通路，通过二极管将无功能量反馈给滤波电容。

图 3–26 所示电路结构简单，应用比较广泛。它的缺点是：电源侧功率因数低；因存在较大的滤波环节，动态响应较慢。

（3）电流型交 – 直 – 交变频器

图 3–22（b）所示为电流型交 – 直 – 交变频器基本结构，它的滤波环节采用大电感，对逆变器来说，其直流电源呈高阻抗，故可看成恒流源，逆变器输出的电流波形接近矩形波，它

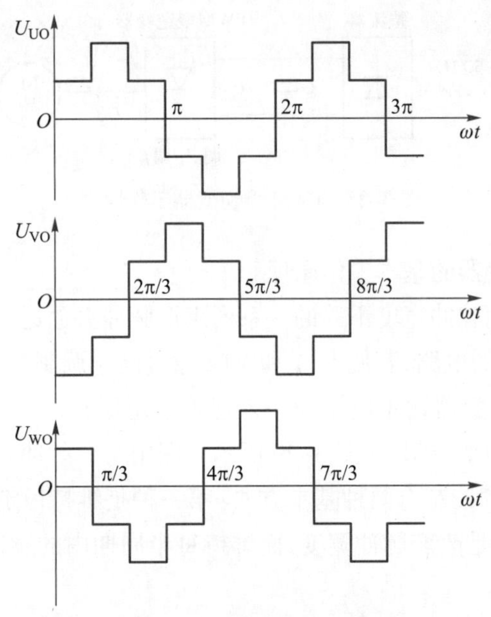

图 3-27 三相逆变器的工作波形

的优点是因其恒流性质，直流中间电路中电流的方向不变，所以不需要设置反馈二极管。大电感还能有效地抑制故障电流的上升率，故过电流和短路保护容易，而且动态特性快，所以电流型变频器正日益受到重视。

3. 脉宽调制（PWM）型逆变器

（1）问题的引出

如前所述，在一般的交－直－交变频器供电的变压变频调速中，为了获得变频调速所要求的电压频率，整流器必须是可控的，调速时须同时控制整流器和逆变器，从而带来了一系列的问题。主要原因是：① 主电路有两个可控的功率环节，相对来说比较复杂；② 由于中间直流环节有滤波电容或电抗器等大惯性元件存在，使系统的动态响应缓慢；③ 由于整流器是可控的，使供电电源的功率因数随变频装置输出频率的降低而变差，并产生高次谐波电流；④ 逆变器输出为六拍阶梯波交变电压（电流），在拖动电动机时形成较多的各次谐波，从而产生较大的脉动转矩，影响电动机的稳定工作，低速时尤为严重。

解决上述问题的方法是采用脉冲宽度调制（PWM）控制方式。图 3-28 所示为 PWM 型逆变器工作原理。在该逆变器电路中，同时进行输出电压幅值与频率的控制，满足变频调速对电压与频率协调控制的要求。PWM 型逆变器电路的主要特点是：① 主电路只有一个可控的功率环节，简化了结构；② 使用了不可控整流器，使电网功率因数与逆变器输出电压的大小无关而接近于 1；③ 逆变器在调频的同时实现调压，而与中间直流环节的元件参数无关，加快了系统的动态响应；④ 可获得比常规六拍阶梯波更好的输出电压波形，能抑制或消除低次谐波，使负载电动机可在近似正弦波的交变电压下运行，转矩脉冲小，大大扩展了拖动系统的调速范围，提高了系统性能。

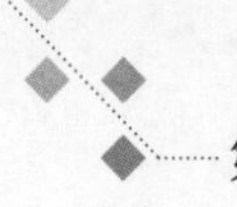

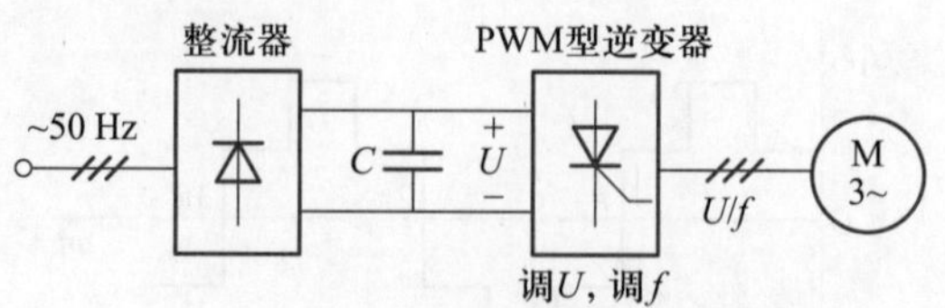

图 3–28　PWM 型逆变器工作原理

（2）脉宽调制型逆变器的基本工作原理

所谓脉宽调制是指用脉冲宽度不等的一系列矩形脉冲去逼近一个所需要的电压或电流信号。对于图 3–25 所示的电路，若使 VT1 和 VT4 通过高频调制控制，使其在半个周期内重复导通和关断 N 次，则逆变器输出电压为一系列等幅矩形脉冲，其中每个脉冲总的导通时间与总的关断时间按比例来控制，如图 3–29 所示。图中每个脉冲幅值为逆变器输入电压幅值 U_d。逆变器输出幅值的控制有两种基本方法：第一种是维持恒定的脉冲宽度而改变每半周期内的脉冲数；第二种是改变脉冲宽度，而维持每半周期内的脉冲数不变，而脉冲的重复频率称为载波频率。

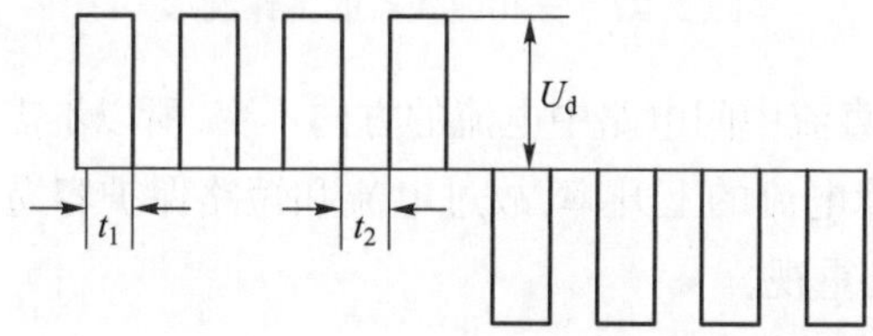

图 3–29　脉冲宽度调制基本波形

为保持 U/f 不变，应使脉冲重复的频率随输出频率成比例地变化。例如当频率降低时，每半周期内包含的等宽脉冲数不变，但各脉冲宽度间的间隔加大了，因此输出电压也就降低了。

上述方法的不足在于逆变器输出电压波形没有得到改善，谐波分量没有得到抑制。为了使逆变器输出电压波形接近正弦波，可采用正弦波脉冲调制法，如图 3–30 所示，此种方法是使半周期内多个脉冲的宽度（即晶闸管或晶体管导通的时间）以接近正弦的规律变化，也就是说使半周期内多个脉冲的宽度由小变大，然后再由大变小，其电压波形如图 3–31 所示（调制技术请参考有关书籍），这就使得高次谐波的成分大大减小。

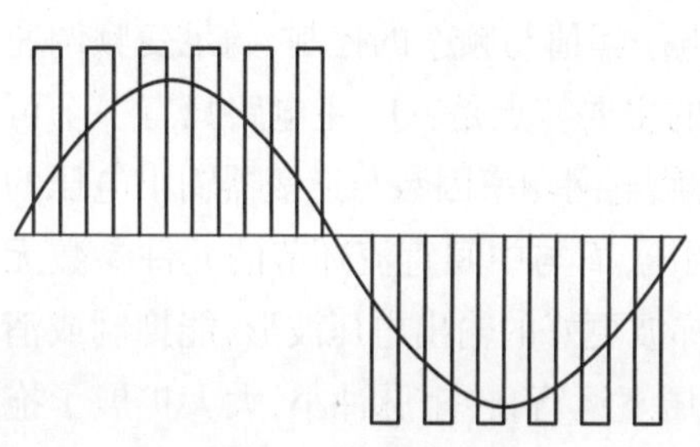

图 3–30　正弦波脉冲调制法

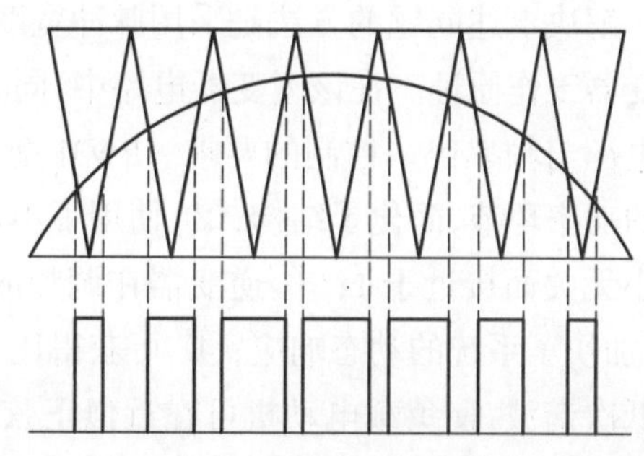

图 3–31　正弦波调制逆变器控制电路电压波形

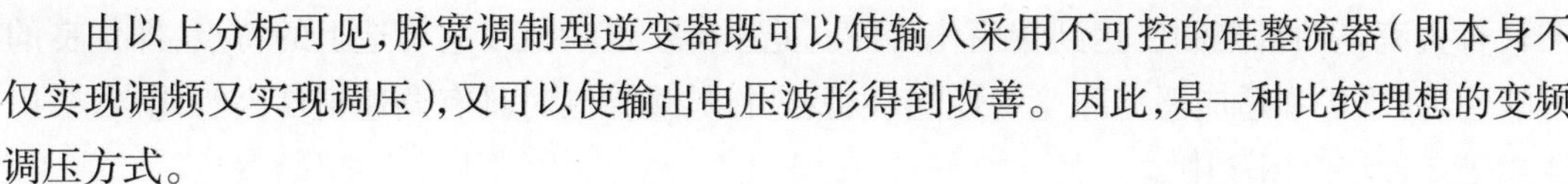

由以上分析可见，脉宽调制型逆变器既可以使输入采用不可控的硅整流器（即本身不仅实现调频又实现调压），又可以使输出电压波形得到改善。因此，是一种比较理想的变频调压方式。

3.4.2 变频器的选择与安装

1. 变频器的选择

采用通用变频器构成变频调速传动系统的主要目的有两个：一是满足提高劳动生产率、改善产品质量、提高设备自动化程度、提高生活质量及改善环境等要求；二是节约能源、降低生产成本。通用变频器生产商生产的不同类型变频器，可满足不同用户的实际工艺要求和应用场合。正确选择通用变频器对于传动控制系统的正常运行非常关键，首先要明确通用变频器的使用目的，按照生产机械的类型、负载特性、调速范围、速度响应、控制精度、起动转矩等要求，决定采用什么功能的通用变频器，然后决定选用哪种控制方式。所选择的通用变频器应既满足生产工艺的要求，又在经济指标上合理。

通用变频器在我国经过几十年的发展，在产品种类、性能和应用范围等方面都有了很大提高。目前，国内市场上流行的通用变频器品牌多达几十种，如西门子、ABB、Vacon（伟肯）、Danfoss（丹佛斯）、Schneider（施耐德）、富士、三菱、安川、日立、松下、东芝、LG、三星、现代、普传、台安、台达、康沃、安邦信、惠丰、森兰、阿尔法、科姆龙等。

（1）简易通用型变频器

简易通用型变频器一般采用 V/F 控制方式，主要以风扇、风机、泵等二次降转矩负载为目的，其节能效果显著，成本较低。

另外，为配合大量生产空调、真空泵等的需求，以小型化、低成本为目的的机电一体化专用变频器也逐渐增多。

（2）多功能通用变频器

随着工厂自动化的不断深入，多功能通用变频器适用自动仓库、升降机、搬运系统等的高效率化、低成本化以及小型 CNC 机床、挤压成形机、纺织及胶片机械等的高速化、高效率化、高精密化。

多功能通用变频器满足以下两项条件：

① 与机械种类无关，可实现恒转矩负载驱动。即使负载有很大的波动，也能保证连续运转，否则变频器会出现易停机、再起动困难、耐过载能力弱等问题。

为满足上述条件，变频器本身必须具有电流控制功能。例如，为了确保运转的可靠性而具备的瞬间停电对策和电子热继电器功能，从电网电源进行连续切换所必备的自动寻速功能，针对大幅度负载波动的转矩补偿（增强）功能和防止失速功能等。

② 变频器自身应易与机械相适应、相配合。变频器应具有容易适合机械特性的可选功能，以及系统与变频器之间信息传递的输入 / 输出功能。

（3）高性能通用变频器

经过几十年的发展，在钢铁行业的流水线、造纸设备等化工设备中，以矢量控制的变频器代替直流电动机控制已达到实用化阶段。笼型异步电动机以它构造上的特点，即优良的可靠性、易维护和适应恶劣环境的性能，以及进行矢量控制时具有调速精度高等优点，被广泛用于多种特定用途中。

近年来，由于矢量控制电路的数字化以及参数自调整功能的引入，变频器自适应等功能更加充实。特别是无速度传感器矢量控制技术的实用化，使得在通用变频器中采用高性能矢量控制方式成为可能。目前高性能变频器驱动系统已大量取代直流电动机驱动，广泛应用于挤压成形机、电线和橡胶制造设备之中。

2. 变频器的安装

一般情况下，变频器的安装环境和运行条件会对变频器的可靠性和寿命产生影响。

（1）安装环境

① 变频器的可靠性与温度。变频器的可靠性在很大程度上取决于温度，由于变频器的错误安装或不合适的固定方式，在变频器温度升高后，其周围温度会随之升高，这可能导致变频器出现故障或损坏而产生事故。产生事故的原因有如下几种：

周围温度升高：
- 配电柜变频器发热
- 配电柜内散热效果不好（配电柜空间小，通风不足）
- 变频器通风路径狭窄
- 变频器安装位置不对
- 变频器附近装有热源

变频器温度升高：
- 变频器安装方向不对
- 变频器上方空间过小
- 变频器风扇出现故障

② 周围温度。变频器的周围温度指的是变频器断面附近的温度。周围温度的测量位置如图 3-32 所示。允许温度范围在 −10 ~ +50 ℃之间（温度过高或过低将产生故障）。配电柜内的温度小于 50 ℃时，对于全封闭的变频器，其周围温度要小于 50 ℃。

③ 变频器产生的热量。变频器产生的热量取决于变频器的容量和驱动电动机的负载。配电柜内同变频器一起安装使用的选件、用于改善功率因数的电抗器及制动单元（包括制动电阻）也会产生热量。

④ 配电柜的散热及通风情况。在配电柜内安装变频器时，要注意它和通风扇的位置。配电柜中两个以上的变频器安装位置不正确时，会使通风效果变差，从而导致周围温度升高。

图 3-33 给出了外部散热器安装示意图；图 3-34 给出了配电柜中安装两个变频器的例子；图 3-35 给出了通风扇的正确安装位置。

⑤ 变频器的安装方向。如果变频器安装方向不正确，其热量不能适当地散去，会使变频器温度升高（控制电路印制电路板部分没有冷却风扇冷却）。变频器的安装方向如图 3-36 所示。

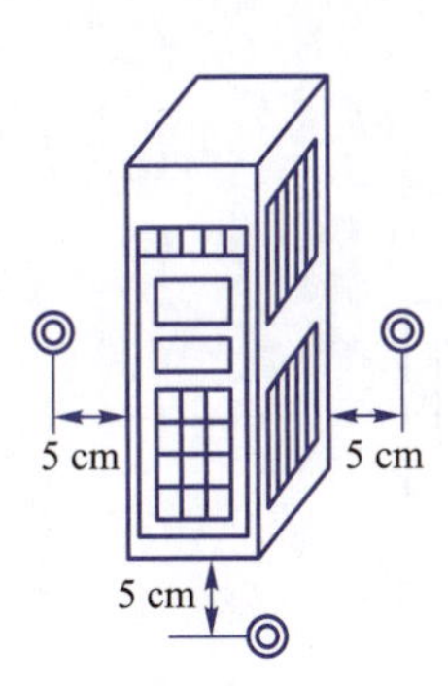

图 3-32 周围温度的测量位置

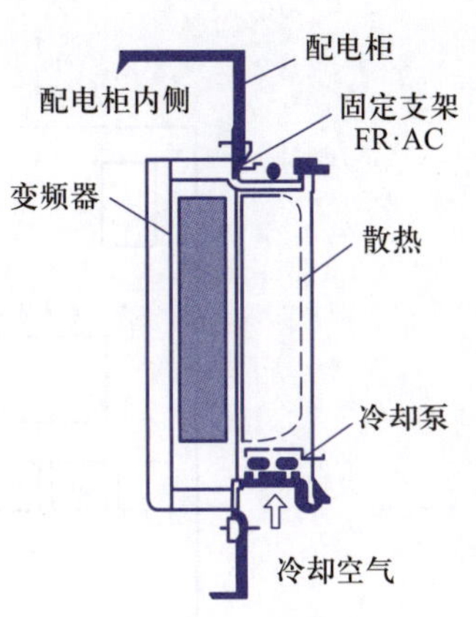

图 3-33 外部散热器安装示意图

○—正确；×—错误

图 3-34 配电柜中安装两个变频器的例子

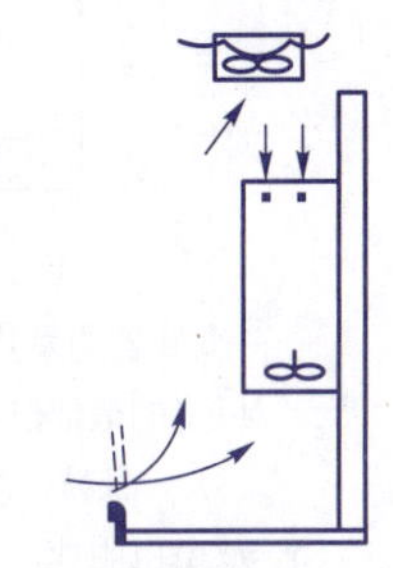

图 3-35 通风扇的正确安装位置

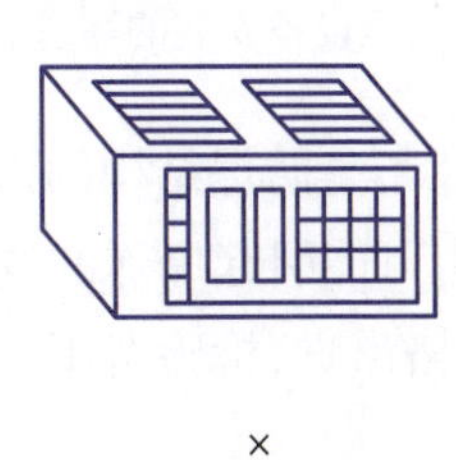

○—正确；×—错误

图 3-36 变频器的安装方向

⑥ 污垢防护结构。为了在容易积聚灰尘和污垢的地方使用变频器，应安装通风口的污垢防护附件。即使是安装污垢防护结构的变频器也不能在油雾环境下运行。在这种情况下，防护配电柜中安装标准变频器。

⑦ 在配电柜中安装变频器的注意事项，具体如图 3-37 所示。

（2）运行条件

① 防灰尘、污垢：灰尘、污垢将导致触点产生误动作故障，由于灰尘、污垢的积聚引起绝缘性能降低。

② 防止腐蚀气体和含盐气体损坏：如果变频器暴露在腐蚀气体或含盐气体（如海风）中，其电路板、各部件及继电器将会受到腐蚀。在这种情况下，应采取相应的防护措施。

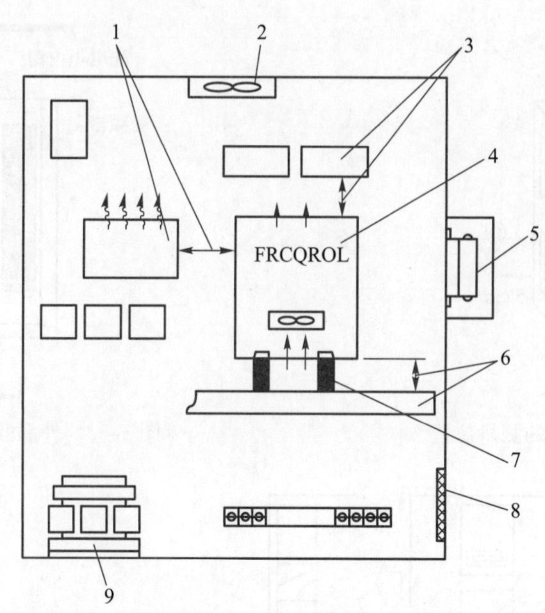

1—变频器与发热设备的间隙足够长（5 cm 以上）；2—内部温度不高的位置为安装风扇的最佳位置，风扇须提供足够的风量；3—其他设备不应阻碍空气的流通，且易受到温度影响的设备不应该安装在此；4—正确的安装方向；5—放电电阻或产生大热量的设备应安装在外面；6—具有足够的间隙（10 cm 以上），以方便连接套管和冷空气的吸入；7—控制信号电缆与主电路电缆连线分离，且不要弯曲；8—空气过滤网要定期清扫，防止阻塞；9—安装用于改善功率因数的电抗器

图 3-37　配电柜设备安装的注意事项

③ 防止易燃、易爆气体：由于变频器不是防爆结构的设备，因而必须安装在防爆配电柜中。变频器在充满易燃、易爆气体或灰尘可能引起爆炸的场合中使用时，必须要符合规格标准并通过质量检验。由于防爆配电柜价格昂贵，检验费用也较高，因此变频器最好安装在无危险的场所。

④ 海拔高度：应在海拔高度小于 1 000 m 的场合使用变频器，否则，会因空气稀薄而使变频器的冷却效果变差。

⑤ 振动冲击：变频器受到振动冲击时，机械部件可能会松动，接触器可能产生误动作，因此应安装防振支架。

措施：在配电柜内安装橡胶防振绝缘设施；加固配电柜，防止共振；将配电柜安装在远离振动源的场所。

3.4.3　变频器的连接

下面以三菱 FR-S500 型变频器为例，阐述变频器的连接。

如图 3-38 所示，三相 380 V 交流电压通过断路器 QF、接触器 KM 接入变频器的电源输入端 L1、L2、L3 上，变频器输出变频电压端 U、V、W 接到负载电动机 M 上。断路器 QF 是总电源开关，且有短路和过载保护作用。直流电抗器直接接到 P1 与 + 端。

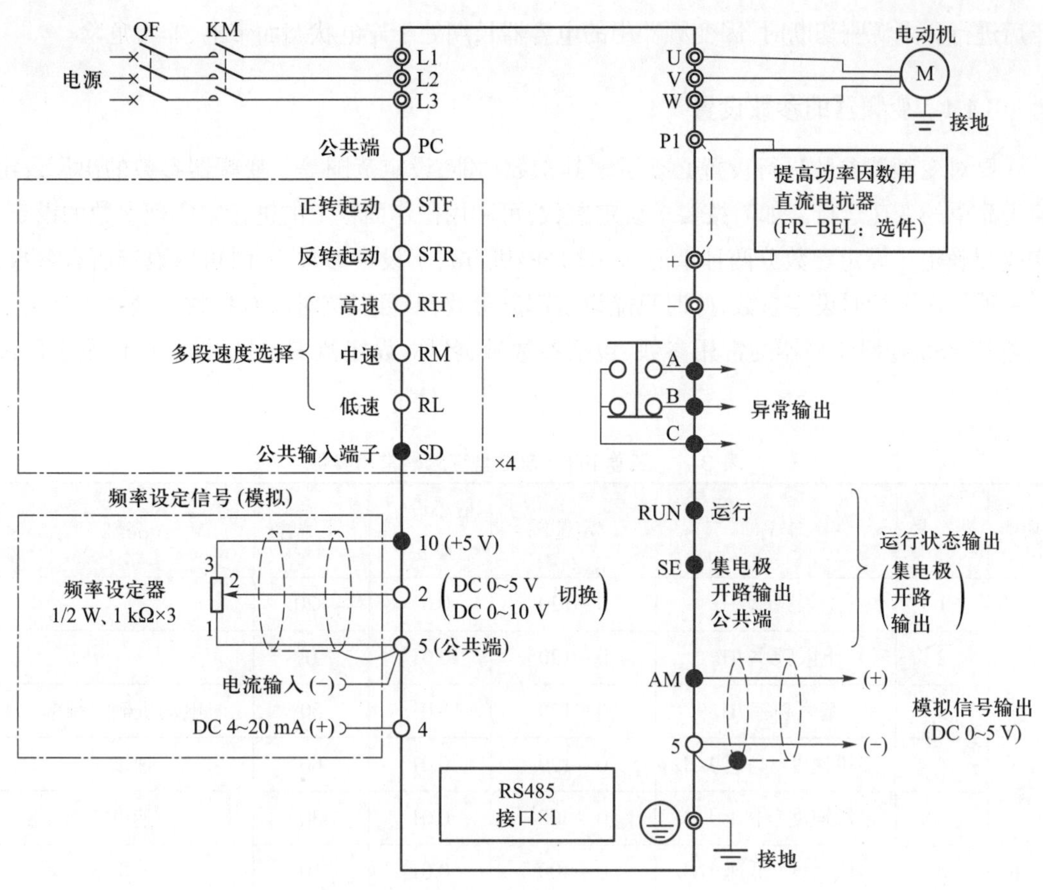

◎—主电路端子；○—控制电路输入端子；●—控制电路输出端子

图 3-38　三菱 FR-S500 型变频器端子接线图

STF 为正转起动信号，STR 为反转起动信号，SD 为公共输入端子。STF 信号为 ON 时电动机正转，为 OFF 时电动机停止；STR 信号为 ON 时电动机反转，为 OFF 时电动机停止。可根据输入端子 RH、RM、RL 信号的组合，进行多段速度的选择，该功能的具体使用需要参数设置配合。

10、2、4、5 端子用于频率设定，2、5 之间为电压信号（DC 0～5 V 或 0～10 V，由参数设定），4、5 之间为电流信号。频率可以通过电位器或控制系统设定（外部控制方式下），也可以通过面板设定（内部控制方式下），具体由参数设置。

A、B、C 端子为报警输出，A 为正常时开路，保护功能动作时通路；B 为正常时通路，保护功能动作时开路，C 为 A、B 的公共端。RUN、SE 为运行状态输出，AM、5 为模拟信号输出。

变频器安装时，应注意以下几点：

① 三相电源线必须接主电路输入端子（L1、L2、L3），严禁接至主电路输出端子（U、V、W），否则会损坏变频器。

② 变频器必须可靠接地。

③ 若在变频器运行后改变接线操作，必须在电源切断 10 min 以后，经万用表检测无电

压后进行。电源刚切断时,因变频器中的电容器长期处于充电状态而带电,非常危险。

3.4.4　变频器的参数设置

要对变频器参数进行设置必须了解其参数功能、设定范围等。变频器参数的出厂设定值为简单的变速运行。如需按要求设定参数,可利用操作面板上的键盘来实现参数的设定、修改和确定。设定参数分两种情况:一种是停机方式下设定参数,此时可以设定所有参数;另一种是在运行时设定参数,此时只能设定部分参数,但可以核对所有参数。表 3–1 列出了三菱 FR–S500 型变频器的常用参数,包括参数号、名称、设定范围、最小设定单位及出厂设置等。

表 3–1　三菱 FR–S500 型变频器常用参数

功能	参数号	名称	设定范围	最小设定单位	出厂设置	备注
基本功能	1	上限频率 /Hz	0 ~ 120	0.01	120	
	2	下限频率 /Hz	0 ~ 120	0.01	0	
	3	基底频率 /Hz	0 ~ 120	0.01	50	电动机额定频率
	4	多段速度(高速)/Hz	0 ~ 120	0.01	60	速度 1
	5	多段速度(中速)/Hz	0 ~ 400	0.01	30	速度 2
	6	多段速度(低速)/Hz	0 ~ 400	0.01	10	速度 3
	7	加速时间 /s	0 ~ 3 600/ 0 ~ 360	0.01	5	
	8	减速时间 /s	0 ~ 3 600/ 0 ~ 360	0.01	5	
	9	电子过电流保护 /A	0 ~ 500	0.01	额定电流	50 Hz 额定电流
标准运行功能	13	起动频率 /Hz	0 ~ 60	0.01	0.5	起动信号 为 ON 时的频率
	15	点动频率 /Hz	0 ~ 400	0.01	5	
	16	点动加减速时间 /s	0 ~ 3 600/ 0 ~ 360	0.01	0.5	不能分别设定
	19	基底频率电压 /V	0 ~ 1 000、 8 888、9 999	0.1	9 999	8 888:电源电压的 95% 9 999:同电源电压
	24	多段速度设定 /Hz	0 ~ 400、9 999	0.01	9 999	速度 4
	25	多段速度设定 /Hz	0 ~ 400、9 999	0.01	9 999	速度 5
	26	多段速度设定 /Hz	0 ~ 400、9 999	0.01	9 999	速度 6

续表

功能	参数号	名称	设定范围	最小设定单位	出厂设置	备注
标准运行功能	27	多段速度设定 /Hz	0 ~ 400、9 999	0.01	9 999	速度 7
	29	加减速曲线	0、1、2、3	1	0	
	31	频率跳变 1 A/Hz	0 ~ 400、9 999	0.01	9 999	9 999：功能无效
	32	频率跳变 1 B/Hz	0 ~ 400、9 999	0.01	9 999	9 999：功能无效
	33	频率跳变 2 A/Hz	0 ~ 400、9 999	0.01	9 999	9 999：功能无效
	34	频率跳变 2 B/Hz	0 ~ 400、9 999	0.01	9 999	9 999：功能无效
	35	频率跳变 3 A/Hz	0 ~ 400、9 999	0.01	9 999	9 999：功能无效
	36	频率跳变 3 B/Hz	0 ~ 400、9 999	0.01	9 999	9 999：功能无效
	76	报警编码输出选择	0、1、2、3	1	0	
	77	参数写入禁止	0、1、2	1	0	
	79	操作模式选择	0 ~ 8	1	0	
多段速度运行功能	232	多段速度设定 /Hz	0 ~ 400、9 999	0.01	9 999	速度 8
	233	多段速度设定 /Hz	0 ~ 400、9 999	0.01	9 999	速度 9
	234	多段速度设定 /Hz	0 ~ 400、9 999	0.01	9 999	速度 10
	235	多段速度设定 /Hz	0 ~ 400、9 999	0.01	9 999	速度 11
	236	多段速度设定 /Hz	0 ~ 400、9 999	0.01	9 999	速度 12
	237	多段速度设定 /Hz	0 ~ 400、9 999	0.01	9 999	速度 13
	238	多段速度设定 /Hz	0 ~ 400、9 999	0.01	9 999	速度 14
	239	多段速度设定 /Hz	0 ~ 400、9 999	0.01	9 999	速度 15

下面以三菱 FR-S500 型变频器为例，具体说明变频器主要参数的含义及设置。按功能不同，参数可分为七类：基本功能参数（Pr.0 ~ Pr.9 和 Pr.30、Pr79）、扩展功能参数（Pr.10 ~ Pr.29、Pr.31 ~ Pr.78 和 Pr.80 ~ Pr.99）、保养功能参数（H1 ~ H5）、附加参数（H6 ~ H7）、校正参数（C1C8、CLr）、通信参数（n1 ~ n12）、PU 用参数（n13 ~ n17）。

（1）输出频率范围：Pr.1，Pr.2，Pr.18

Pr.1：上限频率；Pr.2：下限频率；Pr.18：高速上限频率。可将输出频率上限和下限进行钳位，如设定频率高于（低于）Pr.1（Pr.2）的设定值，则将输出频率钳位在上限（下限）频率。

在 120 Hz 以上运行时，Pr.18 若设定，则 Pr.1 自动变为 Pr.18 的设定值。

（2）加减速时间：Pr.7，Pr.8，Pr.20，Pr.21，Pr.44，Pr.45，Pr.110，Pr.111

如图 3–39 所示为加减速时间参数。注意：

① Pr.7：从 0 Hz 加速到 Pr.20 所设定频率的加速时间。

② Pr.20：加 / 减速基准频率（出厂设定 50 Hz）。

③ Pr.44，Pr.45：第二功能（RT 信号 ON 有效）。

④ Pr.110，Pr.111：第三功能（X9 信号 ON 有效）。

（3）直流制动：Pr.10，Pr.11，Pr.12

如图 3–40 所示为直流制动参数。利用设定停止时的直流制动电压、动作时间和动作频率，可调整定位运行的停止精度或直流制动的运行时间，使之适合负荷的要求。

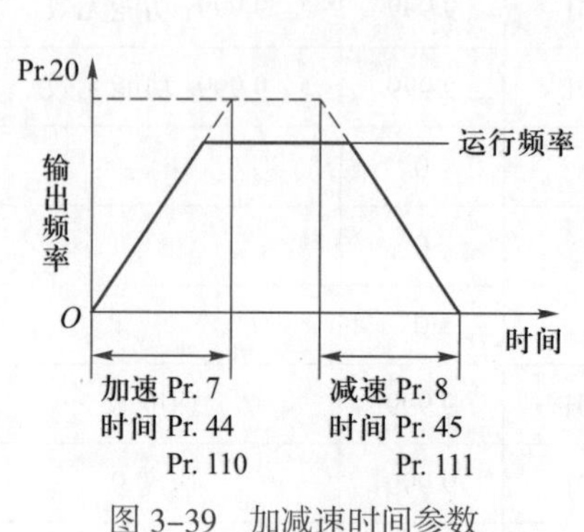

图 3–39　加减速时间参数

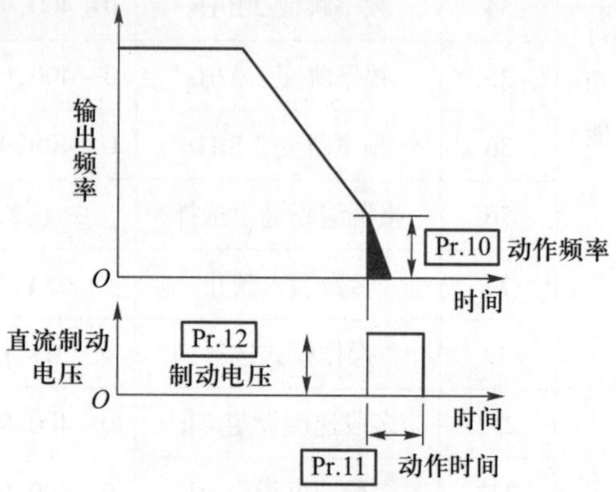

图 3–40　直流制动参数

① Pr.10：直流制动动作频率。

② Pr.11：直流制动动作时间。

③ Pr.12：直流制动电压。

在减速过程中，当运行频率达到参数 Pr.10 设定的动作频率时，加直流电压快速制动。通以直流电压制动的动作时间由 Pr.11 设定，Pr.12 则设定电源电压的百分数作为给定的直流制动电压。

（4）起动频率：Pr.13；点动频率：Pr.15，Pr.16

Pr.13：起动信号为 ON 时的开始频率。

点动运行：

① 在 FR–DU04/PU04 面板上，在操作流程中的“操作模式”状态下，选择“JOG”，称为 PU 点动运行。按住“FWD”/“REV”，则以 Pr.15 设定值运行，松开则停止。

② 外部操作模式时，通过输入端子功能选择，“JOG”信号为 ON，选择外部点动，以 Pr.15 设定值运行。

（5）频率跳变：Pr.31 ~ Pr.36

用于防止机械系统固有频率产生的共振，通过设定最多三个区域，使其跳过共振发生的频率点。注意频率跳变 1 A、2 A 或 3 A 的设定值为跳变点，用这个频率运行。

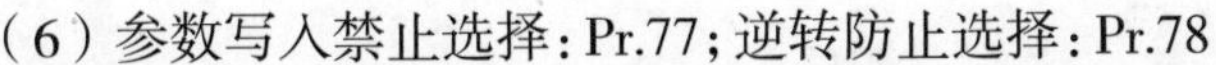

（6）参数写入禁止选择：Pr.77；逆转防止选择：Pr.78

Pr.77 用于防止参数值被意外改写，在现场使用时，常需要设定以避免现场操作人员的误设定。当 Pr.77=1 时，除了 Pr.75、Pr.77 和 Pr.79 以外都不可以写入，同时“Pr clear”“All clear”和“User clear”被禁止。Pr.78 用于防止由于起动信号的误动作而产生的逆转事故。

（7）操作模式选择：Pr.79

Pr.79 的出厂设定值为 0，表示可以在操作流程中的“操作模式”状态下选择操作模式。Pr.79 主要的设定值及对应操作模式见表 3–2。一般可能设定为 0、1、2、3 和 4。

表 3–2　Pr.79 设定值及对应操作模式

<table>
<tr><th>设定值</th><th colspan="2">操作模式</th></tr>
<tr><td>0</td><td colspan="2">用 PU/EXT 键切换 PU（设定用旋钮，RUN 键）操作或外部操作</td></tr>
<tr><td>1</td><td colspan="2">只能执行 PU（设定用旋钮，RUN 键）操作</td></tr>
<tr><td>2</td><td colspan="2">只能执行外部操作</td></tr>
<tr><td rowspan="2">3</td><td>运行频率</td><td>起动信号</td></tr>
<tr><td>用设定旋钮设定
多段速选择
4 ~ 20 mA（仅当 AU 信号为 ON 时有效）</td><td>外部端子（STF、STR）</td></tr>
<tr><td rowspan="2">4</td><td>运行频率</td><td>起动信号</td></tr>
<tr><td>外部端子信号（多速段，DC 0 ~ 5 V 等）</td><td>RUN 键</td></tr>
<tr><td>7</td><td colspan="2">PU 操作互锁
根据 MRS 信号的 ON/OFF 来决定是否可以为 PU 操作模式</td></tr>
<tr><td>8</td><td colspan="2">操作模式外部信号切换（运行中不可以）
根据 X16 信号的 ON/OFF 来选择操作模式</td></tr>
</table>

（8）停止选择：Pr.250

当起动信号变为 OFF 时，选择停止的方式（减速停止或惯性停止）。

Pr.250=9 999 时，减速停止；Pr.250=9 999 以外的值时，惯性停止。

（9）多段速运行：Pr.4 ~ Pr.6，Pr.24 ~ Pr.27，Pr.232 ~ Pr.239

用参数预先设定多种运行速度，用输入端子进行转换。多段速运行操作只能在外部操作模式或组合操作模式中有效。

Pr.4 ~ Pr.6：高中低速的设定。Pr.24 ~ Pr.27：4 ~ 7 段速设定。

根据图 3–41 所示，通过 RH、RM、RL 三个控制电路输入端子 ON/OFF 信号的排列组合，可以在 1 ~ 7 段速之间进行切换。

（10）程序运行功能

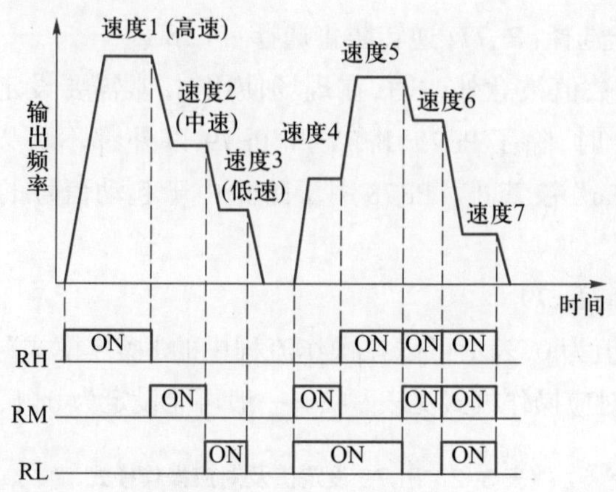

图 3–41　多段运行组合

（11）显示计（频率计）校正：Pr.900，Pr.901，Pr.55

Pr.900：FM 端子校正；Pr.901：AM 端子校正。用操作面板，可以校正连接到 FM 端子上的仪表到满刻度。

Pr.55：频率监视基准，用于设定 FM 端子输出频率的比率。

（12）频率设定电压（电流）偏置和增益：Pr.902 ~ Pr.905

如图 3–42 所示，可以任意设定模拟量频率给定信号（DC 0 ~ 5 V，0 ~ 10 V 或 4 ~ 20 mA）所对应的输出频率的大小。每个相关参数设定时需同时设定两个值：偏置（增益）频率及所对应的模拟量电压（电流）值。需要注意的是，模拟量电压（电流）值要以百分数的形式设定。如：5 V 即对应设定 100%。

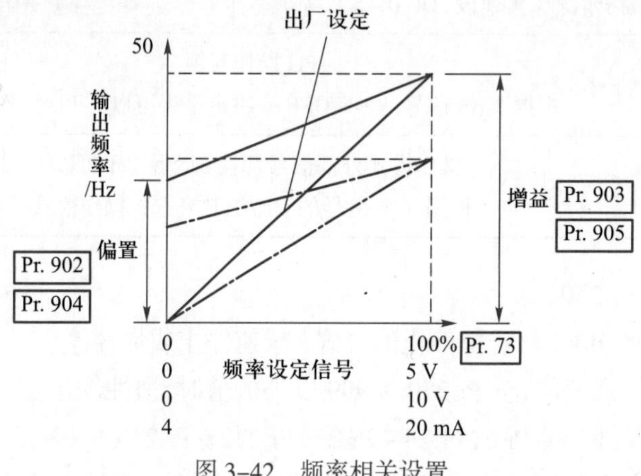

图 3–42　频率相关设置

3.4.5　变频器的操作和维护

1. 变频器的操作

（1）变频器的操作面板及显示

① 键盘。不同变频器的键盘配置差异较大，但归纳起来，键盘中不外有以下几类按键：

a. 模式转换键：用于更改工作模式，如运行模式、功能预置模式等，常见符号有 MODE、PRG、FUNC 等。

b. 增、减键：用于增加或减小数据，常见符号有▲和▼、∧和∨、↑和↓等。此外，不少变频器还配置了移位键，用于改变需要更改的数据位，以便加速数据的更改速度。

c. 读、写键：在功能预置模式下，用于“读”或“写”数据，常见符号有 SET、READ、DATA、ENTER 等。

d. 运行操作键：在运行模式下，用于进行“运行”“停止”等操作，常见符号有 RUN（运行）、FWD（正转）、REV（反转）、STOP（停止）、JOG（点动）等。

e. 复位键：用于在故障跳闸后使变频器恢复为正常状态，符号为 RESET（或简写为 RST）。

② 显示。LED 显示是所有变频器的主要显示方式。在进行功能预置时显示变频器的功能码和数据码；在运行过程中显示各种数据，如显示变频器的给定频率和输出频率、电流、电压，电动机的同步转速、线速度、负荷率等；在发生故障时显示故障代码等。

（2）变频器的预置与运行

变频器在运行前需要经过 3 个步骤：功能参数预置、运行模式选择和给出起动信号。

① 功能参数预置。变频器运行时的基本参数和功能参数是通过功能预置设定的，因此它是变频器运行的一个重要环节。基本参数是指变频器运行所必须具有的参数，主要包括转矩补偿，上、下限频率，基本频率，加、减速时间，电子热保护等。大多数变频器在其功能码表中都列有基本功能一栏，其中就包括了这些基本参数。功能参数是根据选用的功能而需要预置的参数，如 PID 调节的功能参数等。如果不预置参数，变频器按出厂时的设定选取。

功能参数的预置过程，总结起来大概有下面 3 个步骤：

a. 查功能码表，找出需要预置参数的功能码。

b. 在参数设定模式（编程模式）下，读出该功能码中原有的数据。

c. 修改数据，写入新数据。

多数变频器的功能预置均采用上述步骤。以三菱 FR-S500 型变频器为例，其功能预置流程如图 3-43 所示。

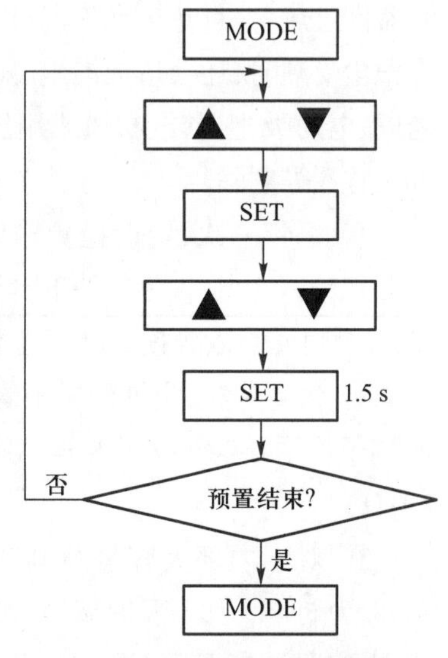

图 3-43 三菱 FR-S500 型变频器的功能预置流程

② 运行模式选择。运行模式是指变频器运行时，给定频率和起动信号从哪里给出。根据给出地方的不同，运行模式主要可分为面板操作、外部操作（端子操作）、通信控制（上位机给定）。

③ 给出起动信号。经过以上两步，变频器已做好了运行的准备，只要起动信号一到，变频器就可按照预置的参数运转。

2. 变频器的维护

变频器的维护包括日常检查、定期检查，发现故障要及时诊断、维修，这样才能使变频器保持良好状态。

① 检查变频器的周围环境条件，应符合产品说明书规定的使用环境条件。若使用环境不符合要求，应设法改善（如加强通风、隔离灰尘等）或改变安装位置。

② 检查变频器的输入交流电压，应符合产品说明书规定的输入电压范围要求。若超出电压范围要求，可采取调整变压器分压开关、更换导线截面等措施。

③ 定期检查紧固件，看是否松动，并及时旋紧。对电气距离较近的螺栓，应在停电的情况下处理。

④ 检查触摸面板显示有无异常情况。若有异常显示，应根据产品提供的“故障显示及动作内容”“报警和故障原因及处理方法”等资料进行处理。

⑤ 检查导体、绝缘体是否有锈蚀、烧焦、损坏等现象，有无异常声音、异常振动和异常气味。

⑥ 检查变压器、电抗器有无异响、过热、焦臭味；检查继电器、接触器运行是否正常。

⑦ 检查冷却风机工作是否正常。新安装时应检查风机旋转方向是否正确。冷却风机的轴承寿命一般为1万~3.5万小时，因此一般运行3~5年后，应着重检查一次，使用环境较差时，应每年检查一次。若风机转速变慢或停转，应查明原因（如机械卡阻、灰尘油垢影响、轴承故障及润滑不良，起动电容变质或击穿、接线脱焊或端子螺钉未拧紧等），及时处理，损坏的要及时更换。变频器不可在没有风机冷却的情况下运行，否则会很快损坏变频器（晶闸管过热烧毁）。平时定期清洁风口上的灰尘与纤维，清除油垢。

⑧ 切实做好变频器及控制柜的防尘、除尘工作。因为变频器及控制柜积尘会影响散热，当灰尘堆积在变频器内的电子元器件上时，或灰尘堵塞控制柜的散热孔时，会引起电子元器件过热，一旦超过允许温度会造成跳闸，严重时会缩短变频器的寿命，损坏电子元器件。当积尘受潮时，还会造成漏电、短路等事故。因此平时的除尘工作十分重要。除尘可采用皮老虎、电动吸尘器、电吹风或用压缩空气吹扫，也可用干燥的毛刷刷去。对较大积尘、油垢，可用竹签等剔除。

⑨ 每年一次，定期检测输出电压、电流，看其数值差异是否在允许范围内。正常的变频器在输入电压平衡条件下，输出电压的差异不应超过1%，其各相电流的差异不应超过10%，否则说明该变频器已存在质量问题或有故障。测试数据应记录存档。

⑩ 每年一次，定期测量绝缘电阻。断开电源，将进线端的L1、L2、L3及输出端的U、V、W端子均用导线短接并相连，接外壳，用500 V兆欧表测量外壳对地的绝缘电阻，应不大于2 MΩ。

⑪ 对于内部大容量的电解电容器（直流滤波用），应每年检查一次，到使用寿命期满（一般为5年），如不及时调换，则应每数月检查一次。检查内容有：电容器外壳是否变形、鼓肚，电容器外表面是否因过热而变色，封装处是否碎裂，减压阀是否膨胀或已起作用。若出现上述现象，说明电容器已漏电过热，内部压力增大，应及时更换。在测试电动机绝缘电阻

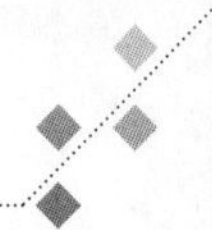

时必须注意，切不可在变频器与电动机相连的情况下测量，否则兆欧表输出的高电压会损坏变频器中的逆变器。

3.5 三相异步电动机变频调速的应用

3.5.1 三相异步电动机变频调速系统的应用

三相异步电动机变频调速系统通常用于数控机床模拟主轴控制中，变频器通过与数控装置主轴接口和 PLC 输入 / 输出接口的连接，实现主轴电动机即三相异步电动机的正、反转和调速控制等；三相异步电动机外接编码器，还可实现螺纹车削和铣床刚性攻丝功能。

数控机床的电气控制线路同普通的机床电路有所不同，除了常用的电气控制线路外，它还有数控装置。数控机床的结构框图如图 3-44 所示。普通机床与数控机床的区别主要是数控机床的主轴调速、刀架进给全部自动完成，即根据编程指令按要求执行。

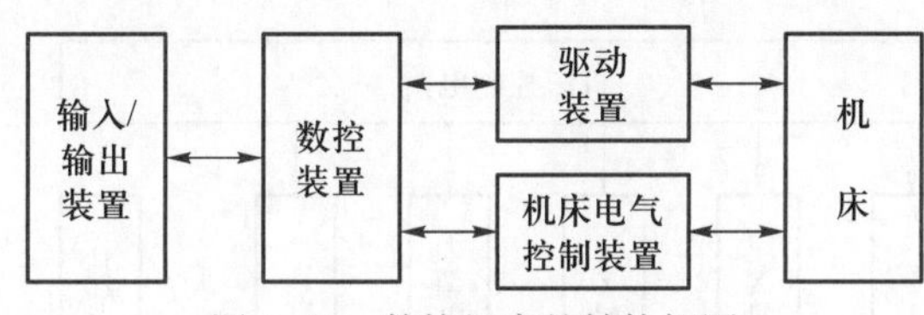

图 3-44　数控机床的结构框图

在图 3-44 中，数控装置是整个数控机床的核心，机床的操作命令均从此装置中发出。驱动装置位于数控装置和机床之间，包括进给驱动和主轴驱动装置。驱动装置根据控制的电动机不同，其控制电路形式也不同。步进电动机有步进驱动装置，直流电动机有直流驱动装置，交流伺服电动机有交流伺服驱动装置等。

机床电气控制装置也位于数控装置与机床之间，它主要接收数控装置发出的开关命令，控制机床主轴的起停、正 / 反转、换刀、冷却、润滑、液压、气压等相关信号。

现以数控车床为例介绍数控机床的电气控制线路，了解步进电动机驱动、交流变频及数控系统的典型应用。

1. 数控车床

数控车床的机械部分比同规格的普通车床更为紧凑和简洁，主轴传动为一级传动，去掉了普通车床主轴变速齿轮箱，采用变频器实现主轴无级调速。进给移动装置采用滚珠丝杆，传动效率好、精度高、摩擦力小。一般经济型数控车床的进给均采用步进电动机。进给电动机的运动由数控装置实现信号控制。

数控车床的刀架能自动转位。换刀电动机有步进、直流和异步电动机之分，这些电动刀架的旋转、定位均由数控装置发出信号，控制其动作；其他的冷却、液压等电气控制跟普通车床差不多。

现以 CK0630 型数控车床为例说明数控车床电气控制线路的原理。

（1）CK0630 型数控车床的性能指标

① 主轴转速：80 ~ 20 r/min；② 主轴电动机功率：0.75 kW/1.5 kW；③ 最小设置量，X 轴：0.005 mm，Z 轴：0.01 mm；④ 八工位自动回转刀架。

（2）电气性能指标

① 输入三相交流 380 V 电源；② 标准 ISO 编程指令；③ 车床回零功能；④ 螺纹加工功能；⑤ 车床硬限位，报警解除功能；⑥ 主轴无级调速，主轴正反转控制；⑦ 手动 / 自动换刀，3 位编码刀号或 4 ~ 8 位非编码刀号刀架；⑧ 冷却开关控制。

2. 数控车床电气控制线路

如图 3–45 及图 3–46 所示为数控车床电气框图和数控车床电气控制原理图。

由图 3–45 可知，数控车床分别由数控装置（CNC），机床控制电路、X/Z 轴进给驱动器、主轴变频器、刀架电动机控制电路、冷却控制电路及其他信号控制电路组成。

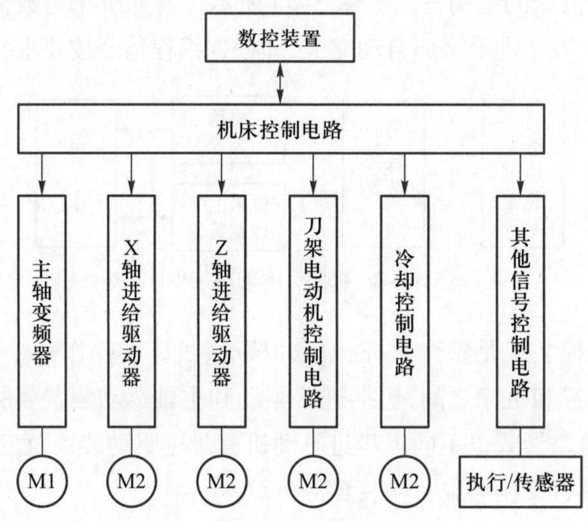

图 3–45　数控车床电气框图

图 3–46（a）为数控车床电气控制线路的主电路，分别控制主轴电动机及冷却泵，图 3–46（b）为数控车床电气控制线路的控制电路。

3. 主轴变频器信号连接

在经济型数控车床中，主轴调速设计一般采用无级调速，有的还设计成分段无级调速。随着电力电子技术的发展，现在对主轴三相异步电动机的无级调速控制技术已经相当成熟，变频器的应用越来越广泛。

（1）变频器功能说明（按照图 3–38 所示三菱 FR–S500 型变频器描述功能）

如图 3–46 所示，变频器主要信号端功能为：电源输入为三相 380 V，输入端为 L1、L2、L3，变频器控制电动机的输出端子为 U、V、W。变频器控制电路的其他输入 / 输出信号功能如前所述，这里不再赘述。

（2）数控系统与变频器的信号连接

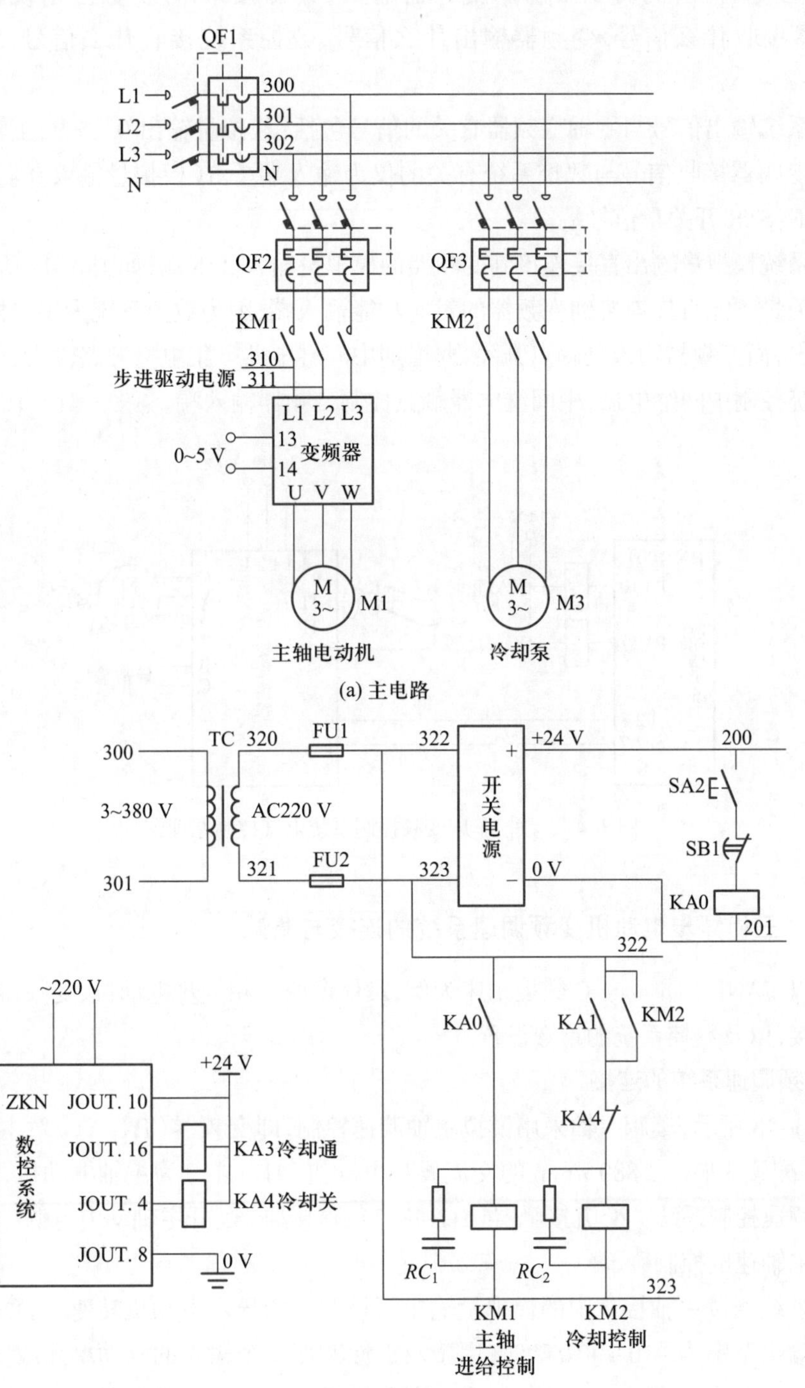

(a) 主电路

(b) 控制电路

图 3-46　数控车床电气控制原理图

要完成数控系统对变频器的控制，要了解数控系统输入 / 输出信号功能和输入 / 输出接口信号电特性，同时了解所用变频器输入 / 输出接口，分析数控系统输出什么信号，变频器接收什么信号，变频器输出什么信号，数控系统接收什么信号，使两者功能兼容。

数控系统输出信号与主轴变频器有关的信号包括：模拟量输出 0 ~ 5 V，主轴起停、正反转信号。变频器接收信号与数控系统有关的仅为输入端 2、5（模拟量输入 0 ~ 5 V）和正反转控制 STF、STR 开关量信号端。

数控系统模拟量输出直接连接到变频器的模拟量输入 2、5 端，如图 3-47 所示。数控系统输出开关量不能直接连接到变频器的对应功能输入端，因为数控系统为集电极开路输出，是有源输出，而变频器输入是触点开关，要增加中间继电器。集电极开路输出，低电平有效。即数控系统控制中间继电器，中间继电器触点控制变频器输入端。

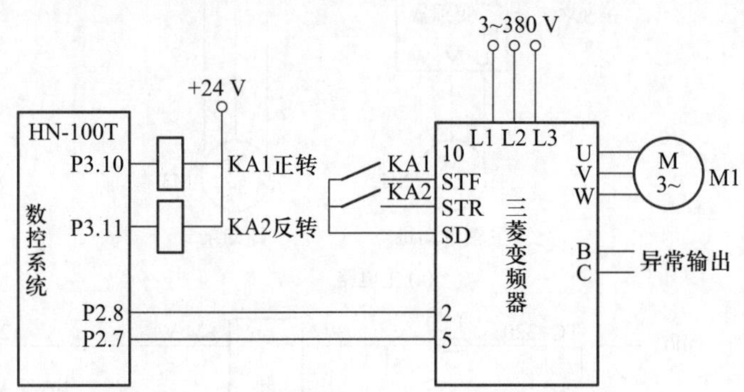

图 3-47　数控车床变频控制系统电气控制原理图

3.5.2　三相异步电动机变频调速系统的连接与调试

本节以 FANUC Oi mate C 数控车床为例，具体说明三相异步电动机、变频器与数控系统的信号连接，以及数控系统的参数设置。

1. 变频调速系统的连接

如图 3-48 所示，车床主轴采用模拟主轴调速控制，即变频器（H1-A1）对主轴进行变频调速控制，配置 3 kW、2 880 r/min 的交流异步电动机（H1-M1）为主轴电动机，构成一个开环的主轴调速控制系统。交流接触器（H1-K1）负责接通 / 断开主轴动力电源。

（1）主轴速度控制

数控系统通过主轴接口中的模拟量输出可控制三相异步电动机转速，当数控系统主轴模拟量的输出范围为 -10 ~ +10 V 时，用于双极性速度指令输入的驱动单元或变频器，这时采用使能信号控制主轴电动机的起、停。当数控系统主轴模拟量的输出范围为 0 ~ +10 V 时，用于单极性速度指令输入的驱动单元或变频器，这时采用正反转信号控制主轴正反转。图 3-48 中 CNC 输出的模拟信号（0 ~ 10 V）送到变频器 2、5 端，从而控制电动机的转速，通过设置变频器的参数，可实现从最低速到最高速的调速。

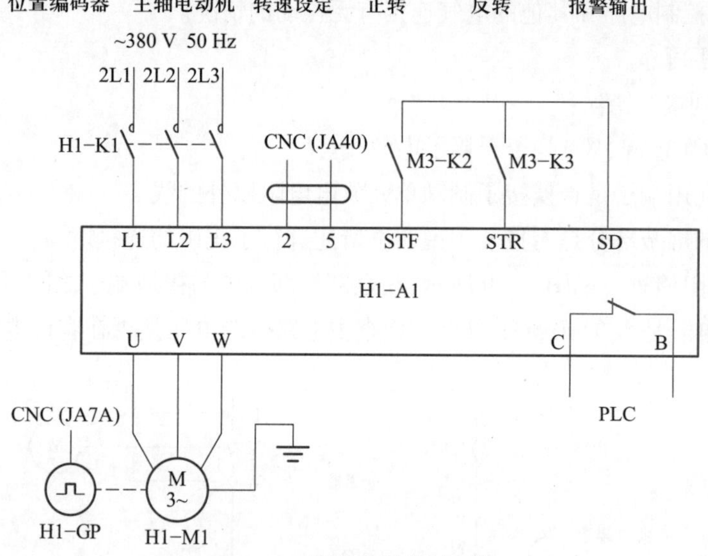

图 3-48 模拟主轴控制电路

（2）主轴正反转信号

用于手动操作（JOC）和自动操作（AUTO）中，实现主轴的正反转及停止控制。系统在点动状态时，利用车床面板上的主轴正反转按钮发出主轴正反转信号，通过系统 PMC 控制 M3-K2、M3-K3 的通断，向变频器发出信号，实现主轴的正反转控制。此时主轴的速度是由系统存储的 S 指令值与车床主轴的倍率开关决定的。系统在自动加工时，通过对程序辅助功能代码 M03、M04、M05 的译码，利用系统的 PMC 实现继电器 M3-K2、M3-K3 的通断控制，从而达到主轴的正反转及停止控制的目的。

（3）主轴位置编码器连接

通过主轴接口可外接主轴位置编码器，主轴上的位置编码器 H1-GP 使主轴能与进给驱动器同步控制，以便加工螺纹。

（4）变频器故障输入信号

变频器有异常情况时会通过 B、C 端子输出报警信号到 PLC，再由 PLC 控制数控系统停止工作，并发出相应的报警信号（车床报警灯亮及发出相应的报警信息）。

2. 变频调速系统的调试

（1）通电前的检查

根据电气安装接线图正确实施接线后，在通电前须进行下列检查。

① 外观、构造检查：

a. 逆变器的型号是否有误。

b. 安装环境有无问题（如是否存在有害气体、粉尘等）。

c. 装置有无脱落、破损的情况。

d. 螺钉、螺母是否松动，插接件的插入是否到位。

e. 电缆直径、种类是否合适。

f. 主电路、控制电路和其他的电气连接有无松动的情况。

g. 接地是否可靠。

h. 有无下列接线错误：

- 输出端子（U、V、W）是否误接了电源线。
- 制动单元用端子是否误接了制动单元放电电阻以外的线。
- 屏蔽线的屏蔽部分是否按使用说明书所述进行了正确的连接。

② 绝缘电阻检查。如图 3-49 所示，在全部外部端子与接地端子之间，用 500 V 绝缘电阻表测量绝缘电阻是否在 10 MΩ 以上。检查主电路电源电压是否在容许电源电压值以内。

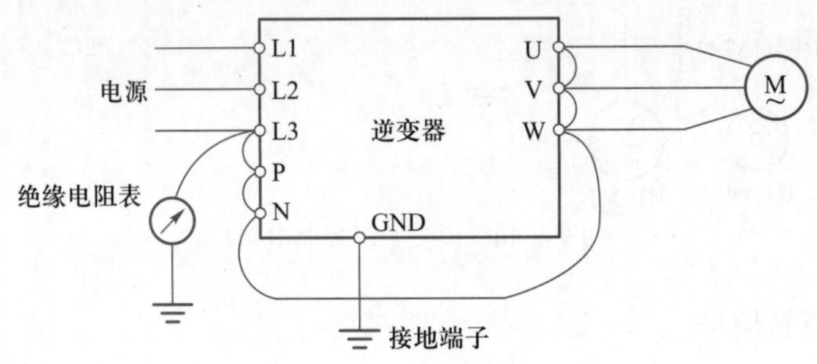

图 3-49　绝缘电阻表检查

（2）变频器的运行调试

变频器通电前的检查结束，先不接电动机，在给定各项数据后空载进行运转。

变频器调试步骤：

① 将变频器速度给定器左旋到底或者将输出频率设置到最低频率值。

② 投入主电路电源，逆变器电源确认灯（POWER）应点亮。

③ 如无异常，将正转起动信号接通。慢慢向右转动速度给定器直至右旋到底或者将输出频率设置到最高频率值。

④ 频率表的校正。调整频率校正电位器，使频率指令信号电压为 DC 5 V 时频率表指示最高频率。

按照以上流程调试后若不能正常工作，可根据使用说明进一步检查，直至变频器运转无问题后，再连接电动机。

（3）负载运行的检查

① 确认电动机、机械的状态和安全后，投入主电路电源，看有无异常现象。

② 接通正转起动信号。右旋调整速度给定器或修改输出频率值实现电动机加速控制，在加速期间注意电动机、机械有无异常响声、振动；达到最大速度后左旋调整速度给定器或修改输出频率值实现电动机减速控制，直至电动机停车。

③ 将速度给定器右旋到底或将输出频率设为最大值后，接通正转起动信号，电动机以加速时间加速旋转至最高速。加速过程中如果出现机械异响、振动或 PLC 报警提示过载，则说明加速时间给定过小，可将加速时间重新给定长些。

④ 在电动机以最高速旋转过程中,关断正转起动信号,电动机以减速时间减速直至停止。减速过程中如果出现机械异响、振动或PLC报警提示过载,则说明减速时间给定过小,可将减速时间重新给定长些。

⑤ 在电动机运行中无法更改加减速时间,要在电动机停止后改变给定值。

课后习题

1. 三相异步交流电动机换向的原理是什么?
2. 三相异步交流电动机有哪几种调速方法?
3. 电气控制系统的常用保护环节有哪些?
4. 多地起动和停止控制用在什么场合?
5. 大功率的三相异步交流电动机为何要降压起动?
6. 三相异步交流电动机降压起动的常用方法有哪些?
7. 三相异步交流电动机制动的常用方法有哪些?
8. 三相异步交流电动机调速的常用方法有哪些?

第4章 普通机床的电气控制

在实际生产中，生产型机械设备种类繁多，电动机拖动方式和电气控制方法不尽相同，本章通过对典型机床设备电气控制线路进行分析，帮助大家掌握绘制电气控制原理图的方法，培养识图能力，通过读图分析典型机床的电气控制原理，为从事电气控制系统的设计和应用，以及电气线路的调试和维护等工作打好基础。

4.1 C650型卧式普通车床的电气控制

车床是应用广泛的金属切削机床，主要用于车削外圆、内圆、端面、螺纹和成型面，也可通过尾架进行钻孔、铰孔和攻螺纹等切削加工。

4.1.1 C650型卧式普通车床控制要求

1. C650型卧式普通车床的结构

如图4-1所示，C650型卧式普通车床主要由床身、主轴、刀架、溜板箱和尾架等几部分组成。该车床主要有两种运动：一种是床身主轴箱中的主轴转动，称为主运动；另一种是溜板箱中的溜板带动刀架的直线运动，称为进给运动。刀具安装在刀架上，与溜板一起随溜板箱沿主轴轴线方向移动，主轴的转动和溜板箱的移动均由主电动机驱动。对大的加工工件进行加工时，转动惯量比较大，停车时不易立即停止转动，因此须有停车制动功能，建议采用电气制动方法。为了加工螺纹等，主轴要正反转，主轴的转速应随工件的材料、尺寸、工艺及刀具的不同而变化，要求在相当宽的范围内进行速度调节。在加工过程中，还需提供切削液，为提高工作效率，要求刀架溜板能快速移动。

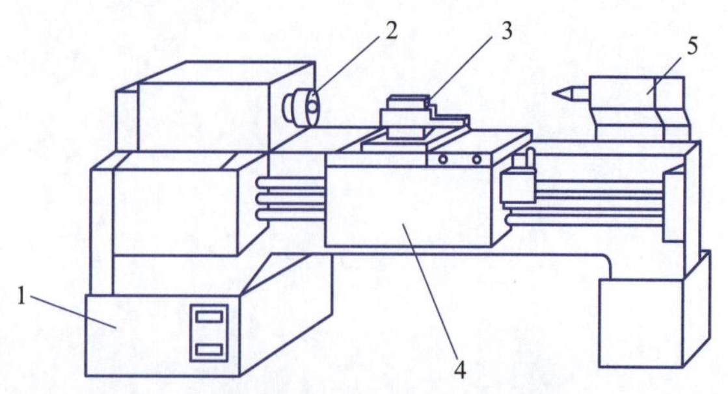

1—床身；2—主轴；3—刀架；4—溜板箱；5—尾架

图4-1 C650型卧式普通车床结构简图

2. C650型卧式普通车床的工作要求

车床通常由一台主电动机拖动，经传动链，实现切削主运动和刀具进给运动，其运动速度由变速齿轮箱通过手柄操作切换。刀具的快速移动、冷却泵和液压泵等

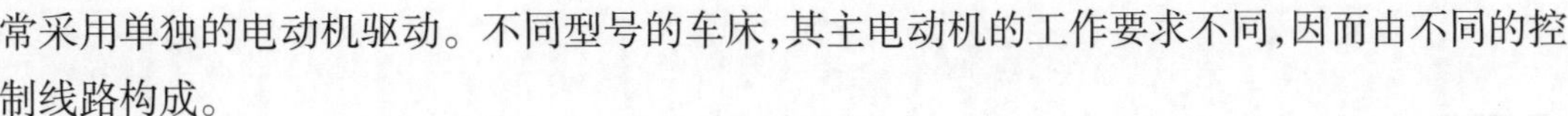

常采用单独的电动机驱动。不同型号的车床,其主电动机的工作要求不同,因而由不同的控制线路构成。

本节以 C650 型卧式普通车床电气控制系统为例,进行电气控制线路分析。

4.1.2 C650 型卧式普通车床的电气控制线路

图 4-2 为 C650 型卧式普通车床的电气控制原理图。

车床共有三台电动机:M1 为主电动机,拖动主轴旋转并通过进给机构实现进给运动;M2 为冷却泵电动机,提供切削液;M3 为快移电动机,拖动刀架的快速移动。图中使用的各电器元件符号及其功能说明如表 4-1 所示。

1. 主电路分析

图 4-2 所示的主电路中有三台电动机,通过隔离开关 QS 引入 380 V 三相电源。电动机 M1 的电路分为三部分:第一部分由交流接触器 KM1 和 KM2 的两组主触点构成电动机的正反转控制线路。第二部分为电流表 A 经电流互感器 TA 接主电动机 M1,对电动机绕组电流变化监视的线路。其利用时间继电器 KT 的延时动断触点,保护电流表不受电流冲击,在起动的短时间内将电流表暂时短接。第三部分为串联电阻控制部分。交流接触器 KM3 的主触点控制限流电阻 R 的接入与否。串入限流电阻 R,是为了防止起动电流过大造成电动机过载,保证电路设备正常工作。速度继电器 KS 与电动机的主轴同轴相连,在停车制动过程中,当主电动机转速低于 KS 的设定值时,其动合触点将控制电路中反接制动电路切断,完成停车制动。

电动机 M2 由交流接触器 KM4 的主触点控制,电动机 M3 由交流接触器 KM5 的主触点控制。为保证主电路的正常运行,主电路中还设置了熔断器的短路保护和热继电器的过载保护。

2. 控制电路分析

控制电路分为主电动机 M1 的控制电路和电动机 M2、M3 的控制电路两部分。因主电动机控制电路比较复杂,可进一步将主电动机控制电路分为正反转起动、点动和反接制动等局部控制电路,如图 4-3 所示。

(1)主电动机正反转起动与点动控制

由图 4-3(a)可知,当按下正向起动按钮 SB3 时,其两个动合触点同时闭合,其中一个动合触点接通交流接触器 KM3 线圈和时间继电器 KT 线圈,时间继电器动断触点在主电路中短接电流表 A,以防止电流对电流表的冲击,经延时断开后,电流表接入电路正常工作,KM3 的主触点将主电路中限流电阻短接,其辅助动合触点同时将中间继电器 KA 的线圈电路接通,KA 的动断触点将停车制动的基本电路切除,其动合触点与 SB3 的动合触点均在闭合状态,控制主电动机的交流接触器 KM1 的线圈电路得电工作并自锁,其主触点闭合,电动机正向直接起动并结束。KM1 的自锁回路由它的辅助动合触点和 KM3 线圈上方的 KA 的动合触点组成自锁回路,维持 KM1 的通电状态。反向起动控制过程与其相同,起动按钮为 SB4。

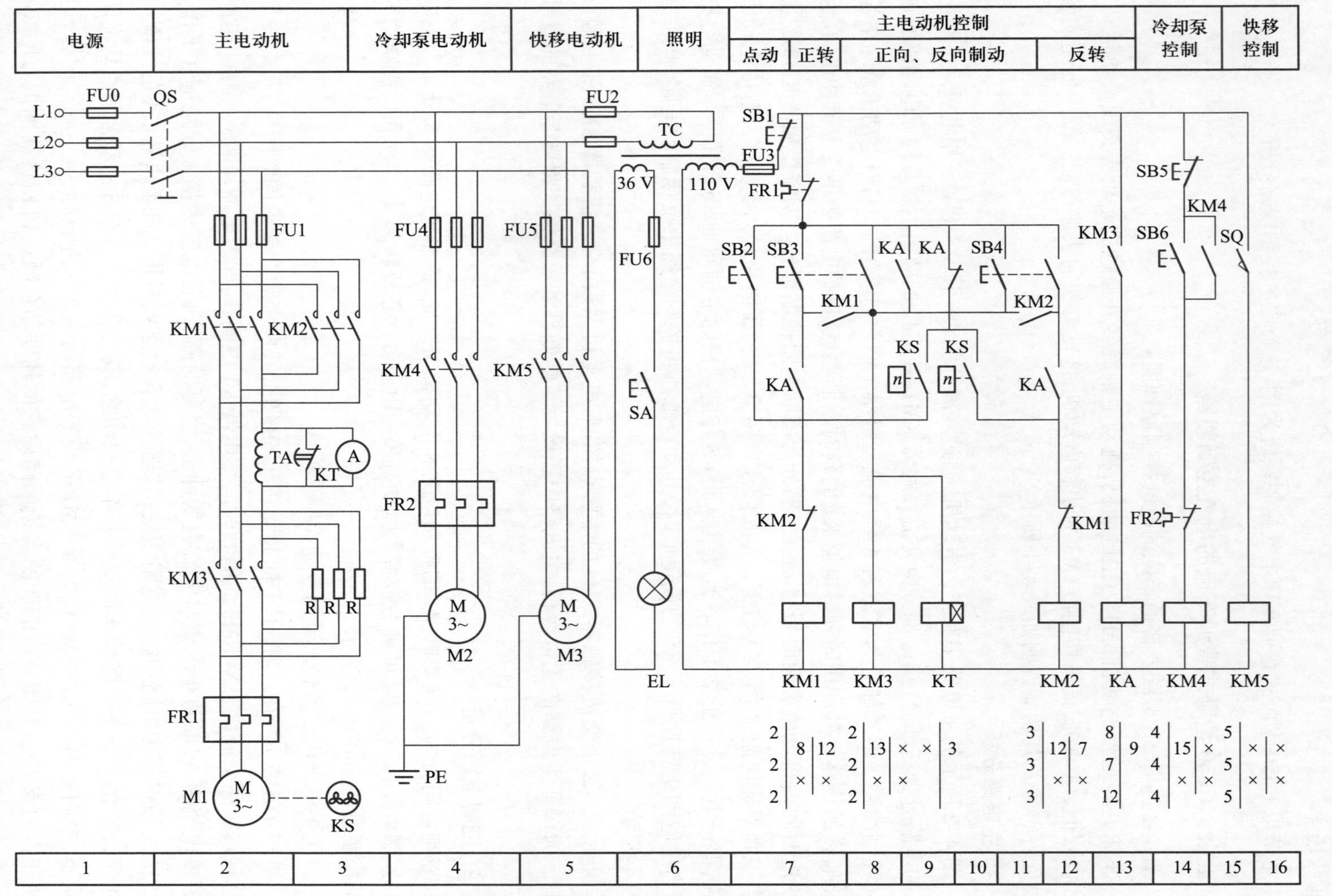

图 4-2　C650 型卧式普通车床电气控制原理图

表 4–1 电器元件符号及功能说明

符号	名称及用途	符号	名称及用途
M1	主电动机	SB1	总停按钮
M2	冷却泵电动机	SB2	主电动机正向点动按钮
M3	快移电动机	SB3	主电动机正向起动按钮
KM1	主电动机正转接触器	SB4	主电动机反向起动按钮
KM2	主电动机反转接触器	SB5	冷却泵电动机停止按钮
KM3	短接限流电阻接触器	SB6	冷却泵电动机起动按钮
KM4	冷却泵电动机起动接触器	TC	控制变压器
KM5	快移电动机起动接触器	FU0 ~ FU6	熔断器
KA	中间继电器	FR1	主电动机过载保护热继电器
KT	通电延时时间继电器	FR2	冷却泵电动机保护热继电器
SQ	快移电动机点动行程开关	R	限流电阻
SA	开关	EL	照明灯
KS	速度继电器	TA	电流互感器
A	电流表	QS	隔离开关

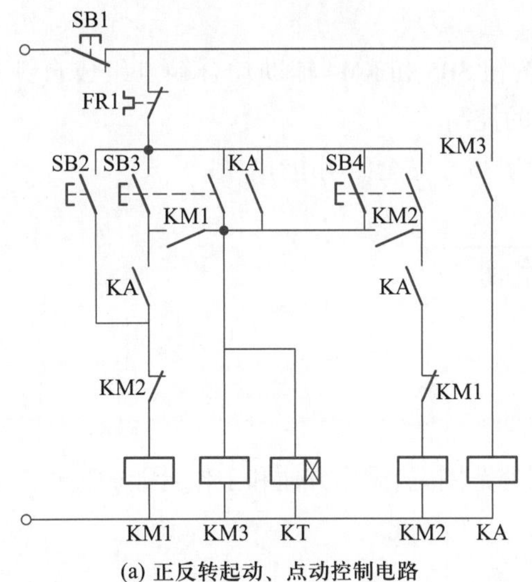

(a) 正反转起动、点动控制电路

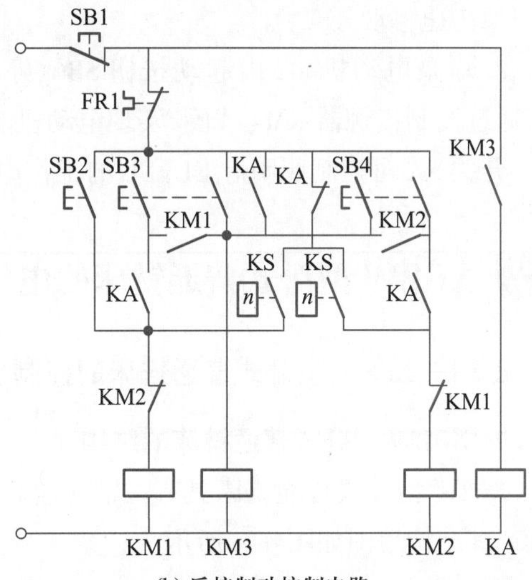

(b) 反接制动控制电路

图 4–3 主电动机控制电路

SB2 为主电动机点动控制按钮，按下 SB2 点动按钮，直接接通 KM1 线圈，电动机 M1 正向直接起动，这时 KM3 线圈电路并没有接通，因此 KM3 的主触点不闭合，限流电阻 R 接入主电路限流，KM3 的辅助动合触点不闭合，KA 线圈不能得电工作，从而使 KM1 线圈电路形不成自锁；松开 SB2 点动按钮，M1 停转，实现主电动机的点动控制。

（2）主电动机反接制动控制

图 4–3（b）所示为主电动机反接制动控制电路。C650 型卧式普通车床采用反接制动的方式停车，按下总停按钮后开始制动过，当电动机转速接近零时，速度继电器的触点断开，结束制动。

以正转停车制动过程为例，说明反接制动过程。当电动机正向转动时，速度继电器 KS

的动合触点闭合，制动电路处于准备状态，按下停车按钮 SB1，切断控制电源，KM1、KM3、KA 线圈均失电，此时控制反接制动电路工作与不工作的 KA 的动断触点恢复原状闭合，与 KS 触点一起，将反向起动交流接触器 KM2 的线圈电路接通，电动机 M1 接入反向序电流，反向起动转矩将平衡正向惯性转动转矩，强迫电动机迅速停车。当电动机速度趋近于零时，速度继电器触点 KS 复位打开，切断 KM2 的线圈电路，完成正转的反接制动。在反接制动过程中，KM3 失电，所以限流电阻 R 一直起限制反接制动电流的作用。反转时的反接制动工作过程相似，不再赘述。

另外，因接触器 KM3 的辅助触点数量有限，故在控制电路中使用了中间继电器 KA，因为 KA 没有主触点，而 KM3 的辅助触点又不够，所以利用继电器 KA，解决主电路中使用了主触点，而控制电路辅助触点不够的问题。

（3）刀架的快速移动和冷却泵电动机的控制

刀架快速移动的实现是由转动刀架手柄压动位置开关 SQ，接通控制快移电动机 M3 的接触器 KM5 的线圈电路，KM5 的主触点闭合，M3 电动机起动运行，经传动系统驱动溜板带动刀架快速移动。

冷却泵电动机 M2 由起动按钮 SB6、停止按钮 SB5 和 KM4 辅助动合触点组成自锁回路，通过控制接触器 KM4 线圈，实现电动机 M2 的控制。

开关 SA 可控制照明灯 EL，EL 的工作电压为 36 V 安全照明电压。

4.2 X62W 型卧式普通铣床的电气控制

4.2.1 X62W 型卧式普通铣床的控制要求

1. X62W 型卧式普通铣床的结构

X62W 型卧式普通铣床具有主轴转速高、调速范围宽、操作方便和工作台能循环加工等特点，其结构简图如图 4-4 所示。

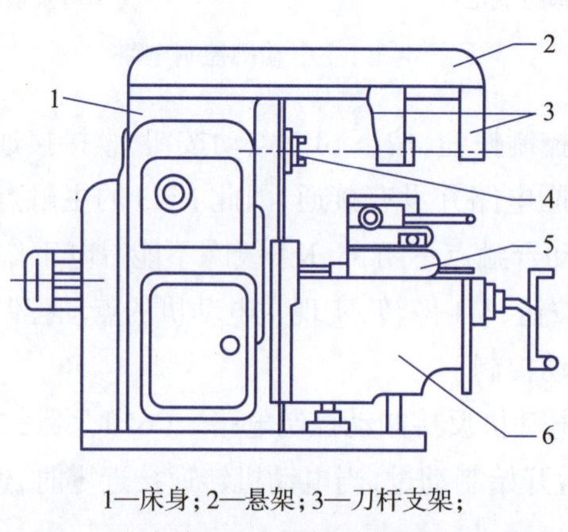

1—床身；2—悬架；3—刀杆支架；
4—主轴；5—工作台；6—升降台

图 4-4 X62W 型卧式普通铣床的结构简图

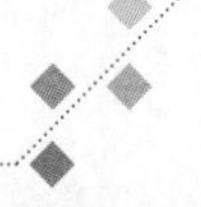

该机床主要由床身、悬梁、刀杆支架、主轴、工作台和升降台等几部分组成。刀杆支架上安装与主轴相连的刀杆、铣刀，用于切削加工；床身前有垂直导轨，升降台带动工作台可沿垂直导轨上下移动，完成垂直方向的进给；升降台上的水平工作台还可以在垂直于轴线方向上移动（纵向移动，即左右移动）和平行于主轴方向移动（横向移动，即前后移动）；回转工作台可单向转动。进给电动机经机械传动链传动，通过机械离合器在选定的进给方向驱动工作台移动进给。

2. X62W 型卧式普通铣床的工作要求

铣床用来加工各种形式的表面、平面、成形面、斜面和沟槽等，也可以加工回转体。铣床的主运动为主轴刀具的旋转运动，分顺铣和逆铣两种。进给运动为工件相对刀具的移动，即工作台的进给运动。进给运动有水平工作台左右（纵向）、前后（横向）、上下（垂直）方向的运动，有些铣床还包括圆形工作台（转台）的旋转运动。

本节以 X62W 型卧式普通铣床电气控制系统为例，进行电气控制线路分析。

4.2.2　X62W 型卧式普通铣床电气控制线路

图 4-5 为 X62W 型卧式普通铣床的电气控制原理图。

铣床共有三台电动机：M1 为主电动机，由接触器 KM3、KM2 控制起动、制动，M2 为进给电动机，由接触器 KM4、KM5 控制正反转，M3 为冷却泵电动机，要求主电动机 M1 起动后，M3 才能起动。图中使用的各电器元件符号及功能说明如表 4-2 所示。

1. 主电路分析

图 4-5 所示 X62W 型卧式普通铣床电气控制线路由主电路、控制电路、辅助电路及保护电路组成。

① 主电动机 M1 由接触器 KM6 实现起、停控制，M1 正转接线与反转接线通过组合开关 SA5 手动切换。KM2 的主触点串联电阻 R 与速度继电器 KS 配合实现 M1 停车时的反接制动。

② 进给电动机 M2 由接触器 KM4、KM5 的主触点实现正、反向进给控制，并由接触器 KM6 的主触点控制快速进给电磁铁，决定工作台移动速度，KM6 接通为快速进给，断开为慢速进给。

③ 冷却泵电动机 M3 由接触器 KM1 控制，单向运转。

M1、M2、M3 均为直接起动。

2. 控制电路分析

（1）控制电路电源

控制电路电压为 127 V，由控制变压器 TC 供给。

（2）主电动机 M1 的控制

① 主电动机起动控制。主电动机空载时直接起动。起动前，由组合开关 SA5 选定旋转方向，控制电路中冲动开关 SQ7 选定主电动机为正常工作方式，即 SQ71 断开，SQ72 闭合，然后按下起动按钮 SB1 或 SB2，接通主电动机起停控制接触器 KM3 线圈并自锁，其

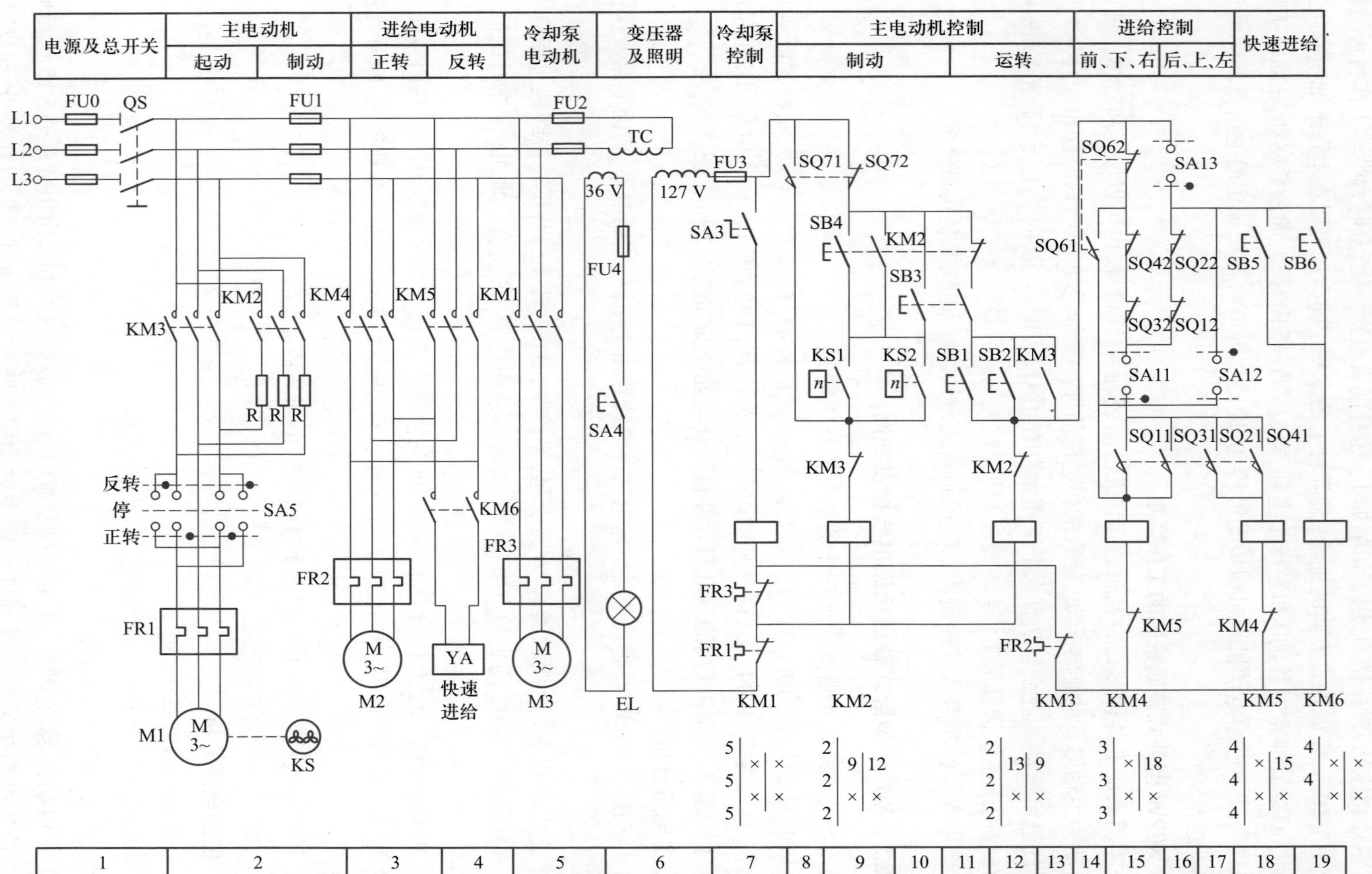

图 4–5　X62W 型卧式普通铣床电气控制原理图

表 4-2 电器元件符号及功能说明

符号	名称及用途	符号	名称及用途
M1	主电动机	SQ6	进给变速冲动开关
M2	进给电动机	SQ7	主轴变速冲动开关
M3	冷却泵电动机	SA1	圆工作台开关
KM3	主电动机起停控制接触器	SA3	冷却泵开关
KM2	主电动机反接制动接触器	SA4	照明灯开关
KM4、KM5	进给电动机正反转接触器	SA5	主轴换向开关
KM6	快速进给接触器	QS	电源隔离开关
KM1	冷却泵电动机接触器	SB1、SB2	两处主轴起动按钮
KS	速度继电器	SB3、SB4	两处主轴停止按钮
YA	快速进给电磁铁	SB5、SB6	工作台快速进给按钮
R	限流电阻	FR1	主电动机热继电器
SQ1	工作台向右进给行程开关	FR2	进给电动机热继电器
SQ2	工作台向左进给行程开关	FR3	冷却泵热继电器
SQ3	工作台向前、向下进给行程开关	TC	变压器
SQ4	工作台向后、向上进给行程开关	FU1～FU4	短路保护

主触点闭合,主电动机按给定方向起动旋转;按下停止按钮 SB3 或 SB4,主电动机停转。SB1～SB4 分别位于两个操作板上,实现主电动机的两地控制。

② 主电动机制动控制。为使主轴迅速停止,采用速度继电器 KS 反接制动。制动时,按停止按钮 SB3 或 SB4,接触器 KM3 断电,这时速度继电器 KS 仍高速转动,其动合触点 KS1 或 KS2 闭合,接触器 KM3 通电并自锁,电动机 M1 串电阻 R 反接制动。当电动机速度趋近于零时,速度继电器 KS 的动合触点 KS1 复位,接触器 KM2 断电,M1 停转,反接制动结束。

③ 主轴变速时的冲动控制。主轴变速可在主轴不动时进行,也可在主轴旋转时进行。变速时,拉出变速手柄使冲动开关 SQ7 短时动作,即 SQ72 断开,SQ71 闭合,使接触器 KM3 断电,KM2 得电,M1 反接制动,转速迅速降低,以保证变速过程的顺利进行。变速完成后,推回手柄,再次起动电动机 M1,主轴将在新的转速下旋转。

(3) 进给电动机 M2 的控制

进给电动机 M2 的控制电路分为两部分:第一部分为顺序控制部分,当主电动机起动后,接触器 KM3 的辅助动合触点闭合,进给电动机控制接触器 KM4 与 KM5 的线圈方能通电工作;第二部分为工作台各进给运动之间的联锁控制部分,可实现水平工作台各运动之间的联锁,也可以实现水平工作台与圆工作台之间的联锁;各进给方向开关位置及其动作状态如表 4-3 所示。

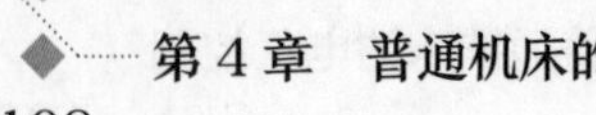

表 4–3　各进给方向开关位置及其动作状态

水平工作台纵向进给行程开关状态			
触点	位置		
	左	中间	右
	向左进给	停止	向右进给
SQ11	–	+	+
SQ12	+	+	–
SQ21	+	–	–
SQ22	–	+	+
水平工作台横向和升降进给行程开关状态			
触点	位置		
	左	中间	右
	向前、下进给	停止	向后、上进给
SQ31	+	–	–
SQ32	–	+	+
SQ41	–	–	–
SQ42	+	+	–

圆工作台转换开关状态		
触点	圆工作台	
	接通	断开
SA11	–	+
SA12	+	–
SA13	–	+

① 水平工作台纵向进给运动控制。工作台纵向进给运动时十字手柄放在“停止”位置，圆工作台转换开关放在“断开”位置，水平工作台纵向进给由操作手柄与行程开关 SQ1 和 SQ2 组合控制。纵向操作手柄有左、右两个工作位和一个中间停止位。手柄扳到工作位时，带动机械离合器，接通纵向进给运动的机械传动链，同时压动行程开关。行程开关的动合触点闭合使接触器 KM4 或 KM5 线圈得电，其主触点闭合，进给电动机正转或反转，驱动工作台向右或向左移动进给，各个行程开关的动断触点在运动联锁控制电路部分构成联锁控制功能。工作台纵向进给的控制过程如表 4–4 所列。工作过程由接触器 KM3 的辅助动合触点开始，经 SQ62 → SQ42 → SQ32 → SA11 → SQ11 → KM4 线圈→ KM5 动断触点，实现右移；或经 SA11 → SQ21 → KM5 线圈→ KM4 动断触点，实现左移。

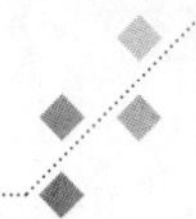

表 4-4 工作台纵向进给控制过程

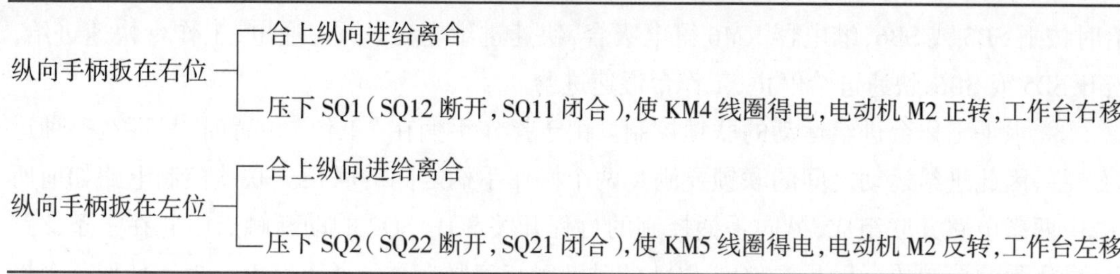

纵向手柄扳在右位 —┬— 合上纵向进给离合
　　　　　　　　　└— 压下 SQ1（SQ12 断开，SQ11 闭合），使 KM4 线圈得电，电动机 M2 正转，工作台右移

纵向手柄扳在左位 —┬— 合上纵向进给离合
　　　　　　　　　└— 压下 SQ2（SQ22 断开，SQ21 闭合），使 KM5 线圈得电，电动机 M2 反转，工作台左移

手柄扳到中间位置时，纵向机械离合器脱开，行程开关 SQ1 与 SQ2 未压下，进给电动机不转动，工作台停止。工作台两端安装有限位挡块，当工作台运行到达极限位置时，挡块撞击手柄，使其回到中间位置，工作台停车。

② 水平工作台横向和升降进给运动控制。水平工作台横向和升降进给运动时，手柄应放在中间位置，圆工作台转换开关放在“断开”位置。工作台进给运动的选择和联锁通过十字复式手柄开关 SQ3、SQ4 组合实现。操作手柄有上、下、前、后四个工作位置和一个不工作位置。扳动手柄到相应运动方向的工作位，即可接通该运动方向的机械传动链，同时压下行程开关 SQ3 或 SQ4，行程开关的动合触点闭合，接触器 KM4 或 KM5 线圈得电，电动机 M2 转动，工作台在相应方向上移动。行程开关的动断触点如纵向行程开关一样，在联锁电路中，构成运动的联锁控制。工作台横向与垂直方向进给的控制过程如表 4-5 所示。工作过程由接触器 KM3 的辅助动合触点开始，经 SA13 → SQ22 → SQ12 → SA11 → SQ31 → KM4 线圈→ KM5 动断触点，实现向前或向下移动，或由 SA11 经 SQ41 → KM5 线圈→ KM4 动断触点，实现向后或向上移动。

十字手柄扳到中间位置时，横向与垂直方向的机械离合器脱开，行程开关 SQ3 与 SQ4 均未压下，进给电动机停转，工作台停止。固定在床身上的挡块在工作台移动到极限位置时，撞击十字手柄，使其回到中间位置，切断电路，工作台停车。

表 4-5 工作台横向与垂直方向进给控制过程

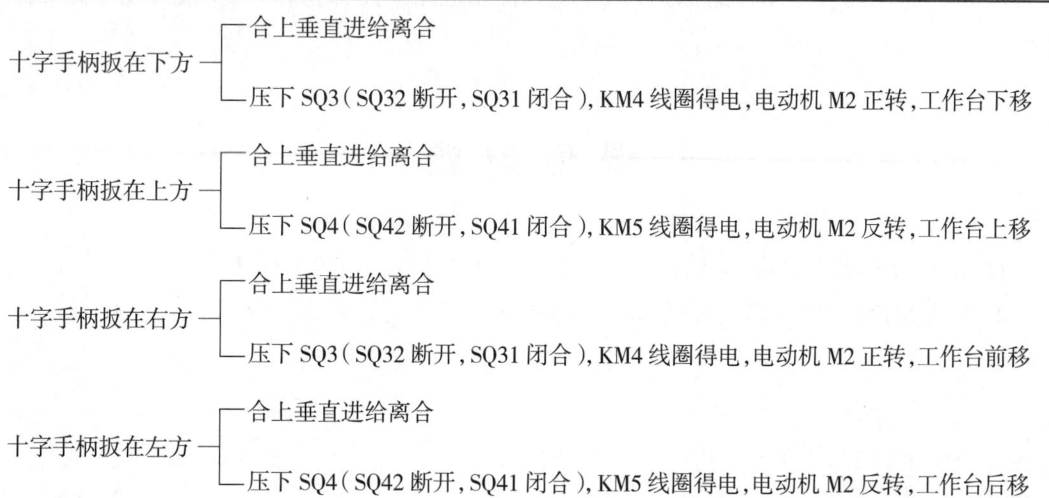

十字手柄扳在下方 —┬— 合上垂直进给离合
　　　　　　　　　└— 压下 SQ3（SQ32 断开，SQ31 闭合），KM4 线圈得电，电动机 M2 正转，工作台下移

十字手柄扳在上方 —┬— 合上垂直进给离合
　　　　　　　　　└— 压下 SQ4（SQ42 断开，SQ41 闭合），KM5 线圈得电，电动机 M2 反转，工作台上移

十字手柄扳在右方 —┬— 合上垂直进给离合
　　　　　　　　　└— 压下 SQ3（SQ32 断开，SQ31 闭合），KM4 线圈得电，电动机 M2 正转，工作台前移

十字手柄扳在左方 —┬— 合上垂直进给离合
　　　　　　　　　└— 压下 SQ4（SQ42 断开，SQ41 闭合），KM5 线圈得电，电动机 M2 反转，工作台后移

每个方向有两种速度可选，前述六个方向都是慢速进给。需要快速进给时，可在慢速进给时按下 SB5 或 SB6，继电器 KM6 得电吸合，快速进给电磁铁 YA 通电，工作台快速进给；松开 SB5 或 SB6，快速进给停止，工作台慢速进给。

③ 水平工作台进给运动的联锁控制。由于操作手柄在“工作”位置时，只存在一种运动选择，因此进给运动之间的联锁要满足两个操作手柄之间的联锁。联锁控制电路如前所述，由两条电路并联组成，纵向手柄控制的行程开关 SQ1、SQ2 的动断触点串联在一条支路上，十字手柄控制的行程开关 SQ3、SQ4 的动断触点串联在另一条支路上。扳动任何一个操作手柄，仅切断其中一条支路，另一条支路仍正常通电，接触器 KM4 或 KM5 线圈不失电；若同时扳动两个操作手柄，两条支路均被切断，接触器 KM4 或 KM5 断电，工作台停止移动，从而防止机床运动干涉造成事故。

④ 圆工作台的控制。为了增加机床的加工能力，可加装圆工作台。在使用圆工作台时，工作台纵向手柄及十字手柄均应置于中间位置。机床起动前，先将圆工作台转换开关 SA1 扳到“接通”位置，使 SA12 闭合，SA11 和 SA13 断开，控制路径由 SQ62 → SQ42 → SQ32 → SQ12 → SQ22 → SA12 → KM4 线圈→ KM5 动断触点，电动机 M2 正转并带动圆工作台单向运转，转速可通过变速手轮调节。由于圆工作台的控制电路中串联了 SQ1 ~ SQ4 的动断触点，所以扳动工作台任一方向的进给操作手柄，都将使圆工作台停转，从而实现圆工作台旋转与水平工作台三个轴向运动的联锁控制。

（4）冷却泵电动机 M3 的控制

转换开关 SA3 和控制接触器 KM1 控制冷却泵电动机 M3 的起动和停止。

（5）辅助电路及保护环节分析

铣床的局部照明由变压器 TC 提供 36 V 安全电压，由转换开关 SA4 控制照明灯。

M1、M2、M3 连续工作时，FR1、FR2、FR3 热继电器进行过载保护。当主电动机 M1 过载时，FR1 断路，切除整个控制电路的电源；当冷却泵电动机 M3 过载时，FR3 断路，切除 M2、M3 的控制电源；当进给电动机 M2 过载时，FR2 断路，切除自身控制电源。

FU1、FU2 实现主电路短路保护，FU3 实现控制电路短路保护，FU4 实现照明电路短路保护。

课后习题

1. 简述 C650 型卧式普通车床主电动机正反向起动与点动控制过程。
2. 简述 X62W 型卧式普通铣床工作台各个方向不能进给的故障检测排除方法。

第5章

初识可编程序控制器

可编程序控制器（Programmable Controller, PC）是专为工业环境应用而设计制造的计算机。它具有丰富的输入/输出接口，并且具有较强的驱动能力。美国数字设备公司（DEC）于1969年研制成功了第一台可编程序控制器。由于当时主要用于顺序控制，只能进行逻辑运算，故称为可编程序逻辑控制器（Programmable Logic Controller, PLC）。由于PC容易和个人计算机（Personal Computer）混淆，所以人们沿用PLC作为可编程序控制器的英文缩写。

国际电工委员会（IEC）对可编程序控制器的定义是："可编程序控制器是一种数字运算操作的电子系统，专为在工业环境应用而设计。它采用可编程的存储器，用于其内部存储程序，执行逻辑运算、顺序控制、定时、计数与算术操作等面向用户的指令，并通过数字或模拟式输入/输出，控制各种类型的机械或生产过程。可编程序控制器及其有关外部设备，都按易于与工业控制系统连成一个整体，易于扩充其功能的原则设计。"

PLC主要由中央处理单元（CPU）、存储器、基本输入/输出（I/O）接口、外设接口、编程装置、电源等组成。其中CPU是PLC的核心，I/O接口是连接现场设备与CPU之间的接口电路，编程装置将用户程序送入PLC。对于整体式PLC，所有部件都装在同一机壳内；对于模块式PLC，各功能部件独立封装，称为模块或模板。各模块通过总线连接，安装在机架或导轨上。

1. PLC的特点

（1）控制功能完善

PLC可以取代传统的继电接触器控制系统，实现定时、计数、步进等控制功能，完成对各种开关量的控制，又可以实现模/数、数/模转换，具有数据处理能力，完成对模拟量的控制。同时，新一代的PLC还具有联网功能，可将多台PLC与计算机连接起来，构成分布式控制系统，用来完成大规模的、更复杂的控制任务。此外，PLC还有许多特殊功能模块，适用于各种特殊控制的要求，如定位控制模块、高速计数模块、闭环控制模块、称重模块等。

（2）可靠性高

PLC可以直接安装在工业现场且稳定可靠地工作。PLC在设计时，除选用优质元器件外，还采取隔离、滤波、屏蔽等抗干扰技术，并采用先进的电源技术、故障诊断技术、冗余技术和良好的生产制造工艺，从而使PLC的平均无故障时间达到3万～5万小时以上。大型PLC还可以采用由双CPU构成的冗余系统以及由三个CPU构成的表决系统，使可靠性进一步提高。

(3) 通用性强

各PLC生产厂商均有各种模块、标准化的PLC产品,用户可根据生产规模和控制要求灵活选用,以满足各种控制系统的要求。PLC的电源和输入/输出信号等也有多种规定。

(4) 编程直观、简单

PLC中最常用的编程语言是与继电接触器电路图类似的梯形图语言,这种编程语言形象直观,容易掌握,使用者不需要专门的计算机知识和语言,可在短时间内掌握。当生产流程发生改变时,可使用编辑器在线或离线修改程序,使用方便、灵活。对于大型复杂的控制系统,还有各种图形编程语言供设计者使用,设计者只要熟悉工艺流程即可编制程序。

(5) 体积小、维护方便

PLC体积小,重量轻,结构紧凑,硬件连接方式简单,接线少,便于安装、维护。维修时,通过更换各种模块,可以迅速排查故障。另外PLC还具有自诊断、故障报警功能,面板上的各种指示便于操作人员检查调试,有的PLC还可以实现远程诊断调试功能。

(6) 系统的设计、实施工作量小

PLC用存储逻辑代替接线逻辑,大大减少了设备外部接线,使控制系统设计及实施的周期大为缩短,非常适合多品种、小批量的生产场合。同时维护也变得很容易,更重要的是同一设备只需改变程序就可适用于各种生产过程。

2. PLC的应用领域

(1) 开关量的逻辑控制

这是PLC控制器最基本、最广泛的应用领域,它取代传统的继电接触器电路,实现逻辑控制、顺序控制,既可用于单台设备的控制,也可用于多机群控及自动化流水线,如注塑机、印刷机、订书机械、组合机床、磨床、包装生产线、电镀流水线等。

(2) 模拟量控制

在工业生产过程当中,有许多连续变化的量,如温度、压力、流量、液位和速度等都是模拟量。为了使用PLC处理模拟量,必须实现模拟量(Analog)和数字量(Digital)之间的转换,即A/D转换及D/A转换。PLC厂家都生产配套的A/D和D/A转换模块,使PLC用于模拟量控制。

(3) 运动控制

PLC可以用于圆周运动或直线运动的控制。从控制机构配置来说,早期直接用于开关量I/O模块,连接位置传感器和执行机构。现在一般使用专用的运动控制模块,如可驱动步进电动机或伺服电动机的单轴或多轴位置控制模块。世界上各主要PLC生产厂家的产品几乎都有运动控制功能,广泛用于各种机械、机床、机器人、电梯等场合。

(4) 过程控制

过程控制是指对温度、压力、流量等模拟量的闭环控制。作为工业控制计算机,PLC能编制各种各样的控制算法程序,完成闭环控制。PID调节是一般闭环控制系统中用得较多的调节方法。大中型PLC都有PID模块,目前许多小型PLC也具有此功能模块。PID调节一般是运行专用的PID子程序。过程控制在冶金、化工、热处理、锅炉控制等场合有非常广泛的应用。

(5)数据处理

现代PLC具有数学运算(含矩阵运算、函数运算、逻辑运算)、数据传送、数据转换、排序、查表、位操作等功能,可以完成数据的采集、分析及处理。这些数据可以与存储在存储器中的参考值比较,完成一定的控制操作,也可以利用通信功能传送到别的智能装置,或将它们打印制表。数据处理一般用于大型控制系统,如无人控制的柔性制造系统;也可用于过程控制系统,如造纸、冶金、食品工业中的一些大型控制系统。

(6)通信及联网

PLC通信含PLC间的通信及PLC与其他智能设备间的通信。随着计算机控制的发展,工厂自动化网络发展得很快,各PLC厂商都十分重视PLC的通信功能,纷纷推出各自的网络系统。新近生产的PLC都具有通信接口,通信非常方便。

S7-1200 PLC是西门子公司于2009年6月发布使用的一款面向于离散自动化系统和独立自动化系统的PLC,定位于原有的S7-200 PLC于S7-300 PLC产品之间。S7-1200 PLC将逻辑控制、人机界面(HMI)和网络控制功能集成于一体,具有模块化、结构紧凑、功能全面、组态灵活、集成工业以太网通信接口和指令集功能强大等特点,应用时可将其作为一个组件集成在一个综合自动化控制系统中。

5.1 S7-1200 PLC的硬件

S7-1200 PLC是一套适用于低功率范围的模块化小型控制器。S7-1200 PLC的硬件系统包括CPU模块、信号模块和信号板、通信模块等,西门子公司将这些模块统称为S7-1200设备,如图5-1所示。需要在实际中根据驱动系统要求配置所需要的I/O点数、电源要求、输入/输出方式,选择所需的模块和特殊模块。

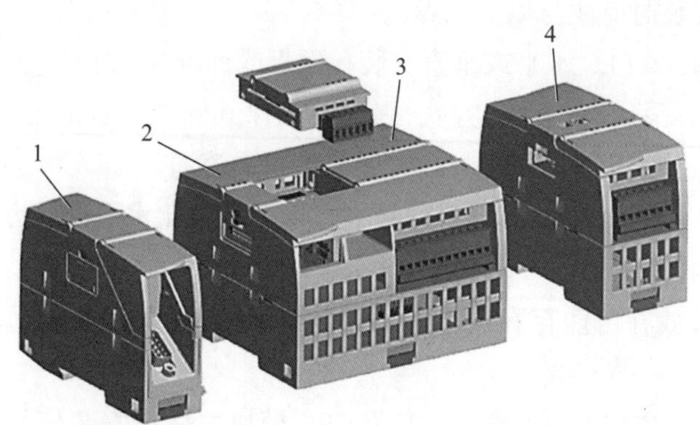

1—通信模块(CM);2—CPU模块;3—信号板(SB);4—信号模块(SM)

图5-1 S7-1200设备

5.1.1　S7-1200 PLC 的外形尺寸与安装

S7-1200 PLC 的 CPU 模块、信号模块和通信模块的外形尺寸如图 5-2 和表 5-1 所示。

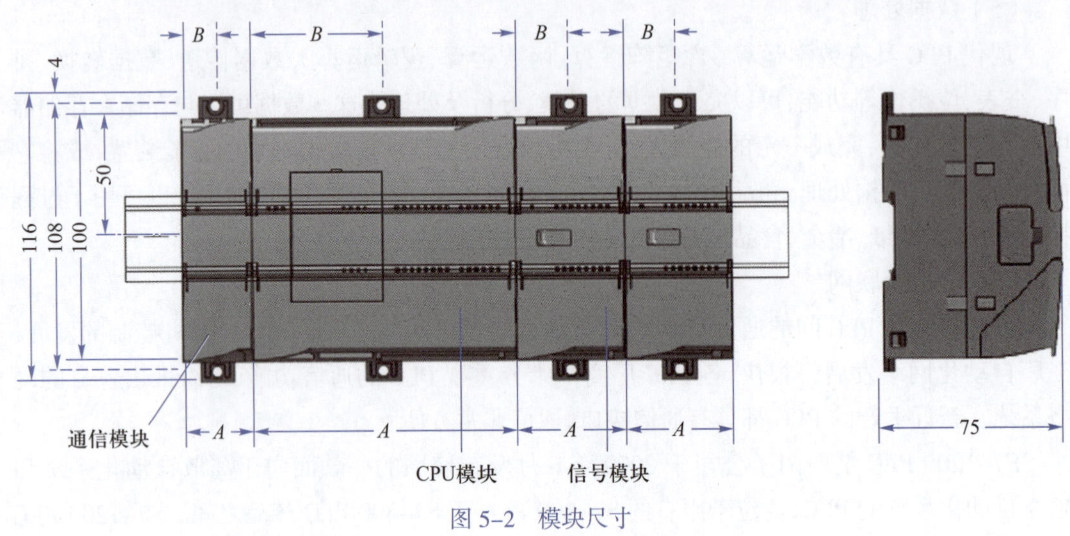

图 5-2　模块尺寸

表 5-1　宽 度 尺 寸

S7-1200 设备		宽度 A/mm	宽度 B/mm
CPU 模块	CPU 1211C CPU 1212C	90	45
	CPU 1214C	110	55
信号模块	数字 8 和 16 点 模拟 2、4 和 8 点	45	22.5
通信模块	CM 1241 RS232 CM 1241 RS422/485	30	15

S7-1200 PLC 安装时应注意以下几点：

① 可以将 S7-1200 PLC 水平或垂直安装在面板或标准导轨上。

② S7-1200 PLC 采用自然冷却方式，因此要确保其安装位置的上、下部分与邻近设备之间至少留出 25 mm 的空间作为发热区，以便空气自由流通。

③ 当采取垂直安装方式时，其允许的最大环境温度要比水平安装方式降低 10 ℃，此时要确保 CPU 被安装在最下面。

④ 如果将 PLC 放在可能存在导电性污染的区域，必须采用具有适当保护等级的外壳对 PLC 实施保护。

先将 CPU 模块安装到 DIN 导轨上，安装 CPU 模块之后再安装信号模块。如有通信模块，应先将通信模块连接到 CPU 模块上，然后将整个组件作为一个单元安装到 DIN 导轨上，再安装信号模块。

5.1.2 CPU1211C 正面视图

CPU1211C 正面视图如图 5-3 所示。S7-1200 CPU 模块将微处理器、集成电源、输入/输出电路组合在一个紧凑外壳中，并内置 PROFINET 以太网通信接口，通过 PROFINET 网络，CPU 模块可以与 HMI 面板或其他 CPU 模块通信。

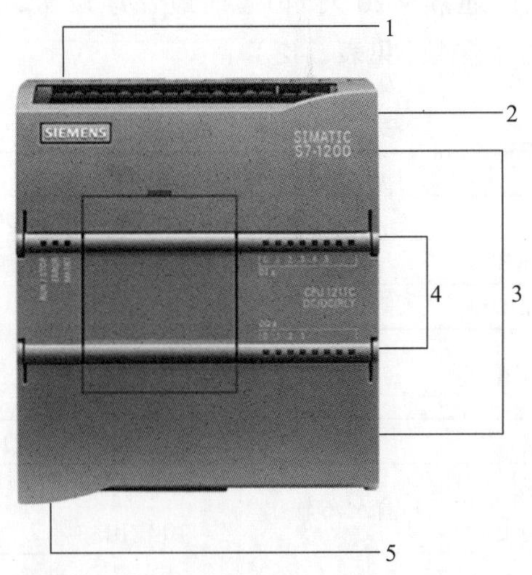

1—电源接口；2—存储卡插槽（上部保护盖下面）；3—可拆卸用户接线连接器（保护盖下面）；
4—I/O 的状态 LED；5—PROFINET 连接器（CPU 的底部）

图 5-3 CPU1211C 正面视图

1. S7-1200 CPU 的特性

① 可以使用梯形图（LAD）、函数块图（FDB）和结构化控制语言（SCL）3 种编程语言。布尔运算指令、字传送指令和浮点数数学运算指令的执行速度分别为 0.08 μs/ 指令、1.7 μs/ 指令和 2.3 μs/ 指令。

② S7-1200 集成了最大 150 KB（B 是字节的缩写）的工作存储器、最大 4 MB 的装载存储器和 10 KB 的掉电保持存储器。CPU 1211C 和 CPU 1212C 的位存储器（M）为 4 096 B，其他 CPU 为 8 192 B。可以用可选的 SIMATIC 存储卡扩展存储器的容量和更新 PLC 的固件，还可以用存储卡将程序传输到其他 CPU。

③ 输入过程映像区、输出过程映像区各为 1 024 B。集成的数字量输入电路的输入类型为漏型 / 源型，电压额定值为 DC 24 V，输入电流为 4 mA。1 状态允许的最小电压 / 电流为 DC 15 V/2.5 mA，0 状态允许的最大电压 / 电流为 DC 5V/1 mA。输入延迟时间可以组态为 0.1 μs ~ 20 ms，有脉冲捕获功能。在过程输入信号的上升沿或下降沿可以产生快速响应的中断输入。

继电器输出的电压范围为 DC 5 ~ 30 V 或 AC 5 ~ 250 V，最大电流为 2 A，最大白炽灯负载为 DC 30 W 或 AC 200 W。DC/DC/DC 型 MOSFET（场效应晶体管）的 1 状态最小输出电压为 DC 20 V，0 状态最大输出电压为 DC 0.1 V，输出电流为 0.5 A。最大白炽灯负载为 5 W。

脉冲输出最多 4 路，CPU 1217 支持最高 1 MHz 的脉冲输出，其他 DC/DC/DC 型的 CPU

本机最高 100 kHz，通过信号板可输出 200 kHz 的脉冲。

④ 有 2 点集成的模拟量输入（0 ~ 10 V），10 位分辨率，输入电阻大于或等于 100 kΩ。

⑤ 集成的 DC 24 V 电源可供传感器和编码器使用，也可以作为输入回路的电源。

⑥ CPU 1215C 和 CPU 1217C 有两个带隔离的 PROFINET 以太网通信接口，其他 CPU 有一个以太网通信接口，传输速率为 10 M/100 Mbit/s。

⑦ 实时时钟的保存时间通常为 20 天，40 ℃时最少为 12 天，最大误差为 ±60 s/ 月。

2. CPU 模块的主要性能参数（见表 5–2）

表 5–2　主要性能参数

<table>
<tr><th>CPU 参数</th><th>CPU 1211C</th><th>CPU 1212C</th><th>CPU 1214C</th><th>CPU 1215C</th><th>CPU 1217C</th></tr>
<tr><td>标准 CPU</td><td colspan="5">DC/DC/DC，AC/DC/RLY，DC/DC/RLY</td></tr>
<tr><td>工作存储器（集成）</td><td>30 KB</td><td>50 KB</td><td>75 KB</td><td>100 KB</td><td>125 KB</td></tr>
<tr><td>装载存储器（集成）</td><td>1 MB</td><td>1 MB</td><td>4 MB</td><td>4 MB</td><td>4 MB</td></tr>
<tr><td>掉电保持存储器（集成）</td><td>10 KB</td><td>10 KB</td><td>10 KB</td><td>10 KB</td><td>10 KB</td></tr>
<tr><td>存储卡</td><td colspan="5">SIMATIC 存储卡（可选）</td></tr>
<tr><td>集成数字量 I/O</td><td>6 输入 /4 输出</td><td>8 输入 /6 输出</td><td>14 输入 /10 输出</td><td>14 输入 /10 输出</td><td>14 输入 /10 输出</td></tr>
<tr><td>集成模拟量 I/O</td><td colspan="3">2 输入</td><td>2 输入 /2 输出</td><td>2 输入 /2 输出</td></tr>
<tr><td>过程映像区</td><td colspan="5">1 024 B 输入 /1 024 B 输出</td></tr>
<tr><td>信号板扩展</td><td colspan="5">最多 1 个</td></tr>
<tr><td>信号模块扩展</td><td>无</td><td>最多 2 个</td><td colspan="3">最多 8 个</td></tr>
<tr><td>最大本地数字量 I/O</td><td>14</td><td>82</td><td colspan="3">284</td></tr>
<tr><td>最大本地模拟量 I/O</td><td>3</td><td>19</td><td>67</td><td>69</td><td>69</td></tr>
<tr><td>高速计数器</td><td>3（全部）</td><td>4（全部）</td><td>6（全部）</td><td>6（全部）</td><td>6（全部）</td></tr>
<tr><td rowspan="2">— 单相</td><td rowspan="2">3 点 /100 kHz</td><td>3 点 /100 kHz</td><td colspan="2">3 点 /100 kHz</td><td>3 点 /100 kHz</td></tr>
<tr><td>1 点 /30 kHz</td><td colspan="2">3 点 /30 kHz</td><td>2 点 /30 kHz 和 1 点 /1 MHz（差分）</td></tr>
<tr><td rowspan="2">— 双相</td><td rowspan="2">3 点 /80 kHz</td><td>3 点 /80 kHz</td><td>3 点 /80 kHz</td><td>3 点 /80 kHz</td><td>3 点 /80 kHz</td></tr>
<tr><td>1 点 /30 kHz</td><td>3 点 /30 kHz</td><td>3 点 /20 kHz</td><td>2 点 /20 kHz 和 1 点 /1 MHz（差分）</td></tr>
<tr><td>高速脉冲输出</td><td>100 kHz</td><td>100 kHz 或 20 kHz</td><td>100 kHz 或 20 kHz</td><td>100 kHz 或 20 kHz</td><td>1 MHz 或 100 kHz</td></tr>
<tr><td>输入脉冲捕捉点数</td><td>6</td><td>8</td><td colspan="3">14</td></tr>
</table>

续表

CPU 参数	CPU 1211C	CPU 1212C	CPU 1214C	CPU 1215C	CPU 1217C
延时 / 循环中断点数	4（1 ms 精度）				
上升沿 / 下降沿中断点数	6/6	8/8	12/12		
实时时钟精度	± 60 s/ 月				
实时时钟 / 保存时间	20 天（典型值）/12 天（最小值，环境温度 40 ℃）				
	靠超级电容保持				

5.1.3 信号板与信号模块

S7-1200 PLC 可以根据实际的需求选用带有 8 个、16 个或 32 个 I/O 通道的信号模块，如图 5-4 所示。信号模块安装在 DIN 标准导轨上，通过总线连接器与相邻的 CPU 模块和其他模块连接。如果在只需要扩展少数 I/O 通道的情况下，可以选用信号板（如图 5-5 所示）对 CPU 模块进行扩展，而不必增加 PLC 所占用的空间。

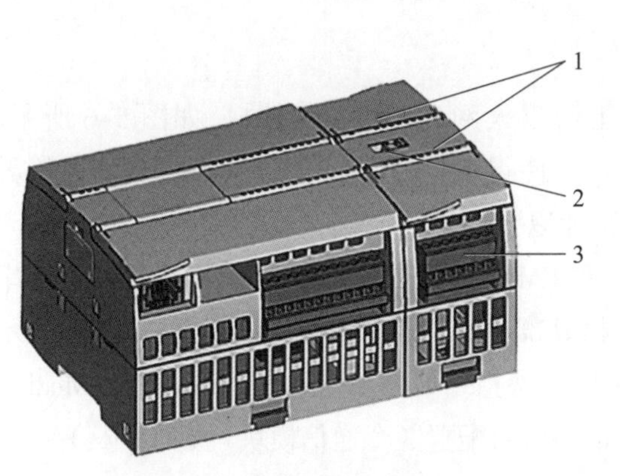

1—状态 LED；2—总线连接器滑动接头；3—可拆卸用户接线连接器

图 5-4 信号模块

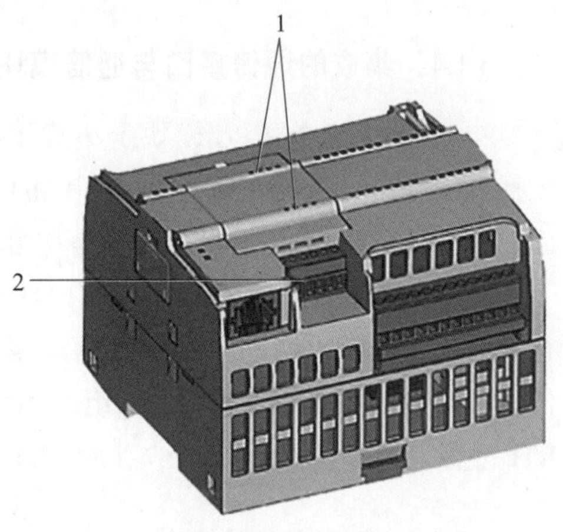

1—状态 LED；2—可拆卸用户接线连接器

图 5-5 信号板

信号板（SB）与信号模块的性能参数如表 5-3 和表 5-4 所示。

表 5-3 信号板性能参数

SB 1221 DC 200 kHz	SB 1222 DC 200 kHz	SB 1223 DC/DC 200 kHz	SB 1223 DC/DC
DC DI 4 × 24 V	DC DQ 4 × 24 V、0.1 A	DC DI 2 × 24 V/ DC DQ 2 × 24 V、0.1 A	DC DI 2 × 24 V/ DC DQ 2 × 24 V、0.5 A
DC DI 4 × 5 V	DC DQ 4 × 5 V、0.1 A	DC DI 2 × 5 V/ DC DQ 2 × 5 V、0.1 A	DC AQ 1 × 12 bit ± 10 V、0 ~ 20 mA

表 5-4　信号模块性能参数

信号模块	SM 1221 DC	SM 1221 DC
数字量输入	DC DI 8 × 24 V	DC DI 16 × 24 V
信号模块	SM 1222 DC	SM 1222 DC
数字量输出	DC DQ 8 × 24 V、0.5 A	DC DQ 16 × 24 V、0.5 A
信号模块	SM 1223 DC/DC	SM 1223 DC/DC
数字量 输入 / 输出	DC DI 8 × 24 V/DC DO 8 × 24 V、0.5 A	DC DI 16 × 24 V/DC DO 16 × 24 V、0.5 A
信号模块	SM 1231 AI	SM 1231 AI
模拟量输入	DC AI 4 × 13 bit ± 10V、0 ~ 20 mA	DC AI 8 × 13 bit ± 10V、0 ~ 20 mA
信号模块	SM 1232 AQ	SM 1232 AQ
模拟量输出	DC AQ 2 × 14 bit ± 10V、0 ~ 20 mA	DC AQ4 × 14 bit ± 10V、0 ~ 20 mA
信号模块	SM 1234 AI/AQ	
模拟量 输入 / 输出	DC AI 4 × 13 bit ± 10V、 0 ~ 20 mA DC AQ 2 × 14 bit ± 10V、0 ~ 20 mA	

5.1.4　集成的通信接口与通信模块

S7-1200 PLC 在 CPU 模块上集成了一个工业以太网 PROFINET 接口，如图 5-6 所示。支持 RJ45 接口，数据传输速率为 10 M/100 Mbit/s，使得编程过程，调试过程，PLC 与人机界面的操作、运行及第三方设备的通信均可采用工业以太网进行。

S7-1200 PLC 的通信模块有 CM1241 RS485 和 CM1211 RS232 两种，主要用于点对点的串行通信。通信模块由 CPU 模块供电，不需要连接外部电源，其接口经过隔离，通过 LED 显示传送和接收以及诊断状态。通信组态和编程采用扩展指令或库指令、USS 驱动协议、Modbus RTU 主站和从站协议。所以 S7-1200 CPU 模块最多可以配置 3 个通信模块（类型不限）。

5.1.5　CPU 的运行状态

S7-1200 CPU 有以下三种运行状态：

① 在 STOP 运行状态下，CPU 不执行任何程序，此时可加载项目。

② 在 STARTUP 运行状态下，CPU 启动。

③ 在 RUN 运行状态下，程序将循环执行。

CPU 没有物理开关来切换运行状态，但可以通过 TIA Portal 软件操作面板上的 STOP 或 RUN 按钮来切换运行状态。此外，操作面板上还有一个 MRES（存储器复位）按钮，用于执行存储器复位，并且还有显示 CPU 状态的 LED。CUP 操作面板如图 5-7 所示。

5.1.6　状态显示与故障显示

CPU 正面的 RUN/STOP 状态 LED 通过指示灯颜色显示当前运行状态，如图 5-8 所示。

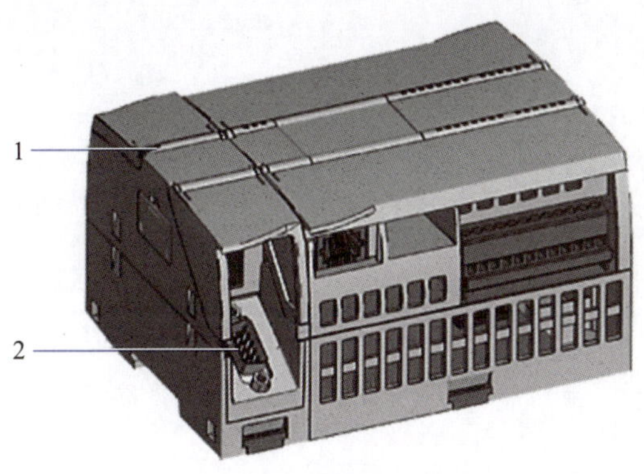

1—状态 LED；2—通信连接器

图 5-6 通信接口

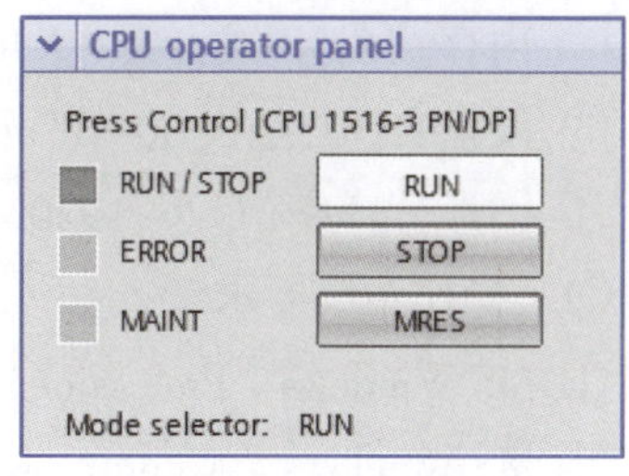

图 5-7 CPU 操作面板

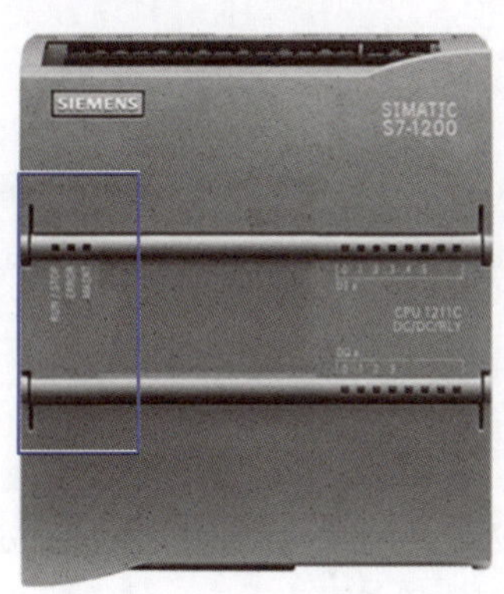

图 5-8 状态显示

此外，ERROR 状态 LED 表示故障，MAINT 状态 LED 表示需要维护。

5.2 S7-1200 PLC 的软件基础

TIA Portal（博途）软件是用于 SIMATIC S7-1200 PLC 和精简面板自动化系统的编程工具。

通过 TIA Portal 软件可实现设备自动化的如下功能：

① 硬件的组态和参数赋值。

② 确定通信方式。

③ 固件升级。

④ 编程。

⑤ 借助运行 / 诊断功能完成测试、调试和服务。

⑥ 文件归档。

⑦ 利用集成的 WinCC Basic 为 SIMATIC 精简面板进行可视化设置。

⑧ 可通过详细的在线帮助获取关于全部功能的支持信息。

5.2.1　TIA Portal 软件安装

（1）硬件要求

① 处理器：Core i5-6640EQ 3.4 GHz 或者相当。

② 内存：16 GB 或更高（大项目为 32 GB）。

③ 硬盘：SSD，至少 50 GB 可用存储空间。

④ 图形分辨率：最小 1920 × 1 080。

（2）操作系统要求

① MS Windows 7 Professional SP1。

② MS Windows 7 Enterprise SP1。

③ MS Windows 7 Ultimate SP1。

④ Microsoft Windows 8.1 Professional。

⑤ Microsoft Windows 8.1 Enterprise。

⑥ Microsoft Server 2008 R2 Standard Edition SP1（仅 STEP 7 Professional）。

⑦ Microsoft Server 2012 R2 Standard Edition。

⑧ Microsoft Windows 10 Professional。

⑨ Microsoft Windows 10 Enterprise。

⑩ Microsoft Windows 10 Education。

安装前，建议检查操作系统中有没有安装“.NET 3.5 SP1”。如果安装过程中出现图 5-9 所示界面则需下载“.NET 3.5 SP1”，安装后重新安装 TIA Portal 软件。

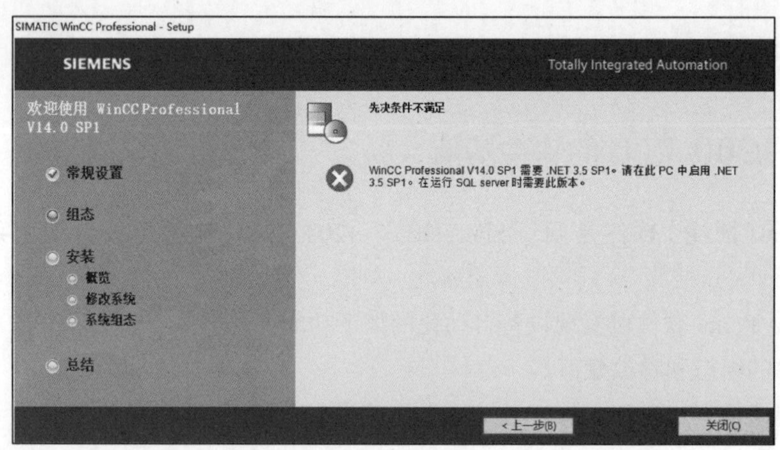

图 5-9　显示缺少“.NET 3.5 SP1”界面

5.2.2　S7-1200 PLC 的程序块类型

S7-1200 PLC 编程采用块的概念，即将程序分解为独立的、自成体系的各个部件，块类似于子程序的功能，但类型更多，功能更强大。在工程控制中，程序往往是非常庞大和复杂

的,采用块的概念便于大规模程序的设计和理解,还可以设计标准化的块程序进行重复调用,使程序结构清晰明了、修改方便、调试简单。采用块结构显著地增强了 PLC 程序的组织透明性、可理解性和易维护性。

S7-1200 PLC 块的类型如表 5-5 所示。

表 5-5 S7-1200 PLC 块的类型

块(Block)	简要描述
组织块(OB)	操作系统与用户程序的接口,决定用户程序的结构
功能块(FB)	用户编写的包含经常使用的功能的子程序,有存储区
功能(FC)	用户编写的包含经常使用的功能的子程序,无存储区
数据块(DB)	存储用户数据的数据区域

1. 组织块

组织块(OB)是 CPU 中操作系统与用户程序的接口,由操作系统调用,用于控制用户程序扫描循环、中断程序的执行、PLC 的启动和错误处理等。

OB 有编号和优先级两个属性。优先级越高,中断级别越高,在同样的优先级别,OB 编号越小,越优先执行。每个组织块的编号必须唯一。200 以下的一些默认 OB 编号被保留,其他 OB 编号大于或等于 200。其中,OB1 是用于扫描循环处理的组织块,相当于主程序,操作系统调用 OB1 来启动用户程序的循环执行,每一次循环中调用一次组织块 OB1。在项目中插入 PLC 站将自动在项目树中的“程序块”下生成“Main[OB1]”块,双击打开即可编写主程序。

CPU 中的特定事件将触发组织块的执行。组织块无法互相调用,也无法通过 FC 或 FB 调用。只有启动事件(如诊断中断或时间间隔)可以启动组织块的执行。CPU 按优先等级处理 OB,即先处理优先级较高的 OB,然后执行优先级较低的 OB。最低优先等级为 1(对应主程序循环),最高优先等级为 27(对应时间错误中断)。

组织块可分为程序循环组织块、启动组织块、延时中断组织块、循环中断组织块、硬件中断组织块、时间错误中断组织块和诊断错误中断组织块。

2. 功能与功能块

功能(FC)和功能块(FB)都是属于用户编程的块。FC 与 FB 都类似于子程序,仅仅在被其他程序调用时才执行,可以简化程序代码和减少扫描时间。用户可以将不同的任务编写到不同的 FB 或 FC 中,同一 FB 或 FC 可以在不同的地方被多次调用。

① FC 是一种不带有“存储区”的逻辑块,其临时变量存储在局部数据堆栈中,当 FC 执行结束后,这些临时数据就丢失了。要将这些数据永久存储,FC 要使用共享数据块或者位存储区。

② FB 则带有存储功能。背景数据块作为存储器被分配给 FB,传递给 FB 的参数和静态变量都保存在背景数据块中,临时变量存在本地数据堆栈中。当 FB 执行结束后,存在背景数据块中的数据不会丢失,但是,存在本地数据堆栈中的数据将丢失。

3. 数据块

数据块(DB)是用于存放执行用户程序时所需的变量数据的数据区。用户数据以位、字节、字或双字操作访问数据块中的数据,可以使用符号或绝对地址。数据块与临时数据不同，当程序块执行结束时或数据块关闭时，数据块中的数据不会被覆盖。数据块同程序块一样占用用户存储器的空间，但不同于程序块的是，数据块中没有指令而只是一个数据存储区，S7-1200 PLC 按数据生成的顺序自动为数据块中的变量分配地址。

根据使用方法不同，数据块可以分为共享数据块（也叫全局数据块）和背景数据块。用户程序的所有程序块（包括 OB1）都可以访问共享数据块中的信息，而背景数据块是分配给特定的 FB。背景数据块中的数据都是自动生成的，它们是 FB 变量声明表中的数据（临时变量 TEMP 除外）。编程时，应先生成 FB，然后生成它的背景数据块。在生成背景数据块时，应指明它的类型为背景数据块，并指明它的功能块的编号。

5.2.3　结构化编程

如果控制任务比较复杂，可以将其细分为多个容易操控的小程序块。这样，各个小程序块可以单独测试，合并起来就是一个总的程序块，这就是结构化编程，如图 5-10 所示。

主程序块必须调用各个程序块。如果块结尾标记（BE）被识别，则程序继续调用该程序块后面的程序块进行处理。

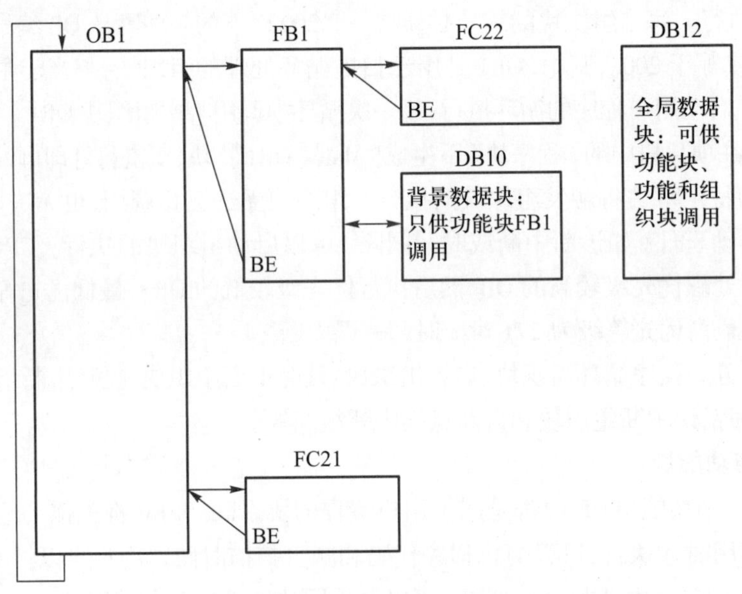

图 5-10　结构化编程示意图

5.2.4　S7-1200 PLC 的工作原理

S7-1200 PLC 采用循环扫描的工作方式。当 PLC 上电或者从停止状态转为运行模式时，CPU 执行启动操作，消除没有保持功能的位存储器、定时器和计数器，清除中断堆栈和块堆栈的内容，复位保存的硬件中断等。此外还要执行用户编写的启动组织块，完成用户设定的初始化操作，然后进入周期性循环运行。一个扫描周期可以分为输入采样、程序执行和输出刷新三个阶段，如图 5-11 所示。

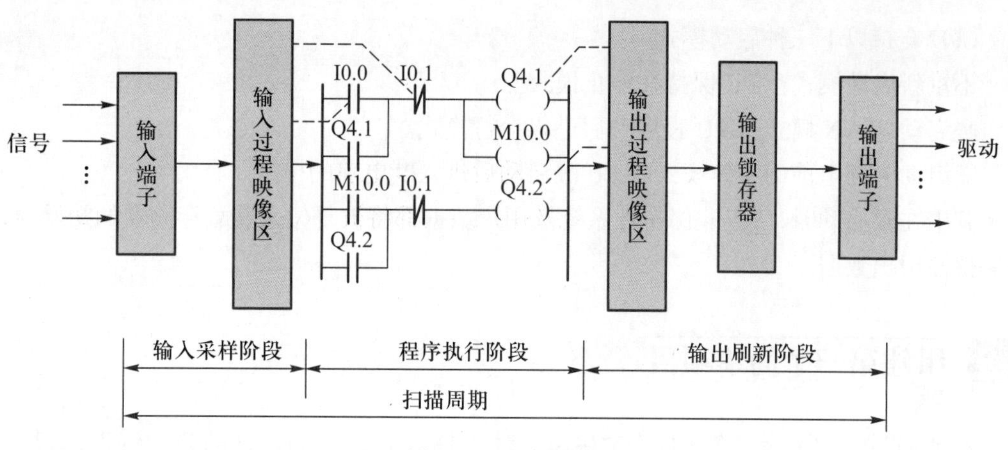

图 5-11 扫描周期

① 输入采样阶段：在此阶段 PLC 依次读入所有输入信号的状态和数据，并将它们存入 I/O 过程映像区中的相应单元内。当输入采样结束后，即使输入数据发生变化，I/O 过程映像区中相应单元的状态和数据也不会发生改变。

② 程序执行阶段：PLC 按照从左到右、从上到下的顺序对用户程序进行扫描，并分别从输入过程映像区和输出过程映像区中获取所需的数据，进行运算、处理，再将程序执行的结果写入寄存执行结果的输出过程映像区中保存。这个结果在程序执行期间可能发生变化，但在整个程序未执行完毕之前不会改变输出端口。

③ 输出刷新阶段：当执行完所有程序后，PLC 将输出过程映像区中的内容送到寄存输出状态的输出锁存器中，这一过程称为输出刷新。输出端子把输出锁存器的信息传送给输出点，再去驱动实际设备。

PLC 的工作特点：所有输入信号在程序处理前统一读入，并在程序处理过程中不再变化，而程序处理的结果也是在扫描周期的最后统一输出。

PLC 循环扫描执行输入采样、程序执行、输出刷新“串行”工作方式，这样既可避免继电接触器控制系统因“并行”工作方式存在的触点竞争，又可提高 PLC 的运算速度。但是，对于高速变化的过程中可能漏掉变化的信号，也会带来系统响应的滞后。可利用立即输入 / 输出、脉冲捕获、高速计数器或中断技术等功能来解决上述问题。

5.2.5 S7-1200 PLC 的工作模式

S7-1200 PLC 有三种工作模式：STOP（停止）模式、STARTUP（启动）模式和 RUN（运行）模式。CPU 模块的状态 LED 灯指示当前工作模式。

① STOP 模式：CPU 会处理所有通信请求并执行自诊断，但不执行用户程序，过程映像区也不会自动更新，并且只有处于 STOP 状态时，才能下载项目。

② STARTUP 模式：执行一次启动组织块。在 STARTUP 模式，不处理任何中断事件。

③ RUN 模式：重复执行扫描周期，中断事件可能会在程序循环阶段的任何点发生并进行处理。在 RUN 模式下，无法下载任何项目。

CPU 支持以下三种启动模式

不重新启动模式：CPU 保持在停止模式。

暖启动 -RUN 模式：CPU 暖启动后进入运行模式。

暖启动 - 断电前的工作模式：CPU 暖启动后进入断电前的模式。

其中在暖启动时，所有非保持性系统及用户数据都将被复位来装载存储器的初始值，保留保持性用户数据。

5.3 组建第一个简单项目

本节通过一个简单的案例，让学生从整体上体验 PLC 控制设计的整个流程，清楚 TIA Portal 软件的基本功能，明确本书的学习目的和要求，激发学生学习兴趣。

完成一项自动化工程项目的基本步骤包括创建项目与硬件组态、建立变量表、编制用户程序、启动仿真软件、用户程序的下载及程序仿真调试。

5.3.1　创建项目与硬件组态

创建自动化项目，用于存储创建自动化解决方案而产生的数据和程序。构成项目的数据包括有关硬件结构的组态数据和模块的参数分配数据、用于网络通信的项目工程数据和用于设备的项目工程数据等。数据以对象的形式按树形结构（项目层级）存储在项目中。

1. 创建与打开项目

打开 TIA Portal V15 软件，启动界面如图 5-12 所示。在图 5-12 中单击“创建新项目”按钮，打开图 5-13 所示的创建新项目窗口，可在此窗口中修改项目名称与路径，之后单击“创建”按钮，当出现图 5-14 所示导航窗口时，便表示项目创建成功。创建成功后可以继续创建项目或进入组建项目的下一步骤。

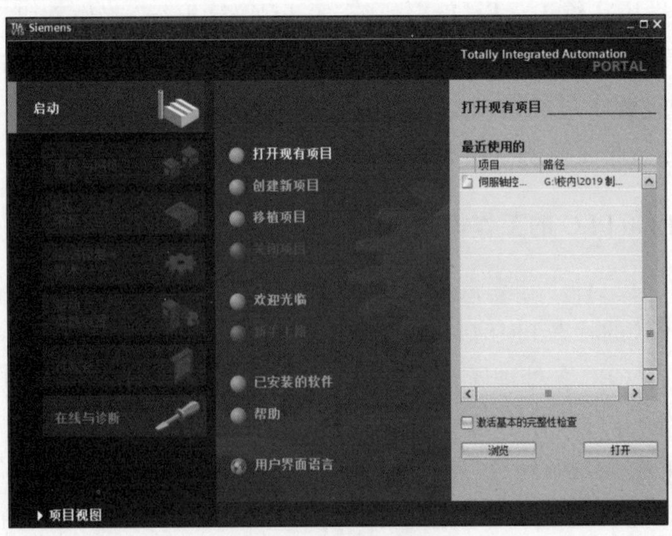

图 5-12　启动界面

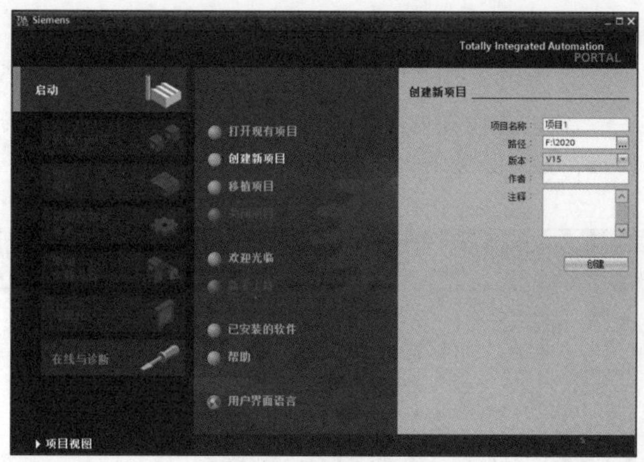

图 5-13　创建新项目窗口

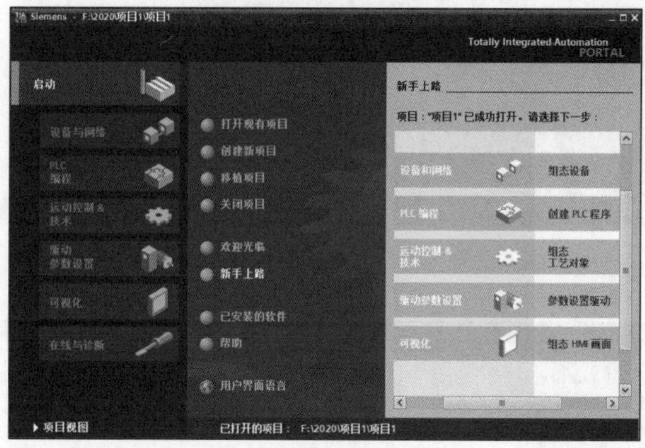

图 5-14　导航窗口

在使用 TIA Portal 程序的任何时刻，可以通过单击图 5-15 中的“打开现有项目”按钮打开任何已创建的项目。

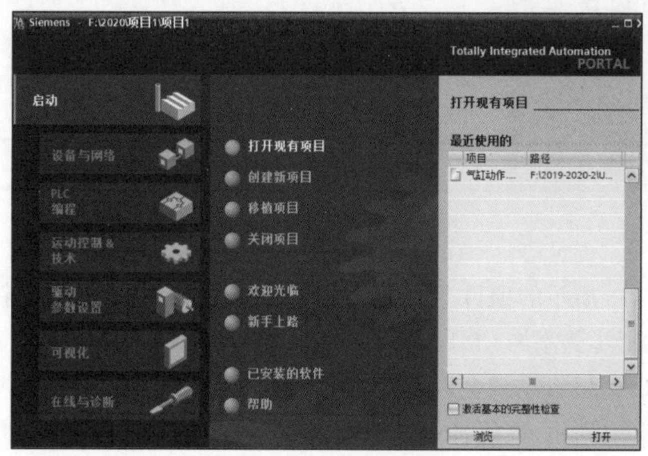

图 5-15　打开现有项目窗口

2. 组态设备与网络

首先需要添加任务所需的 CPU 模块、HMI 和 PC 设备。在图 5-16 所示项目窗口中，选择“设备与网络”→“添加新设备”选项，进入图 5-17 所示的添加新设备窗口，之后在图 5-17 所示窗口中选择设备型号并单击“添加”按钮即可添加新设备。

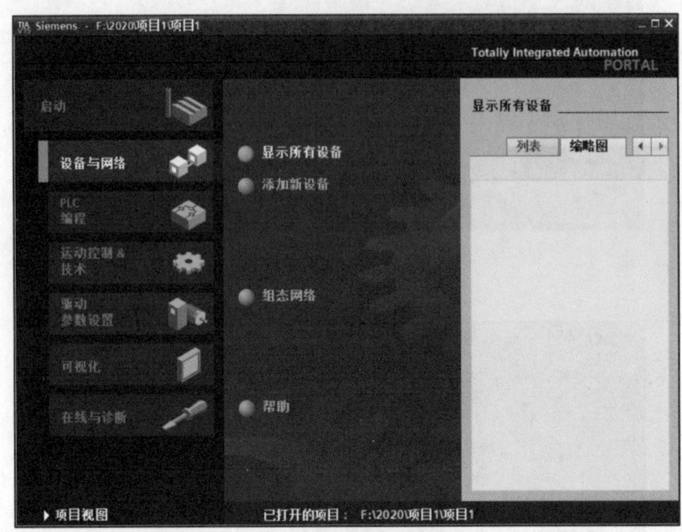

图 5-16　项目窗口

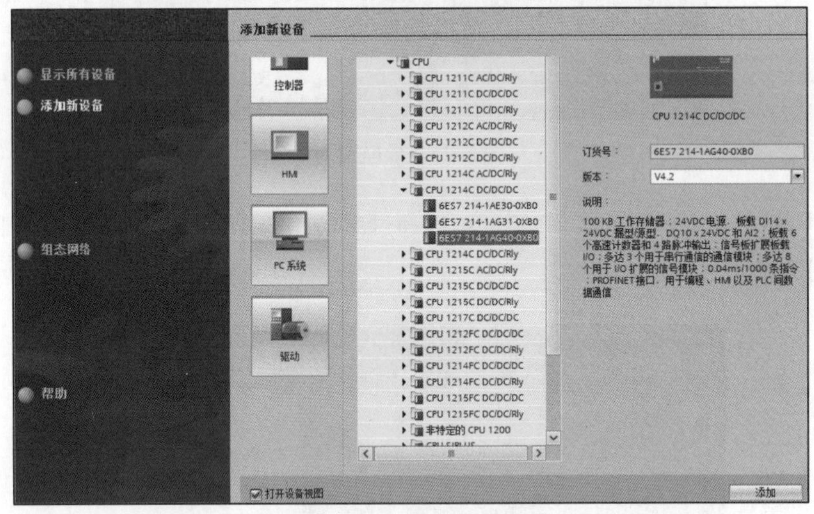

图 5-17　添加新设备窗口

也可以在图 5-18 所示的项目视图窗口中选择“项目树”下的“添加新设备”，进入添加新设备窗口并依如上步骤添加 CPU 模块、HMI 与 PC 设备。

在成功添加新设备后，系统会进入图 5-19 所示的设备视图，可在此视图下进行扩展模块的添加。如图 5-20 所示，在硬件目录下选择所需型号的扩展模块，并用鼠标拖入 PLC 的对应插槽中。

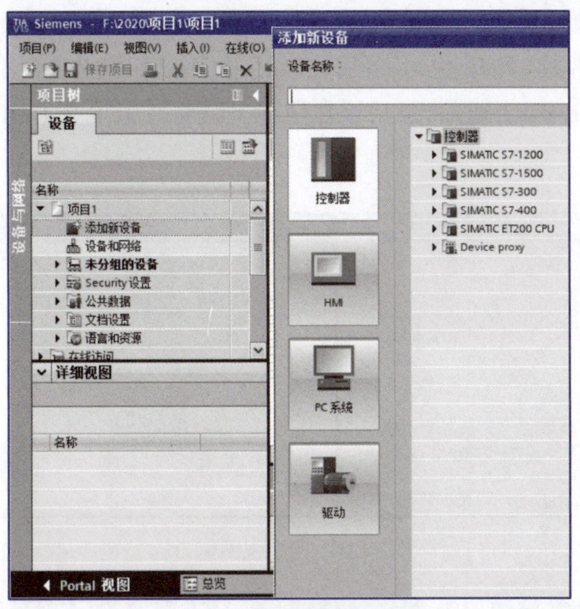

图 5-18 项目视图窗口

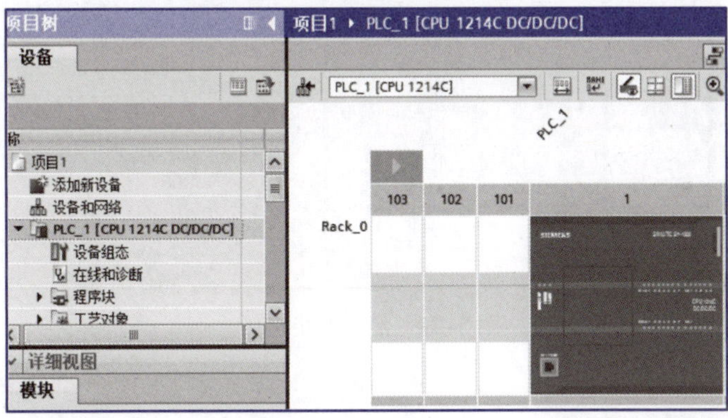

图 5-19 设备视图

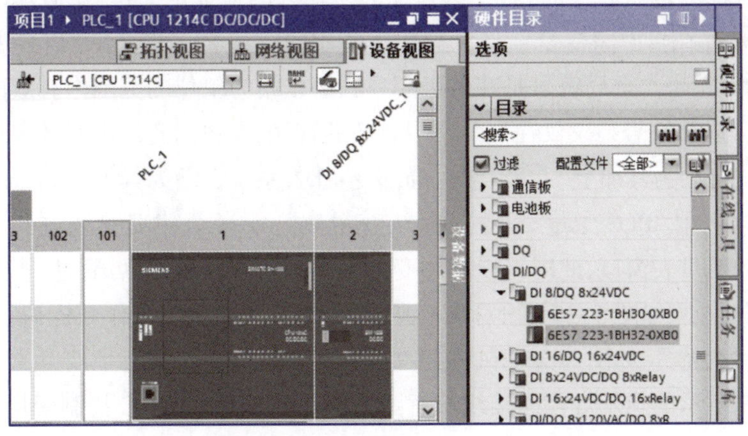

图 5-20 添加扩展模块的窗口

在图 5–21 所示的网络视图窗口可以进行网络组态，主要是进行 PLC 与 HMI 的联网。如在添加新设备时未添加 HMI，也可在硬件目录下使用鼠标拖曳进行添加。单击图 5–22 中 PLC 呈现绿色的 PROFINET 通信接口，按住鼠标左键将其拖曳至 HMI 的 PROFINET 接口，即可进行连接。

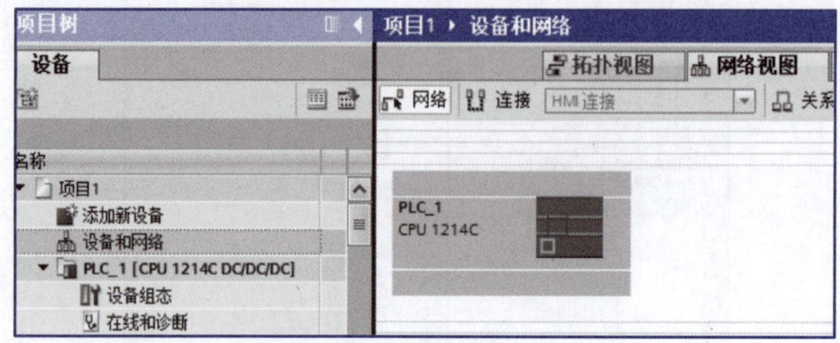

图 5–21　网络视图窗口

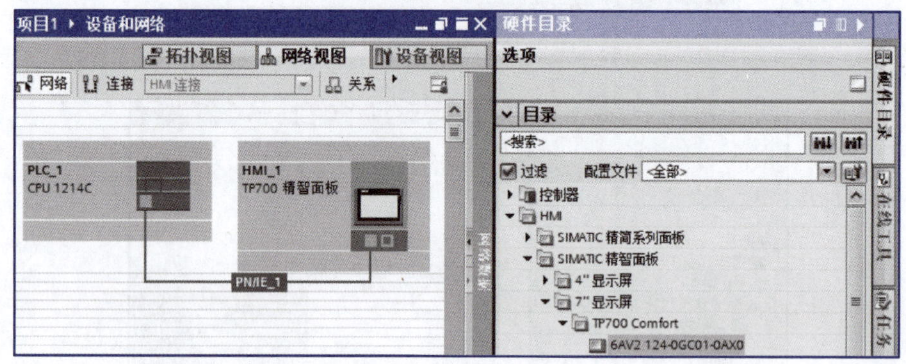

图 5–22　建立网络连接

5.3.2　建立变量表

在默认情况下，输入程序时，系统会自动为所输入的地址定义符号，但建议在开始编写程序前，为输入、输出、中间变量定义在程序中使用的符号名。S7–1200 PLC 中的符号分为全局符号和局部符号。全局符号是在整个用户程序以站为单位的范围内有效的符号在 PLC 变量表中定义；局部符号是仅仅在一个块中有效的符号，在块的变量声明区定义。在输入全局符号时，系统自动为其加上 “” 号；输入局部变量时，系统自动为其加上 # 号。

双击图 5–23 中 “PLC 变量” 下的 “默认变量表”，或者新建变量表并打开，便可出现图 5–24 所示的变量表窗口，此时可以添加变量名称来新建变量，并可通过 “数据类型” 下拉菜单修改数据类型（如图 5–25 所示）和 “地址” 下拉菜单修改 “操作数标识符” “操作数类型” “地址” 和 “位号”（如图 5–26 所示）。

以图 5–27 所示的指示灯控制接线示意图为例，建立指示灯 PLC 控制变量表，如图 5–28 所示。

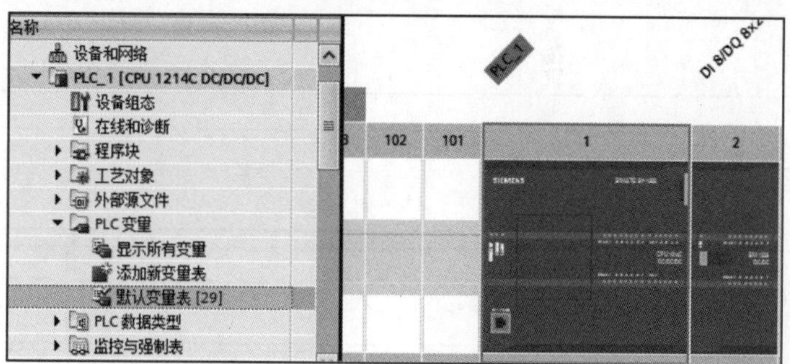

图 5-23 PLC 变量

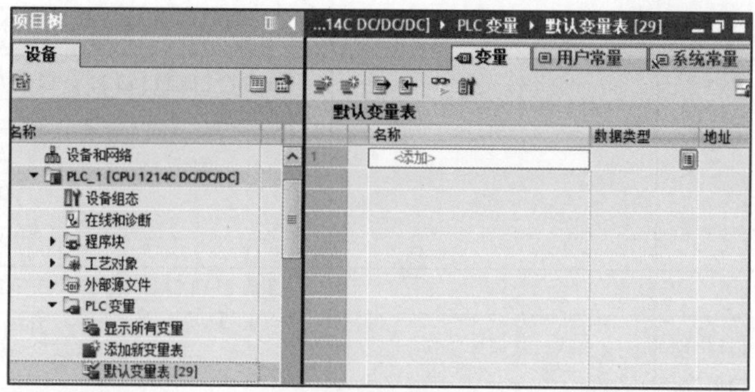

图 5-24 变量表窗口

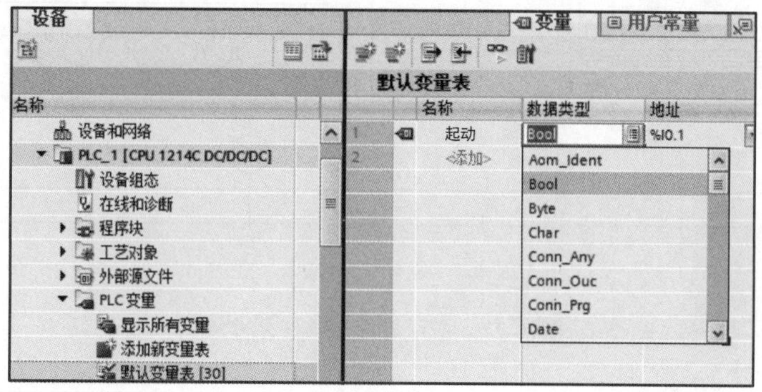

图 5-25 数据类型选择

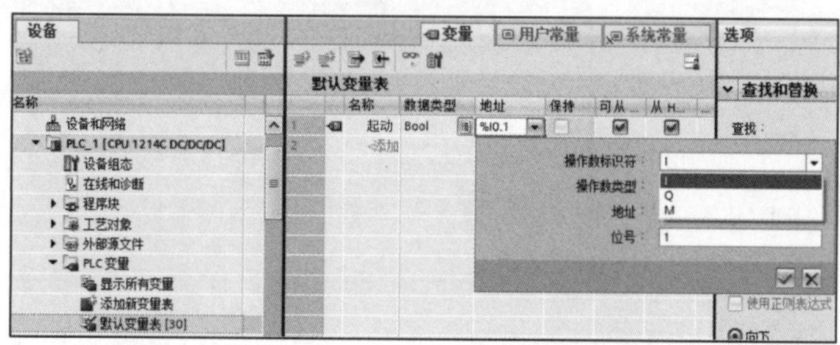

图 5-26 地址设定

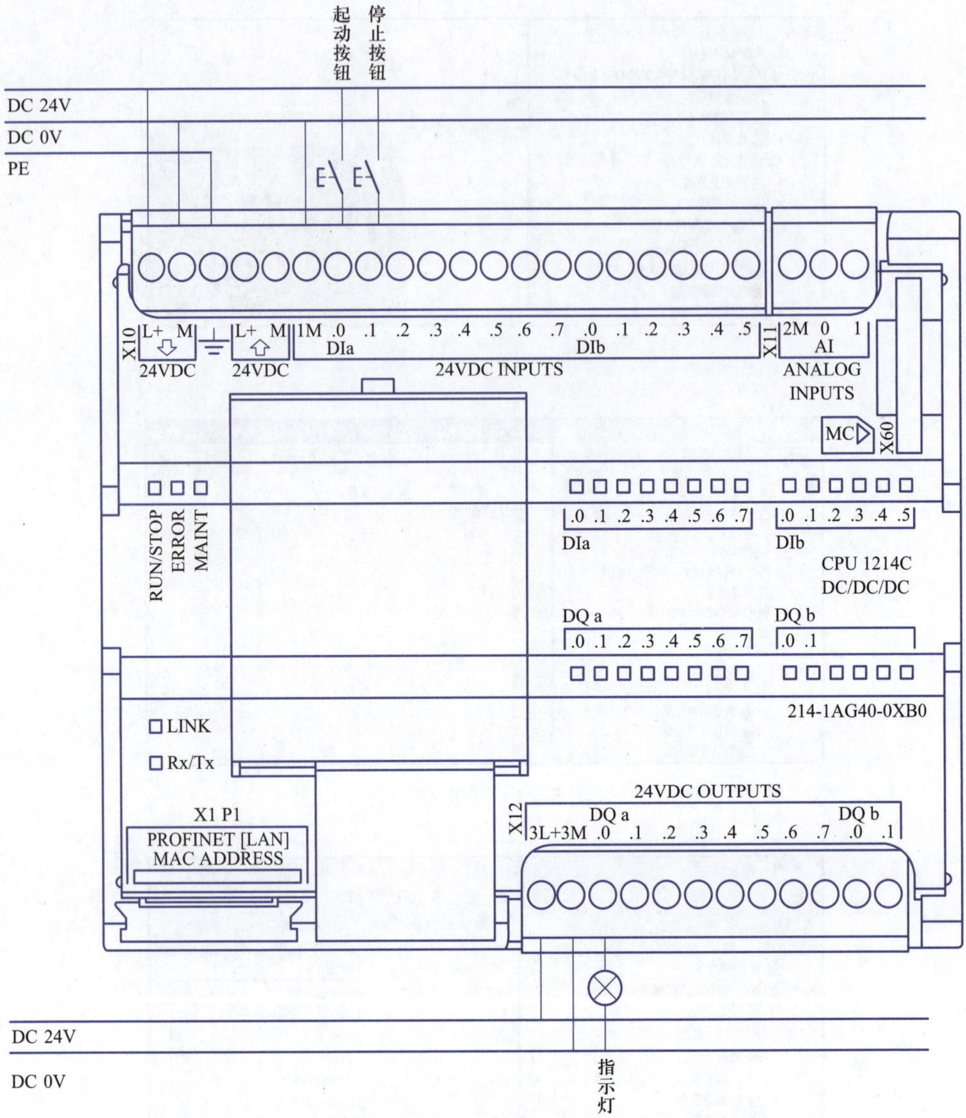

图 5-27　指示灯控制接线示意图

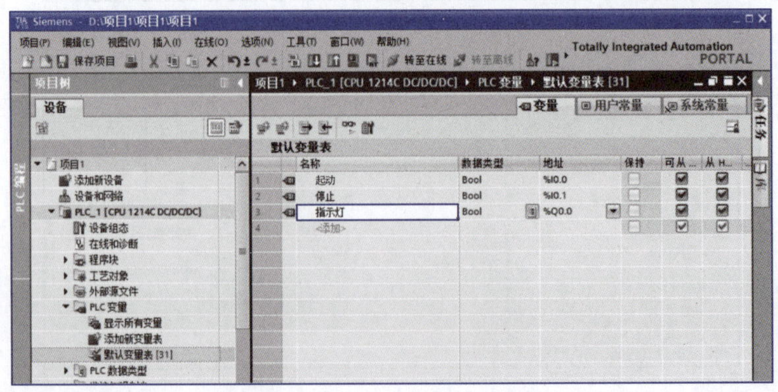

图 5-28　指示灯 PLC 控制变量表

5.3.3 编制用户程序

双击图 5–29 中“项目树”下的“Main[OB1]”选项或单击图 5–30 中“启动”→“新手上路”→“创建 PLC 程序”，系统进入图 5–31 所示的 PLC 编程窗口，再双击“Main”按钮，便可进入组织块 Main 的编程。

在 Main[OB1]窗口中，可以通过将图 5–32 中编辑区上方的符号或右侧指令窗口中的指令用鼠标拖曳到编辑区中的梯形图上，来对程序进行编写。编制好的起保停梯形图如图 5–33 所示。

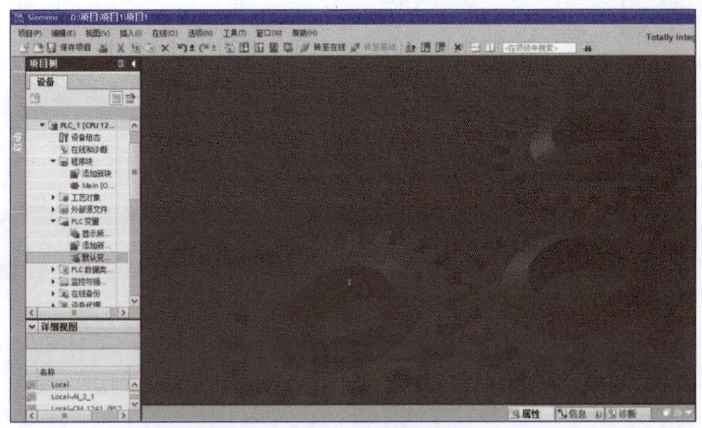

图 5–29　项目视图

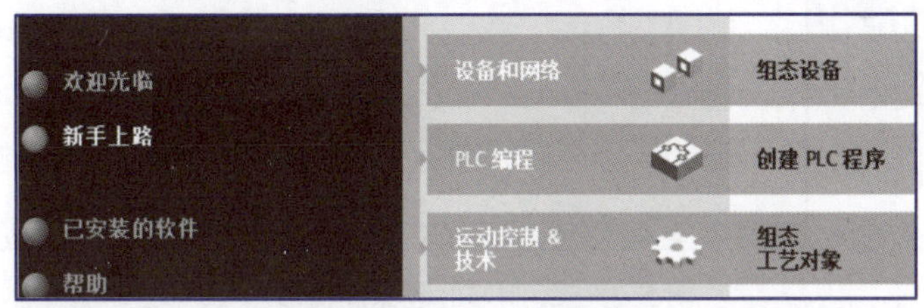

图 5–30　Portal 视图窗口

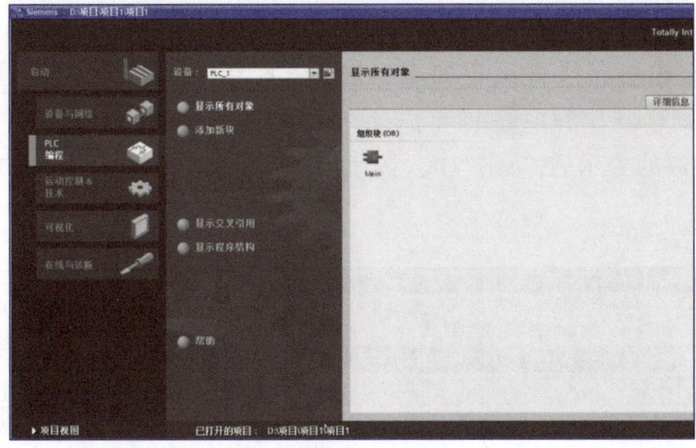

图 5–31　PLC 编程窗口

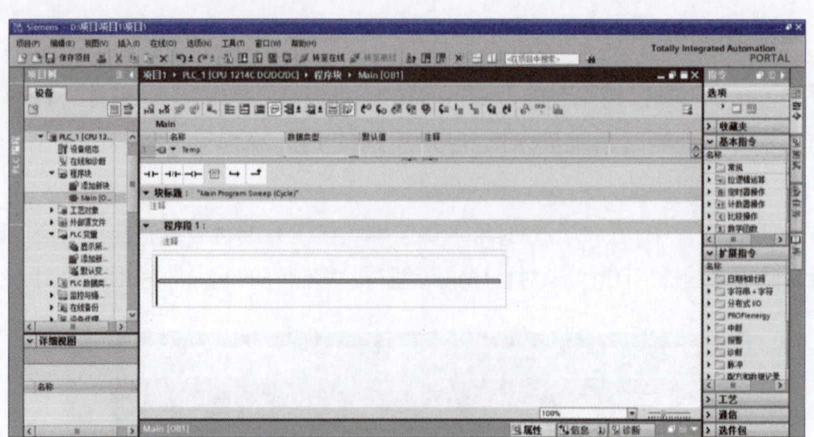

图 5–32　编程界面

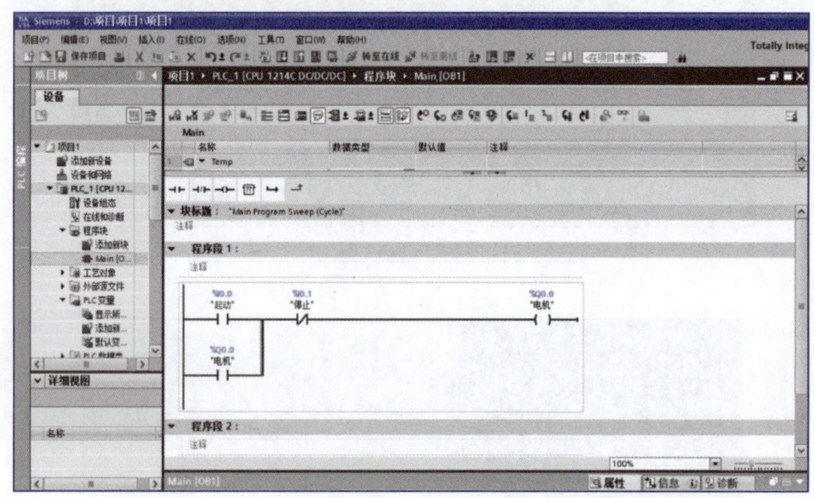

图 5–33　编制好的起保停梯形图

5.3.4　启动仿真软件

若没有硬件，也可将硬件配置加载到 PLC 仿真器（S7PLC SIM）中进行仿真。单击图 5–34 中的“启动仿真”按钮 即可启动 PLC 仿真器。若启动 PLC 仿真器时出现禁用全部其他在线接口的提示后，单击“OK”按钮确认，如图 5–35 所示。PLC 仿真器如图 5–36 所示。

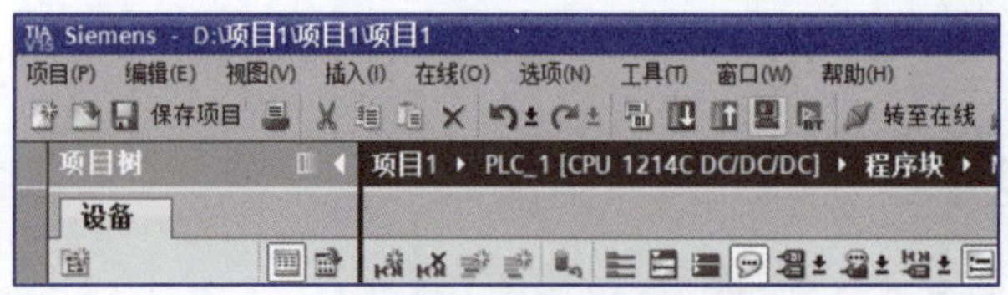

图 5–34　启动仿真

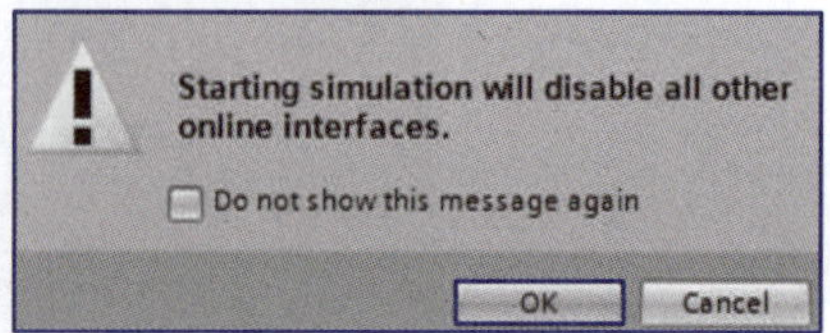

图 5–35　提示窗口

5.3.5 用户程序的下载

在项目视图中，选中“项目树”下的“PLC1［CPU 1214C DC/DC/DC］”设备，单击工具栏中的下载图标，如图 5-37 所示，打开“扩展的下载到设备”界面，在其中选择目标 PLC1，单击“下载”按钮，便可下载所有设备组态、所有程序、PLC 变量和监视表格。

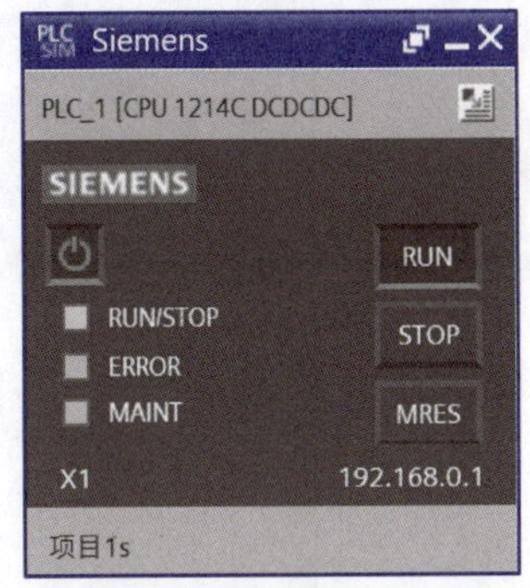

图 5-36　PLC 仿真器

若在项目树下选择一个 PLC 站下的某一个具体对象，如“程序块”，单击“下载”按钮，便只会下载所有程序块。

选中图 5-38 中的“一致性下载”，然后选择图 5-39 中的“启动模块”，单击“完成”按钮。

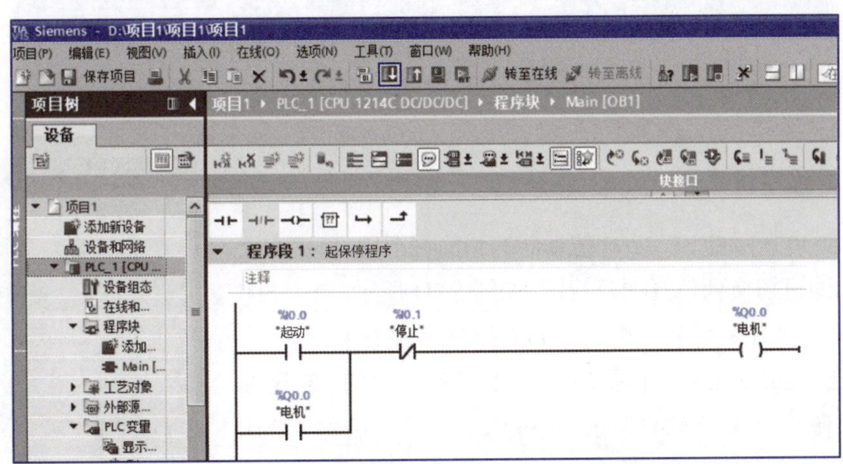

图 5-37　下载

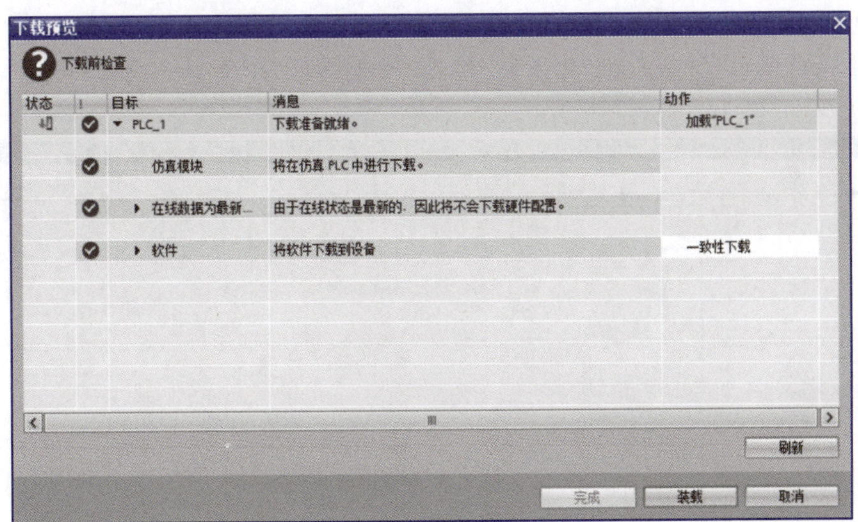

图 5-38　下载选项

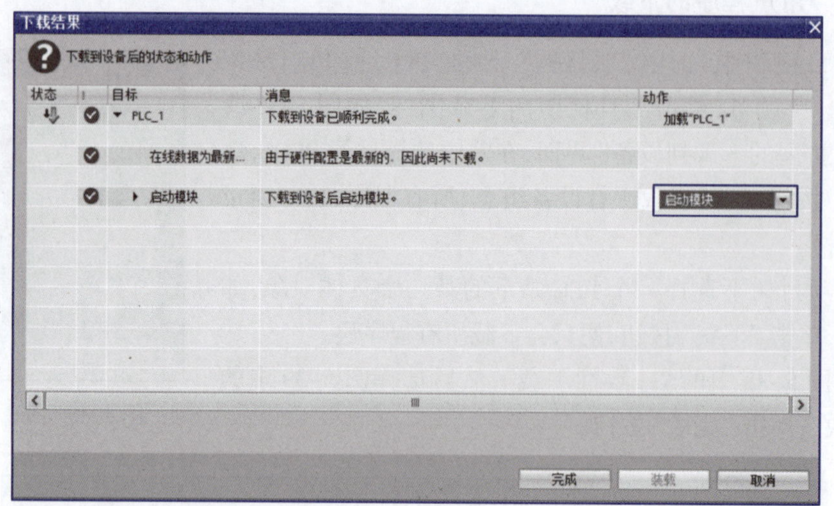

图 5-39　选择启动模块

5.3.6　程序仿真调试

图 5-40　仿真器精简视图

在图 5-40 所示的 S7-1200 仿真器的精简视图中，单击右上角的按钮，即可切换到仿真项目视图，如图 5-41 所示。在“SIM 表格 _1”中添加几个简单变量 I0.0、I0.1 和 Q0.0 进行测试。

在图 5-42 所示的项目视图中，单击工具栏中的“转至在线”按钮，便可将编程软件连接至 PLC，再单击“启用 / 禁用监视”按钮在线监视 PLC 程序的运行。此时项目右侧出现“CPU 操作员面板”，显示了 PLC 运行状态。在监控状态下，默认用绿色表示能流流过，蓝色虚线表示能流断开。

如图 5-43 所示，“起动”和“停止”位都没动作时各点的初始状态均为“False”。

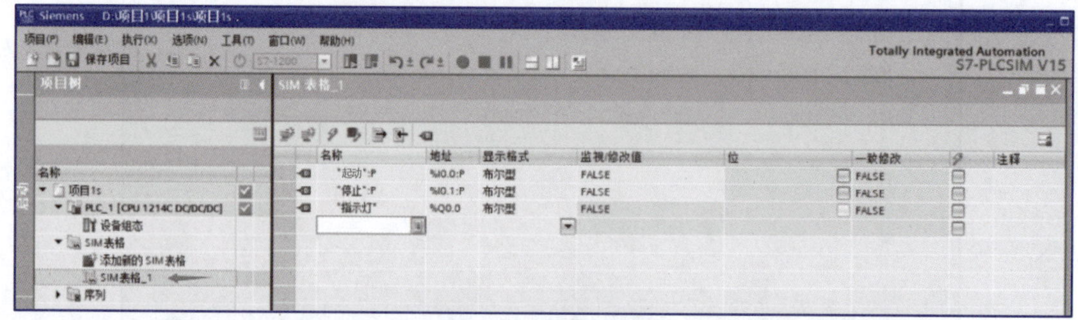

图 5-41　仿真项目视图

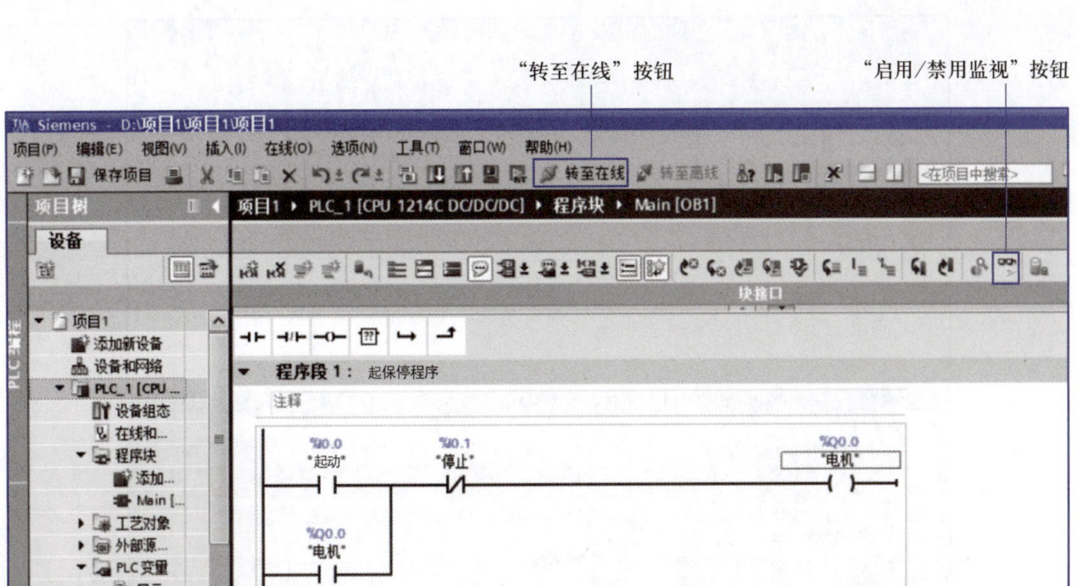

图 5–42　项目视图

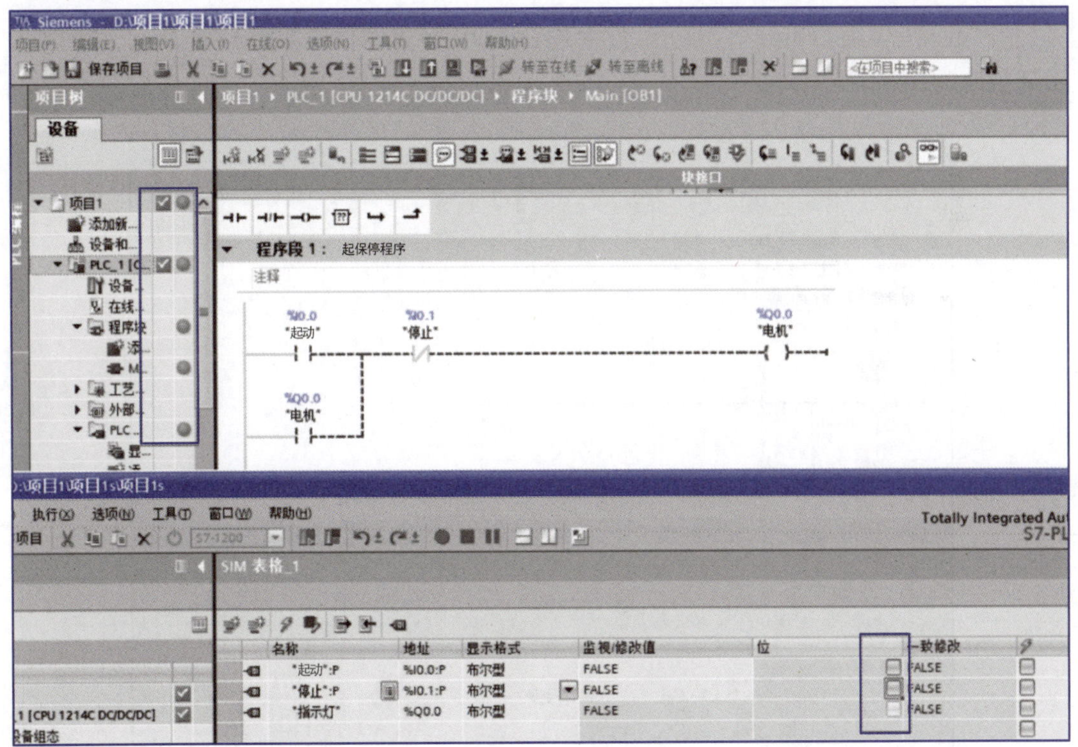

图 5–43　初始时的状态

当“起动”位为“True”时，各点的位值如图 5–44 所示，此时“指示灯”Q0.0 的位值是“True”。

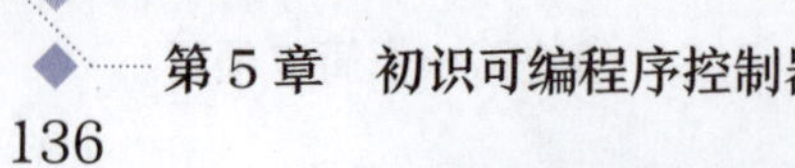

图 5-44　起动运行时的状态

当“起动”位为“False”，“停止”位为“True”时，各点的位值如图 5-45 所示，此时“指示灯”Q0.0 的位值是“False”。

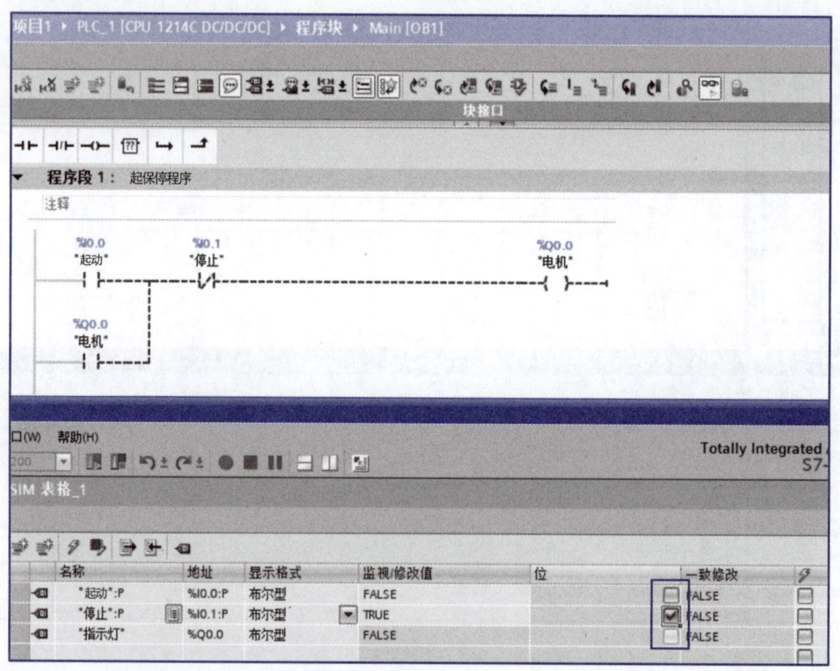

图 5-45　停止运行时的状态

当“停止”位为“False”时，各点的位值如图 5-46 所示，恢复至初始状态。

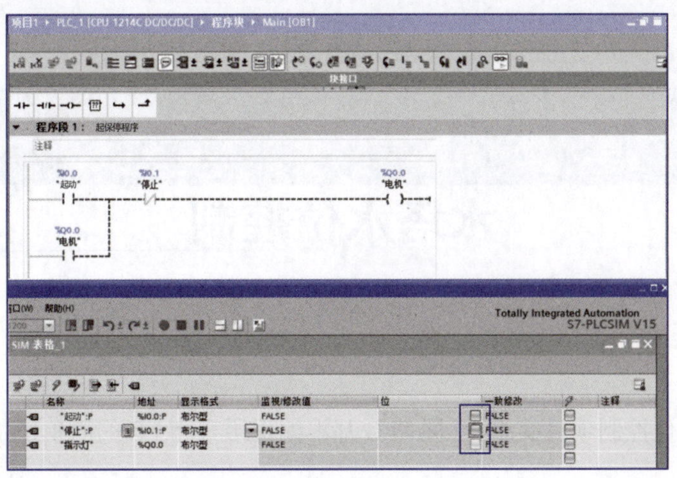

图 5-46　恢复初始时的状态

课 后 习 题

1. S7-1200 PLC 支持__________、__________和__________3 种编程语言。

2. 布尔运算指令、字传送指令和浮点数数学运算指令的执行速度分别为__________、__________和__________。

3. 可以通过 TIA Portal 软件操作面板上的 STOP 或 RUN 按钮来切换运行状态。此外，操作面板上还有一个 MRES 按钮，用于__________。

4. S7-1200 PLC 中有__________、__________、__________和__________四种块。

5. __________和__________都是属于用户编程的块。

6. 一个扫描过程周期可以分为__________、__________和__________三个阶段。

7. 程序执行阶段：PLC 按照__________、__________的顺序对用户程序进行扫描，并分别从输入过程映像区和输出过程映像区中获取所需的数据，进行运算、处理，再将程序执行的结果写入寄存执行结果的输出过程映像区中保存。

8. 如图 5-47 所示，若此程序执行一个扫描周期，相应输出点状态分别为__________。

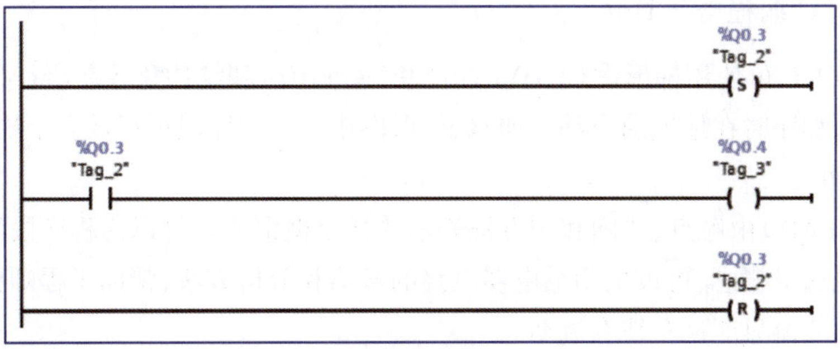

图 5-47　题 8 图

第6章 水塔水位控制

通过水塔水位控制项目实施，掌握 PLC 基本编程语言和 FC 的简单使用步骤。

6.1 学习目标

本章节主要学习以下内容：

1. 了解 PLC 的基本编程语言；

2. 掌握基本逻辑指令和水塔水位的自动控制；

3. 按要求完成水塔水位的 PLC 控制编程调试。

① 如图 6-1 所示，当水池水位低于水池下限位时，打开水阀开始进水；当水池水位高于上限位时关闭水阀停止进水。

② 当水塔水位低于下限位、水池水位高于下限位时，抽水电动机开始从水池抽水，当水塔水位高于上限位时停止抽水。

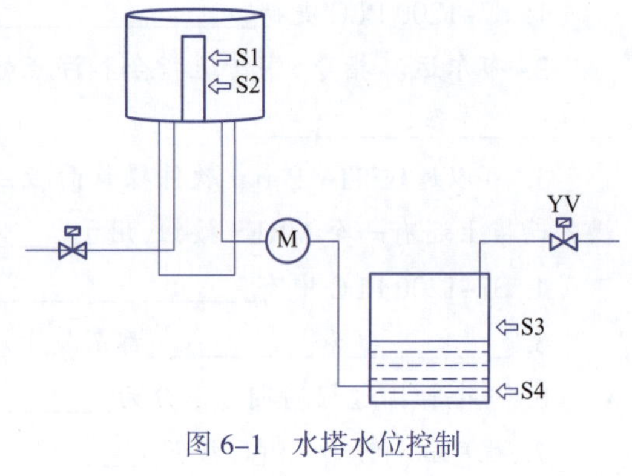

图 6-1　水塔水位控制

6.2 基础理论

6.2.1　PLC 编程语言简介

S7-1200 PLC 可使用梯形图（LAD）、功能块图（FBD）和结构化控制语言（SCL）进行程序设计。输入程序时在地址前自动添加 %，梯形图中一个程序段可以放多个独立电路。

1. 梯形图

梯形图（LAD）由触点、线圈和用方框表示的指令框组成。可以为程序段添加标题和注释。利用能流这一概念，可以借用继电器电路的术语和分析方法，帮助工程师更好地理解和分析梯形图。能流只能从左往右流动。

插入分支可以创建并行电路的逻辑。LAD 提供多种功能（如数学、定时器、计数器和移动）的“功能框”指令。

TIA Portal 软件不限制 LAD 程序段中的指令（行和列）数。每个 LAD 程序段都必须使用线圈或功能框指令来终止，如图 6-2 所示。

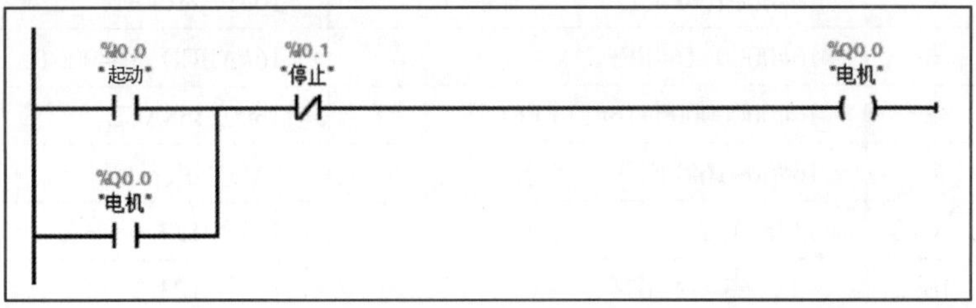

图 6-2 梯形图示例

2. 功能块图

功能块图（FBD）使用以布尔代数中使用的图形逻辑符号为基础的图形逻辑符号来表示控制逻辑。如图 6-3 所示，和 LAD 一样，FBD 也是一种图形化编程语言。

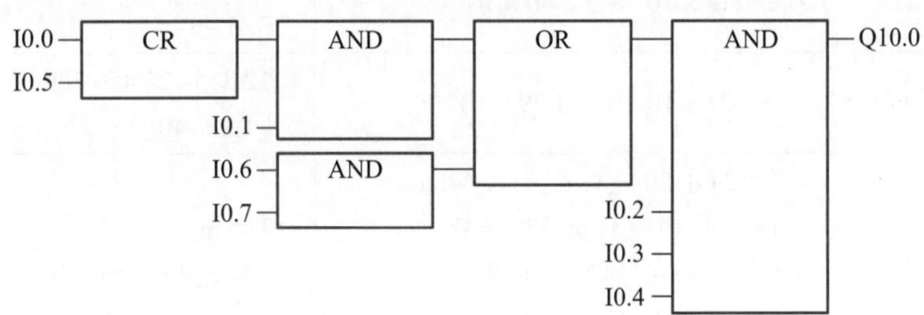

图 6-3 功能块图示例

3. 结构化控制语言

结构化控制语言（SCL，structured control language）是一种基于 PASCAL 的高级编程语言。SCL 特别适用于数据管理、过程优化、配方管理和数学计算、统计任务。SCL 支持 STEP 7 编程软件的块结构。

SCL 指令使用标准编程运算符，例如，用“ := ”表示赋值，用“+”表示相加，用“-”表示相减，用“*”表示相乘，用“/”表示相除。SCL 也使用标准的 PASCAL 程序控制操作，如 IF-THEN-ELSE、CASE、REPEAT-UNTIL、GOTO 和 RETURN。

4. 编程语言的切换

用鼠标右键单击项目树中的某个代码块，选中快捷菜单中的“切换编程语言”，可以切换 LAD 和 FDB 语言。只能在“添加新块”对话框中选择 SCL 语言。

6.2.2 S7-1200 PLC 支持的数据类型

数据类型用于指定数据元素的大小以及如何解释数据。每个指令参数至少支持一种数据类型，而有些参数支持多种数据类型。在编程软件中将光标停在指令的参数域上方，便可看到给定参数所支持的数据类型。S7-1200 PLC 支持的一些常用数据类型如表 6-1 所列。

表 6-1　S7-1200 PLC 支持的数据类型

数据类型	位数	数据范围	实例
Bool	1	0~1	TRUE, FALSE, 0, 1
Byte	8	16#00~16#FF	16#12, 16#AB
Word	16	16#0000~16#FFFF	16#ABCD, 16#0001
DWord	32	16#00000000~16#FFFFFFFF	16#02468ACE
Char	8	16#00~16#FF	'A', 'h', '@'
Sint	8	-128~127	123, -123
Int	16	-32 768~32 767	123, -123
Dint	32	-2 147 483 648~2 147 483 647	123, -123
USInt	8	0~255	128
UInt	16	0~65 535	128
UDInt	32	0~4 294 967 295	128
Real	32	$\pm 1.18 \times 10^{-38} \sim \pm 3.40 \times 10^{38}$	123.456, -3.4, 1.2E+12, 3.4E-37
LReal	64	$\pm 2.23 \times 10^{-308} \sim \pm 1.79 \times 10^{308}$	12 345.123 456 789 -1.2E+40
Time	32	T#-24 d_20 h_31 m_23 s_648 ms~ T#24 d_20 h_31 m_23 s_647 ms Saved as: -2 147 483 648 ms~ +2 147 483 647 ms	T#5 m_30 s T#1 d_2 h_15 m_30 s_45 ms
String	Variable	0~254 个字符的可变长度字符串	'ABC'
Array		数组包含同一数据类型的多个元素	ARRAY [1..20] of REAL 一维, 20 个元素
Struct		Struct 定义由其他数据类型组成的数据结构。Struct 数据类型可作为单个数据单元处理一组相关过程数据 在数据块编辑器或块接口编辑器中声明 Struct 数据类型的名称和内部数据结构	
…		其他数据类型可参考相关手册资料	

6.2.3　S7-1200 PLC 数据存储区

TIA Portal 软件简化了符号编程。用户为数据地址创建符号名称或“变量”,作为与存储器地址和 I/O 点相关的 PLC 变量或在代码块中使用的局部变量。

要在用户程序中使用这些变量,只需输入指令参数的变量名称。为了更好地理解 CPU 的存储区结构及其寻址方式,以下段落将对 PLC 变量所引用的“绝对”寻址进行说明。CPU 提供了以下几个选项,用于在执行用户程序期间存储数据。

1. 全局存储器

CPU 提供了各种全局存储区，其中包括输入（I）、输出（Q）和位存储器（M）。所有代码块可以无限制地访问该储存器。

2. 数据块（DB）

可在用户程序中加入 DB 以存储代码块的数据。从相关代码块开始执行一直到结束，DB 存储的数据始终存在。全局 DB 存储所有代码块均可使用的数据，而背景 DB 存储特定 FB 的数据并且由 FB 的参数进行构造。

3. 临时存储器

只要调用代码块，CPU 的操作系统就会分配要在执行块期间使用的临时存储器（L）。代码块执行完成后，CPU 将重新分配临时存储器（又称本地存储器），以用于执行其他代码块。每个存储单元都有唯一的地址。用户程序利用这些地址访问存储单元中的信息。存储区如表 6-2 所示。

表 6-2 存 储 区

存储区	说明	强制	保持性
I（输入过程映像区） I_：P （物理输入）	在扫描周期开始时从物理输入复制	否	否
	立即读取 CPU、SB 和 SM 上的物理输入点	支持	否
Q（输出过程映像区） Q_：P （物理输出）	在扫描周期开始时复制到物理输出	否	否
	立即写入 CPU、SB 和 SM 上的物理输出点	支持	否
M（位存储器）	控制和数据存储器	否	支持（可选）
L（临时存储器）	存储块的临时数据，这些数据仅在该块的本地范围内有效	否	否
DB（数据块）	数据存储器，同时也是 FB 的参数存储器	否	支持（可选）

对输入（I）或输出（Q）存储区（例如 I0.3 或 Q1.7）的引用会访问过程映像输入区或过程映像输出区。

如图 6-4 所示，I3.2 的存储位置为灰色方格。本示例中，存储区和字节地址（I 代表输入过程映像区，3 代表 Byte 3）通过后面的句点（“.”）与位地址（位 2）相连表示一个具体的位的存储位置。

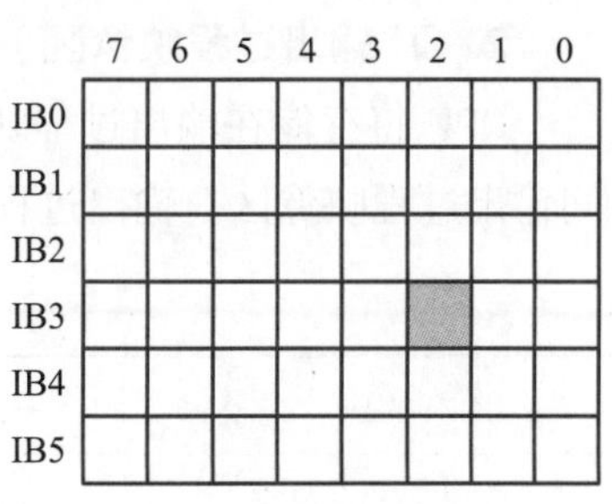

图 6-4 位地址位置

6.2.4 访问 CPU 存储区中的数据

通常，可在 PLC 变量表、数据块中创建变量，也可在 OB、FC 或 FB 的接口中创建变量。这些变量包括名称、数据类型、偏移量和注释。此外，在数据块中，还可设定起始值。在编程时，通过在指令参数中输入变量名称，可以使用这些变量。也可以选择在指令参数中输入绝对操作数（存储区、大小和偏移量）。输入绝对操作数时，程序编辑器会自动在绝对操作数

前面插入 % 字符。

1. I(输入过程映像区)

CPU 仅在每个扫描周期的循环组织块执行之前对外围(物理)输入点进行采样,并将这些值写入到输入过程映像区。可以按位、字节、字或双字访问输入过程映像区。允许对输入过程映像区进行读写访问,但输入过程映像区通常为只读。I 的绝对地址如表 6-3 所示。

表 6-3 I 的绝对地址

位	I[字节地址].[位地址]	I0.1
字节、字或双字	I[大小][起始字节地址]	IB4、IW5 或 ID12

通过在地址后面添加“:P”,可以立即读取 CPU、SB、SM 或分布式模块的数字量和模拟量输入。使用“I_:P”访问与使用 I 访问的区别是,前者直接从被访问点而非输入过程映像区获得数据。这种“I_:P”访问称为“立即读”访问,因为数据是直接从源而非副本获取的,这里的副本是指在上次更新输入过程映像区时建立的副本。

因为物理输入点直接从与其连接的现场设备接收数值,所以不允许对这些点进行写访问。“I_:P”访问为只读访问,与可读写的 I 访问是不同的。

“I_:P”访问也仅限于单个 CPU、SB 或 SM 所支持的输入大小(向上取整到最接近的字节)。例如,将 2 DI/2 DQ SB 的输入组态为从 I4.0 开始,则可按 I4.0:P 和 I4.1:P 或 IB4:P 的形式访问输入点。“I_:P”访问的绝对地址如表 6-4 所示。

表 6-4 “I_:P”访问的绝对地址(立即)

位	I[字节地址].[位地址]:P	I0.1:P
字节、字或双字	I[大小][起始字节地址]:P	IB4:P、IW5:P 或 ID12:P

使用“I_:P”访问不会影响存储在输入过程映像区中的相应值。

2. Q(输出过程映像区)

CPU 将存储在输出过程映像区中的值复制到物理输出点。可以按位、字节、字或双字访问输出过程映像区。输出过程映像区允许读访问和写访问。Q 的绝对地址如表 6-5 所示。

表 6-5 Q 的绝对地址

位	Q[字节地址].[位地址]	Q0.1
字节、字或双字	Q[大小][起始字节地址]	QB4、QW5 或 QD12

通过在地址后面添加“:P”,可以立即写入 CPU、SB、SM 或分布式模块的物理数字量和模拟量输出。使用“Q_:P”访问与使用 Q 访问的区别是,前者除了将数据写入输出过程映像区外还直接将数据写入被访问点(写入两个位置)。这种“Q_:P”访问有时称为“立即写”访问,因为数据是被直接发送到目标点;而目标点不必等待输出过程映像区的下一次更新。“Q_:P”访问的绝对地址如表 6-6 所示。

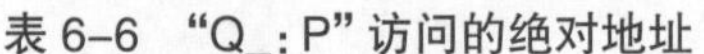
表 6-6 “Q_:P”访问的绝对地址

位	Q[字节地址].[位地址]:P	Q0.1:P
字节、字或双字	Q[大小][起始字节地址]:P	QB4:P、QW5:P 或 QD12:P

3. M(位存储区)

针对控制继电器及数据的位存储区用于存储操作的中间状态或其他控制信息。可以按位、字节、字或双字访问位存储区。M 存储器允许读访问和写访问。M 的绝对地址如表 6-7 所示。

表 6-7 M 的绝对地址

位	M[字节地址].[位地址]	M20.1
字节、字或双字	M[大小][起始字节地址]	MB20、MW32、MD60

4. DB(数据块)

数据块用于存储各种类型的数据,其中包括操作的中间状态或 FB 的其他控制信息参数,以及许多指令(如定时器和计数器)所需的数据结构。可以按位、字节、字或双字访问数据块。读/写数据块允许读访问和写访问。只读数据块只允许读访问。DB 的绝对地址如表 6-8 所示。

表 6-8 DB 的绝对地址

位	M[字节地址].[位地址]	M20.1
字节、字或双字	M[大小][起始字节地址]	MB20、MW32、MD60

在 LAD 或 FBD 中指定绝对地址时,TIA Portal 会为此地址加上“%”字符前缀,以指示其为绝对地址。编程时,可以输入带或不带“%”字符的绝对地址(例如 %I0.0 或 I.0)。如果忽略,则 TIA Portal 将加上“%”字符。

在 SCL 中,必须在地址前输入“%”来表示此地址为绝对地址。如果没有“%”,TIA Portal 将在编译时生成未定义的变量错误。

6.2.5 访问一个变量数据类型的“片段”

可以根据大小按位、字节或字级别访问 PLC 变量和数据块变量,即“片段”。访问此类数据“片段”的语法如下所示:

- "<PLC 变量名称 >".xn(按位访问)
- "<PLC 变量名称 >".bn(按字节访问)
- "<PLC 变量名称 >".wn(按字访问)
- "< 数据块名称 >".< 变量名称 >.xn(按位访问)
- "< 数据块名称 >".< 变量名称 >.bn(按字节访问)
- "< 数据块名称 >".< 变量名称 >.wn(按字访问)

双字大小的变量可按位 0~31、字节 0~3 或字 0~1 访问,如图 6-5 所示。一个字大小的变量可按位 0~15、字节 0~1 或字 0 访问。字节大小的变量则可按位 0~7 或字节 0 访问。当预期操作数为位、字节或字时,则可使用位、字节和字片段访问方式。

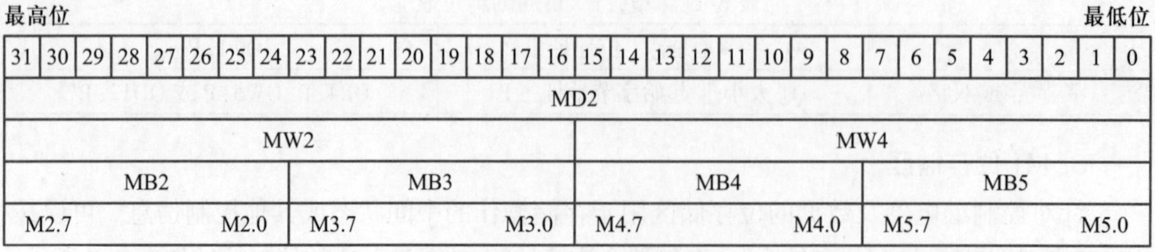

<table>
<tr><td colspan="16">最高位</td><td colspan="16" align="right">最低位</td></tr>
<tr><td>31</td><td>30</td><td>29</td><td>28</td><td>27</td><td>26</td><td>25</td><td>24</td><td>23</td><td>22</td><td>21</td><td>20</td><td>19</td><td>18</td><td>17</td><td>16</td><td>15</td><td>14</td><td>13</td><td>12</td><td>11</td><td>10</td><td>9</td><td>8</td><td>7</td><td>6</td><td>5</td><td>4</td><td>3</td><td>2</td><td>1</td><td>0</td></tr>
<tr><td colspan="32">MD2</td></tr>
<tr><td colspan="16">MW2</td><td colspan="16">MW4</td></tr>
<tr><td colspan="8">MB2</td><td colspan="8">MB3</td><td colspan="8">MB4</td><td colspan="8">MB5</td></tr>
<tr><td colspan="4">M2.7</td><td colspan="4">M2.0</td><td colspan="4">M3.7</td><td colspan="4">M3.0</td><td colspan="4">M4.7</td><td colspan="4">M4.0</td><td colspan="4">M5.7</td><td colspan="4">M5.0</td></tr>
</table>

图 6-5　双字长度

可以按片段访问的有效数据类型有：Byte、Char、Conn_Any、Date、DInt、DWord、Event_Any、Event_Att、Hw_Any、Hw_Device、HW_Interface、Hw_Io、Hw_Pwm、Hw_SubModule、Int、OB_Any、OB_Att、OB_Cyclic、OB_Delay、OB_WHINT、OB_PCYCLE、OB_STARTUP、OB_TIMEER ROR、OB_Tod、Port、Rtm、SInt、Time、Time_Of_Day、UDInt、UInt、USInt 和 Word。Real 类型的 PLC 变量可以按片段访问，但 Real 类型的数据块变量则不行。数据访问类型如表 6-9 所示。

表 6-9　数据访问类型

数据访问类型	LAD	FBD	SCL
按位访问	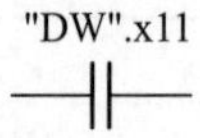 "DW".x11	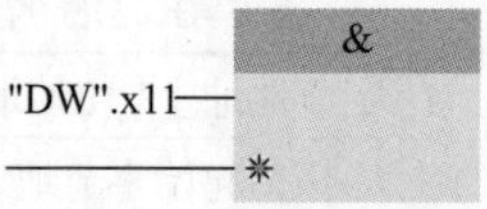 & "DW".x11 *	IF"DW".x11 THEN ... END_IF;
按字节访问	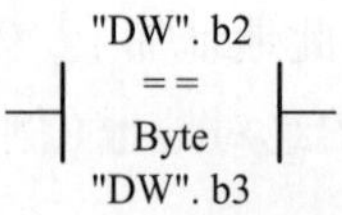 "DW". b2 == Byte "DW". b3	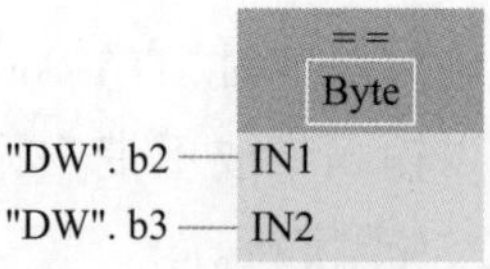 == Byte "DW". b2 — IN1 "DW". b3 — IN2	IF"DW".b2="DW".b3 THEN ... END_IF;
按字访问	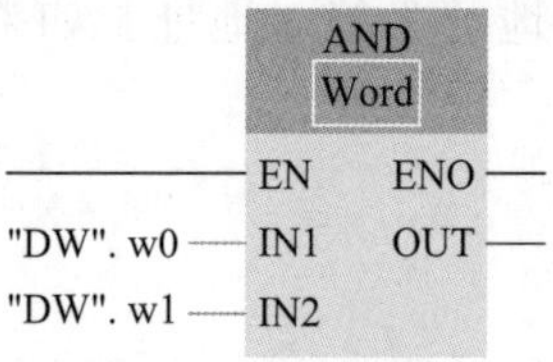 AND Word EN　ENO "DW". w0 — IN1　OUT "DW". w1 — IN2	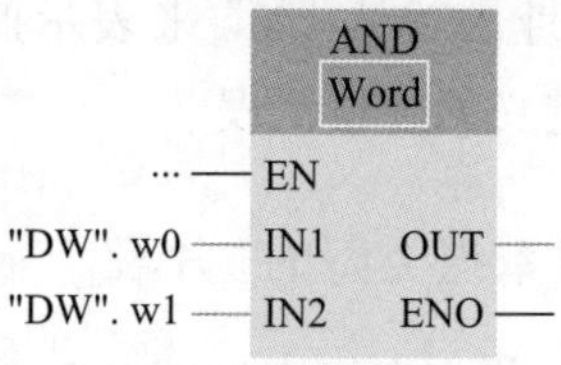 AND Word ... — EN "DW". w0 — IN1　OUT "DW". w1 — IN2　ENO	out:="DW".w0 AND "DW".w1;

6.2.6　位逻辑指令

位逻辑指令是 PLC 程序中的基本指令，常用位逻辑指令如表 6-10 所示。

1. 动合触点与动断触点

打开项目“位逻辑指令应用”，动合触点在指定的位为 1 状态时闭合，为 0 状态时断开；动断触点反之。两个触点串联将进行“与”运算，两个触点并联将进行“或”运算。

2. 线圈

线圈将输入的逻辑运算结果（RLO）的信号状态写入指定的地址，线圈通电时写入 1，断电时写入 0。可以用 Q0.4：P 的线圈将位数据值写入 Q0.4，同时立即直接写给对应的物理输出点。动合触点、动断触点和线圈位指令如图 6-6 所示。

表 6-10 常用位逻辑指令

图形符号	功能	图形符号	功能
—| |—	动合触点（地址）	—(S)—	置位输出
—|/|—	动断触点（地址）	—(R)—	复位输出
—( )—	输出线圈	—(SET_BF)—	置位位域
—(/)—	反向输出线圈	—(RESET_BF)—	复位位域
—|NOT|—	取反触点	—|P|—	P 触点，上升沿检测
RS（R、S1、Q）	RS 置位优先型 RS 触发器	—|N|—	N 触点，下降沿检测
		—(P)—	P 线圈，上升沿
		—(N)—	N 线圈，下降沿
SR（S、R1、Q）	RS 复位优先型 RS 触发器	P_TRIG（CLK、Q）	P_Trig，上升沿
		N_TRIG（CLK、Q）	N_Trig，下降沿

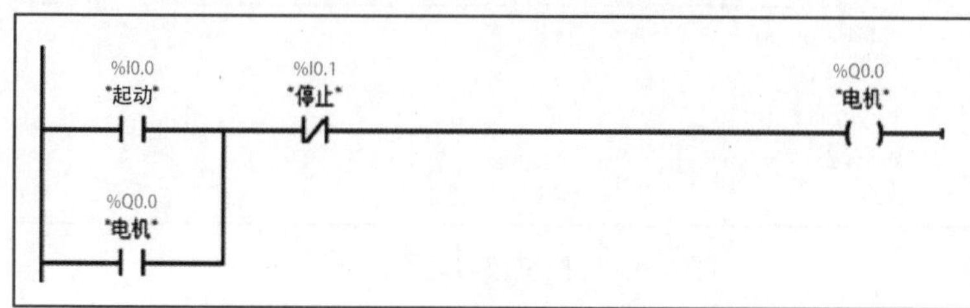

图 6-6 动合触点、动断触点和线圈位指令

3. 取反触点

RLO 是逻辑运算结果的简称。中间有“NOT”的触点为取反 RLO 触点，简称取反触点，如果没有能流流入取反 RLO 触点，则有能流流出。如果有能流流入取反 RLO 触点，则没有能流流出。取反触点指令如图 6-7 所示。

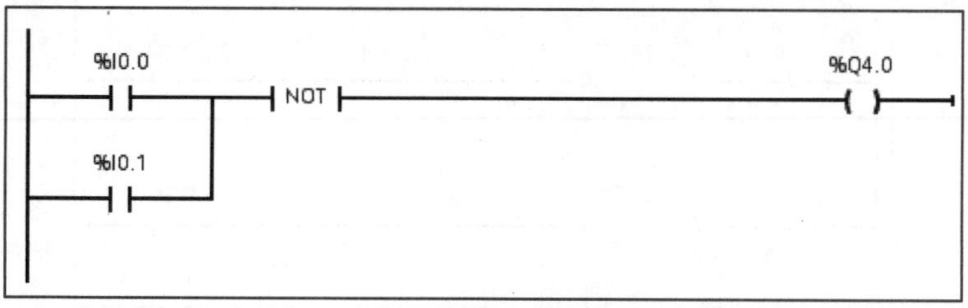

图 6-7 取反触点指令

4. 置位、复位输出指令

S（置位输出）、R（复位输出）指令将指定的位操作数置位和复位。

如果同一操作数的 S 线圈和 R 线圈同时断电，指定操作数的信号状态不变。

置位输出指令与复位输出指令最主要的特点是有记忆和保持功能。如图 6-8 所示，如果 I0.4 的动合触点闭合，Q0.5 变为 1 状态并保持该状态。即使 I0.4 的动合触点断开，Q0.5 也仍然保持 1 状态。在程序状态中，Q0.5 的 S 和 R 线圈用连续的绿色圆弧和绿色的字母表示 Q0.5 为 1 状态，用间断的蓝色圆弧和蓝色的字母表示 Q0.5 为 0 状态。

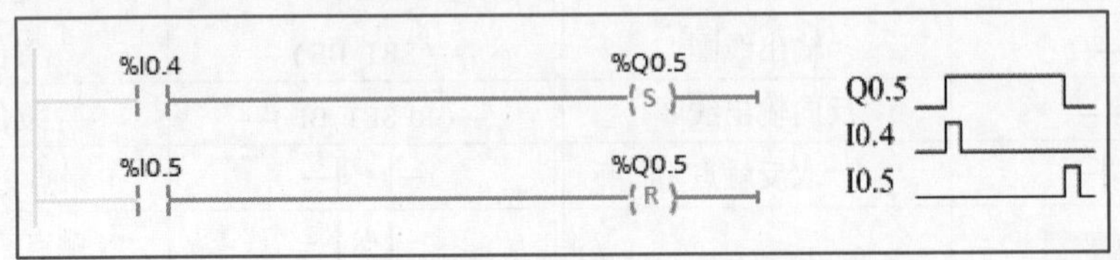

图 6-8　置位、复位输出指令

5. 置位位域指令与复位位域指令

置位位域（SET_BF）指令将指定的地址开始的连续的若干个位地址置位，复位位域（RESET_BF）指令将指定的地址开始的连续的若干个位地址复位，如图 6-9 所示。

图 6-9　置位位域与复位位域指令

6. 置位 / 复位触发器与复位 / 置位触发器

如图 6-10 所示，SR 方框是置位 / 复位（复位优先）触发器，在置位（S）和复位（R1）信号同时为 1 时，方框上的输出位 M0.1 被复位为 0。可选的输出 Q 反映了 M0.1 的状态。RS 方框是复位 / 置位（置位优先）触发器，在置位（S1）和复位（R）信号同时为 1 时，方框上的 M0.0 为置位为 1。可选的输出 Q 反映了 M0.0 的状态。

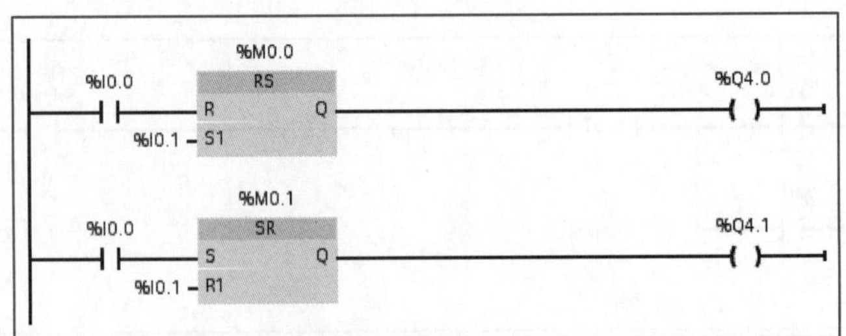

图 6-10　置位 / 复位触发器与复位 / 置位触发器

7. 扫描操作数信号边沿的指令

中间有 P 的触点是上升沿检测触点。如图 6-9 所示，在 I0.6 的上升沿，该触点接通一个扫描周期。M4.3 为边沿存储位，用来存储上一次扫描循环时 I0.6 的状态。通过比较 I0.6 前后两次循环的状态，来检测信号的边沿。边沿存储位的地址只能在程序中使用一次。不

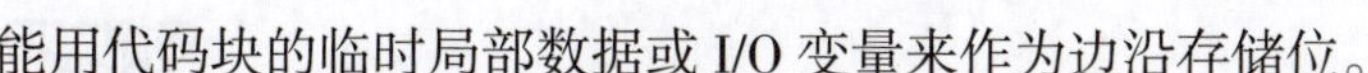

能用代码块的临时局部数据或I/O变量来作为边沿存储位。

中间有N的触点是下降沿检测触点。如图6–9所示，在M4.4的下降沿，RESET_BF的线圈“通电”一个扫描周期。M4.4触点下面的M4.5为边沿存储位。

8. 在信号边沿置位操作数的指令

中间有P的线圈是上升沿检测线圈，仅在流进该线圈的能流的上升沿，该指令的输出位M6.1为1状态。其他情况下M6.1均为0状态，M6.2为保存P线圈输入端的RLO的边沿存储位。

中间有N的线圈是下降沿检测线圈，仅在流进该线圈的能流的下降沿，该指令的输出位M6.3为1状态。其他情况下M6.3均为0状态，M6.4为边沿存储位。

上述两条线圈格式的指令对能流是畅通无阻的，这两条指令可以放置在程序段的中间或最右边。在运行时改变I0.7的状态，可以使M6.6置位和复位。

例1： 如图6–11所示，按动一次瞬时按钮I0.0，输出Q4.0亮，再按动一次按钮，输出Q4.0灭；重复以上。

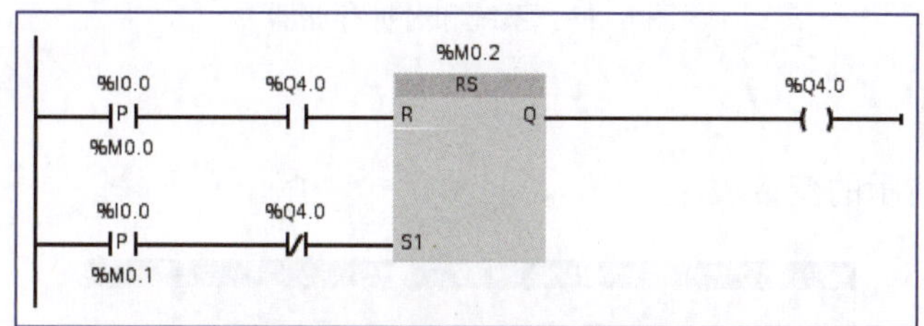

图6–11　信号边沿置位操作数

例2： 如图6–12所示，若故障信号I0.0为1，使Q4.0控制的指示灯以1 Hz的频率闪烁。操作人员按复位按钮I0.1后，如果故障已经消失，则指示灯熄灭，如果没有消失，指示灯转为常亮，直至故障消失（时钟存储器字节为MB1）。

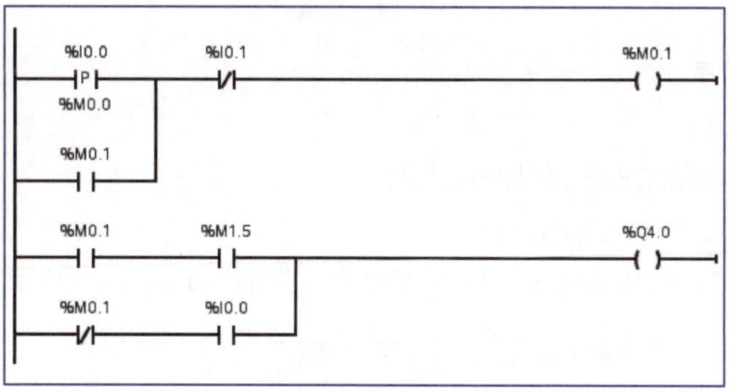

图6–12　程序示例

6.3 编程操作

1. 创建项目

在TIA Portal软件的项目视图中单击“项目”→“新建”，创建项目并命名为“水塔水位控制”。

微课
水塔水位控制——硬件组态

2. 硬件组态

在“水塔水位控制”项目中添加新设备，选择适配的 PLC，并在 CPU 常规设置中打开系统和时钟存储器，如图 6–13 所示，完成硬件组态。

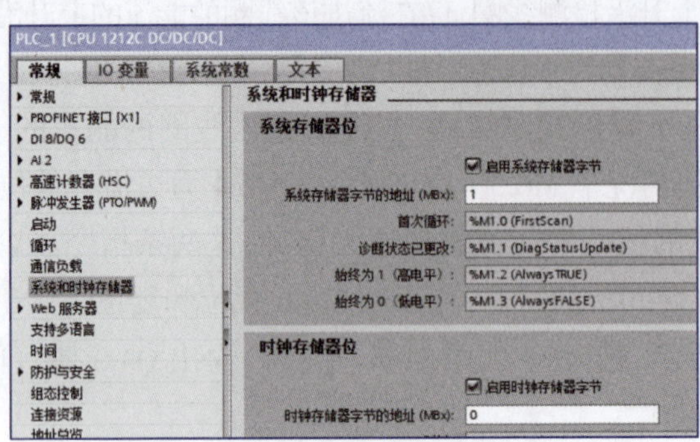

图 6–13　系统和时钟存储器

3. 建立变量表

建立图 6–14 所示的变量表。

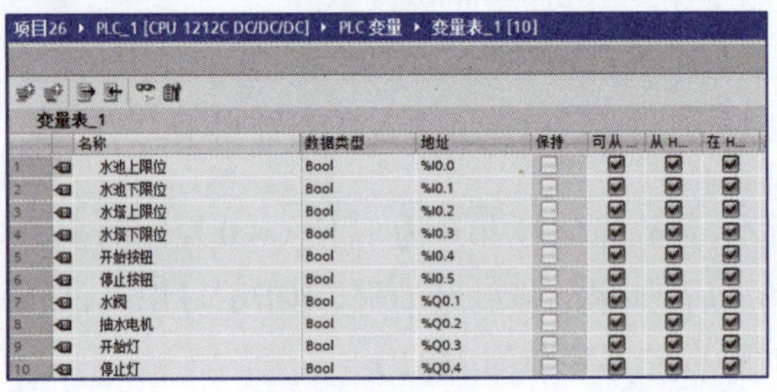

项目26 ▸ PLC_1 [CPU 1212C DC/DC/DC] ▸ PLC 变量 ▸ 变量表_1 [10]

变量表_1

	名称	数据类型	地址	保持	可从...	从 H...	在 H...
1	水池上限位	Bool	%I0.0	☐	☑	☑	☑
2	水池下限位	Bool	%I0.1	☐	☑	☑	☑
3	水塔上限位	Bool	%I0.2	☐	☑	☑	☑
4	水塔下限位	Bool	%I0.3	☐	☑	☑	☑
5	开始按钮	Bool	%I0.4	☐	☑	☑	☑
6	停止按钮	Bool	%I0.5	☐	☑	☑	☑
7	水阀	Bool	%Q0.1	☐	☑	☑	☑
8	抽水电机	Bool	%Q0.2	☐	☑	☑	☑
9	开始灯	Bool	%Q0.3	☐	☑	☑	☑
10	停止灯	Bool	%Q0.4	☐	☑	☑	☑

微课
水塔水位控制——建立变量表

图 6–14　变量表

微课
水塔水位控制——编写用户程序

4. 编写用户程序

（1）编写主程序

编写水塔水位控制主程序，如图 6–15 所示。

（2）水位自动控制 FC 模块程序

水位自动控制 FC 模块程序——FC1“水塔水位控制”如图 6–16 所示。

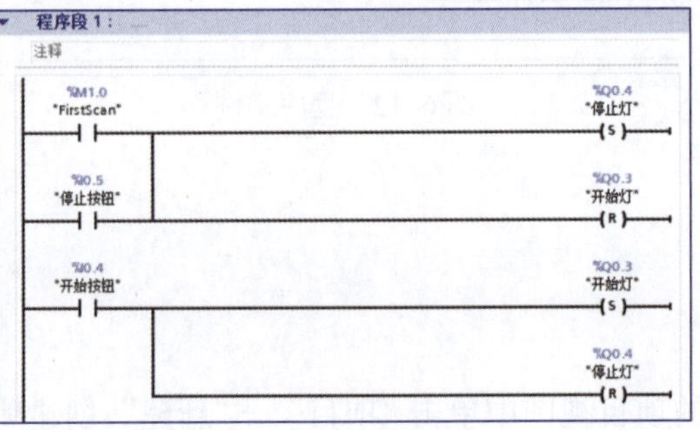

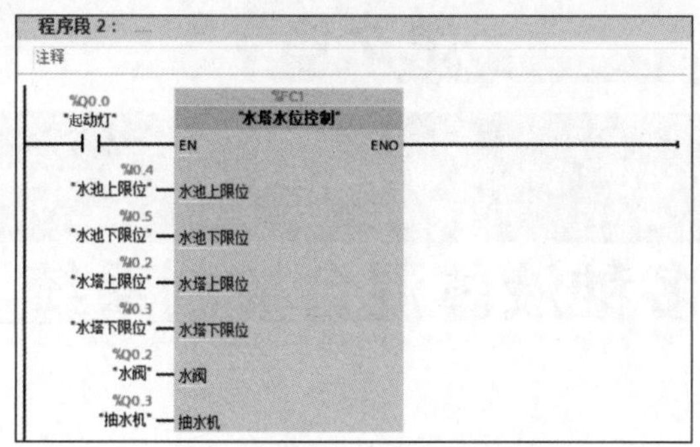

图 6-15　主程序

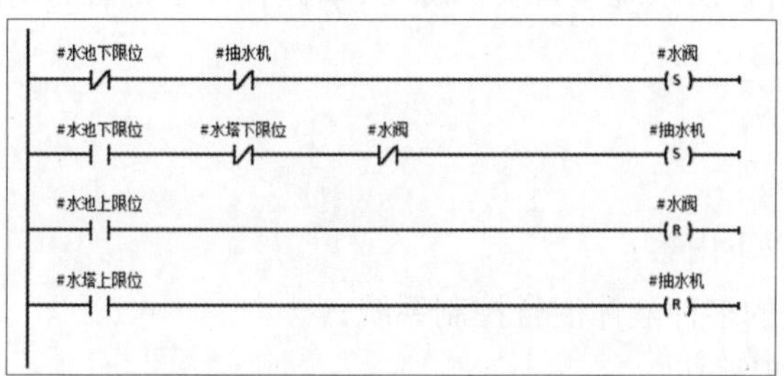

图 6-16　FC1“水塔水位控制”程序

课后习题

1. MD0 地址中包含________；MW0 地址中包含________；MB0 地址中包含________。编程时切忌地址冲突。

2. Q4.2 是输出字节 QB4 的第____位。

3. MW 4 由________和________组成，________是它的高位字节。

4. MD104 由________和________组成，________是它的最低位字节。

5. 数字量输入模块某一外部输入电路接通时，对应的过程映像输入位为________，梯形图中对应的动合触点为________，动断触点为________。

6. 若梯形图中某一过程映像输出位 Q 的线圈“断电”，对应的过程映像输出位为________，在写入输出模块阶段之后，继电器型输出模块对应的硬件继电器的线圈________，其动合触点为________，外部负载为________。

7. 通过在地址后面添加________，可以立即读取 CPU、SB、SM 或分布式模块的数字量和模拟量输入。

8. 说明使用“I_：P”访问与使用 I 访问的区别。

第7章

多种液体混合控制系统

通过多种液体混合控制系统项目实例练习，掌握各种定时器的用法。

7.1 学习目标

本章节主要学习以下内容：

1. 了解 PLC 控制的多种液体混合控制系统；
2. 掌握定时器编程技巧；
3. 按要求完成多种液体混合控制系统的 PLC 编程调试。

如图 7-1 所示，初始化状态时容器是空的，电磁阀 Y1、Y2、Y3、Y4 为 OFF，液位传感器 L1、L2、L3 为 OFF，搅拌机 M 为 OFF。

按下启动按钮，Y1=ON，液体 A 进入容器，当液面达到 L3 时，L3=ON，Y1=OFF，Y2=ON，液体 B 进入容器，当液面达到 L2 时，L2=ON，Y2=OFF，Y3=ON，液体 C 进入容器，当液面达到 L1 时，L1=ON，Y3=OFF，M 开始搅拌。

搅拌到 10 s 后，M=OFF，H=ON，电炉 H 开始对液体加热。

当温度达到一定时，温度传感器 T 动作，T=ON，H=OFF，停止加热，Y4=ON，放出混合液体。

液面下降到 L3 后，L3=OFF，再延时 5 s，容器空，Y4=OFF。

要求中间隔 5 s 后，开始下一周期，如此循环。

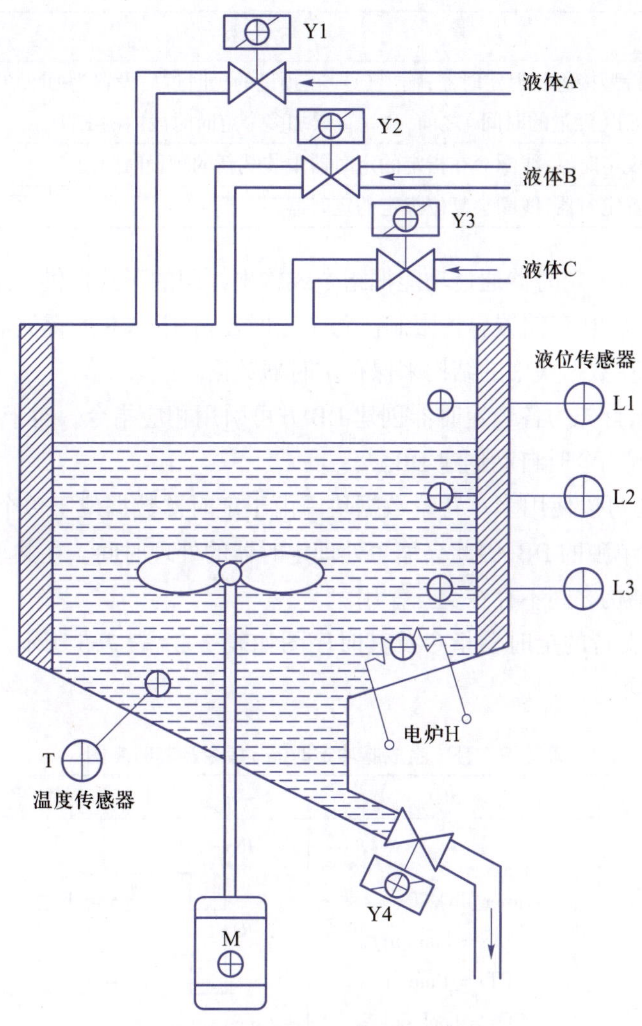

图 7-1　多种液体混合系统简图

7.2 基础理论

定时器

S7-1200 PLC 支持的定时器及预设和重置定时器如表 7-1 所示。

表 7-1　S7-1200 PLC 支持的定时器及预设和重置定时器

类型	描述
TP	脉冲定时器,可生成具有预设宽度时间的脉冲
TON	接通延迟定时器,输出(Q)在预设的延时过后设置为 ON
TOF	关断延迟定时器,输出(Q)在预设的延时过后重置为 OFF,然后将输出复位为 OFF

续表

类型	描述
TONR	保持型接通延迟定时器，输出（Q）在预设的延时过后设置为 ON，在使用复位（R）输入复位 ET（经过的时间）之前，会一直累加多个定时时段内的 ET
PT	预设定时器，线圈会在指定的定时器中装载新的预设时间值
RT	重置定时器，线圈会复位指定的定时器

对于 LAD 和 FBD，定时器通过功能框指令或输出线圈的形式提供。用户程序中可以使用的定时器数仅受 CPU 存储器容量限制。每个定时器占用 16 B 的存储器空间。每个定时器都使用一个存储在数据块中的结构来保存定时器数据。

对于 SCL，必须首先为各个定时器创建 DB 方可引用相应指令。对于 LAD 和 FBD，TIA Portal 软件会在插入指令时自动创建 DB。

创建 DB 时，还可以使用多重背景数据块。由于定时器数据位于单个 DB 中，且不需要为每个定时器使用单独的 DB，因此会缩短处理定时器的处理时间。在共享的多重背景数据块中，定时器数据结构之间不存在交互作用。

S7-1200 PLC 支持的定时器指令及其时序图如表 7-2~ 表 7-5 所示。PT 和 RT 指令及其功能如表 7-6 所示。

表 7-2　TP（生成脉冲定时器）指令及其时序图

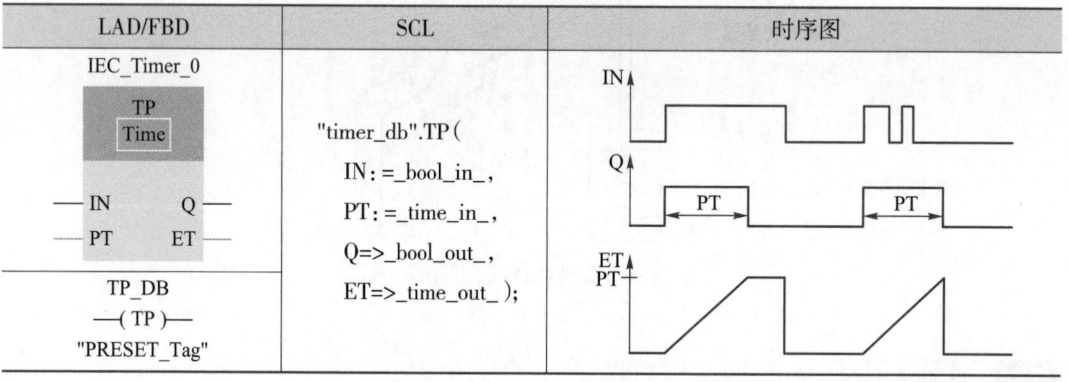

LAD/FBD	SCL	时序图
IEC_Timer_0 TP Time IN　Q PT　ET TP_DB —(TP)— "PRESET_Tag"	"timer_db".TP(IN: =_bool_in_, PT: =_time_in_, Q=>_bool_out_, ET=>_time_out_);	IN Q PT　PT ET PT

表 7-3　TON（接通延时定时器）指令及其时序图

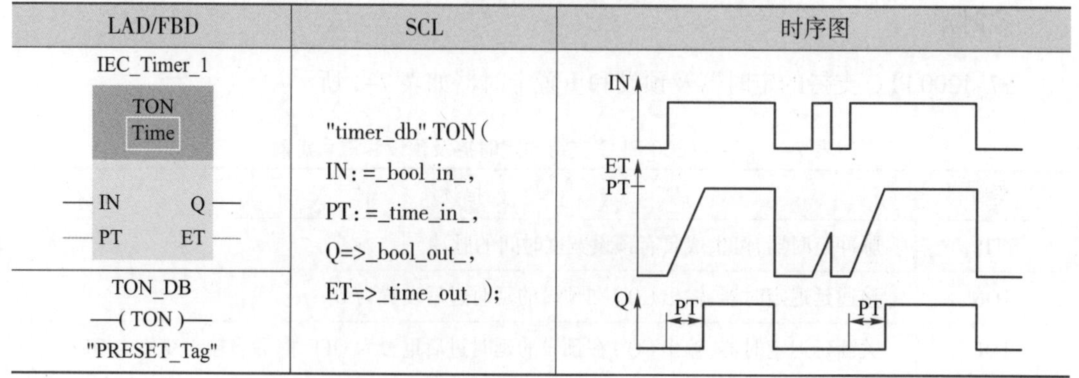

LAD/FBD	SCL	时序图
IEC_Timer_1 TON Time IN　Q PT　ET TON_DB —(TON)— "PRESET_Tag"	"timer_db".TON(IN: =_bool_in_, PT: =_time_in_, Q=>_bool_out_, ET=>_time_out_);	IN ET PT Q PT　PT

表 7-4 TOF(关断延时定时器)指令及其时序图

LAD/FBD	SCL	时序图
IEC_Timer_2 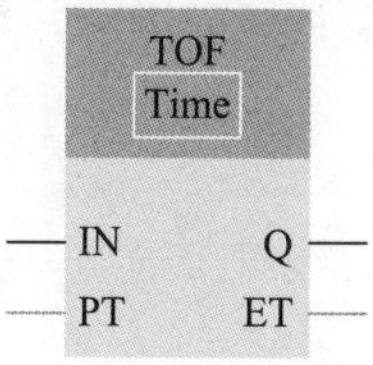 TOF Time IN Q PT ET	"timer_db".TOF(IN:=_bool_in_, PT:=_time_in_, Q=>_bool_out_, ET=>_time_out_);	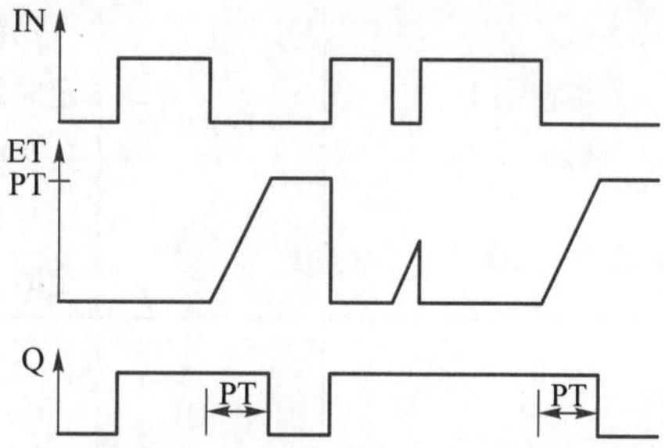 IN ET PT Q PT PT
TOF_DB —(TOF)— "PRESET_Tag"		

表 7-5 TONR(保持型接通延时定时器)指令及其时序图

LAD/FBD	SCL	时序图
IEC_Timer_3 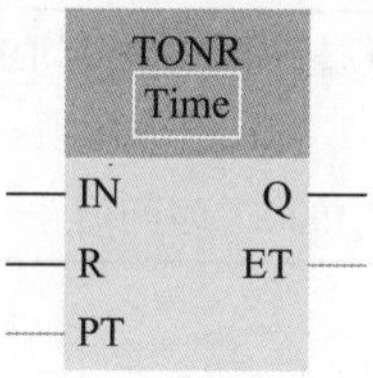 TONR Time IN Q R ET PT	"timer_db".TONR(IN:=_bool_in_, R:=_bool_in_, PT:=_time_in_, Q=>_bool_out_, ET=>_time_out_);	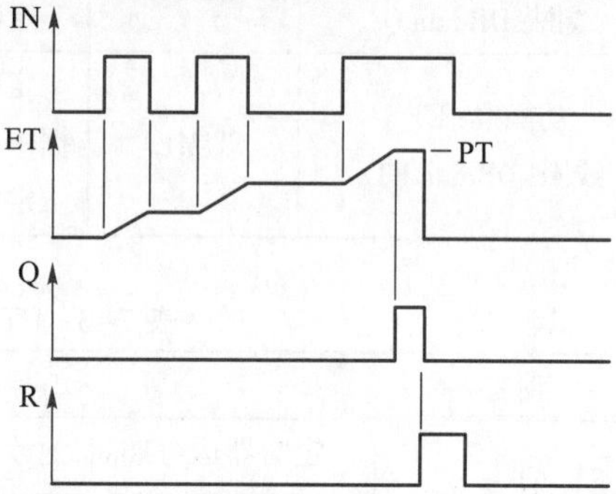 IN ET PT Q R
TONR_DB —(TONR)— "PRESET_Tag"		

表 7-6 PT(预设定时器)和 RT(重置定时器)指令及其功能

LAD/FBD	SCL	功能
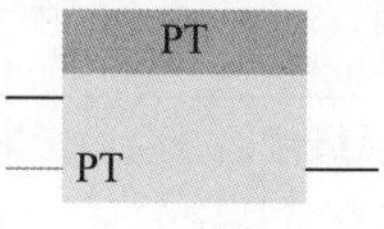 PT PT TON_DB —(PT)— "PRESET_Tag"	PRESET_TIMER(PT:=_time_in_, TIMER:=_iec_timer_in_);	与功能框定时器或线圈定时器一起使用的预设定时器和重置定时器线圈指令,可置于中间位置 线圈输出能流状态始终与线圈输入状态相同 激活 PT 线圈时,指定 IEC_TIMER DB 数据的 PRESET 时间元素设置为“PRESET_Tag”持续时间 激活 RT 线圈时,指定 IEC_TIMER DB 数据的 ELAPSED 时间元素复位为 0
 RT TON_DB —(RT)—	RESET_TIMER(_iec_timer_in_);	

定时器相关指令中参数的数据类型如表 7-7 所示。PT 和 IN 参数值变化的影响如表 7-8 所示。

表7-7　参数的数据类型

参数	数据类型	说明
功能框：IN 线圈：能流	BOOL	TP、TON 和 TONR： 功能框：0= 禁用定时器，1= 启用定时器；线圈：无能流 = 禁用定时器，有能流 = 启用定时器 TOF： 功能框：0= 启用定时器，1= 禁用定时器；线圈：无能流 = 启用定时器，有能流 = 禁用定时器
R	BOOL	仅 TONR 功能框： 0= 不重置 1= 将 ET（经过的时间）和 Q 位重置为 0
功能框：PT 线圈："PRESET_Tag"	TIME	定时器功能框或线圈：预设的时间输入
功能框：Q 线圈：DBdata.Q	BOOL	定时器功能框：Q 功能框输出或定时器 DB 数据中的 Q 位 定时器线圈：仅可寻址定时器 DB 数据中的 Q 位
功能框：ET 线圈：DBdata.ET	TIME	定时器功能框：ET（经过的时间）功能框输出或定时器 DB 数据中的 ET 时间值 定时器线圈：仅可寻址定时器 DB 数据中的 ET 时间值

表7-8　PT 和 IN 参数值变化的影响

定时器	PT 和 IN 功能框参数和相应线圈参数的变化
TP	定时器运行期间，更改 PT 没有任何影响 定时器运行期间，更改 IN 没有任何影响
TON	定时器运行期间，更改 PT 没有任何影响 定时器运行期间，将 IN 更改为 FALSE 会复位并停止定时器
TOF	定时器运行期间，更改 PT 没有任何影响 定时器运行期间，将 IN 更改为 TRUE 会复位并停止定时器
TONR	定时器运行期间，更改 PT 没有任何影响，但对定时器中断后继续运行会有影响 定时器运行期间，将 IN 更改为 FALSE 会停止定时器但不会复位定时器。将 IN 重新变为 TRUE 将使定时器从累积的时间值开始定时

PT（预设时间）和 ET（经过的时间）值存储在指定 IEC_TIMER DB 数据中，以有符号双整型形式表示毫秒时间。TIME 数据使用“T#”标识符，可以简单时间单元（如 T#200 ms）或复合时间单元（如 T#2 s_200 ms）的形式输入。TIME 数据类型的大小和范围如表 7-9 所示。

表7-9　TIME 数据类型的大小和范围

数据类型	大小	有效值范围
TIME	32 位，以 DInt 数据的形式存储	T#-24 d_20 h_31 m_23 s_648 ms~T#24 d_20 h_31 m_23 s_647 ms 以 -2 147 483 648 ms~+2 147 483 647 ms 的形式存储

在定时器指令中，无法使用表 7–9 中 TIME 数据类型的负数范围。负的 PT（预设时间）值在定时器指令执行时被设置为零。ET（经过的时间）始终为正值。

例 1：用接通延时定时器设计一个周期振荡电路，其梯形图如图 7–2 所示。

例 2：用脉冲定时器实现一个周期振荡电路，其梯形图如图 7–3 所示。

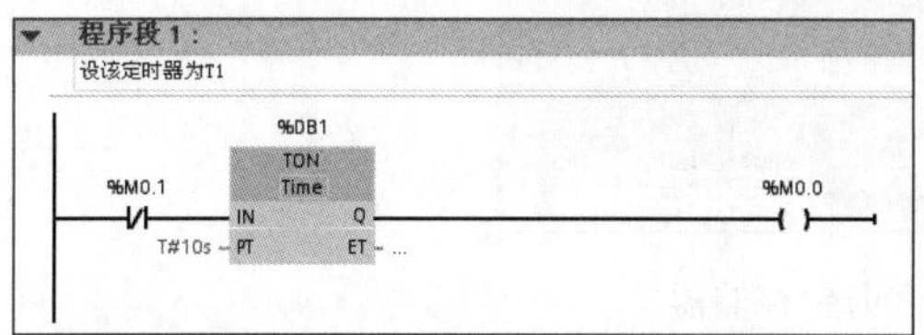

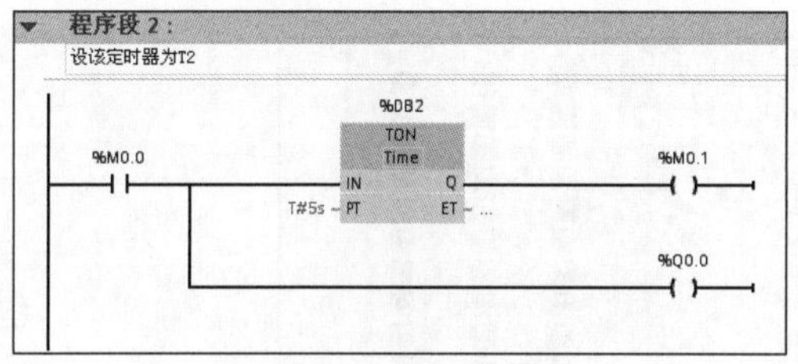

图 7–2　例 1 梯形图

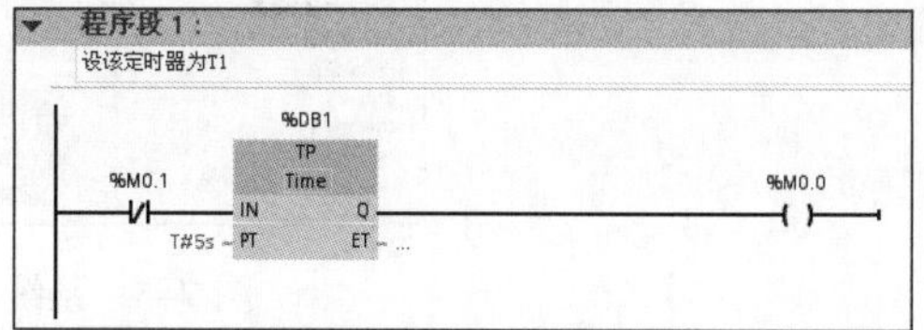

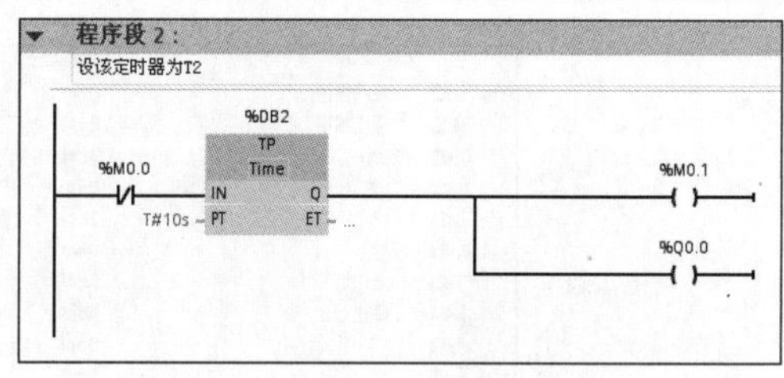

图 7–3　例 2 梯形图

复位定时指令如图 7–4 所示。

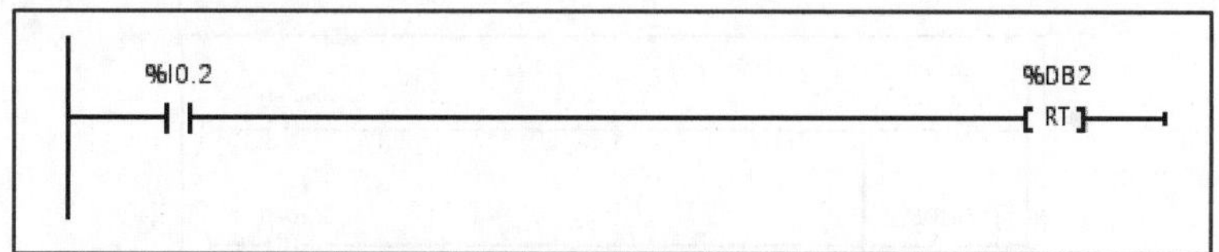

图 7–4　复位定时指令

7.3 编程操作

微课
多种液体混合控制系统——硬件组态

1. 创建项目

在 TIA Portal 软件的项目视图单击“项目”→“新建”，创建项目，并命名为“多种液体混合控制系统”。

2. 硬件组态

“多种液体混合控制系统”项目中添加新设备→选择适配的 PLC，并在 CPU 常规设置中打开系统和时钟存储器，如图 7–5 所示，完成硬件组态。

微课
多种液体混合控制系统——建立变量表

3. 建立变量表

建立图 7–6 所示的变量表。

4. 编写用户程序

（1）编写主程序

编写多种液体混合控制系统的主程序，如图 7–7 所示。

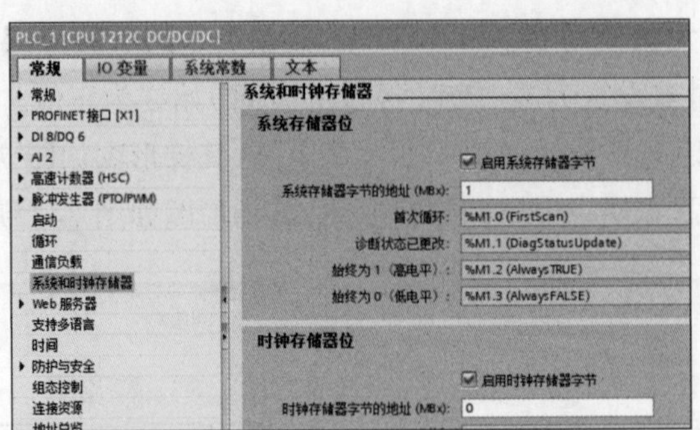

图 7–5　系统存储器和时钟存储器

	名称	数据类型	地址	保持	可从 ...	从 H...	在 H...	注释
1	启动按钮	Bool	%I0.0	☐	☑	☑	☑	
2	停止按钮	Bool	%I0.1	☐	☑	☑	☑	
3	L1	Bool	%I0.2	☐	☑	☑	☑	
4	L2	Bool	%I0.3	☐	☑	☑	☑	
5	L3	Bool	%I0.4	☐	☑	☑	☑	
6	T	Bool	%I0.5	☐	☑	☑	☑	
7	启动灯	Bool	%Q0.0	☐	☑	☑	☑	
8	停止灯	Bool	%Q0.1	☐	☑	☑	☑	
9	Y1	Bool	%Q0.2	☐	☑	☑	☑	
10	Y2	Bool	%Q0.3	☐	☑	☑	☑	
11	Y3	Bool	%Q0.4	☐	☑	☑	☑	
12	Y4	Bool	%Q0.5	☐	☑	☑	☑	
13	H	Bool	%Q0.6	☐	☑	☑	☑	
14	M	Bool	%Q0.7	☐	☑	☑	☑	

图 7–6　变量表

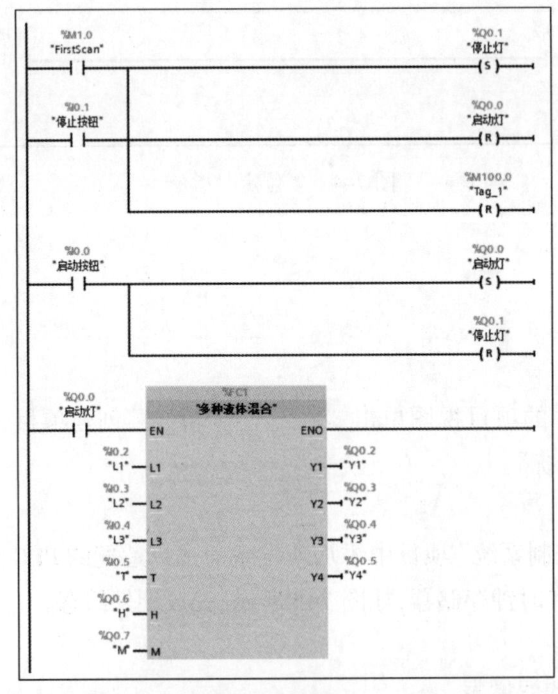

图 7–7　主程序

（2）多种液体混合控制模块程序

编写多种液体混合控制模块程序——FC1“多种液体混合”，如图 7–8 所示。

微课
多种液体混合控制系统——编写用户程序

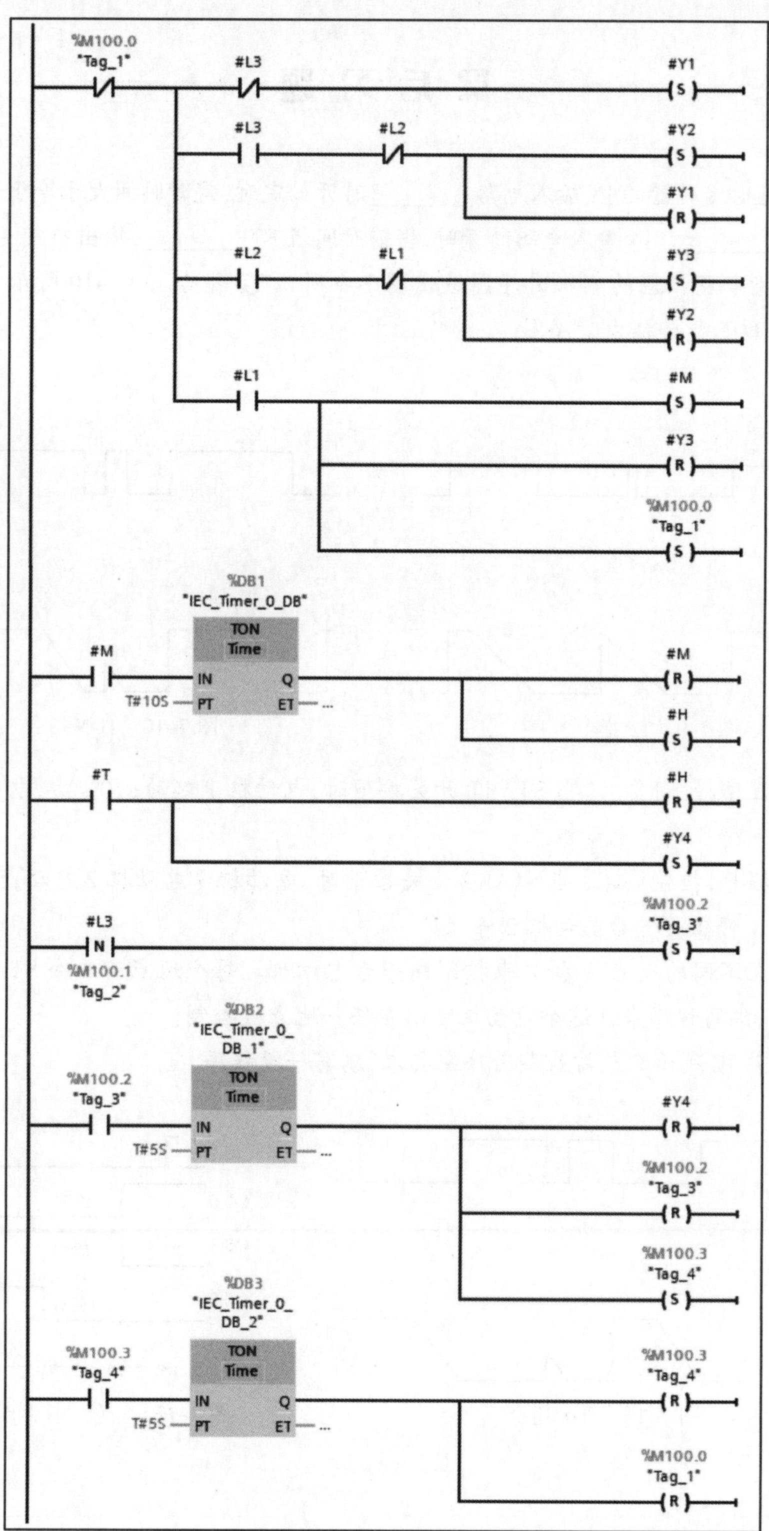

图 7-8　多种液体混合控制模块程序

课后习题

1. 接通延时定时器的IN输入电路________时开始定时，定时时间大于等于预设时间时，输出Q变为________。IN输入电路断开时，当前时间值ET________，输出Q变为________。

2. 根据指令及相应的输入时序图做出图7-9所示TP指令、图7-10所示TON指令和图7-11所示TOF指令输出时序图。

TP指令

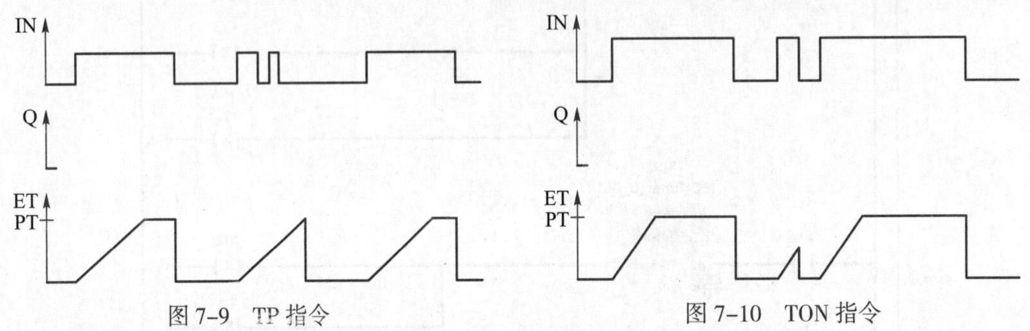

图7-9　TP指令　　图7-10　TON指令

3. 编写程序，控制要求：当START开关按下时，电动机1起动；10 s后，电动机2起动，STOP开关同时停止两个电动机。

4. 编写程序，控制要求：当START开关按下时，电动机1电动机2起动；STOP开关按下时，电动机1停止；5 s后电动机2停止。

5. 可以在不同的地点A和B来控制同一台电动机。每个地点有一个START/STOP开关用于控制。编写程序来让这个电动机可以在任一地点被控制。

6. 按图7-12所示三色灯控制时序图要求，编写一段程序。

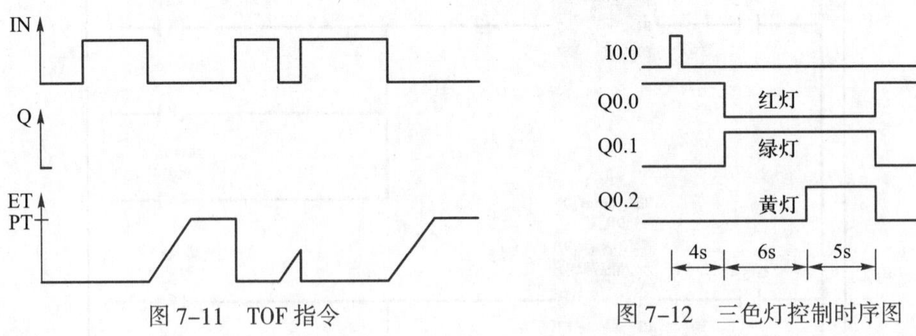

图7-11　TOF指令　　图7-12　三色灯控制时序图

第8章

电动机正反转十次

通过电动机正反转十次 PLC 控制项目实例练习，掌握计数器的用法。

8.1 学习目标

本章节主要学习以下内容：

1. 了解 PLC 控制电动机正反转；
2. 熟练掌握计数器编程技巧；
3. 按要求完成电动机正反转十次 PLC 控制编程调试。

8.2 基础理论

S7–1200 PLC 中有三类计数器：加法计数器（CTU）、减法计数器（CTD）和加减法计数器（CTUD）。

8.2.1 加法计数器（CTU）

通过触发加法计数器上的控制端 CU 进行递增计数，当计数器当前值 CV 增加到预设值 PV 时输出端 Q 得电。

例 1：如图 8–1 所示，假设此时 Tag_int_1（PV）为 5，当 Tag_bool_1（CU）从“0”变成“1”时开始计数，当前值 Tag_int_2 从“0”变成“1”；当 Tag_bool_1 再次从“0”变成“1”时，当前值 Tag_int_2 从“1”变成“2”；以此类推直到达到计数器的上限（32 767），当 Tag_int_1 大于或等于 Tag_int_1 数值时 Tag_bool_3（Q0.0）得电；当 Tag_bool_2（R）为“1”时，计数器被复位，Tag_int_2 变为“0”。该示例时序图如图 8–2 所示。

8.2.2 减法计数器（CTD）

通过触发减法计数器上的控制端 CD 进行递减计数，当计数器当前值 CV 小于或等于“0”时输出端 Q 得电。

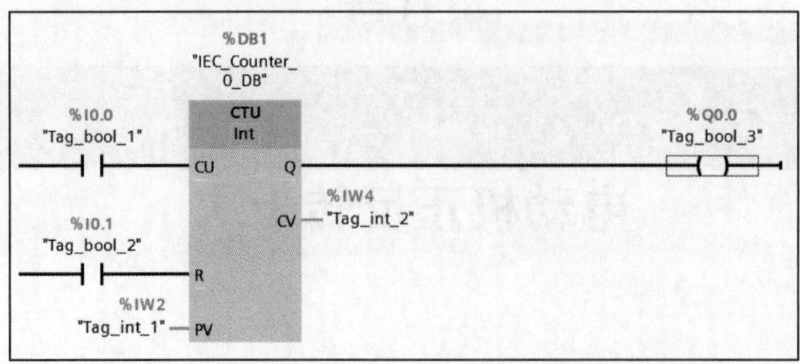

图 8–1　加法计数器示例

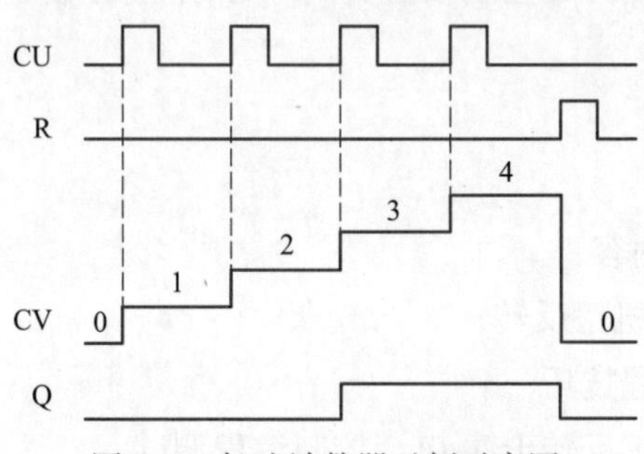

图 8–2　加法计数器示例时序图

例 2: 如图 8–3 所示，假设此时 Tag_int_1（PV）为 5，当装载端 Tag_bool_2（LD）从“0”变成“1”时，将预设值 Tag_int_1 的数值赋给计数器当前值 Tag_int_2，当 Tag_bool_1 从“0”

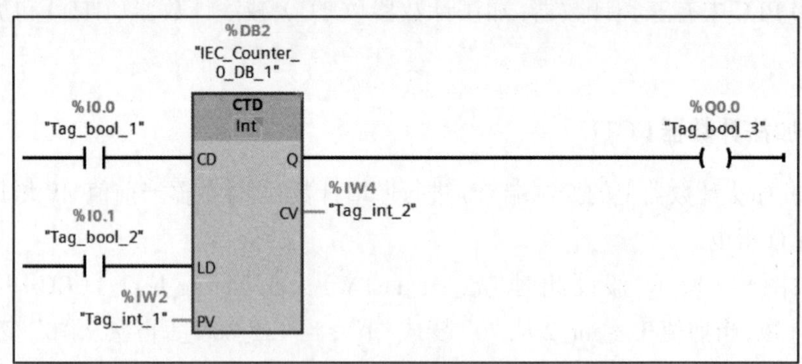

图 8–3　减法计数器示例

变成“1”时，当前值 Tag_int_2（CV）从“5”变成“4”；当 Tag_bool_1 再次从“0”变成“1”时，当前值 Tag_int_2 从“4”变成“3”；以此类推直到达到计数器的下限（–32 768），当 Tag_int_2 数值小于等于“0”时 Tag_bool_3（Q0.0）得电。减法计数器示例时序图如图 8–4 所示。

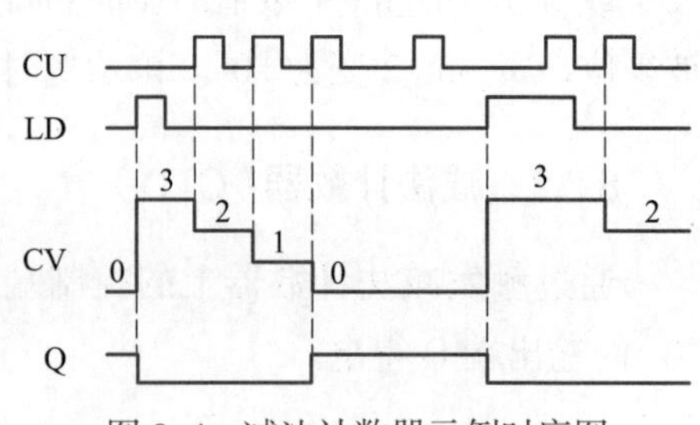

图 8–4　减法计数器示例时序图

8.2.3 加减法计数器（CTUD）

加减法计数器是加法计数器和减法计数器的组合，当计数器当前值 CV 大于或等于预设值 PV 时输出端 QU 得电，当当前值小于或等于“0”时输出端 QD 得电。

例 3：如图 8-5 所示，加减法计数器通过加法计数端 CU 和减法计数端 CD 的上升沿来对 CV 的值进行递增或递减计数，通过复位端 R 来对当前值 CV 进行复位，通过装载端 LD 来进行 PV 到 CV 值的传输。加减法计数器示例的时序图如图 8-6 所示。

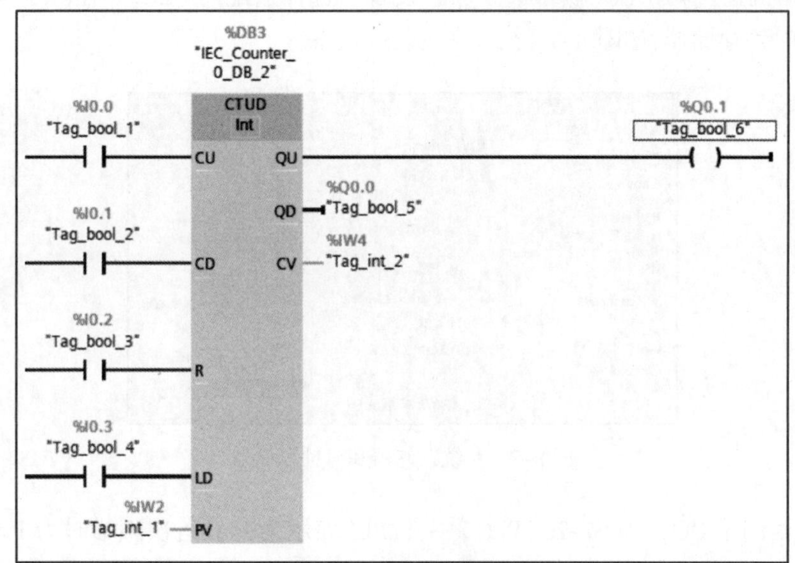

图 8-5　加减法计数器示例

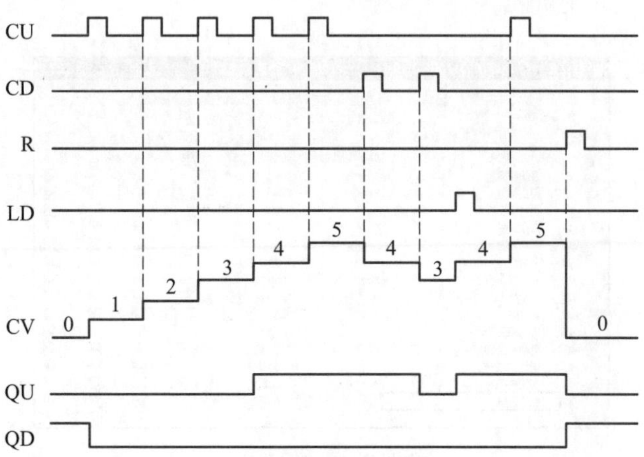

图 8-6　加减法计数器示例的时序图

8.3 编程操作

1. 创建项目

在 TIA Portal 软件的项目视图中单击“项目”→“新建”，创建项目并命名为“电动机正反转十次”

2. 硬件组态

在“电动机正反转十次”项目中添加新设备→选择适配的 PLC，并在 CPU 常规设置中打开系统和时钟存储器，如图 8-7 所示，完成硬件组态。

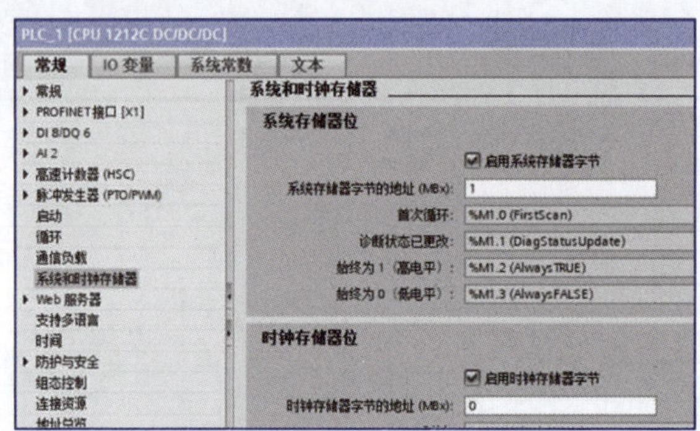

图 8-7 系统存储器和时钟存储器

微课
电动机正反转十次——硬件组态

在有些西门子 PLC（如 S7-200 PLC）中，SM0.1 表示为 PLC 首次扫描时为 1，但是在 S7-1200 PLC 中这并不是系统默认的，是可以更改的。如图 8-7 所示，此时 M1.0 就相当于 SM0.1。

3. 建立变量表

建立图 8-8 所示的变量表。

项目25 ▸ PLC_1 [CPU 1212C DC/DC/DC] ▸ PLC 变量 ▸ 变量表_1 [14]

变量表_1

	名称	数据类型	地址	保持	可从…	从 H…	在 H…
1	开始按钮	Bool	%I0.0	☐	☑	☑	☑
2	停止按钮	Bool	%I0.1	☐	☑	☑	☑
3	复位按钮	Bool	%I0.2	☐	☑	☑	☑
4	自动按钮	Bool	%I0.3	☐	☑	☑	☑
5	手动按钮	Bool	%I0.4	☐	☑	☑	☑
6	开始灯	Bool	%Q0.0	☐	☑	☑	☑
7	停止灯	Bool	%Q0.1	☐	☑	☑	☑
8	复位灯	Bool	%Q0.2	☐	☑	☑	☑
9	自动灯	Bool	%Q0.3	☐	☑	☑	☑
10	电动机正转	Bool	%Q0.4	☐	☑	☑	☑
11	电动机反转	Bool	%Q0.5	☐	☑	☑	☑
12	自动完成	Bool	%Q0.6	☐	☑	☑	☑
13	正转按钮	Bool	%I0.5	☐	☑	☑	☑
14	反转按钮	Bool	%I0.6	☐	☑	☑	☑
15	<添加>			☐	☑	☑	☑

图 8-8 变量表

微课
电动机正反转十次——建立变量表

4. 编写用户程序

（1）编写主程序

编写电动机正反转十次的主程序，如图 8-9 所示。

微课
电动机正反转十次——编写用户主程序

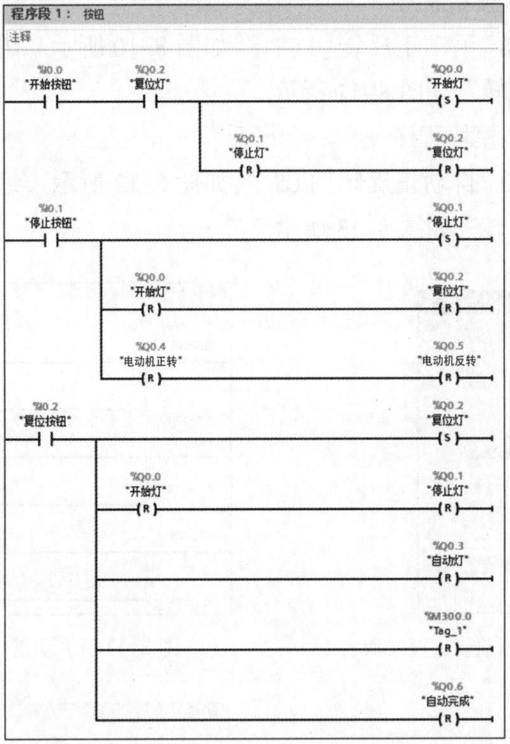
程序段 1： 按钮
注释
%I0.0 "开始按钮"
%Q0.2 "复位灯"
%Q0.0 "开始灯"
%Q0.1 "停止灯"
%Q0.2 "复位灯"
%I0.1 "停止按钮"
%Q0.1 "停止灯"
%Q0.0 "开始灯"
%Q0.2 "复位灯"
%Q0.4 "电动机正转"
%Q0.5 "电动机反转"
%I0.2 "复位按钮"
%Q0.2 "复位灯"
%Q0.0 "开始灯"
%Q0.1 "停止灯"
%Q0.3 "自动灯"
%M300.0 "Tag_1"
%Q0.6 "自动完成"

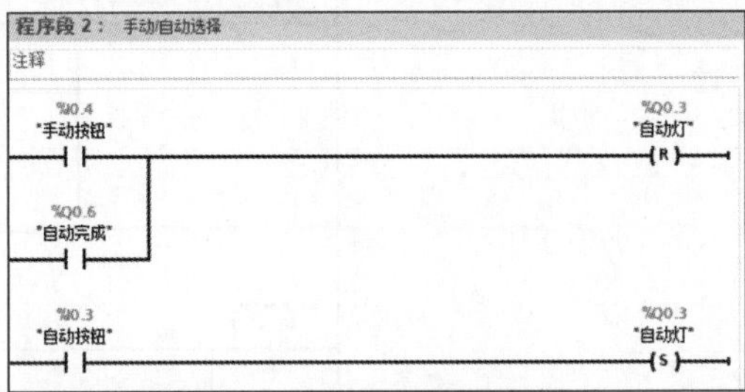
程序段 2： 手动自动选择
注释
%I0.4 "手动按钮"
%Q0.3 "自动灯"
%Q0.6 "自动完成"
%I0.3 "自动按钮"
%Q0.3 "自动灯"

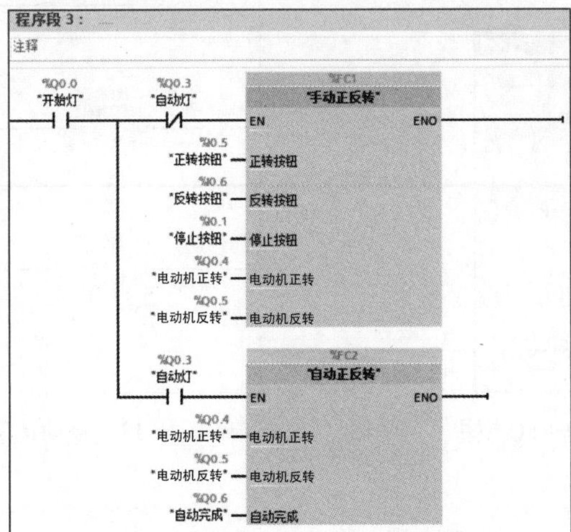
程序段 3：
注释
%Q0.0 "开始灯"
%Q0.3 "自动灯"
%FC1 "手动正反转"
EN ENO
%I0.5 "正转按钮" 正转按钮
%I0.6 "反转按钮" 反转按钮
%I0.1 "停止按钮" 停止按钮
%Q0.4 "电动机正转" 电动机正转
%Q0.5 "电动机反转" 电动机反转
%Q0.3 "自动灯"
%FC2 "自动正反转"
EN ENO
%Q0.4 "电动机正转" 电动机正转
%Q0.5 "电动机反转" 电动机反转
%Q0.6 "自动完成" 自动完成

图 8-9 主程序

（2）手动正反转 FC 模块程序

在“程序块”下添加“手动正反转［FC1］”，如图 8-10 所示。编写手动正反转 FC 模块程序——FC1“手动正反转”，如图 8-11 所示。

（3）自动正反转 FC 模块程序

在“程序块”下添加“自动正反转［FC2］”，如图 8-12 所示。编写自动正反转 FC 模块程序——FC2“自动正反转”，如图 8-13 所示。

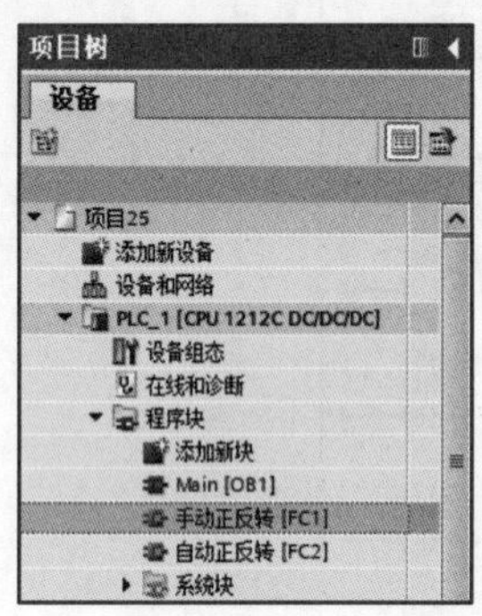

图 8-10　添加手动正反转 FC 程序块

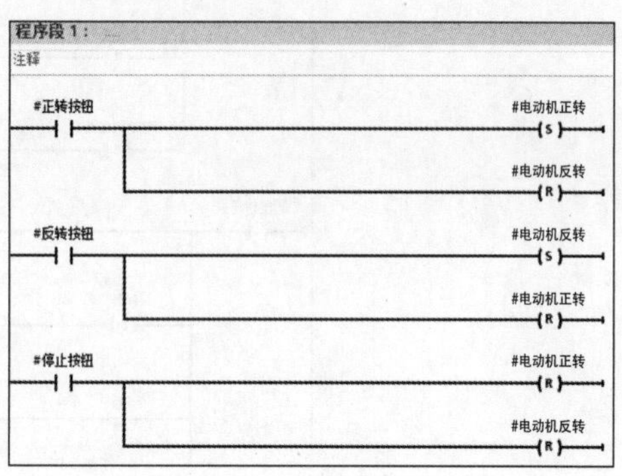

图 8-11　手动正反转 FC 模块程序

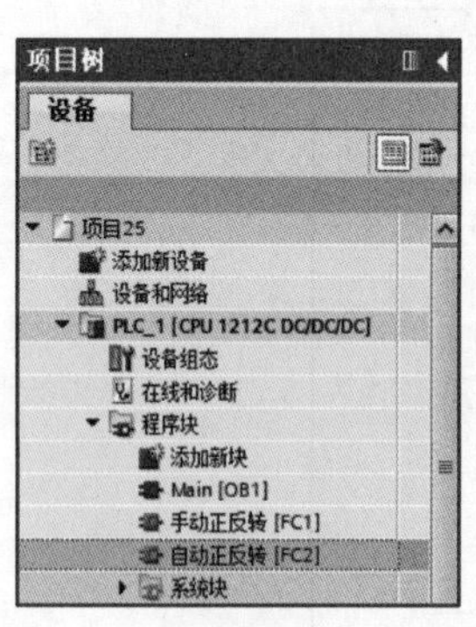

图 8-12　自动正反转 FC 模块

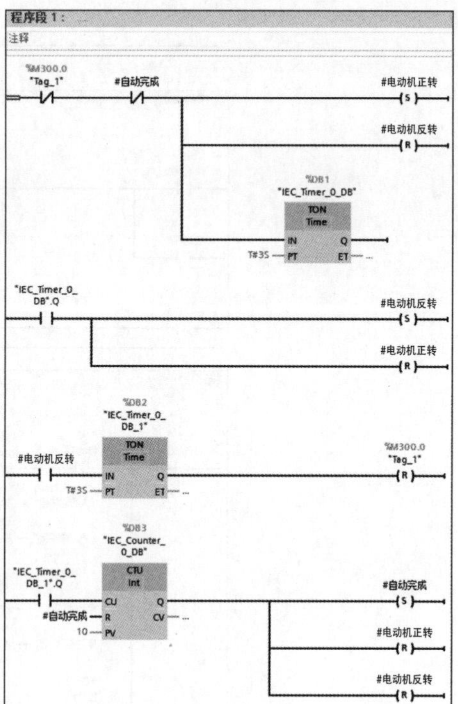

图 8-13　自动正反转 FC 模块程序

课后习题

1. 在加计数器的复位输入 R 为________，加计数脉冲输入信号 CU 的________，如果计数器值 CV 小于________，CV 加 1。CV 大于等于预设计数值 PV 时，输出 Q 为________。复位输入 R 为 1 状态时，CV 被________，输出 Q 变为________。

2. 某一特殊灯，启动按钮（I0.2）需动作三次，灯（Q0.1）才会工作。而停止按钮（I0.3）动作一次即可关闭灯。编写一段程序来实现此功能。

3. 如果方框指令的 ENO 输出为深色，EN 输入端有能流流入且指令执行时出错，则 ENO 端________能流流出。

4. 编写程序实现：第一次按下按钮指示灯亮，第二次按下按钮指示灯闪亮，第三次按下按钮指示灯灭，如此循环。

5. 编写程序实现：用一个按钮控制两盏灯，第一次按下时第一盏灯亮，第二盏灯灭；第二次按下时第二盏灯亮，第一盏灯灭；第三次按下时都灭。

6. 一个车库入口，前后装了两个传感器，用以检测汽车。若传感器 1 先动作，传感器 2 后动作，表示车库中出去一辆车；若传感器 2 先动作，传感器 2 后动作，表示车库中进来一辆车；编写程序实现对车库的计数，假设初始车库车辆为零。

第9章

气缸的顺序动作

通过气缸的顺序动作 PLC 控制项目实例练习，掌握常用顺序控制编程的基本原理和方法。

9.1 学习目标

本章节主要学习以下内容：

1. 了解顺序功能图；

2. 掌握顺序动作编程技巧；

3. 按下列要求完成气缸顺序动作 PLC 控制编程调试。

工业机械手的任务是搬运物品，要求把物品从一个工位搬到另一工位，如图 9-1 所示。机械手的全部动作由气缸驱动，而气缸又由相应的电磁阀控制。工业机械手的动作过程如图 9-2 所示。

动作过程描述：

① 从原点开始，按下起动按钮时，伸出电磁阀通电，机械手大臂伸出；

② 大臂伸出碰到伸出限位开关后，下降电磁阀通电，机械手小臂下降；

③ 小臂下降碰到下降限位开关后，夹紧电磁阀通电，机械手夹紧；

④ 加紧后，下降电磁阀断电，机械手小臂上升；

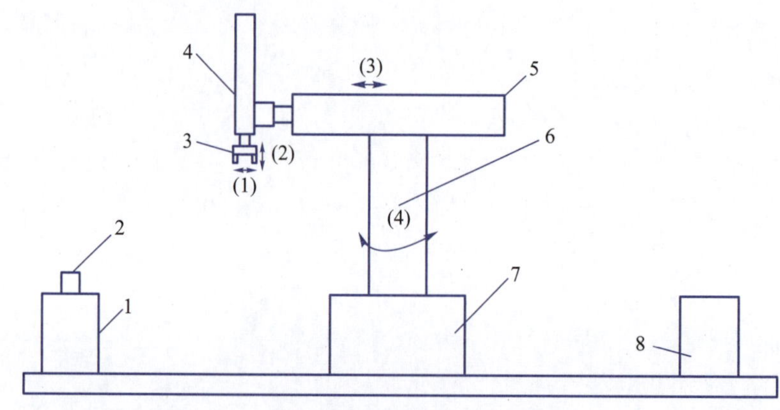

1—左工作台；2—工件；3—手爪；4—小臂；5—大臂；6—腰部；7—底座；8—右工作台

图 9-1　工业机械手搬运示意图

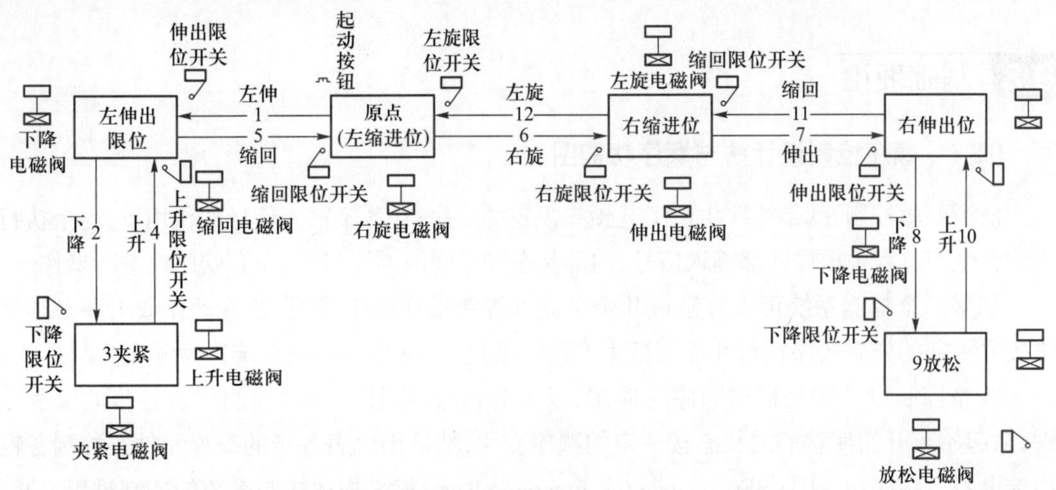

图 9-2　工业机械手动作过程

⑤ 小臂上升碰到上升限位开关后,左伸电磁阀断电,机械手大臂缩回;

⑥ 大臂缩回碰到缩回限位开关后,机械手右旋电磁阀通电,机械手右旋;

⑦ 机械手右旋碰到右旋限位开关后,伸出电磁阀通电,机械手大臂伸出;

⑧ 大臂伸出碰到伸出限位开关时,下降电磁阀通电,机械手小臂下降;

⑨ 小臂下降碰到下降限位开关时,夹紧电磁阀断电,机械手放松;

⑩ 气爪位置检测传感器检测机械手已放松,下降电磁阀断电,机械手小臂上升;

⑪ 小臂上升碰到上升限位开关后,伸出电磁阀断电,机械手大臂缩回;

⑫ 大臂缩回碰到缩回限位开关后,旋转电磁阀断电,机械手左旋。

至此,机械手经过以上动作完成了一个周期,根据条件进入下一循环。

系统输入:

① 起动按钮:用于起动机械手使其进入工作状态;

② 复位按钮:用于使机械手恢复到初始位;

③ 回转缸左位检测传感器:检测回转缸是否在左位;

④ 回转缸右位检测传感器:检测回转缸是否在左位;

⑤ 大臂缩回检测传感器:检测大臂是否在缩回位;

⑥ 大臂伸出检测传感器:检测大臂是否在伸出位;

⑦ 气爪位置检测传感器:检测气爪是否在张开位;

⑧ 小臂上位检测传感器:检测小臂是否在上位;

⑨ 小臂下位检测传感器:检测小臂是否在下位。

系统输出:

① 回转缸电磁阀:控制回转缸左 / 右摆;

② 大臂伸出 / 缩回电磁阀:控制大臂伸出 / 缩回;

③ 气爪夹紧 / 放松电磁阀:控制气爪加紧 / 放松;

④ 小臂上升 / 下降电磁阀:控制小臂上升 / 下降。

9.2 基础理论

9.2.1　顺序控制设计法与顺序功能图

所谓顺序控制，就是按照生产工艺预先规定的顺序，在各个输入信号的作用下，各个执行机构在生产过程中根据外部输入信号、内部状态和时间的顺序，自动而有秩序地进行操作。

如果一个控制系统可以分解成几个独立的控制动作或工序，且这些动作或工序必须严格按照一定的先后次序执行才能保证生产的正常进行，这样的控制系统称为顺序控制系统。

顺序控制设计法是根据顺序功能图，以步为核心，用转换条件控制代表各步的编程元件，从起始步开始使它们的状态按一定的顺序变化，然后用代表各步的编程元件去控制各输出继电器。顺序功能图（SFC，sequential function chart）就是描述控制系统的控制过程、功能及特性的一种图形。顺序功能图的三要素是步、转换条件与动作。

9.2.2　顺序功能图的基本元件

由图 9-3 所示的顺序功能图可知顺序功能图包含以下几部分：内有编号的矩形框（如 M4.3 等），称为步；双线矩形框代表初始步；步里面的编号称为步序；连接矩形框的线称为有向连线；有向连线上与其相垂直的短线称为转换，旁边的符号（如 I0.0 等）表示转换条件；步的旁边与步并列的矩形框（如 Q0.2 等）表示该步对应的动作。与图 9-3 对应的时序图如图 9-4 所示。

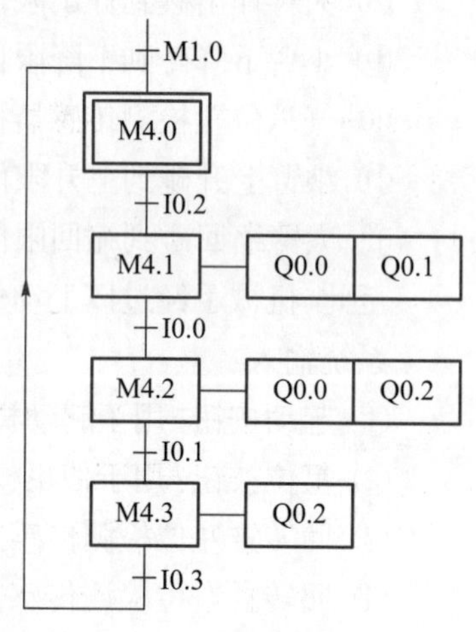

图 9-3　顺序功能图

1. 步

将系统的一个工作周期划分为若干个顺序相连的阶段，这些阶段称为步（Step）。那么步是如何划分的呢？主要是根据系统输出状态的改变，即将系统输出的每一个不同状态划分为一步。在任意一步之内，系统各输出量的状态是不变的，但是相邻两步输出量的状态是不同的。

与系统的初始状态相对应的步称为初始步。初始状态一般是系统等待起动命令的相对静止的状态。每一个顺序功能图至少应该有一个初始步。当前正在执行的步为活动步。

步中可以用数字表示该步的编号，也可以用代表该步的编程元件的地址（如 M4.0 等）作为的编号，这样在根据顺序功能图设计梯形图时较为方便。

2. 转换条件

转换条件是实现步转换的条件，即系统从一个状态进展到下一个状态的条件。转换条件可以是外部的输入信号，如按钮、开关、限位开关的接通 / 断开等，也可以是 PLC 内部产生的信号，如定时器、计数器动合触点的接通等。转换条件还可能是若干个信号的与、或、非逻辑组合。可以用文字语言、布尔代数表达式或图形符号表示转换条件。

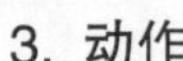

3. 动作

系统每步中输出的状态或者执行的操作为步对应的动作,用矩形框中的文字或符号表示。根据需要,指令与对象的动作响应之间可能有多种情况,如有的动作仅在指令存续的时间内有响应,指令结束后动作终止(如常见点动控制);而有的一旦发出指令,动作就将一直继续,除非再发出停止或撤销指令(如起动、急停、左转、右转等),这就需要不同的符号来进行区别,例如 R 表示复位,S 表示置位。

9.2.3 顺序功能图的基本结构及转换

顺序功能图的基本结构有单序列、选择序列和并列序列。

1. 单序列

由一系列相继激活的步组成,每一步的后面仅接有一个转换,每一个转换的后面只有一个步,如图 9-5 所示。

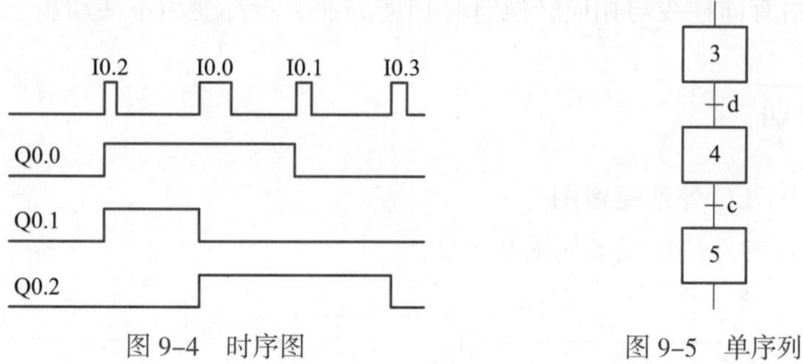

图 9-4 时序图

图 9-5 单序列

2. 选择序列

① 选择序列的开始称为分支,转换符号只能标在水平连线之下,如图 9-6(a)所示。

② 选择序列的结束称为合并,转换符号只能标在水平连线之上,如图 9-6(b)所示。

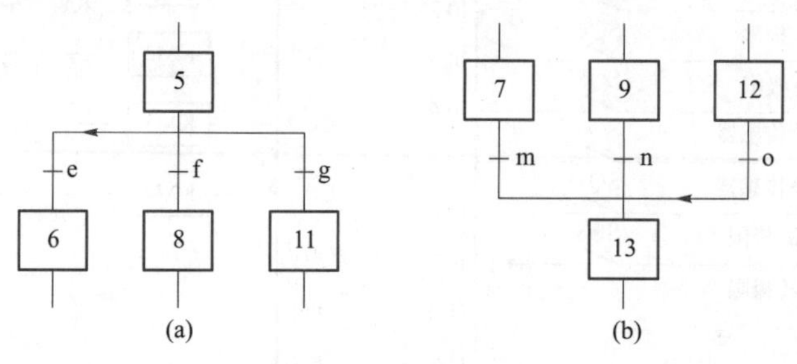

图 9-6 选择序列

3. 并行序列

并行序列用来表示系统的几个同时工作的独立部分的工作情况,如图 9-7 所示。

① 并行序列的水平连线用双线表示,且只允许有一个转换符号。

② 并行序列的开始称为分支,结束称为合并。

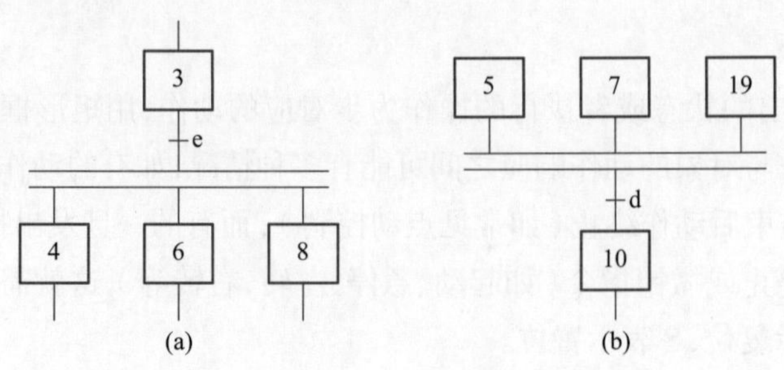

图 9-7　并行序列

4. 顺序功能图转换实现的条件

① 该转换所有的前级步都是活动步。

② 相应的转换条件得到满足。

5. 转换实现应完成的操作

① 使所有由有向连线与相应转换符号相连的后续步都变为活动步。

② 使所有由有向连线与相应转换符号相连的前级步都变为不活动步。

9.3 项目规划

1. S7-1200 PLC 外部接线图

S7-1200 PLC 的外部接线图如图 9-8 所示。

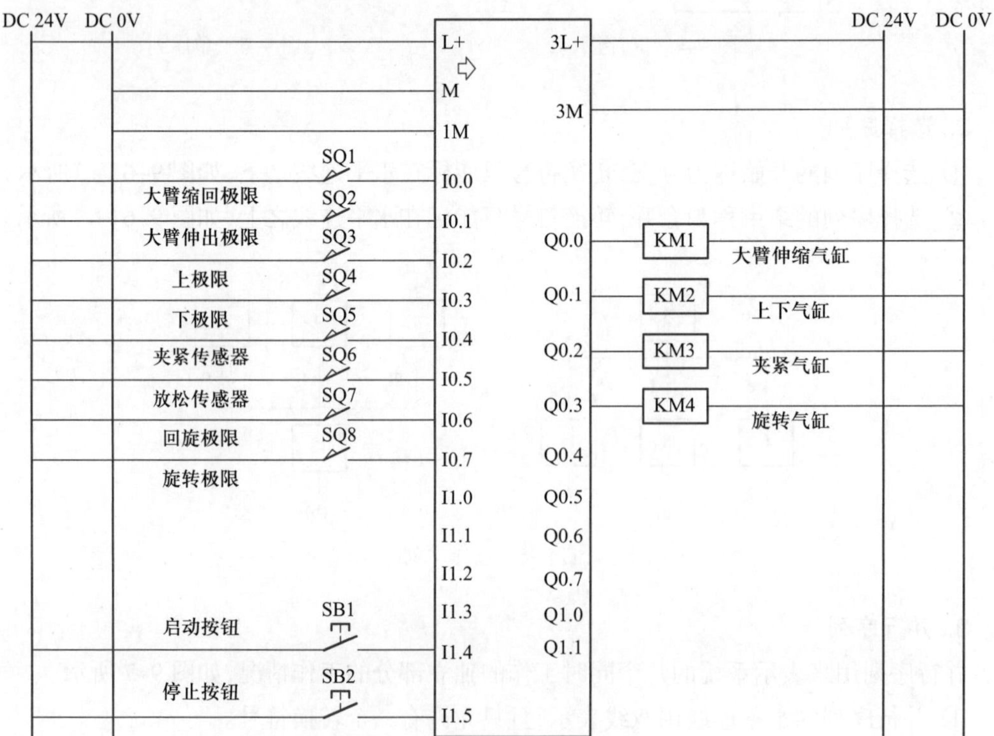

图 9-8　S7-1200 PLC 的外部接线图

2. 顺序功能图

气缸顺序动作的顺序功能图如图 9-9 所示。

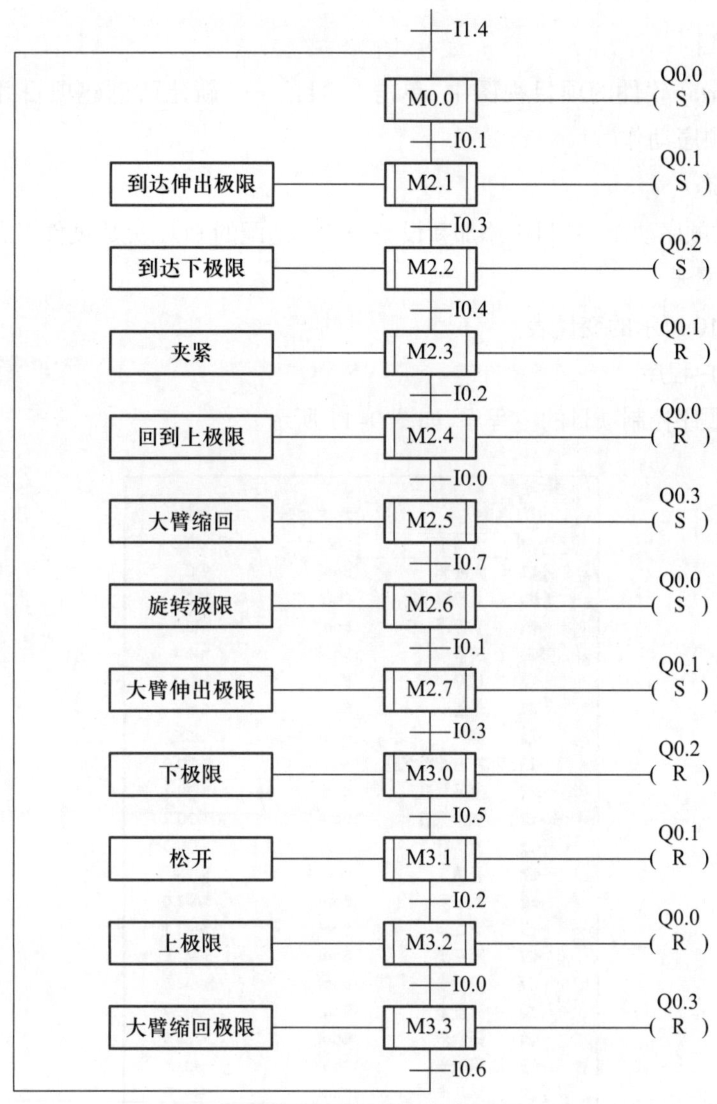

图 9-9　顺序动作流程图

9.4 编程操作

微课
气缸的顺序动作——硬件组态

1. 创建项目

在 TIA Portal 软件的项目视图中，单击“项目”→“新建”，创建项目并命名为“气缸的顺序动作”。

2. 硬件组态

微课
气缸的顺序动作——建立变量表

在“气缸的顺序动作”项目中添加新设备→选择适配的 PLC，完成硬件组态。

3. 建立变量表

建立图 9-10 所示的变量表。

4. 编写用户程序

微课
气缸的顺序动作——编写用户程序

编写气缸顺序控制项目的主程序，如图 9-11 所示。

变量表_1

	名称	数据类型	地址
1	大臂缩	Bool	%I0.0
2	大臂伸	Bool	%I0.1
3	上极限	Bool	%I0.2
4	下极限	Bool	%I0.3
5	夹紧	Bool	%I0.4
6	松开	Bool	%I0.5
7	未旋	Bool	%I0.6
8	旋	Bool	%I0.7
9	左右伸缩气缸	Bool	%Q0.0
10	上下气缸	Bool	%Q0.1
11	加紧气缸	Bool	%Q0.2
12	旋转缸	Bool	%Q0.3
13	开始	Bool	%I1.4
14	第一步	Bool	%M2.0
15	第二步	Bool	%M2.1
16	第三步	Bool	%M2.2
17	第四步	Bool	%M2.3
18	第五步	Bool	%M2.4
19	第六步	Bool	%M2.5
20	第七步	Bool	%M2.6
21	第八步	Bool	%M2.7
22	第九步	Bool	%M3.0
23	第十步	Bool	%M3.1
24	第十一步	Bool	%M3.2
25	第十二步	Bool	%M3.3
26	停止	Bool	%I1.5

图 9-10　变量表

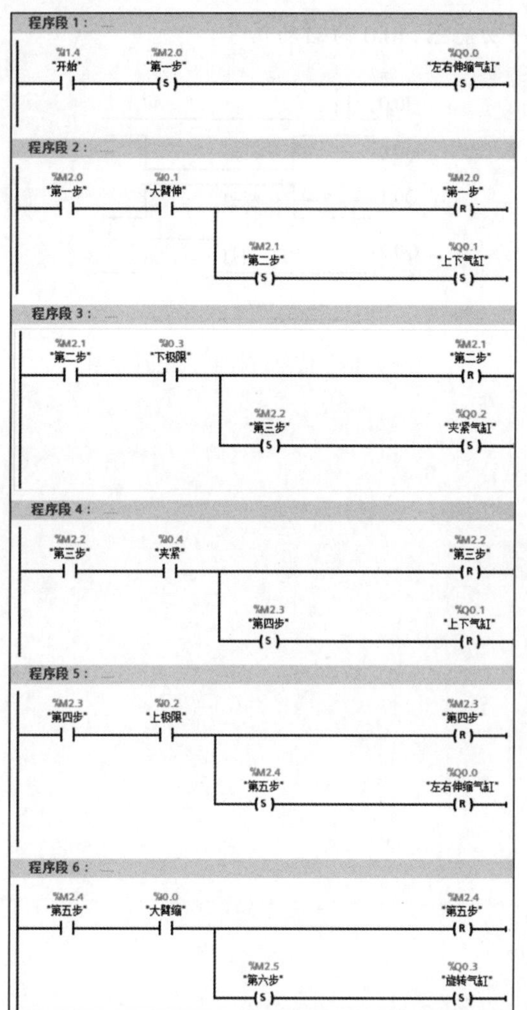

图 9–11　主程序

课 后 习 题

1. 顺序功能图的三要素是什么？
2. 顺序功能图的基本结构是什么？
3. 转换实现应完成的操作是什么？

4. 画出图 9-12 所示波形对应的顺序功能图。

5. 画出图 9-13 所示信号灯控制系统的顺序功能图，I0.0 为启动信号。

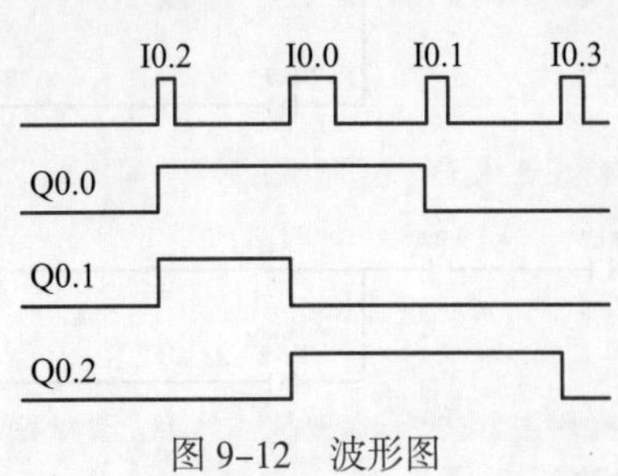

图 9-12　波形图

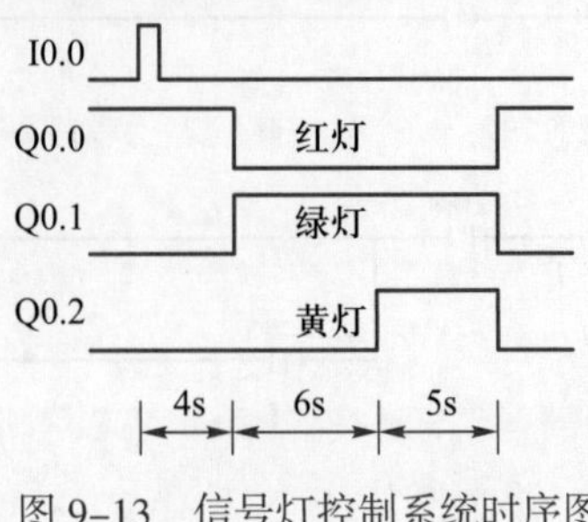

图 9-13　信号灯控制系统时序图

第10章 交通信号灯控制系统

通过交通信号灯的 PLC 控制项目实例练习，掌握常用数据处理指令的基本原理和用法。

10.1 学习目标

本章节主要学习以下内容：

1. 了解并掌握定时器；
2. 按下列要求完成交通信号灯的 PLC 控制编程调试。

双干道交通信号灯示意图如图 10–1 所示。在十字路口南北方向以及东西方向均设有红、黄、绿 3 种信号灯，12 只灯依一定的时序循环往复工作。

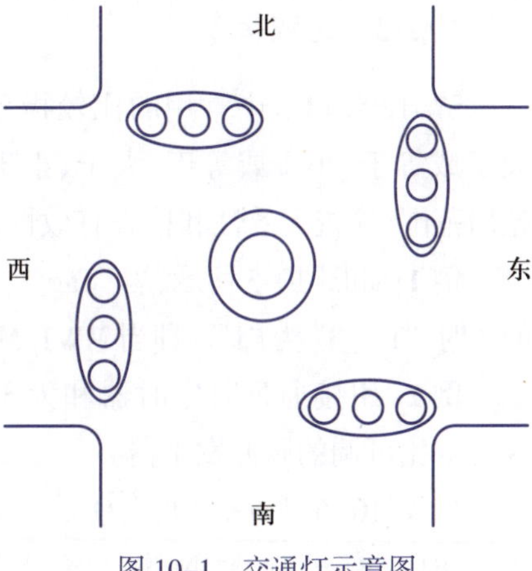

图 10–1　交通灯示意图

信号灯受电源总开关控制，接通电源，信号灯系统开始工作，关闭电源，所有的信号灯都熄灭。当程序运行出错，东西与南北方向的灯同时点亮时，程序自动关闭，在晚上，车辆稀少时，要求交通灯处于休眠状态，即两个方向的黄灯一直闪烁，闪烁的频率为 0.5 Hz。

白天信号灯处于工作状态时，东西以及南北方向的红灯点亮，30 s 后熄灭；熄灭的同时东西以及南北方向的绿灯点亮，25 s 后闪烁 3 s，闪烁频率为 0.5Hz；绿灯闪烁结束的同时东西以及南北方向的黄灯同时闪烁，时间为 2 s；黄灯闪烁结束的同时，红灯继续点亮，依次循环。

10.2 基础理论

10.2.1 接通延时定时器示例

接通延时定时器（TON）示例如图 10–2 所示，其时序图如图 10–3 所示。

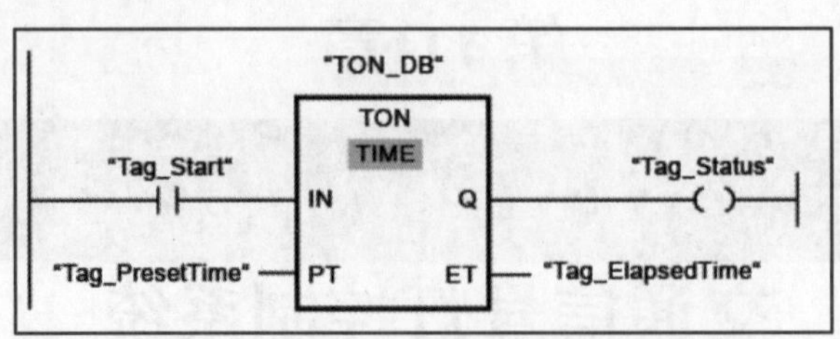

图 10–2　接通延时定时器（TON）示例

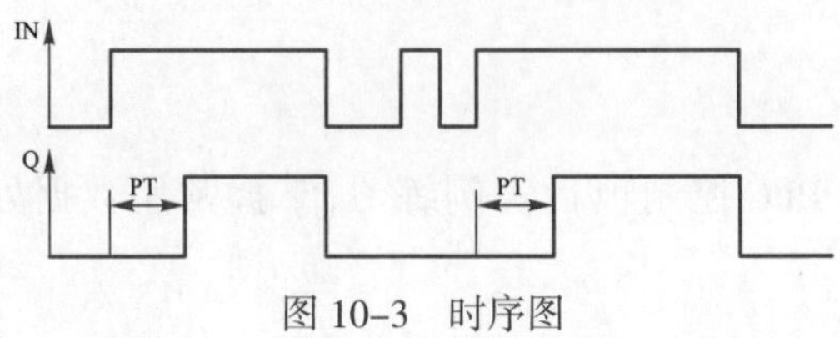

图 10–3　时序图

当 "Tag_Start" 操作数的信号状态从 "0" 变为 "1" 时，PT 参数预设的时间 "Tag_PresetTime" 开始计时。超过该时间周期后，操作数 "Tag_Status" 的信号状态将置 "1"。只要操作数 "Tag_Start" 的信号状态为 "1"，操作数 "Tag_Status" 就会保持置位为 "1"。当前时间值存储在 "Tag_ElapsedTime" 操作数中。当操作数 "Tag_Start" 的信号状态从 "1" 变为 "0" 时，将复位操作数 "Tag_Status"。

10.2.2　比较指令

S7–1200 PLC 中常用的比较指令有等于、不等于、大于或等于、小于或等于、大于、小于、值在范围内、值超出范围、检查无效性和检查有效性，如图 10–4 所示。

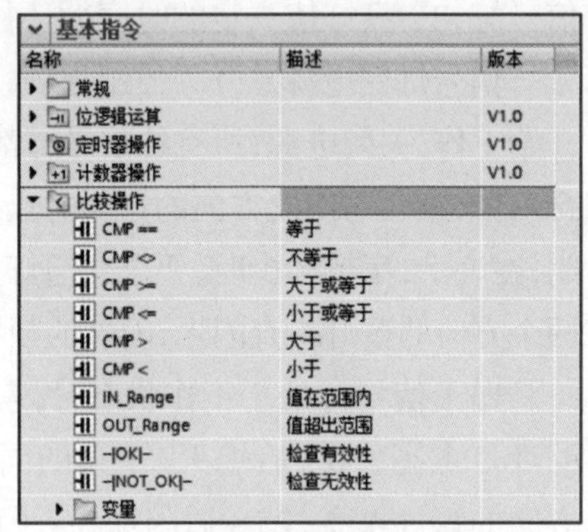

图 10–4　比较指令

例 1：如图 10–5 所示，当 "Tag_1" 的值等于 "Tag_2" 的值时，"Tag_3" 为 "1"。即当 MW1=MW2 时，Q0.0 动作。

例 2：用接通延时定时器和大于等于比较指令组成占空比可调的脉冲发生器。

如图 10–6 所示，"T1".Q 是 TON 的位输出，PLC 进入 RUN 模式时，TON 的 IN 输入端为 1 状态，TON 的当前值从 0 开始不断增大。当前值等于预设值时，

图 10–5　等于比较指令示例

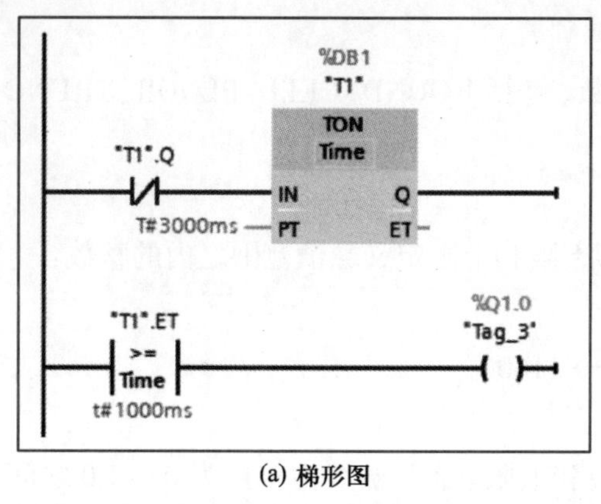

(a) 梯形图

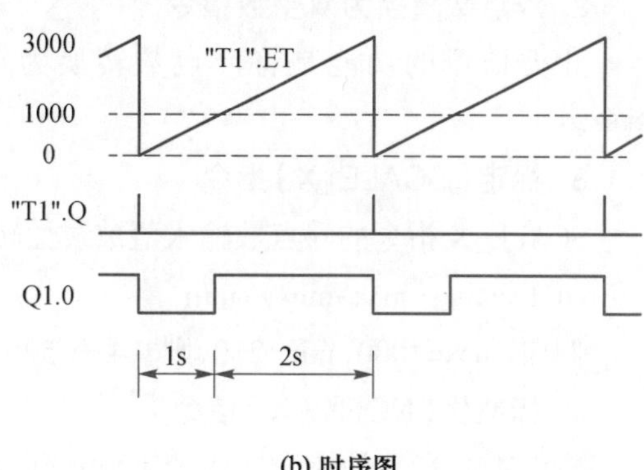

(b) 时序图

图 10-6 占空比可调的脉冲发生器

"T1".Q 变为 1 状态,其动断触点断开,定时器被复位,"T1".Q 变为 0 状态。下一扫描周期其动断触点接通,定时器又开始定时。TON 的当前时间"T1".ET 按锯齿波形变化。比较指令用来产生脉冲宽度可调的方波,Q1.0 为 0 状态的时间取决于比较触点下面的操作数的值。

10.2.3 使能输入与使能输出

使能输入(EN)与使能输出(ENO)的示例如图 10-7 所示。

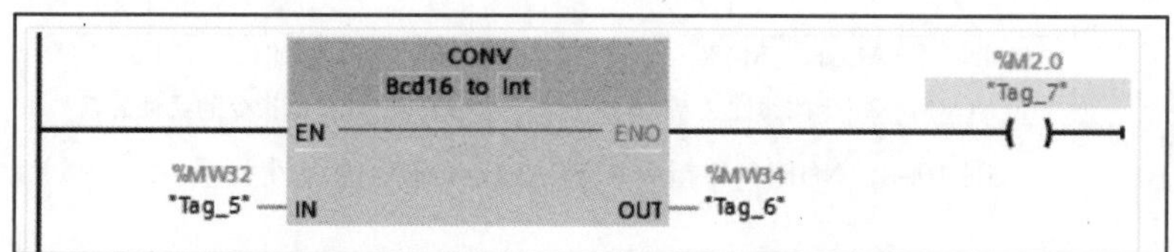

图 10-7 使能输入(EN)与使能输出(ENO)的示例

图 10-7 中,若 MW32=F983,则输出 MW34=-983,生成了 ENO。本示例中,ENO 端是否有能流输出需要根据 CONV 指令是否执行正确来判断,如果执行错误 ENO 就无效,如果执行正确 ENO 就有效。

下列指令使用 EN/ENO:数学运算指令、传送与转换指令、位移与循环指令和字逻辑运算指令等。

下列指令不使用 EN/ENO:位逻辑指令、比较指令、计数器指令、定时器指令和程序控制指令。

10.2.4 数据转换类指令

1. 转换(CONV)指令

CONV 指令的功能是将数据元素从一种数据类型转换为另一种数据类型,其示例如图 10-7 所示。

2. 浮点数转换为双整数指令

此类指令的功能是将浮点数转换为双整数，包括 ROUND、CELL、PLOOR、TRUNC 指令。

3. 标定（SCALE_X）指令

SCALE_X 指令的浮点数输入值被线性转换为下限和上限定义数值范围之内的整数：

OUT=value（max−min）+min

例如，max=1000，min=200，则 0.4 → 520，1.2 → 1160。

4. 标准化（NORM_X）指令

NORM_X 指令的整数输入值 VALUE（在下限和上限之间）被线性转换为 0.0~1.0 之间的整数：

OUT=（value−min）/（max−min）

NORM_X 指令和 SCALE_X 指令的线性关系如图 10−8 所示。

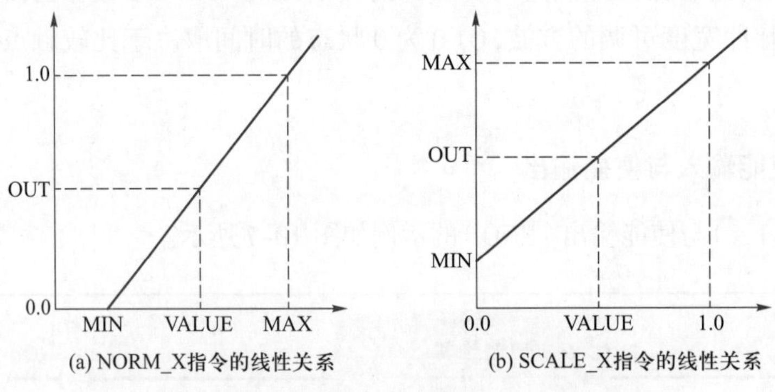

(a) NORM_X指令的线性关系　(b) SCALE_X指令的线性关系

图 10−8　NORM_X 指令和 SCALE_X 指令的线性关系

例 3：某温度变送器的量程为 −200~850 ℃，输出信号为 4~20 mA，“模拟值”IW96 将 0~20 mA 的电流信号转换为数字 0~27 648，求以 ℃为单位的浮点数温度值。

4 mA 对应的模拟值为 5 530，IW96 将 −200~850 ℃的温度转换为模拟值 5 530~27 648，用标准化指令 NORM_X 将 5 530~27 648 的模拟值归一化为 0.0~1.0 之间的浮点数“归一化”，然后用标定指令 SCALE_X 将归一化后的数字转换为 −200~850 ℃的浮点数温度值，用变量“温度值”保存。温度值转换程序如图 10−9 所示。

例 4：地址为 QW96 的整型变量“AQ 输入”转换后的 DC 0~10 V 电压作为变频器的模拟量输入值，0~10 V 的电压对应的转速为 0~1 800 r/min。求以 r/min 为单位的整型变量“转速”对应的 AQ 模块的输入值“AQ 输入”。

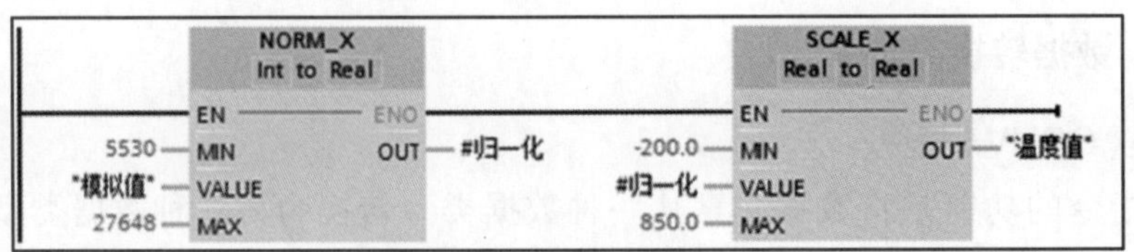

图 10−9　温度值转换程序

用标准化指令 NORM_X 将 0~1800 的“转速”值归一化为 0.0~1.0 之间的浮点数“归一化”,然后用标定指令 SCALE_X 将归一化后的数字“归一化”转换为 0~27 648 的整数值,用变量“AQ 输入”保存。转速值转换程序如图 10-10 所示。

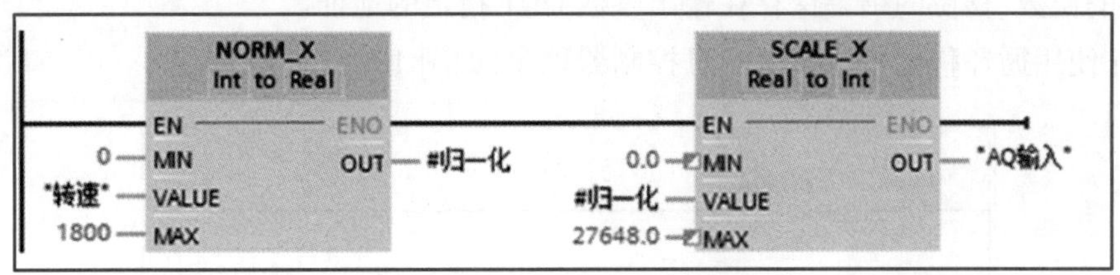

图 10-10　转速值转换程序

10.2.5　数据传送类指令

1. MOV 指令

MOV 指令用于将存储在指定地址的数据元素复制到新地址。输入 / 输出数据类型可以不一样,如:MB0 → MW2 低字节中;MW4 → MB6,但是如果 MW4 超过 255,则只传送低字节中的数值。

2. SWAP 指令

SWAP 指令用于交换二字节(WORD)和四字节(DWORD)数据元素的字节顺序,但不改变每个字节中的位顺序,需要指令数据类型。IN 和 OUT 为数据类型 WORD 时,SWAP 指令交换输入 IN 的高、低字节后,保存到 OUT 指定的地址。IN 和 OUT 为数据类型 DWORD 时,交换 4 个字节中数据的顺序,交换后保存到 OUT 指定的地址。如:16#AABBCCDD → 16#DDCCBBAA

10.2.6　移位和循环移位指令

1. 移位指令

移位指令 SHR 和 SHL 将输入参数 IN 指定的存储单元的整个内容逐位右移或左移若干位,移位的位数用输入参数 N 来定义,移位的结果保存在输出参数 OUT 指定的地址。移位指令示例如图 10-11 所示。

无符号数移位和有符号数左移后空出来的位用 0 填充。有符号数右移后空出来的位用符号位(原来的最高位)填充,正数的符号位为 0,负数的符号位为 1。

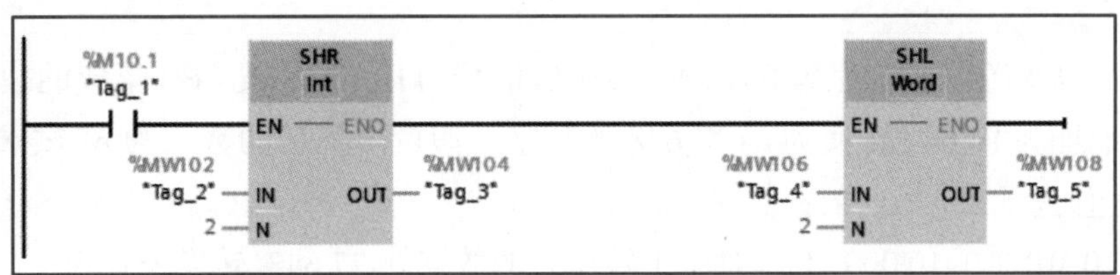

图 10-11　移位指令示例

2. 循环移位指令

循环移位指令 ROR 和 ROL 将输入参数 IN 指定的存储单元的整个内容逐位循环右移或循环左移若干位，即移出来的位又送回存储单元另一端空出来的位，原始的位不会丢失。N 为移位的位数，移位的结果保存在输出参数 OUT 指定的地址。

例 5：使用循环移位指令编制彩灯控制器程序，如图 10–12 所示。

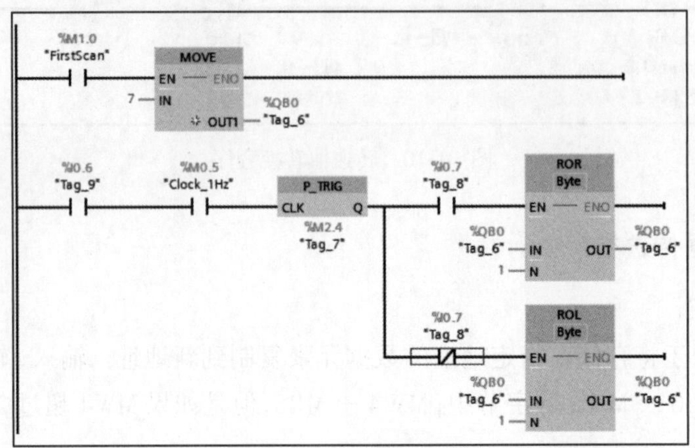

图 10–12　使用循环移位指令编制的彩灯控制器程序

10.2.7　数学函数指令

数学函数指令包括数学运算指令、浮点数函数运算指令、逻辑运算指令。

1. 数学运算指令

（1）加、减、乘、除指令

数学运算指令中的 ADD、SUB、MUL 和 DIV 分别是加、减、乘、除指令，如图 10–13 所示。指令操作数的数据类型可以是 SInt、Int、DInt、USInt、UInt、UDInt 和 Real。输入 IN1 和 IN2 可以是常数。IN1、IN2 和 OUT 的数据类型应该相同。

▸ 比较操作		
▾ 数学函数		V1.0
CALCULATE	计算	
ADD	加	
SUB	减	
MUL	乘	
DIV	除法	

图 10–13　加、减、乘、除指令

例 6：压力变送器的量程为 0~10 MPa，输出信号为 0~10 V，被 CPU 集成的模拟量输入的通道 0（地址为 IW64）转换为 0~27 648 的数字。假设转换后的数字为 N，试求以 kPa 为单位的压力值。

解：0~10 MPa（0~10 000 kPa）对应于转换后的数字 0~27 648，转换公式为

$$P=(10\,000\times N)/27\,648\ \text{kPa}$$

对应的程序如图 10-14 所示。

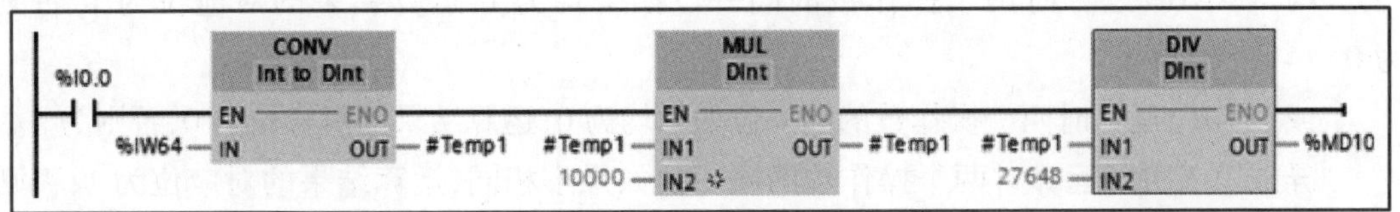

图 10-14 例 6 程序

注意：在运算时一定要先乘后除，否则会损失原始数据的精度。

（2）MOD 指令

MOD 指令用来求除法的余数。

（3）NEG 指令

NEG（negation）指令将输入 IN 的值的符号取反后，保存在输出 OUT 中，IN 和 OUT 的数据类型可以是 SInt、Int、DInt 和 Real，输入 IN 还可以是常数。

（4）INC 与 DEC 指令

INC 与 DEC 指令将参数 IN/OUT 的值分别加 1 和减 1。IN/OUT 的数据类型可以是 SInt、USInt、Int、UInt、DInt 和 UDInt（有符号或无符号的整数）。

（5）绝对值指令

绝对值（ABS）指令用来求输入 IN 中的有符号整数（SInt、Int、Dint）或实数（Real）的绝对值，将结果保存在输出 OUT 中。IN 和 OUT 的数据类型应相同。

（6）MIN 与 MAX 指令

MIN 指令比较输入 IN1 和 IN2 的值，将其中较小的值送给输出 OUT。MAX 指令比较输入 IN1 和 IN2 的值，将其中较大的值送给输出 OUT。INI 和 IN2 的数据类型相同才能执行指定的操作。

2. 浮点数函数运算指令

浮点数（实数）函数运算指令操作数的数据类型为 Real。浮点数函数运算指令包括以下几种。

① 浮点数自然指数指令 EXP 和浮点数自然对数指令 LN 中的指数和对数的底数为 2.718 28。浮点数开平方指令 SQRT 和 LN 指令的输入值如果小于 0。输出 OUT 返回一个无效的浮点数。

② 浮点数三角函数指令和反三角函数指令中的角度均为以弧度为单位的浮点数。如果输入值是以度为单位的浮点数，使用三角函数指令之前应先将角度值乘以 π/180，转换为弧度值。

③ 浮点数反正弦函数指令 ASIN 和浮点数反余弦函数指令 ACOS 输入值的允许范围为 -1.0~1.0，ASIN 和 ATAN 的运算结果的取值范围为 -π/2~+π/2，ACOS 的运算结果的取值范围为 0~π。

3. 逻辑运算指令

逻辑运算指令对两个输入 IN1 和 IN2 逐位进行逻辑运算。逻辑运算的结果存放在输出

OUT 指定的地址。

“与”(AND)运算时两个操作数的同一位如果均为 1,运算结果的对应位为 1,否则为 0。

“或”(OR)运算时两个操作数的同一位如果均为 0,运算结果的对应位为 0,否则为 1。

“异或”(XOR)运算时两个操作数的同一位如果不相同,运算结果的对应位为 1,否则为 0。

以上指令的操作数 IN1、IN2 和 OUT 的数据类型为十六进制的 Byte, Word 和 Dword。

取反指令 INV 将输入 IN 中的二进制整数逐位取反,即各位的二进制数由 0 变 1,由 1 变 0,运算结果存放在输出 OUT 指定的地址。

10.3 项目规划

根据交通信号灯控制要求绘制时序图,如图 10-15 所示。

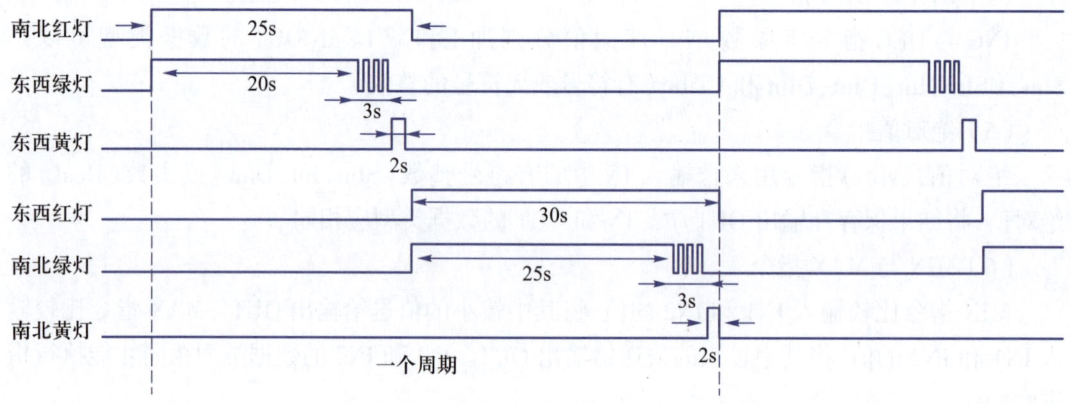

图 10-15　时序图

10.4 编程操作

1. 创建项目

在 TIA Portal 软件的项目视图中单击 “项目” → “新建”,创建项目并命名为 “交通信号灯控制系统”。

2. 硬件组态

在 “交通信号灯控制系统” 项目中添加新设备,选择适配的 PLC 并创建,完成硬件组态。

微课
交通信号灯控制系统——硬件组态

3. 建立变量表

建立交通信号灯控制系统项目变量表,如图 10-16 所示。

PLC 变量

		名称	变量表	数据类型	地址	保持	可从 ...	从 H...	在 H...
1		上班按钮	0变量	Bool	%I0.0	☐	☑	☑	☑
2		电源开关	0变量	Bool	%I0.1	☐	☑	☑	☑
3		下班按钮	0变量	Bool	%I0.2	☐	☑	☑	☑
4		东西绿灯	0变量	Bool	%Q0.0	☐	☑	☑	☑
5		东西黄灯	0变量	Bool	%Q0.1	☐	☑	☑	☑
6		东西红灯	0变量	Bool	%Q0.2	☐	☑	☑	☑
7		南北绿灯	0变量	Bool	%Q0.3	☐	☑	☑	☑
8		南北黄灯	0变量	Bool	%Q0.4	☐	☑	☑	☑
9		南北红灯	0变量	Bool	%Q0.5	☐	☑	☑	☑
10		上班信号	中间变量	Bool	%M0.0	☐	☑	☑	☑
11		下班信号	中间变量	Bool	%M0.1	☐	☑	☑	☑
12		南北红灯当前时间	中间变量	Time	%MD10	☐	☑	☑	☑
13		南北黄灯当前时间	中间变量	Time	%MD14	☐	☑	☑	☑
14		南北绿灯当前时间	中间变量	Time	%MD18	☐	☑	☑	☑
15		东西红灯当前时间	中间变量	Time	%MD22	☐	☑	☑	☑
16		东西黄灯当前时间	中间变量	Time	%MD26	☐	☑	☑	☑
17		东西绿灯当前时间	中间变量	Time	%MD30	☐	☑	☑	☑
18		Tag_1	默认变量表	Bool	%M1.0	☐	☑	☑	☑
19		Tag_2	默认变量表	Bool	%M1.1	☐	☑	☑	☑
20		Clock_Byte	默认变量表	Byte	%MB5	☐	☑	☑	☑
21		Clock_10Hz	默认变量表	Bool	%M5.0	☐	☑	☑	☑
22		Clock_5Hz	默认变量表	Bool	%M5.1	☐	☑	☑	☑
23		Clock_2.5Hz	默认变量表	Bool	%M5.2	☐	☑	☑	☑
24		Clock_2Hz	默认变量表	Bool	%M5.3	☐	☑	☑	☑
25		Clock_1.25Hz	默认变量表	Bool	%M5.4	☐	☑	☑	☑
26		Clock_1Hz	默认变量表	Bool	%M5.5	☐	☑	☑	☑
27		Clock_0.625Hz	默认变量表	Bool	%M5.6	☐	☑	☑	☑
28		Clock_0.5Hz	默认变量表	Bool	%M5.7	☐	☑	☑	☑

图 10-16　交通信号灯控制系统项目变量表

微课
交通信号灯控制系统——建立变量表

4. 编写程序

编写交通信号灯控制系统项目程序，如图 10-17 所示。

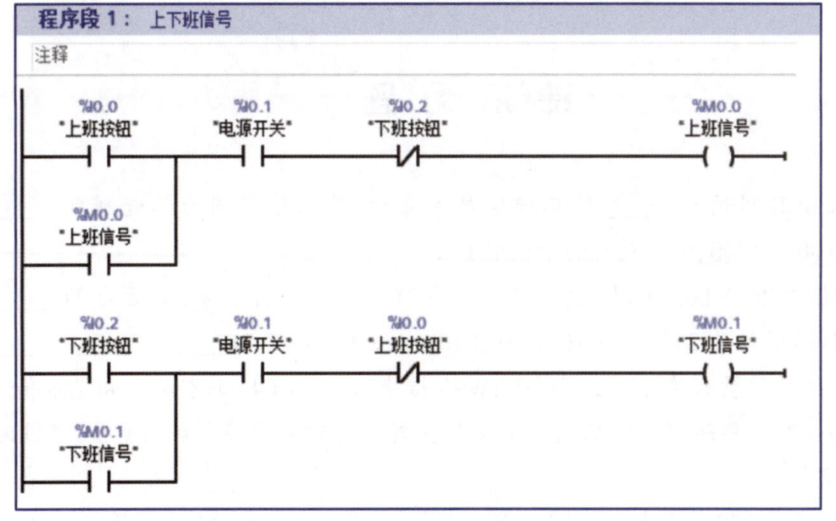

微课
交通信号灯控制系统——用户程序仿真

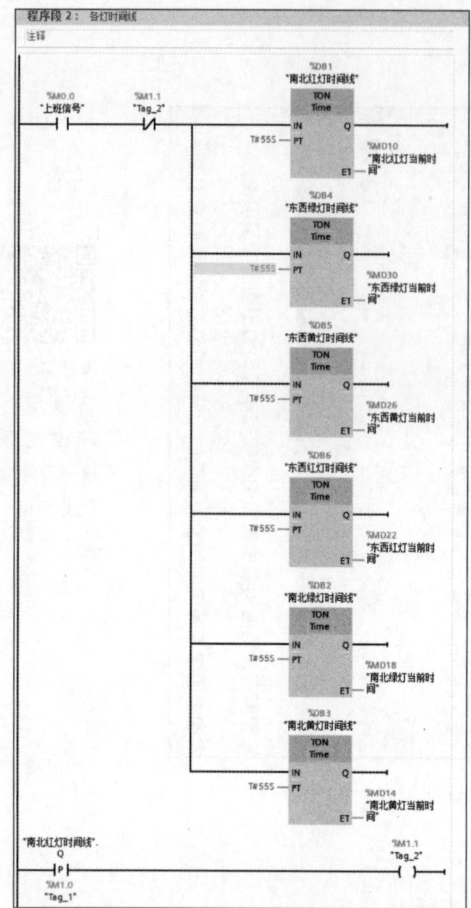

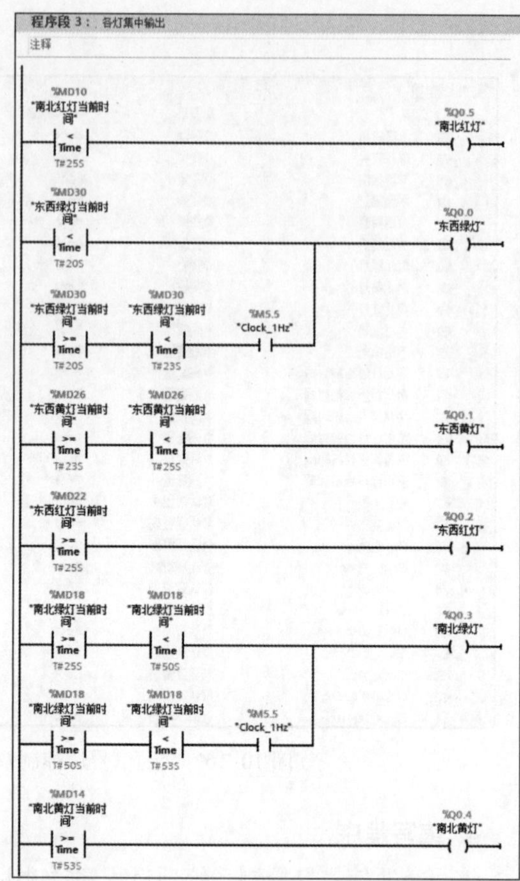

图 10-17　交通灯程序

课 后 习 题

1. 每一位 BCD 码用________位二进制数来表示，其取值范围为二进制数________。BCD 码 2#0000 0001 1000 0101 对应的十进制数是________。

2. MB2 的值为 2#1011 0110，循环左移 2 位后为 2#________，再左移 2 位后为 2#________。

3. 整数 MW4 的值为 2#1011 0110 1100 0010，右移 4 位后为 2#________________。

4. 频率变送器的量程为 45~55 Hz，被 IW96 转换为 0~27 648 的整数。用“标准化”指令和“缩放”指令编写程序，将 IW96 输出的模拟值转换为对应的浮点数频率值，单位为 Hz，存放在 MD34 中。

5. 半径（小于 1 000 的整数）在 DB4.DBW2 中，取圆周率为 3.141 6，用浮点数运算指令编写计算圆周长的程序，运算结果转换为整数，存放在 DB4.DBW4 中。

6. 以 0.1° 为单位的整数格式的角度值存放在 MW8 中，在 I0.5 的上升沿，求出该角度的正弦值，运算结果转换为以 10^{-5} 为单位的双整数，存放在 MD12 中，设计出程序。

第 11 章 流水彩灯控制系统

通过流水彩灯控制系统项目实例练习，了解中断种类及其实际应用。

11.1 学习目标

本章节主要学习以下内容：

1. 了解并掌握中断指令；
2. 按下列要求完成流水彩灯的中断编程控制调试。

I0.0 启动，流水灯 Q0.0~Q0.7 依次点亮，然后 2 s 后启动延时中断程序，延时中断程序执行复位 Q0.0~Q0.7，即延时 2 s 后流水灯全部熄灭。

11.2 基础理论

11.2.1 什么是中断

S7-1200PLC 在进入 RUN 模式后，各个任务（例如将输出过程映像区的值写到物理输出、将物理输入状态复制到输入过程映像区、执行一个或多个程序循环 OB、处理通信请求和进行自诊断）将依次按顺序执行并周而复始循环。中断指某些事件临时中止这种处理顺序，PLC 优先处理中断事件，中断事件处理完毕后 PLC 继续从临时断点处按正常顺序继续处理任务，即中断类似于正常处理任务过程中的“插队”。

PLC 系统中设置中断功能的目的是为了快速响应某些事件的发生。因为 PLC 按顺序执行一次任务循环需要耗费时间，默认设置的循环时间仅为 150 ms（最长循环时间可设为 6 000 ms），但某些事件要求 PLC 即时作出响应。

中断事件和 OB 有三种方法关联：中断 OB 在创建块期间、设备配置期间或者使用 ATTACH 或 DETACH 指令指定。

PLC 中的中断就是为了对某些事件快速响应。中断事件发生到 PLC 开始处理中断事件对应的 OB 的第一条指令，目前为 175 μs，因 PLC 硬件在不断升级，该时间有不断减少的趋势。当然，这个时间是理想情况下的时间，如果该中断又被优先级高的事件打断，则等待时间就不止这个数值。

11.2.2　在 PLC 各运行模式下的中断响应

在 RUN 模式下，PLC 在循环扫描的任意阶段按规则对中断进行响应。

在 STOP 模式下，PLC 对中断无响应。

当 PLC 由 STOP 模式进入到 RUN 模式时，期间执行一次 STARTUP 模式，执行完 STARTUP 后 PLC 进入 RUN 模式。在 STARTUP 模式阶段，如果有中断事件发生，此时 PLC 不会对这些中断事件作出响应，但这些中断事件会被 PLC 记录，按规则排队，等待 PLC 进入 RUN 模式后对这些中断事件作出响应。

11.2.3　S7-1200PLC 的中断种类

S7-1200PLC 的中断主要包括时间延迟中断、循环中断、硬件中断、时间错误中断、诊断错误中断。所有的中断事件都有相应的 OB 与之对应，当中断事件发生时，按规则执行相应的 OB 里面用户编写的程序。如果一个中断事件没有相对应的 OB 程序，该中断事件被忽略。

1. 时间延迟中断

时间延迟中断：指定的延迟时间到，时间延迟 OB 将中断正常的循环程序（注意此处所讲的循环程序就是 RUN 模式时 PLC 执行的用户程序 OB），而执行时间延迟中断 OB 里面的程序。对任何给定的时间最多可以组态 4 个时间延迟事件，每个时间延迟事件只允许对应一个 OB。时间延迟中断 OB 的编号必须为 20~23，或大于、等于 123。与定时器指令相比，时间延迟中断的精度更高，延时时间范围为 1~60 000 ms。如果需要更长的延时时间，则可在时间延迟 OB 中使用计数器。

2. 循环中断

循环中断：以用户定义的时间间隔（例如，每隔 2 s）中断循环程序。最多可以组态 4 个循环中断事件，在 CPU 运行期间，可以使用 SET_CINT 指令重新设置循环中断的间隔扫描时间、相移时间；同时还可以使用 QRY_CINT 指令查询循环中断的状态。循环中断 OB 的编号必须为 30~38，或大于、等于 123。循环中断按定义的时间间隔反复出现。

3. 硬件中断

硬件中断：包括内置数字输入端的上升沿、下降沿事件；高速计数器（HSC）的 CV=PV 事件；HSC 的计数方向变化事件；HSC 的外部复位事件。硬件中断 OB 将中断正常的循环程序来响应硬件事件信号。可以在硬件配置的属性中定义事件。每个组态的硬件事件只允许对应一个 OB，而一个硬件中断 OB 可以分配给多个硬件中断事件。在 CPU 运行期间，可使用 ATTACH（附加）指令和 DETACH（分离）指令对中断事件重新分配。硬件中断 OB 的编号必须为 40~47，或大于、等于 123。

4. 时间错误中断

时间错误中断：包括超出最大循环时间事件；请求的 OB 无法启动事件；发生中断事件队列溢出。时间错误中断事件只能与 OB80 相对应，如果程序块中没有 OB80，则时间错误中断将被忽略。

① 超出最大循环时间：如果 RUN 模式下的循环超出定义的最大循环时间，在超出最大循环时间前又没有复位循环定时器，将发生时间错误中断。此时分两种情况，一种情况是已定义 OB80，此时将按规则执行中断程序 OB80；另一种情况是未定义 OB80，此时将忽略该时间错误中断。但如果 RUN 模式下的循环超出定义的最大循环时间两倍，则不论是否定义了 OB80，PLC 系统将进入 STOP 状态。

② 请求的 OB 无法启动：如果循环中断或时间延迟中断请求的 OB 已经在执行，就会出现请求的 OB 无法启动这种情况。

③ 中断事件队列溢出：如果中断的出现频率超过其处理频率，就会出现发生队列溢出这种情况。各种事件类型的未决（排队的）事件数量通过不同的队列加以限制。如果某个事件在相应的队列已满时发生，将生成时间错误事件。

5. 诊断错误中断

诊断错误中断：某些设备能够检测和报告诊断错误。发生或清除几种不同诊断错误情况中的任何一种都会引起诊断错误事件。诊断错误事件包括如下几种，无用户电源、超出上限、超出下限、断路、短路。诊断错误中断事件只能与 OB82 相对应，如果程序块中没有 OB82，则可以组态 CPU 使其忽略错误或切换到 STOP 模式。

11.2.4 S7-1200PLC 处理中断的规则

中断是 PLC 在 RUN 模式下正常的循环扫描中的“插队”，如果同时有两个或两个以上的中断要求“插队”，这时该如何处理？按照一定的规则来使这些中断“排队”，依次等待 PLC 的处理。具体规则是：

某一时刻，PLC 处理优先级最高的中断，执行该中断对应的 OB。

某一时刻，如果同时有两个或两个以上优先级相同的中断待处理，则按它们出现的时间先后次序，先出现的中断先处理，其余相同优先级的中断进入队列排队等候处理。

某一时刻，PLC 正在响应某一中断 A，执行中断 A 对应的 OB。如果此时出现一个比中断 A 优先级更高的中断 B，则 PLC 将使中断 A 的执行被“中断”，系统转而执行中断 B，待中断 B 处理完毕再从断点处恢复执行中断 A。

因此，中断处理中，中断优先级是很重要的概念，部分中断的优先级如表 11-1 所示，下面对表中的各项做如下说明。

表 11-1 中断的优先级

<table>
<tr><th>事件类型（OB）</th><th>数量</th><th>有效 OB 编号</th><th>队列深度</th><th>优先级数</th><th>优先级</th></tr>
<tr><td>程序循环</td><td>1 个程序循环事件允许多个 OB</td><td>1（默认）
123 或更大</td><td>1</td><td rowspan="2">1</td><td>1</td></tr>
<tr><td>启动</td><td>1 个启动事件允许多个 OB</td><td>100（默认）
123 或更大</td><td>1</td><td>1</td></tr>
</table>

续表

<table>
<tr><th>事件类型（OB）</th><th>数量</th><th>有效 OB 编号</th><th>队列深度</th><th>优先级数</th><th>优先级</th></tr>
<tr><td>延时</td><td>4 个延时事件，每个事件 1 个 OB</td><td>123 或更大</td><td>8</td><td rowspan="5">2</td><td>3</td></tr>
<tr><td>循环</td><td>4 个循环事件，每个事件 1 个 OB</td><td>123 或更大</td><td>8</td><td>4</td></tr>
<tr><td>沿</td><td>16 个上升沿事件，16 个下降沿事件，每个事件 1 个 OB</td><td>123 或更大</td><td>32</td><td>5</td></tr>
<tr><td>HSC</td><td>6 个 CV=PV 事件，6 个方向更改事件，6 个外部复位事件，每个事件 1 个 OB</td><td>123 或更大</td><td>16</td><td>6</td></tr>
<tr><td>诊断错误</td><td>1 个事件</td><td>仅限 82</td><td>8</td><td>9</td></tr>
<tr><td>时间错误事件 / MaxCycle 事件时间</td><td>1 个时间错误事件，1 个 MaxCycle 时间事件</td><td>仅限 80</td><td>8</td><td rowspan="2">3</td><td>26</td></tr>
<tr><td>2xMaxCycle 时间事件</td><td>1 个 2xMaxCycle 时间事件</td><td>不调 OB</td><td>—</td><td>27</td></tr>
</table>

"优先级"一列中，标明了各事件 OB（包括中断事件）的优先等级，数字越大，优先级越高。RUN 模式下的"程序循环"OB 的优先级最低，可被所有中断例如延时中断、循环中断等暂时中止程序执行。其余类似，例如优先级为 6 的硬件 HSC 事件可以中断优先级为 4 的循环中断事件的系统响应。但需要特别注意的是，启动 OB 是 PLC 处于 STARTUP 模式下执行一次的 OB，没有其他事件可以中断启动事件。启动事件期间发生的事件因此将排队等到启动事件完成后再进行处理。另外，启动 OB 与程序循环 OB 不会被系统同时执行，这些是系统设定的。

"优先级组"一列中则将事件分成 3 组。

"队列深度"一列中表明了某一中断事件"排队"等候处理的最大数量，例如延时中断事件在队列中最多可有 8 个等待 PLC 处理。如果超出将产生中断事件队列溢出，并因此产生一个时间错误中断，且新产生的超出"队列深度"的中断将被丢弃。但要注意，因"程序循环 OB""启动 OB"并非中断事件，其队列深度 1 没有这方面的含义。可按次序执行多个"程序循环 OB""启动 OB"，执行次序按 OB 编号由小到大。

"有效 OB 编号"一列规定了各事件（包括中断事件）对应的 OB 程序段编号。

11.2.5　中断相关指令

1. ATTACH 和 DETACH 指令

① ATTACH 指令：将某个硬件中断事件与中断 OB 子程序关联，梯形图如图 11-1（a）所示。

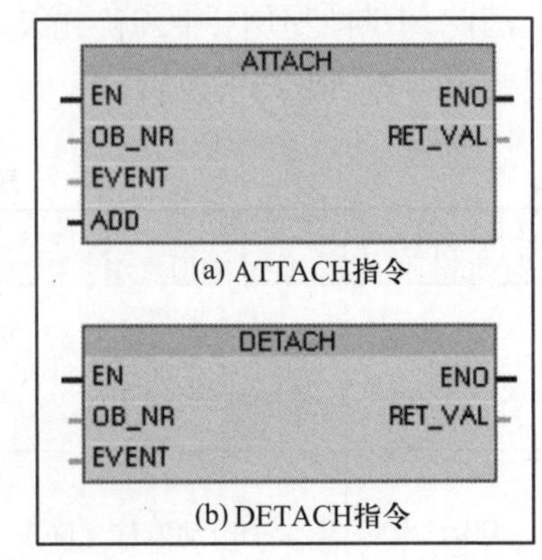

图 11-1　ATTACH 和 DETACH 指令梯形图

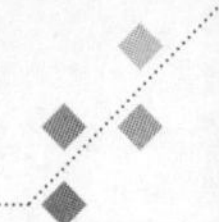

② DETACH 指令：将某个硬件中断事件与中断 OB 子程序脱离关系，梯形图如图 11-1（b）所示。

ATTACH 和 DETACH 指令中各参数的含义如表 11-2 所示。

表 11-2　ATTACH 和 DETACH 指令中各参数的含义

参数和类型		数据类型	说明
OB_NR	IN	OB_ATT	组织块标识符：从使用“添加新块”（Add new block）功能创建的可用硬件中断 OB 中进行选择。双击该参数域，然后单击手图标可查看可用的 OB
EVENT	IN	EVENT_ATT	事件标识符：从在 PLC 设备组态中为数字输入或高速计数器启用的可用硬件中断事件中进行选择。双击该参数域，然后单击助手图标可查看这些可用事件
ADD（仅限 ATTACH）	IN	Bool	• ADD=0（默认值）：该事件将取代先前为此 OB 附加的所有事件 • ADD=1：该事件将添加到先前为此 OB 附加的事件中
RET_VAL	OUT	Int	执行条件

执行 DETACH 指令时，如果指定了 EVENT，则仅将该事件与指定的 OB_NR 分离；当前关联到此 OB_NR 的任何其他事件仍保持关联状态。如果未指定 EVENT，则分离当前关联到 OB_NR 的所有事件。

指令执行后的 RET_VAL 的值及相应的含义如表 11-3 所示。

表 11-3　RET_VAL 的值及相应的含义

RET_VAL（W#16#....）	ENO 状态	说明
0000	1	无错误
0001	0	没有分离的事件
8090	0	OB 不存在
8091	0	OB 类型错误
8093	0	事件不存在

2. 延时中断启动和取消（SRT_DINT 和 CAN_DINT）指令

SRT_DINT 指令：经过参数 DTIME 指定的延时时间后，启动执行 OB（组织块）子程序的延时中断。

CAN_DINT 指令：可取消已启动的延时中断。在这种情况下，将不执行延时中断 OB。

SRT_DINT 和 CAN_DINT 指令的梯形图如图 11-2 所示。

SRT_DINT 和 CAN_DINT 指令中各参数的含义如表 11-4 和表 11-5 所示。

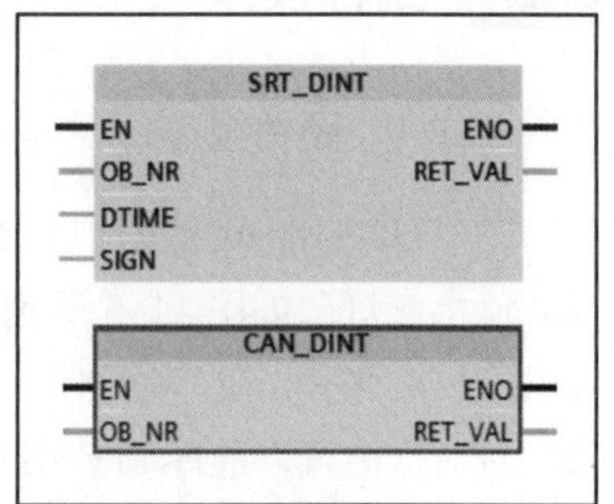

图 11-2　SRT_DINT 和 CAN_DINT 指令梯形图

SRT_DINT 指令指定延迟时间，启动内部延迟时间定时器以及将延时中断 OB 子程序与延时超时事件相关联。

指定的延迟时间过后，将生成可触发相关延时中断 OB 执行的程序中断。在指定的延时发生之前执行 CAN_DINT 指令可取消进行中的延时中断。

表 11-4　SRT_DINT 指令中各参数含义说明

参数	参数类型	数据类型	说明
OBN	IN	Int	将在延迟时间过后启动组织块（OB）：从使用“添加新块”（Add new block）项目树功能创建的可用延时中断 OB 中进行选择。双击该参数域，然后单击助手图标可查看可用的 OB
DTME	IN	Time	延迟时间值（1~60 000 ms），可创建更长的延时事件，例如，可以通过在延时中断 OB 内使用计数器来实现
SIGN	IN	Word	未被 S7-1200 PLC 使用；任何值都接受
RET_VAL	OUT	Int	执行条件代码

表 11-5　CAN_DINT 指令中各参数含义说明

参数	参数类型	数据类型	说明
OB_NR	IN	Int	延时中断 OB 标识符。可使用 OB 编号或符号名称
RET_VAL	OUT	Int	执行条件代码

指令执行后的 RET_VAL 的值及相应的含义见表 11-6 中所示。

表 11-6　RET_VAL 的值和含义

RET_VAL（W#16#....）	说明
0000	无错误
8090	不正确的参数 OB_NR
8091	不正确的参数 DTIME
8093	未启动延时中断

11.3 编程操作

11.3.1　硬件组态

在 TIA Portal 软件的项目视图中单击“项目”→“新建”，创建项目并命名为“流水彩灯”，如图 11-3 所示。项目创建完成后，单击“打开项目视图”按钮，如图 11-4 所示。在“项目树”下单击“添加新设备”按钮，在弹出的“添加新设备”对话框中可以选择 PLC 型号，如图 11-5 所示。PLC 添加完成之后，在“常规”选项卡中勾选“启用系统存储器字节”和“启用时钟存储器字节”，如图 11-6 所示。

微课
流水彩灯控制系统——硬件组态

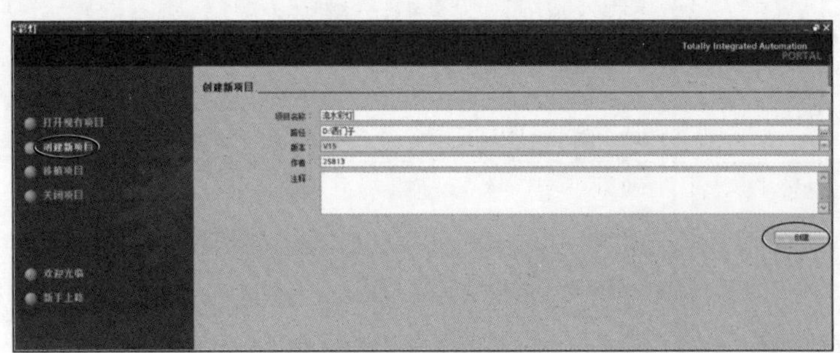

图 11-3　创建新项目

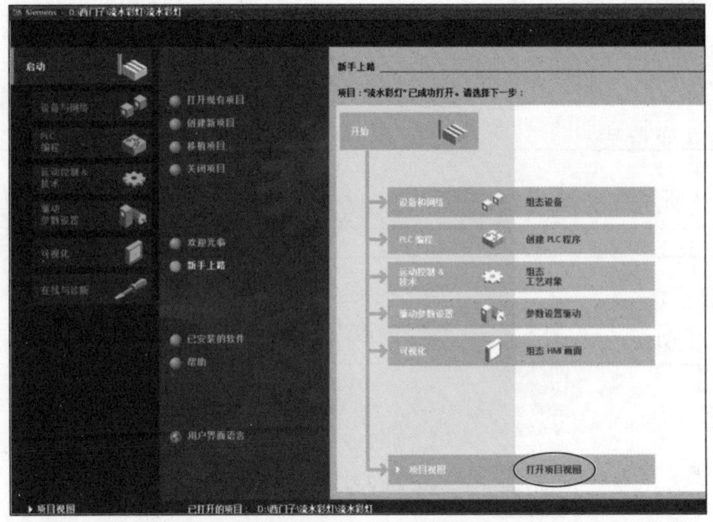

图 11-4　打开项目视图

图 11-5　PLC 选用

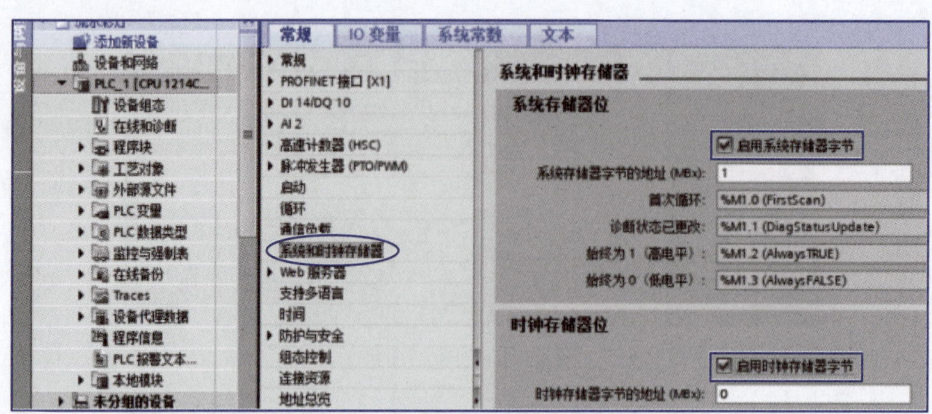

图 11–6　启用系统和时钟存储器字节

微课
流水彩灯控制系统——建立变量表

11.3.2　建立变量表

建立图 11–7 所示的变量表。

微课
流水彩灯控制系统——编写用户程序

PLC 变量

	名称	变量表	数据类型	地址	保持	可从...	从 H...	在 H...
1	System_Byte	默认变量表	Byte	%MB1	☐	☑	☑	☑
2	FirstScan	默认变量表	Bool	%M1.0	☐	☑	☑	☑
3	DiagStatusUpdate	默认变量表	Bool	%M1.1	☐	☑	☑	☑
4	AlwaysTRUE	默认变量表	Bool	%M1.2	☐	☑	☑	☑
5	AlwaysFALSE	默认变量表	Bool	%M1.3	☐	☑	☑	☑
6	Clock_1Hz	默认变量表	Bool	%M0.5	☐	☑	☑	☑
7	传感器	默认变量表	Bool	%I0.0	☐	☑	☑	☑
8	用电器	默认变量表	Bool	%M10.1	☐	☑	☑	☑
9	流水灯流程	默认变量表	Bool	%M12.0	☐	☑	☑	☑
10	Tag_1	默认变量表	Bool	%M100.0	☐	☑	☑	☑
11	Tag_2	默认变量表	Bool	%M10.0	☐	☑	☑	☑
12	Tag_3	默认变量表	Word	%MW10	☐	☑	☑	☑
13	Tag_4	默认变量表	Word	%QW0	☐	☑	☑	☑
14	Tag_5	默认变量表	Bool	%M10.7	☐	☑	☑	☑
15	Tag_6	默认变量表	Bool	%M200.0	☐	☑	☑	☑
16	Tag_7	默认变量表	Int	%MW800	☐	☑	☑	☑
17	Tag_8	默认变量表	Word	%MW80	☐	☑	☑	☑
18	一号灯	默认变量表	Bool	%Q0.0	☐	☑	☑	☑
19	二号灯	默认变量表	Bool	%Q0.1	☐	☑	☑	☑
20	三号灯	默认变量表	Bool	%Q0.2	☐	☑	☑	☑
21	三个灯都亮的时间	默认变量表	Time	%MD300	☐	☑	☑	☑

图 11–7　建立变量表

11.3.3　编写用户程序

编写“流水彩灯”项目主程序和中断程序，如图 11–8 和图 11–9 所示。

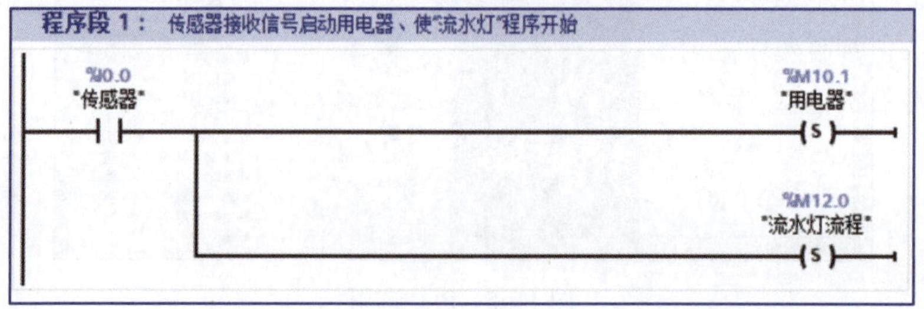

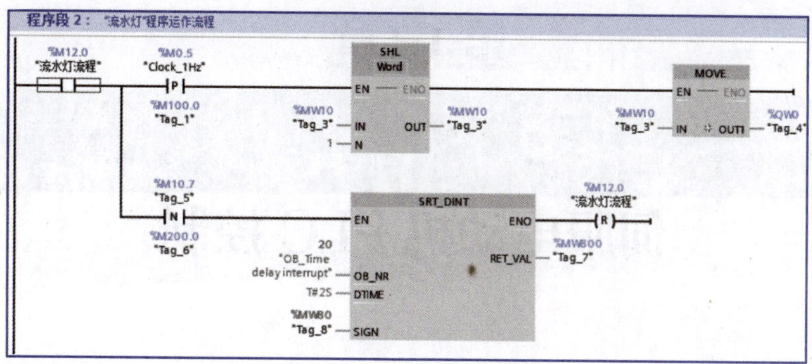

图 11-8　主程序

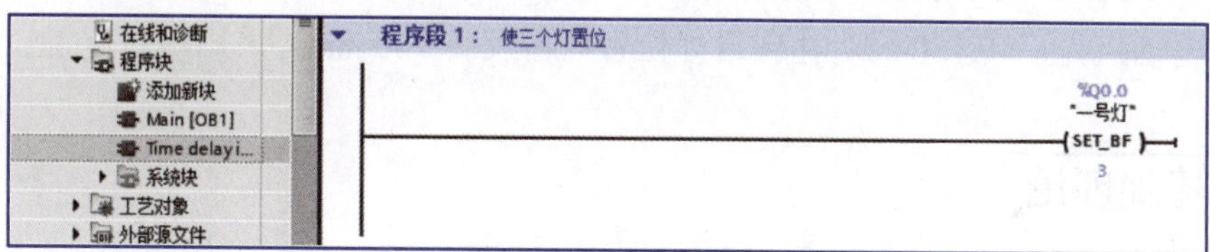

图 11-9　中断程序

课后习题

1. 中断主要有____。
2. 一个 OB 可对应________中断事件，一个中断事件对应____________。
3. 有以下三种情况会触发时间错误中断：____________________________。
4. 中断事件和 OB 有三种方法关联：______________________________。
5. 简述 ATTACH 指令和 DETACH 指令的作用。
6. 简述中断的处理规则。
7. 利用中断指令，编写一段程序。要求 MB5 每隔 2 s 自加 1。

第12章

伺服电动机 PLC 控制

通过伺服电动机 PLC 控制项目实例练习，掌握伺服控制指令的基本原理和用途。

12.1 学习目标

1. 了解 PLC 控制伺服电动机原理；
2. 熟悉电动机的组态及调试；
3. 掌握关于运动控制的 PLC 指令并按下列要求完成程序编写。

伺服电动机先正转 150 mm，达到目标位置后再反转 100 mm。采用绝对位置控制。

12.2 基础理论

12.2.1 伺服电动机介绍

伺服系统是使物体的位置、方位、状态等输出被控量能够跟随输入目标（或给定值）的任意变化的自动控制系统。伺服主要靠脉冲来定位，基本上可以这样理解，伺服电动机接收到 1 个脉冲，就会旋转 1 个脉冲对应的角度，从而实现位移，因为伺服电动机本身具备发出脉冲的功能，所以伺服电动机每旋转一个角度，都会发出对应数量的脉冲，这样，和伺服电动机接收的脉冲形成了呼应，或者叫闭环，如此一来，系统就会知道发了多少脉冲给伺服电动机，同时又收了多少脉冲回来，这样，就能够很精确地控制电动机的转动，从而实现精确的定位，精度可以达到 0.001 mm。

12.2.2 伺服驱动器介绍

目前主流的伺服驱动器均采用数字信号处理器（DSP）作为控制核心，可以实现比较复杂的控制算法，实现数字化、网络化和智能化。功率器件普遍采用以智能功率模块（IPM）为核心设计的驱动电路，IPM 内部集成了驱动电路，同时具有过电压、过电流、过热、欠电压等故障检测保护电路，在主电路中还加入软起动电路，以减小起动过程对驱动器的冲击。功率驱动单元首先通过三相全桥整流电路对输入的三相电或者市电进行整流，得到相应的直流电。经过整流好的三相电或市电，再通过三相正弦 PWM 电压型逆变器变频来驱动三相永磁式同步交流伺服电动机。功率驱动单元的整个过程简单来说就是AC—DC—AC的过程。整流单元（AC—DC）主要的拓扑电路是三相全桥整流电路。

随着伺服系统的大规模应用，伺服驱动器使用、伺服驱动器调试、伺服驱动器维修都是伺服驱动器在当今比较重要的技术课题，越来越多工控技术服务商对伺服驱动器进行了技术深层次研究。

伺服驱动器是现代运动控制的重要组成部分，被广泛应用于工业机器人及数控加工中心等自动化设备中。尤其是应用于控制交流永磁同步电动机的伺服驱动器已经成为国内外研究热点。当前交流伺服驱动器设计中普遍采用基于矢量控制的电流、速度、位置3闭环控制算法。该算法中速度闭环设计合理与否，对于整个伺服控制系统，特别是速度控制性能的发挥起到关键作用。

12.3 脉冲计算

12.3.1 伺服驱动器主要参数介绍及设置

Cn001=2（位置控制模式）。

Cn002=H0011（驱动器上电马上激磁，忽略CCW和CW驱动禁止机能）。

Pn301=H0000（脉冲命令形式：脉冲+方向；脉冲命令逻辑：正逻辑）。

Pn302=H0003（电子齿轮比分子）。

Pn306=H0001（电子齿轮比分母）。此设定值电子齿轮比=3。

Pn314=1（0：顺时针方向旋转；1：逆时针方向旋转）。如果在运行时，方向相反，改变此参数的设定值。

注：不同伺服驱动器参数设置不同，具体参考使用说明书。

12.3.2 脉冲计算

$$X=\frac{P}{10\,000}\times\frac{\text{Pn302}}{\text{Pn306}}\times 5$$

式中，X表示位移；P表示PLC输出的脉冲数；10 000表示伺服驱动电动机旋转一圈的脉冲个数。伺服电动机编码器旋转1圈反馈的脉冲个数为2 500个，由于伺服驱动器采用了4倍频技术（请查阅相关书籍），所以伺服电动机旋转1圈的脉冲个数为2 500×4=10 000个；Pn302表示电子齿轮比分子；Pn306表示电子齿轮比分母。

由于TIA Portal软件内部轴工艺的集成，所以可以直接输入距离进行控制。

12.4 驱动相关指令及组态参数

12.4.1 驱动相关指令介绍

MC_Power指令：电动机使能（轴使能后才能控制电动机），如图12-1所示。

MC_Reset 指令： MC_Reset 指令是当电动机处于报警状态，如图 12–2 所示。比如运行时触碰到左右限位之后，电动机会停止，此时必须先运行 MC_Reset 指令，才可以重新进行回原点等操作。

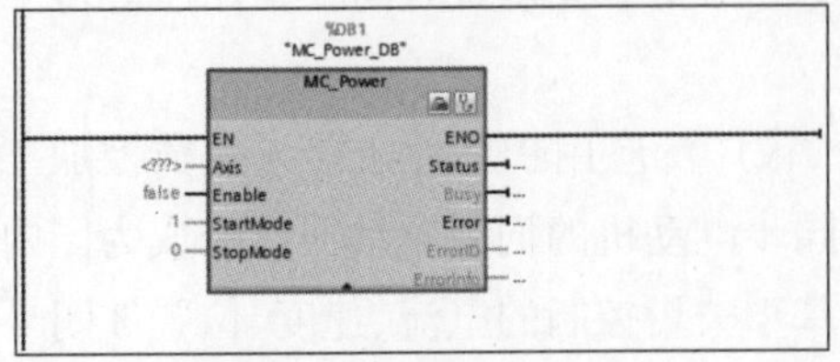

图 12–1　MC_Power 指令

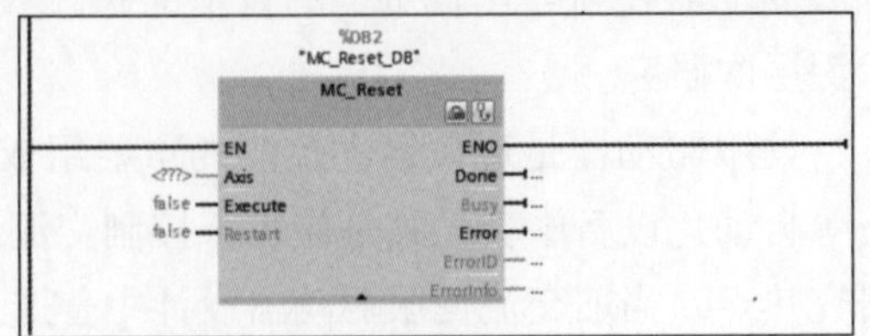

图 12–2　MC_Reset 指令

MC_Home 指令： MC_Home 指令用于电动机回到原点，如图 12–3 所示。感应到原点接近开关之后，会将原点所在位置设置为零点，一般上电执行一下回原指令，可实现电动机精准定位。

采用绝对位移指令时必须最开始先回原点。

MC_MoveRelative 指令： MC_MoveRelative 指令用于相对于电动机当前位置进行移动，如图 12–4 所示。

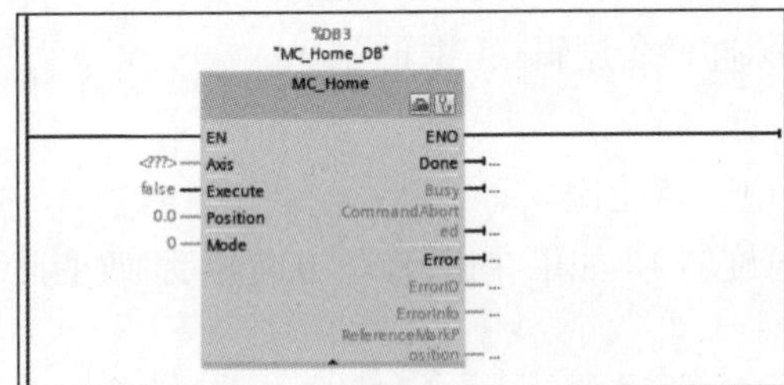

图 12–3　MC_Home 指令

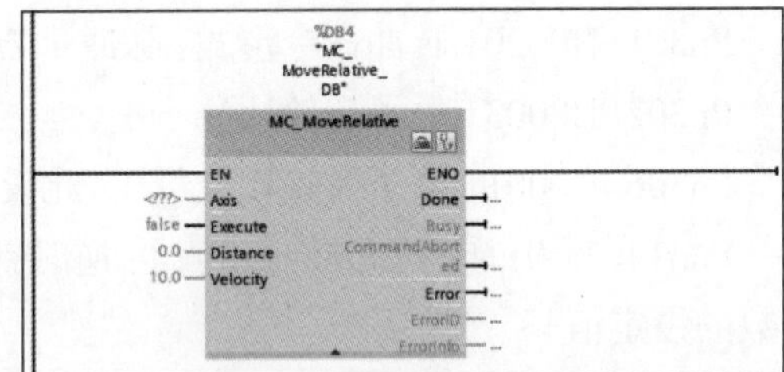

图 12–4　MC_MoveRelative 指令

MC_MoveAbsolute 指令： MC_MoveAbsolute 指令是在步进电动机主动回原之后，根据指定的脉冲和方向运行相应的步数，即相对原点进行移动，如图 12–5 所示。

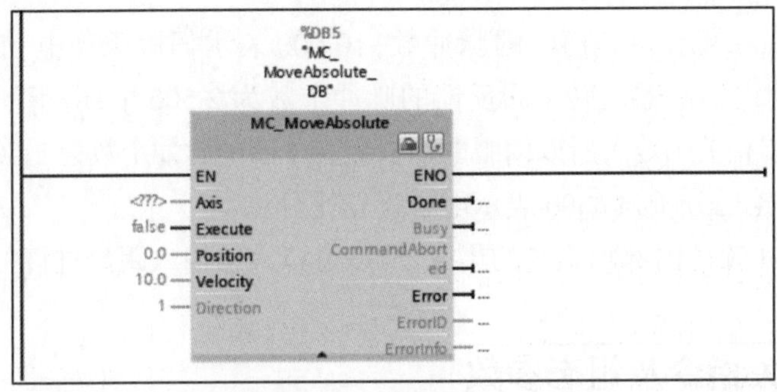

图 12–5　MC_MoveAbsolute 指令

12.4.2 工艺对象“轴”介绍

“轴”表示驱动的工艺对象。工艺对象“轴”是用户程序与驱动的接口。工艺对象“轴”从用户程序中收到运动控制命令，在运行时执行并监视执行状态。“驱动”表示步进电动机加电源部分或伺服驱动加脉冲接口转换器的机电单元。驱动是由 CPU 产生脉冲对工艺对象“轴”操作进行控制的。运动控制中必须要对工艺对象“轴”进行组态才能应用控制指令块。

参数组态主要定义了轴的工程单位（如脉冲数 / 秒，转 / 分钟）、软硬件限位、起动 / 停止速度、参考点定义等。进行参数组态前，需要添加工艺对象“轴”。

双击“项目树”→“PLC 设备”选项卡下工艺对象的“添加新对象”项，在打开的对话框中单击“轴”按钮，输入数据块编号，定义名称，即可新建一个工艺对象数据块。添加完成后，可以在项目树中看到添加好的工艺对象，双击“组态”项进行参数组态，如图 12-6 所示，“驱动器”选择“PTO（Pulse Train Output）”，“测量单位”项为系统选择“长度单位”，包括 mm（毫米）、m（米）、in（英寸）、ft（英尺）、Pulse（脉冲数）、(角度)。

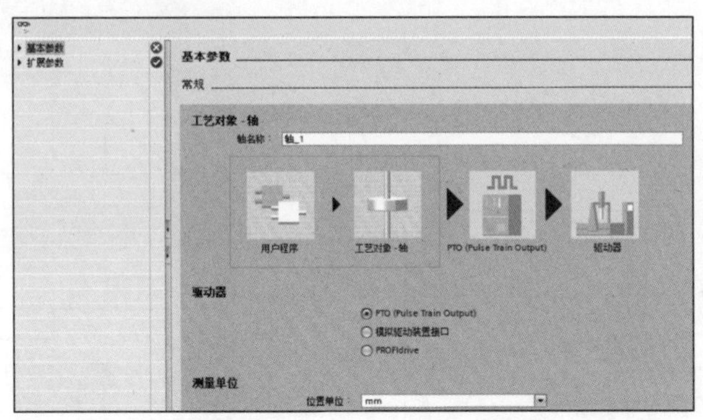

图 12-6 驱动器类型选择

在“硬件接口”中，“脉冲发生器”选择“脉冲后系统自动分配脉冲输出地址”，选中“激活方向输出”后，自动分配方向地址。“使能输入”是 PLC 发送给驱动器的信号，“就绪输入”是驱动器发送给 PLC 的信号，当此信号为 1 是，PLC 才能控制轴。如果驱动器不提供这种接口，可将此参数设为“true”，如图 12-7 所示。

扩展参数可以用来设置机械、位置限制、动态、急停、回原点的参数。

“机械”组态如图 12-8 所示，“电动机每转的脉冲数”输入电动机旋转一周所需脉冲个数；“电动机每转的负载位移”项设置电动机旋转一周生产机械所产生的位移，这里的单位与图 12-6 中的单位对应；勾选“反向信号”可颠倒整个驱动系统的运行方向。

“位置限制”组态如图 12-9 所示。其中，勾选“启用硬件限位开关”项使能机械系统的硬件限位功能，在轴到达硬件限位开关时，它将使用急停减速斜坡停车。勾选“启用软件限位开关”项使能机械系统的软件限位功能，此功能通过程序或组态定义系统的极限位置。在轴到达软件限位位置时，激活的运动停止。工艺对象报故障，在故障被确认以后，轴可以恢复在工作范围内的运动。

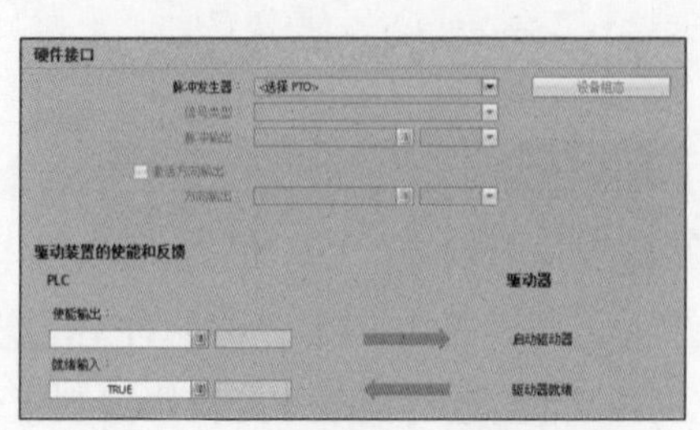

图 12–7　硬件接口及驱动器接口

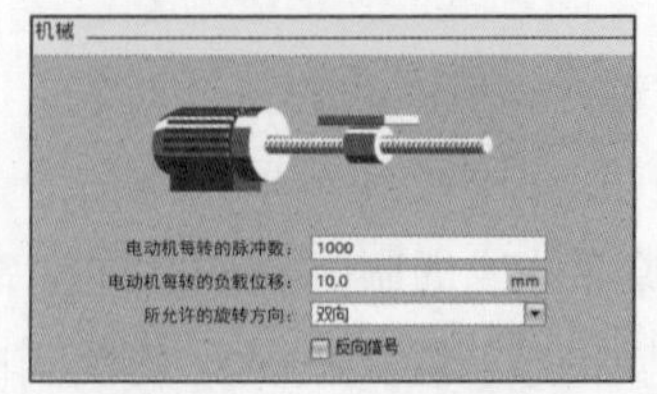

图 12–8　“机械”组态

“动态参数”组态如图 12–10 所示。其中，“速度限值的单位”项选择速度限制值单位，包括转 / 分钟和脉冲 / 秒两种；可以定义系统的最大运行速度，系统自动运算以 mm/s 为单位的最大速度；“起动 / 停止速度”项定义系统的起动 / 停止速度，考虑到电动机的扭矩等机械特性，其起动 / 停止速度不能为 0，系统自动运算以 mm/s 为单位的起动 / 停止速度；可以设置加、减速度和加、减速时间。

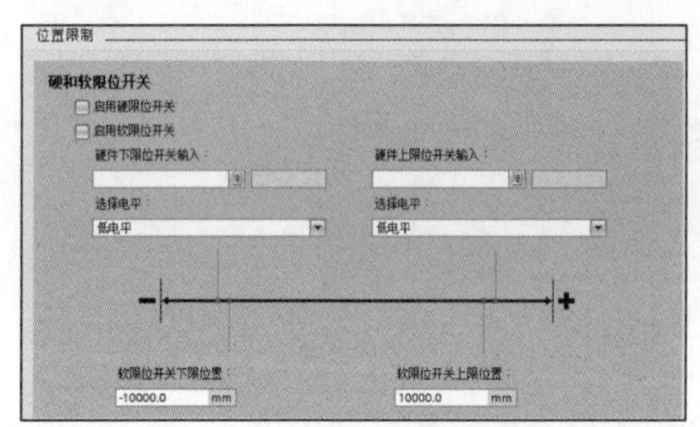

图 12–9　“位置限制”组态

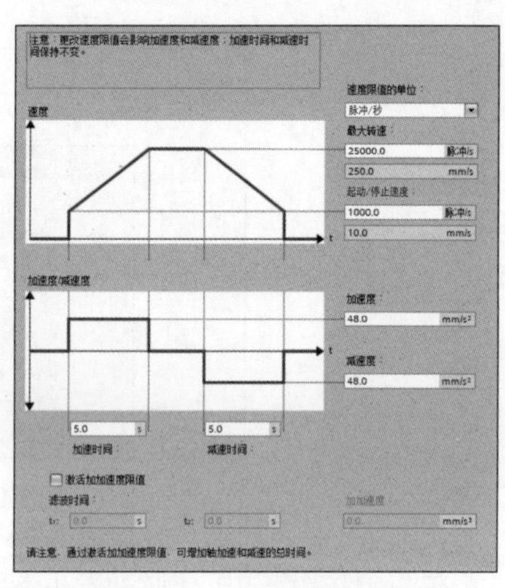

图 12–10　“动态参数”组态

“急停”组态如图 12–11 所示。其中，“紧急减速度”定义从最大速度急停减速到起动 / 停止速度的减速度；“急停减速时间”定义从最大速度急停减速到起动 / 停止速度的减速时间。

“回原点”组态如图 12–12 所示。其中，“输入原点开关”项定义原点，一般使用数字量输入作为原点开关。“允许硬限位开关处自动反转”项可使能在寻找原点过程中碰到硬件限位点自动反向，在激活回原点功能后，轴在碰到原点之前碰到了硬件限位点。此时系统认为原点在反方向，会按组态好的减速曲线停车并反转。若该功能没有被激活并且轴达到硬件限位，则回原点过程会因为错误被取消，并紧急停止。“逼近 / 回原点方向”项定义在执行寻找参考点的过程中的初始方向，包括正方向逼近和负方向逼近两种方式。“原点开关一侧”项定义使用原点上侧或下侧。“逼近速度”项定义在进入参考点区域时的速度。“回原点速度”项定义进入原点区域后，到达原点位置时的速度。“起始位置偏移量”项当原点开关位置和原点位置有差别时，在此输入距离原点的偏移量。轴以到达速度接近零位。在

MC_Home 语句的“位置”参数指定绝对参考点坐标。“原点位置”项定义原点坐标，原点坐标由 MC_Home 指令块的 Position 参数确定。

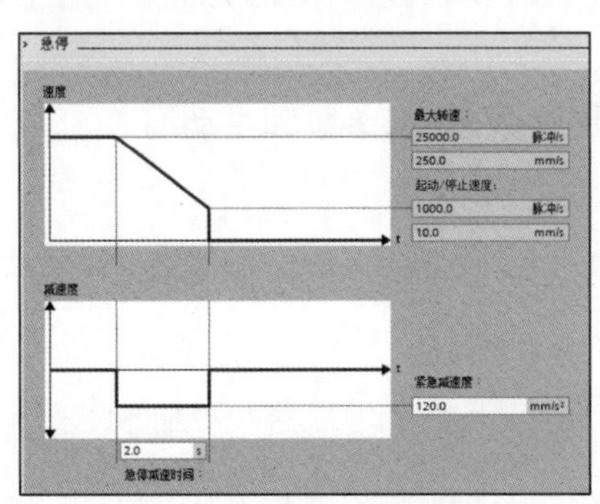

图 12-11 “急停”组态

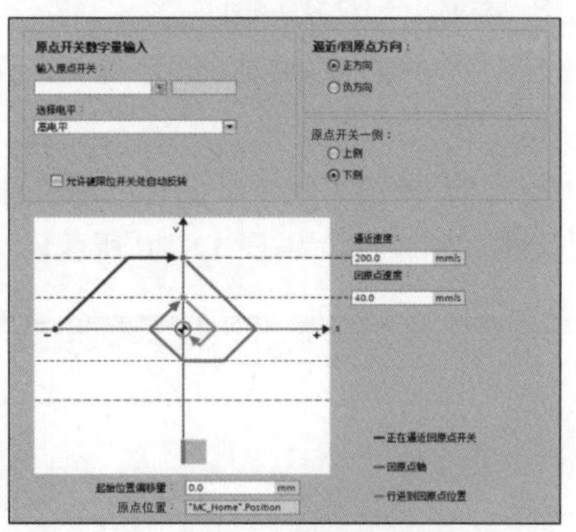

图 12-12 “回原点”组态

主动回原点（如图 12-12 所示）与被动回原点（如图 12-13 所示）是回原点模式中的两种方式。

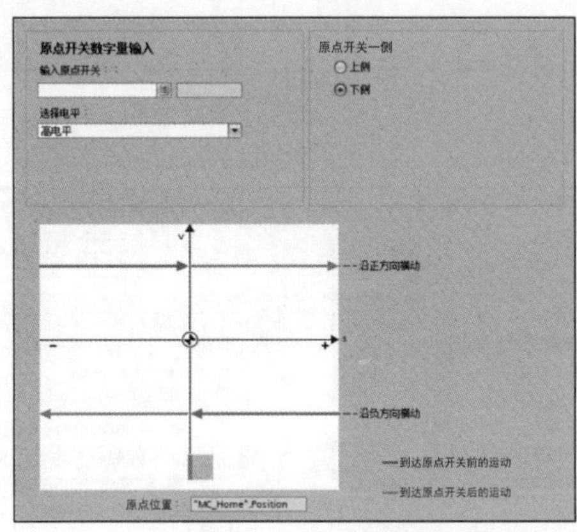

图 12-13 被动回原点组态

12.5 编程操作

1. 创建项目

在 TIA Portal 软件的项目视图中单击“项目”→“新建”，创建项目并命名为“伺服电动机 PLC 控制”。

微课
伺服电动机PLC控制——硬件组态及伺服调试

2. 硬件组态

在“伺服电动机 PLC 控制”项目中，添加新设备，选择适配的 PLC 并创建，完成硬件组态。

双击 PLC 进入其属性窗口，在“脉冲发生器”下选中“PTO1/PWM1”，激活脉冲 1，“信号类型”选择 PTO。如图 12-14 所示。PTO 脉冲为占空比 50% 的固定脉冲。

微课
轴组态参数详解

3. 添加工艺对象 – 轴

在工艺对象中添加轴，如图 12-15 所示，然后对伺服电动机进行组态，如图 12-16 所示。

组态轴，根据实际情况设置电动机基本参数、扩展参数、动态参数和主动回原点参数，如图 12-17~ 图 12-20 所示。

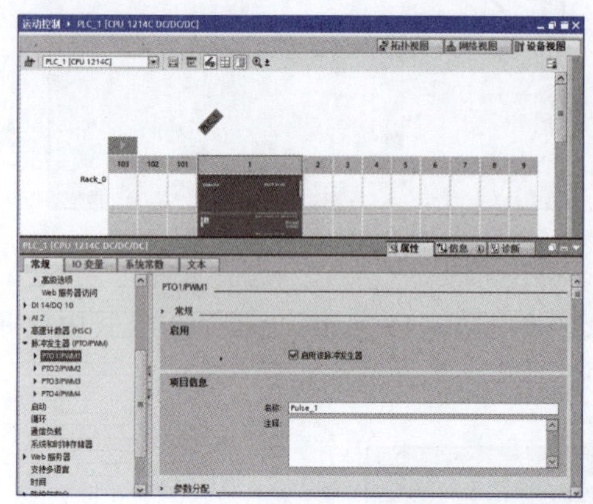

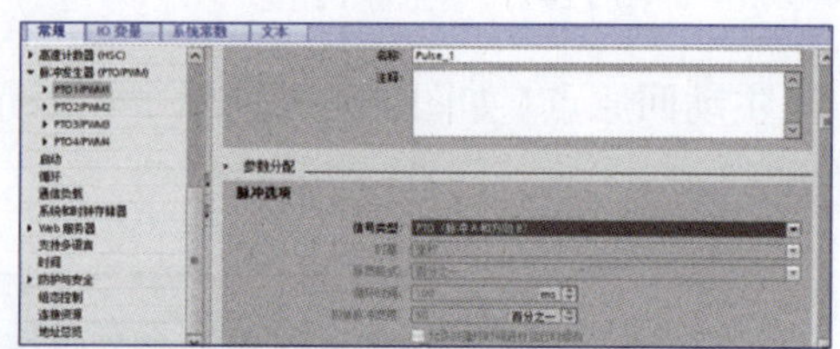

图 12-14　激活脉冲发生器

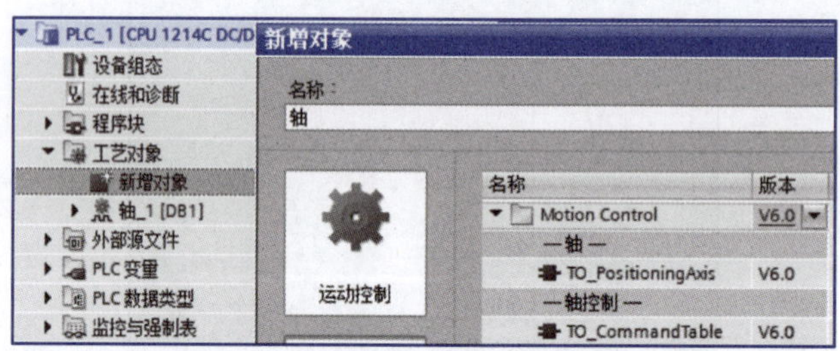

图 12-15　添加轴

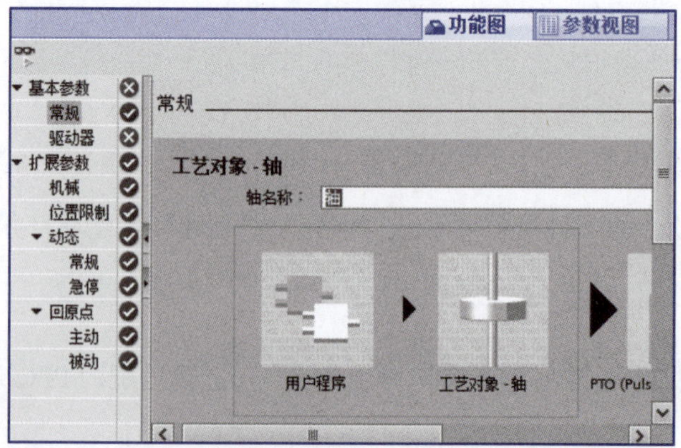

图 12-16　轴工艺界面

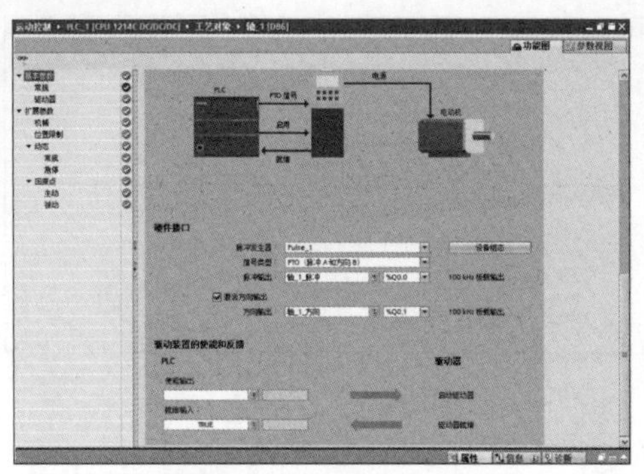

图 12-17 基本参数设置

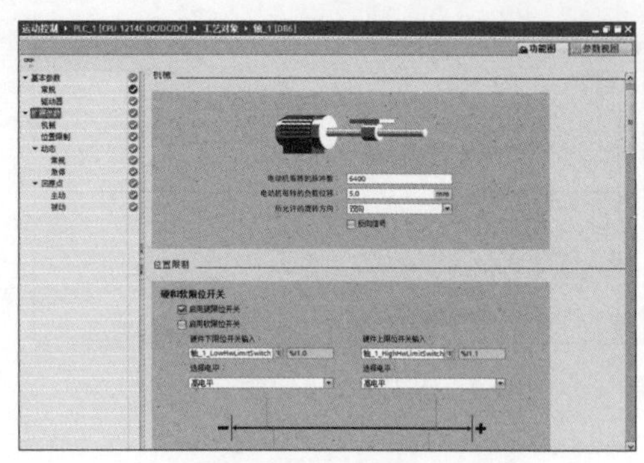

图 12-18 扩展参数设置

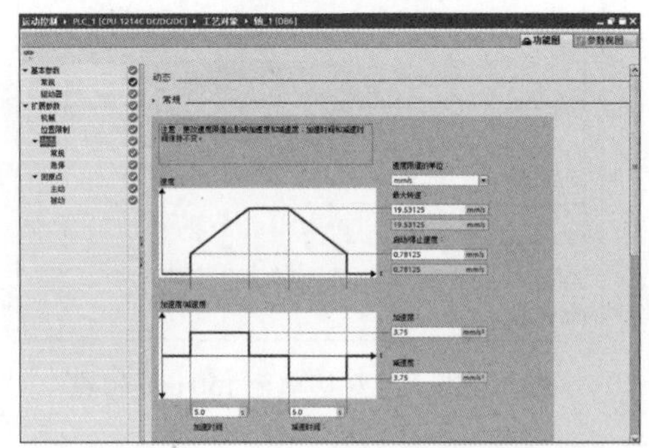

图 12-19 动态参数设置

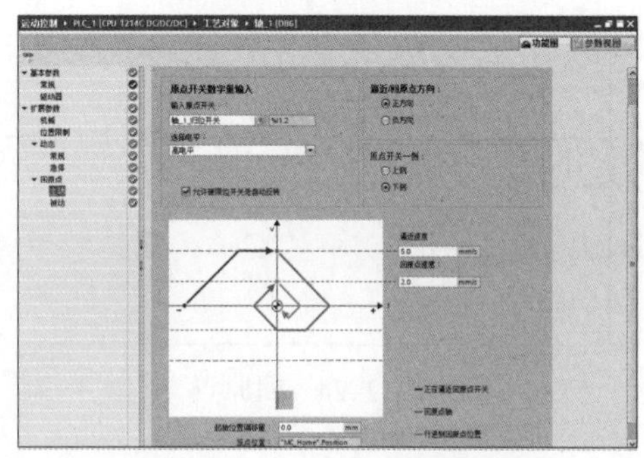

图 12-20 主动回原点参数设置

4. 轴调试

在工艺对象中找到组态好的轴，单击“调试”进入轴调试界面，如图 12-21 所示。

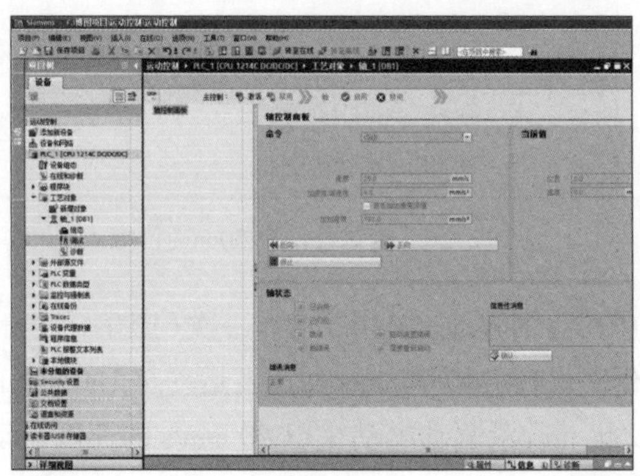

图 12-21 轴调试界面

微课
伺服电动机PLC控制——编写用户程序

先单击“激活”按钮，再单击“启用”按钮。然后在“命令”一栏中设置参数，单击“反向”“正向”“停止”，看实际轴是否动作。如有相应的动作后，说明组态成功，可以进入编程。

5. 编写用户程序

编写“伺服电动机 PLC 控制”程序，如图 12-22~ 图 12-26 所示。

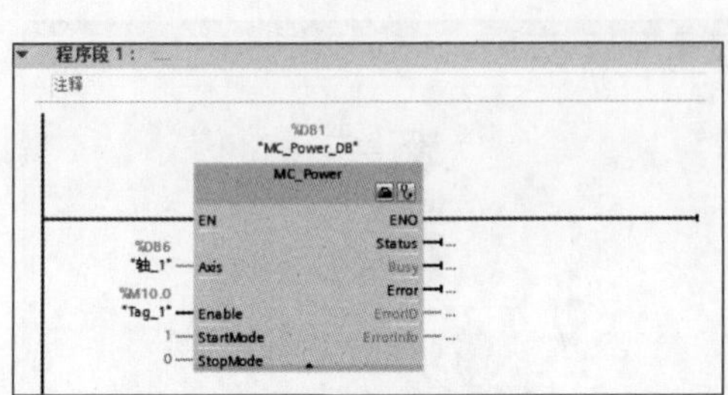

图 12-22　使能

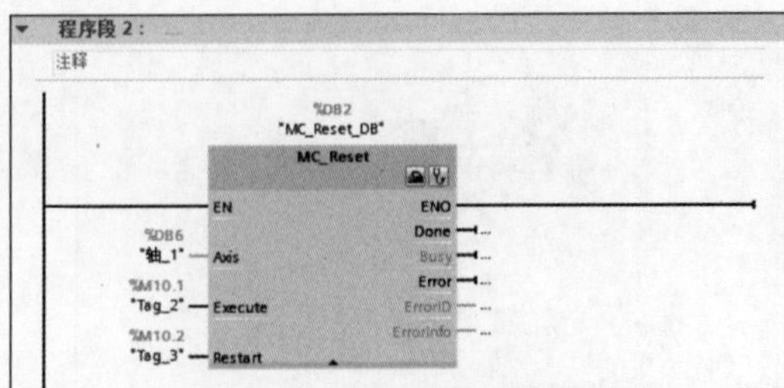

图 12-23　复位

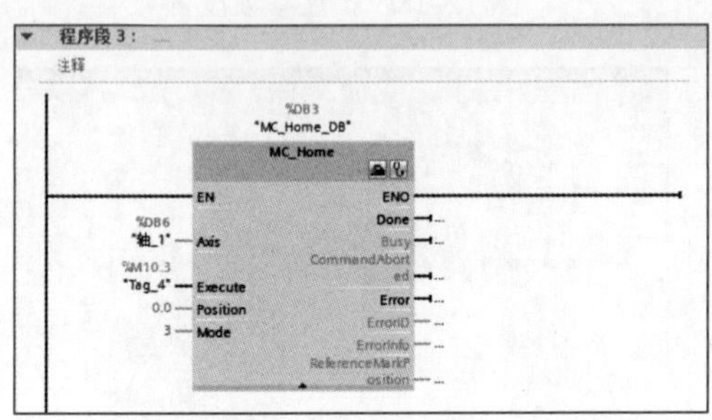

图 12-24　回原点

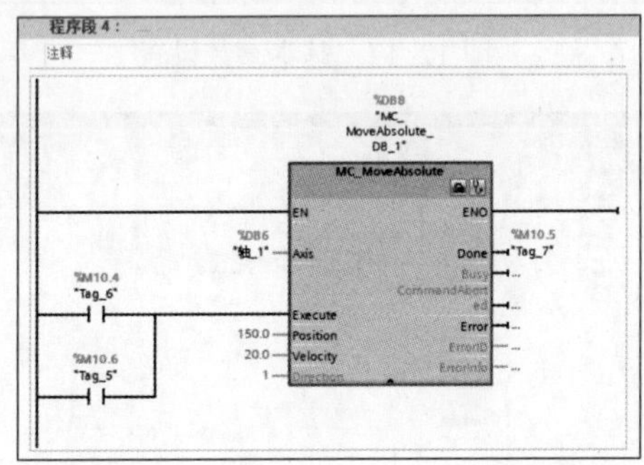

图 12-25　绝对移动至 150 mm 位置

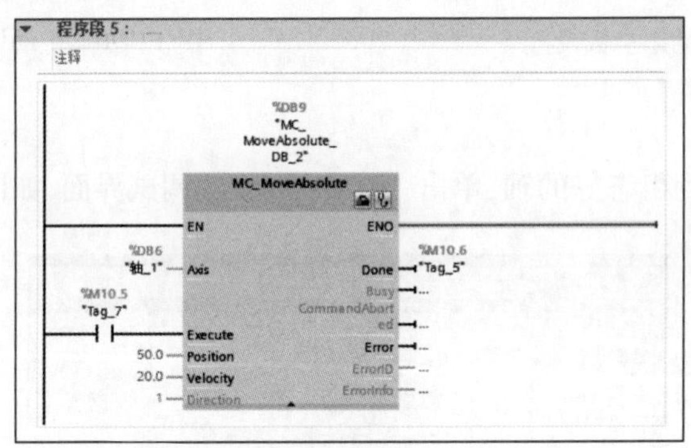

图 12-26　绝对移动至 50 mm 位置

程序解读：置位 M10.0 使轴起动。M10.3 动作一次（产生一个上升沿即可）轴按模式 3 方式回原点。M10.4 动作一次，轴以 20 mm/s 的速度运动至 150 mm 的位置。到达目标点后 M10.5 产生一个上升沿，此上升沿驱动电动机以 20 mm/s 的速度运动值 50 mm 的位置。到达目标位置后，M10.6 产生一个上升沿并驱动电动机运动至 150 mm 位置，如此往复。

课后习题

编写一段程序，要求：伺服电动机先正转 150 mm，达到目标位置后再反转 100 mm。采用相对位置控制。

第13章 运动物体的速度检测

通过运动物体的速度检测项目实例练习，掌握 HSC 和 PWM 指令的基本原理和使用方法。

13.1 学习目标

本章节主要学习以下内容：

1. 了解并掌握 HSC 和 PWM 指令基本用法；
2. 按下例要求完成运动物体的速度检测。

通过一个光电传感器来检测一个匀速运动物体的速度。

13.2 基础理论

高速计数器（HSC）功能提供高于 PLC 扫描周期速率的计数脉冲。此外，还可以组态 HSC 以测量或设置脉冲发生的频率和周期，如运动控制可以通过 HSC 读取电动机编码器信号。

13.2.1 高速计数器的基础知识

1. 计数类型

高速计数器模式的类型共有以下四种（当更改模式时，可用于 HSC 组态的选项也会更改）。

① 计数：计算脉冲次数并根据方向控制的状态递增或递减计数值。外部 I/O 可在指定事件上重置计数、取消计数、启动当前值捕获及产生单相计数脉冲。输出值为当前计数值且该计数值在发生捕获事件时产生。

② 周期（Period）：在指定的时间周期内计算输入脉冲的次数。返回脉冲的计数及持续时间（单位为纳秒，ns）。在频率测量周期指定的时间周期结束后，捕获并计算值。周期模式可用于 CTRL_HSC_EXT 指令，但不适用于 CTRL_HSC 指令。

③ 频率：测量输入脉冲和持续时间，然后计算出脉冲的频率。程序会返回一个有符号的双精度整数的频率（单位为 Hz）。如果计数方向向下，该值为负。在频率测量周期指定的

时间周期结束时，捕获并计算值。

④ 运动控制：用于运动控制工艺对象，不适用于 HSC 指令。

2. 工作模式

选择所需要的 HSC 工作模式。在更改计数值，出现当前值（CV）等于参考值（RV）事件及出现方向改变的事件时，将会显示以下四个值。

（1）单相

单相（不适用于运动控制）计数脉冲，如图 13-1 所示：

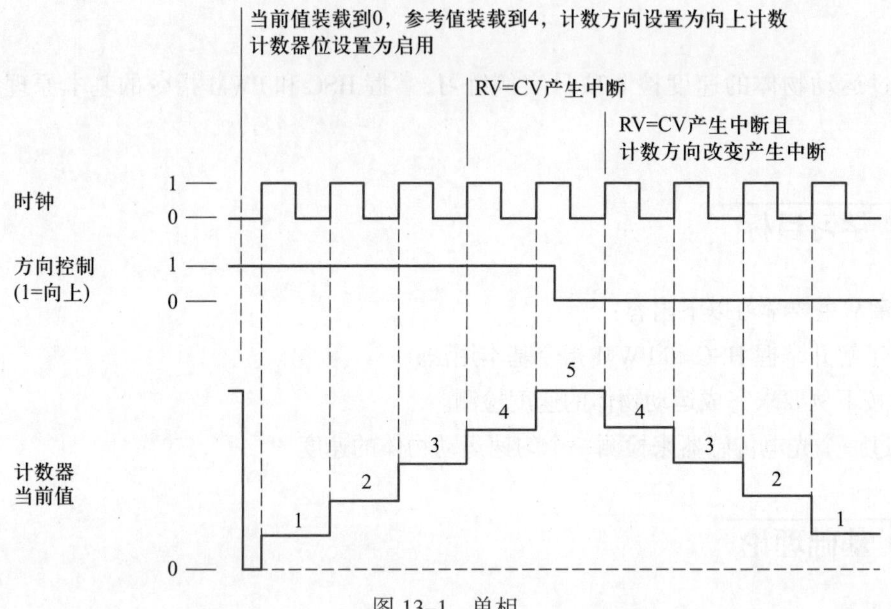

图 13-1　单相

① 用户程序（内部方向控制）："1" 为向上，"-1" 为向下。

② 硬件输入（外部方向控制）："高级" 为向上，"低级" 为向下。

（2）双相

双相，即两个相位计数：加计数时钟输入时，计数器向上计数，减计数时钟输入时，计数器向下计数，如图 13-2 所示。

（3）A/B 相

A/B 相正交计数：当 B 相时钟输入值低时，从 A 相时钟输入值的上升沿开始，计数器向上计数；当 B 相时钟输入值低时，从 A 相时钟输入值的下降沿开始，计数器向下计数，如图 13-3 所示。

（4）A/B 相正交四相

A/B 相正交四相计数，如图 13-4 所示。

① B 相时钟输入值低时，A 相时钟输入值的上升沿向上。

② B 相时钟输入值高时，A 相时钟输入值的下降沿向上。

③ A 相时钟输入值高时，B 相时钟输入值的上升沿向上。

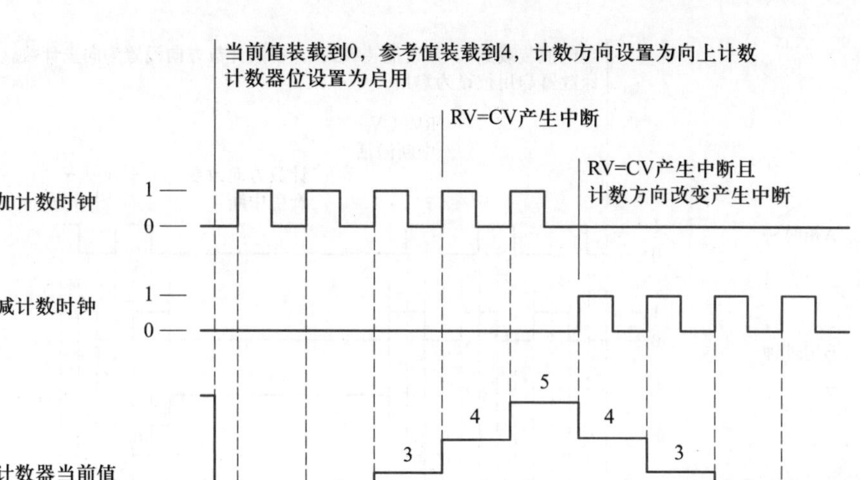

图 13-2 双相

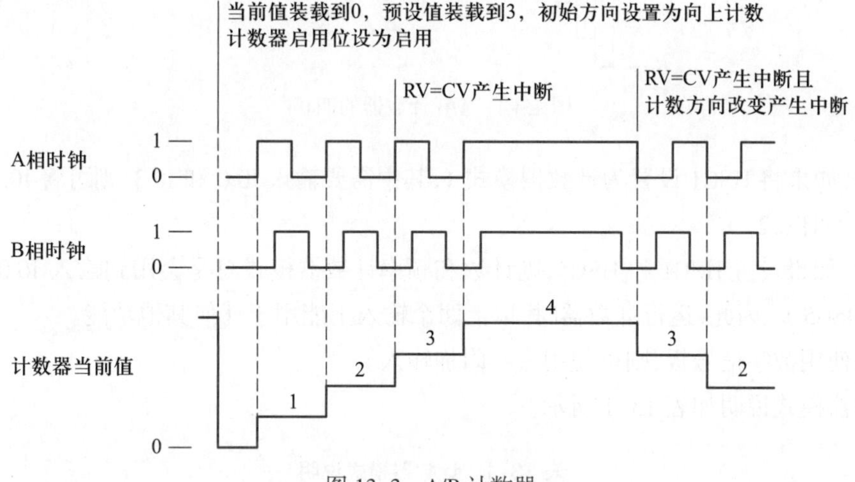

图 13-3 A/B 计数器

④ A 相时钟输入值低时，B 相时钟输入值的下降沿向上。

⑤ A 相时钟输入值低时，B 相时钟输入值的上升沿向下。

⑥ A 相时钟输入值高时，B 相时钟输入值的下降沿向下。

⑦ B 相时钟输入值高时，A 相时钟输入值的上升沿向下。

⑧ B 相时钟输入值低时，A 相时钟输入值的下降沿向下。

3. 计数器模式和计数器输入的相互依赖

用户不仅可以为高速计数器分配计数器模式和计数器输入，还可以为其分配一些功能，如时钟脉冲发生器、方向控制和复位等功能。

一个输入不能用于两个不同的功能；如果所定义的高速计数器的当前计数器模式不需要某个输入，则可将该输入用于其他用途。

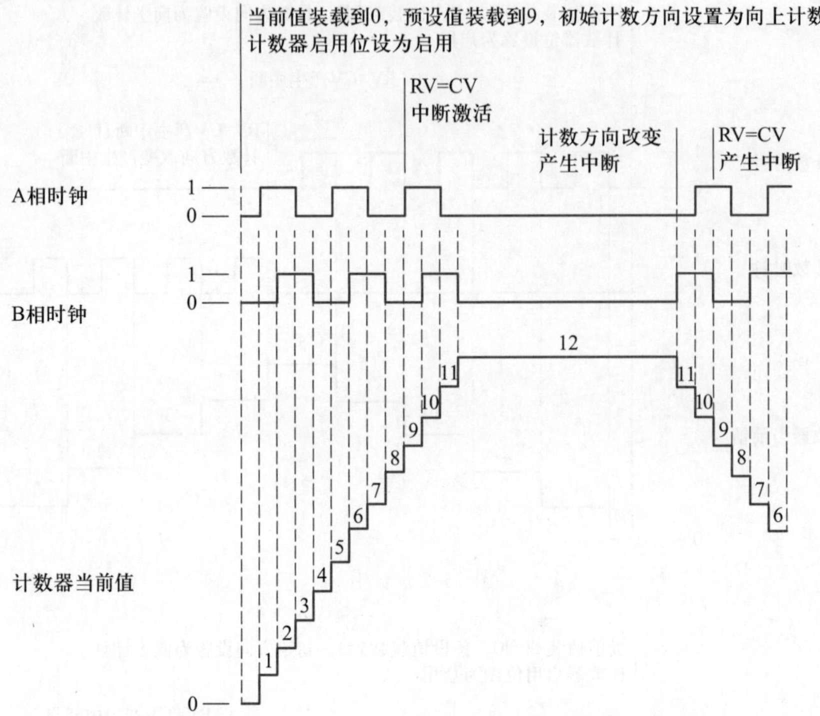

图 13-4　A/B 计数器的四相

例如，如果将 HSC1 设置为计数器模式 1，其中需要输入 I0.0 和 I0.3，则可将 I0.1 用于沿中断或用于 HSC2。

例如，如果设置 HSC1 和 HSC5，则计数和频率计数器模式总是会用到输入 I0.0（HSC1）和 I1.0（HSC5）。因此，运行计数器时，以上两个输入不能用于任何其他功能。

如果使用数字信号板，则可使用一些附加输入。

计数器模式说明如表 13-1 所示。

表 13-1　计数器模式说明

计数器模式	说明	输入		
	HSC1	I0.0（CPU） I4.0（信号板）	I0.1（CPU） I4.1（信号板）	I0.3（CPU） I4.3（信号板）
	HSC2	I0.2（CPU） I4.2（信号板）	I0.3（CPU） I4.3（信号板）	I0.1（CPU） I4.1（信号板）
	HSC3①	I0.4（CPU）	I0.5（CPU）	I0.7（CPU）
	HSC4（仅限 CPU 1212/14/15/17C）	I0.6（CPU）	I0.7（CPU）	I0.5（CPU）
	HSC5（仅限 CPU 1214/15/17C）②	I1.0（CPU） I4.0（信号板）	I1.1（CPU） I4.1（信号板）	I1.2（CPU） I4.3（信号板）
	HSC6（仅限 CPU 1214/15/17C）②	I1.3（CPU）	I1.4（CPU）	I1.5（CPU）

续表

计数器模式	说明	输入		
计数 / 频率	具有内部方向控制的单相计数器	时钟脉冲发生器	–	–
计数				复位
计数 / 频率	具有外部方向控制的单相计数器	时钟脉冲发生器	方向	–
计数				复位
计数 / 频率	具有 2 个时钟输入的双相计数器	正向时钟脉冲发生器	反向时钟脉冲发生器	–
计数				复位
计数 / 频率	A/B 计数器	时钟脉冲发生器 A	时钟脉冲发生器 B	–
计数				复位
运动轴	脉冲发生器 PWM/PTO	在使用 PTO1 和 PTO2 脉冲发生器时，HSC1 和 HSC2 支持运动轴计数模式： • 对于 PTO1，HSC1 评估 Q0.0 输出来确定脉冲数。 • 对于 PTO2，HSC2 评估 Q0.2 输出来确定脉冲数。Q0.1 用作运动方向输出。		

注：① HSC3 只能用于 CPU 1211，且没有复位输入。

② 如果使用 DI2/DO2 信号板，则 HSC5 和 HSC6 也可用于 CPU 1211/12。

4. 硬件输出点的分配

启用比较输出时，请选择可用的输出点。组态 HSC（或其他技术对象，如脉冲发生器）使用的输出点时，该输出点只能用于该对象。其他组件无法使用该输出点，并且这个输出点也无法强制设为某个值。为多个 HSC 组态单个输出通道或组态用于 HSC 和脉冲输出的单个输出通道时，程序会生成编辑器错误警告。

5. 硬件输入点分配

每次启用 HSC 输入时，在 CPU 或可选信号板上选择需要的输入点（通信与信号模块不支持 HSC 输入）。选择输入点时，TIAPortal 软件在选项旁显示最大频率值。数字量输入滤波器的设置可能需要调整，以便所有有效信号频率都可以通过滤波器。

对于设置为高速计数器（HSC）的输入，需要将输入滤波时间设置为适合的值以避免计数遗漏。建议的输入滤波时间如表 13-2 所示。

表 13-2　建议的输入滤波时间

HSC 的类型	建议的输入滤波时间
1 MHz	0.1 μs
100 kHz	0.8 μs
30 kHz	3.2 μs

按表 13-3 和表 13-4 设置最大频率，并确保连接的 CPU 和 SB 信号板输入通道可以支持过程信号中的最大脉冲速率。

表 13-3　CPU 输入最大频率

CPU	CPU 输入通道	运行阶段：单相或两个相位	运行阶段：A/B 计数器或 A/B 计数器的四相
1211C	Ia.0~Ia.5	100 kHz	80 kHz
1212C	Ia.0~Ia.5	100 kHz	80 kHz
	Ia.6，Ia.7	30 kHz	20 kHz
1214C 和 1215C	Ia.0~Ia.5	100 kHz	80 kHz
	Ia.6~Ib.5	30 kHz	20 kHz
1217C	Ia.0~Ia.5	100 kHz	80 kHz
	Ia.6~Ib.1	30 kHz	20 kHz
	Ib.2~Ib.5	1 MHz	1 MHz

表 13-4　SB 信号板输入最大频率（可选信号板）

SB 信号板	SB 输入通道	运行阶段：单相或两个相位	运行阶段：A/B 计数器或 A/B 计数器的四相
SB 1221，200 kHz	Ie.0~Ie.3	200 kHz	160 kHz
SB 1223，200 kHz	Ie.0，Ie.1	200 kHz	160 kHz
SB 1223	Ie.0，Ie.1	30 kHz	20 kHz

将输入点分配至 HSC 功能时，可将相同的输入点分配给多个 HSC 功能。例如，将 I0.3 分配给 HSC1 同步输入和 HSC2 同步输入来同步相同时间内的 HSC 计数为有效的组态，但是会生成编辑器错误警告。

尽可能避免将同一个 HSC 的多个输入功能分配至相同输入点。例如，可以有效组态为将 I0.3 分配至同步输入和 HSC1 门输入来同步计数并同时禁用计数。进行这样的组态可能会出现意外的结果。

6. HSC 输入存储器地址

CPU 将每个高速计数器的测量值，存储在输入过程映像区内，数据类型为 32 位双整型有符号数，用户可以在设备组态中修改存储地址，在程序中可直接访问这些地址，但由于输入过程映像区受扫描周期影响，读取到的值并不是当前时刻的实际值，在一个扫描周期内，此数值不会发生变化，但计数器中的实际值有可能会在一个周期内变化，用户无法读到此变化。用户可通过读取外设地址的方式，读取到当前时刻的实际值。以 ID1000 为例，其外设地址为“ID1000：P”。表 13-5 所示为 HSC 寻址列表。

表 13-5　HSC 寻址列表

高速计数器（HSC）	当前值数据类型	当前值默认地址
HSC1	DInt	ID 1000
HSC2	DInt	ID 1004
HSC3	DInt	ID 1008
HSC4	DInt	ID 1012
HSC5	DInt	ID 1016
HSC6	DInt	ID 1020

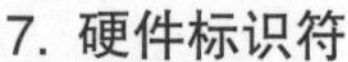

7. 硬件标识符

各 HSC 都有一个唯一的硬件标识符,用于 HSC_CTRL 及 HSC_CTRL_EXT 指令。在“系统常量”中能够找到硬件标识符的 PLC 变量。“HSC_1”的 HSC 变量名称为“Local~HSC_1”,数据类型为“Hw_Hsc”。选定 CTRL_HSC_EXT 指令的 HSC 输入值时,HSC 的变量也会在下拉菜单中显示。

8. 中断功能

S7-1200 PLC 在高速计数器中提供了中断功能,用以处理某些特定条件下触发的程序。共有 3 种中断事件:

① 当前值等于预置值。

② 使用外部信号复位。

③ 带有外部方向控制时,计数方向发生改变。

9. 频率测量

S7-1200 PLC 除了提供计数功能外,还提供了频率测量功能,有 3 种不同的频率测量周期:1.0 s,0.1 s 和 0.01 s。

频率测量周期的定义:计算并返回新的频率值的时间间隔。返回的频率值为上一个测量周期中所有测量值的平均,无论测量周期如何选择,测量出的频率值总是以 Hz(每秒脉冲数)为单位。

13.2.2 高速计数器指令

1. 控制高速计数器(CTRL_HSC_EXT)指令

CTRL_HSC_EXT 指令可替代早期的 CTRL_HSC 指令,其梯形图如图 13-5 所示,各参数说明如表 13-6 所示。所有 CTRL_HSC 指令功能及多个附加功能都可用 CTRL_HSC_EXT 指令实现。早期的 CTRL_HSC 指令仅能够与早期 S7-1200 PLC 项目兼容,不应在新项目中使用。

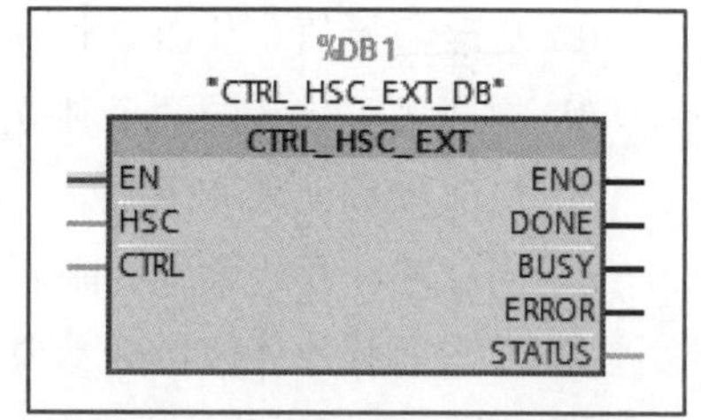

图 13-5 CTRL_HSC_EXT 指令梯形图

CTRL_HSC_EXT 指令需要使用指定背景数据块用于存储参数。CTRL_HSC_EXT 指令使用系统定义的数据结构(存储在用户自定义的全局背景数据块中)存储计数器数据。将 HSC_Count、HSC_Period 或 HSC_Frequency 数据类型作为输入参数分配给 CTRL_HSC_EXT 指令的 CTRL 引脚。

表 13-6 CTRL_HSC_EXT 指令参数说明

参数	声明	数据类型	描述
HSC	IN	HW_HSC	HSC 标识符
CTRL	IN_OUT	Variant	SFB 输入和返回数据
DONE	OUT	Bool	1= 表示 SFB 已完成。始终为 1,因为 SFB 为同步模式
BUSY	OUT	Bool	始终为 0,因为功能从未处于繁忙状态
ERROR	OUT	Bool	1= 表示错误
STATUS	OUT	Word	执行条件代码

2. CTRL_HSC_EXT 指令系统数据类型

HSC_Count、HSC_Period、HSC_Frequency 三种系统数据类型（SDT）仅用于 CTRL_HSC_EXT 指令的 CTRL 引脚。要想使用这些系统数据类型，需要创建用户数据块并添加与 HSC 组态模式（计数类型）对应的系统数据类型的对象。TIA Portal 软件的下拉菜单中不会显示这些数据类型。

HSC 的 SDT 输入用前缀“En”或“New”来表示。带有前缀“En”或“New”的输入启用 HSC 功能或更新相应参数。前缀“New”表示更新值。要使新值生效，相应“En”位必须为真且“New”值必须有效。当执行 CTRL_HSC_EXT 指令时，根据 HSC 组态模式输入和 CTRL 引脚处相应的 SDT 数据更新程序输出。

（1）HSC_Count

“HSC_Count”数据类型与用于为“计数”模式组态的 HSC 对应，HSC_Count 结构如表 13–7 所示。在计数模式提供以下功能：

① 访问当前脉冲计数。

② 在输入指令事件发生时，锁存当前脉冲计数。

③ 在输入指令事件发生时，将当前脉冲计数复位为起始值。

④ 访问状态位，说明发生特定 HSC 事件。

⑤ 使用软件或硬件输入禁用 HSC。

⑥ 使用软件或硬件输入更改计数方向。

⑦ 更改当前脉冲计数。

⑧ 更改起始值（当 CPU 切换到 RUN 状态或触发同步函数时使用）。

⑨ 更改用于比较的两个独立参考（或预置）值。

⑩ 更改计数上限和下限。

⑪ 当脉冲计数达到这些限制，更改 HSC 运行方式。

⑫ 在当前脉冲计数达到参考（预设）值时，生成硬件中断事件。

⑬ 当同步（复位）输入激活时，生成硬件中断事件。

⑭ 当计数方向随着外部输入发生改变时，生成硬件中断事件。

⑮ 在指定计数事件上生成单输出脉冲。

当事件发生且 CTRL_HSC_EXT 指令执行时，指令会设置状态位。

表 13–7　HSC_Count 结构

结构元素	声明	数据类型	描述
CurrentCount	输出	Dint	返回 HSC 的当前计数值
CapturedCount	输出	Dint	返回在指定输入事件上捕获的计数值
SyncActive	输出	Bool	状态位：同步输入已激活
DirChange	输出	Bool	状态位：计数方向已更改
CmpResult1	输出	Bool	状态位：CurrentCount 等于发生的 Reference1 事件
CmpResult2	输出	Bool	状态位：CurrentCount 等于发生的 Reference2 事件

续表

结构元素	声明	数据类型	描述
OverflowNeg	输出	Bool	状态位：CurrentCount 达到最低下限值
OverflowPos	输出	Bool	状态位：CurrentCount 达到最高上限值
EnHSC	输入	Bool	当为真时，启用 HSC，进行计数脉冲；当为假时，禁用计数功能
EnCapture	输入	Bool	当为真时，启用捕获输入；当为假时，捕获输入无效
EnSync	输入	Bool	当为真时，启用同步输入，当为假时，同步输入无效
EnDir	输入	Bool	启用 NewDirection 值生效
EnCV	输入	Bool	启用 NewCurrentCount 值生效
EnSV	输入	Bool	启用 NewStartValue 值生效
EnReference1	输入	Bool	启用 NewReference1 值生效
EnReference2	输入	Bool	启用 NewReference2 值生效
EnUpperLmt	输入	Bool	启用 NewUpperLimit 值生效
EnLowerLmt	输入	Bool	启用 New_Lower_Limit 值生效
EnOpMode	输入	Bool	启用 NewOpModeBehavior 值生效
EnLmtBehavior	输入	Bool	启用 NewLimitBehavior 值生效
EnSyncBehavior	输入	Bool	不使用此值
NewDirection	输入	Int	计数方向：1= 加计数；-1= 减计数；所有其他值保留
NewOpModeBehavior	输入	Int	正在溢出的 HSC：1=HSC 停止计数（HSC 必须禁用并重新启用才能继续计数）；2=HSC 继续操作；所有其他值保留
NewLimitBehavior	输入	Int	正在溢出的 CurrentCount 值的结果：1= 将 CurrentCount 设置为相反限值；2= 将 CurrentCount 设置为开始值；所有其他值保留
NewSyncBehavior	输入	Int	不使用此值
NewCurrentCount	输入	Dint	CurrentCount 值
NewStartValue	输入	Dint	StartValue：HSC 初始值
NewReference1	输入	Dint	Reference1 值
NewReference2	输入	Dint	Reference2 值
NewUpperLimit	输入	Dint	计数上限值
New_Lower_Limit	输入	Dint	计数下限值

（2）HSC_Frequency

"HSC_Frequency" 数据类型与用于为 "频率" 模式组态的 HSC 对应。利用 CTRL_HSC_EXT 指令，程序可以按指定时间周期访问指定高速计数器的输入脉冲数量。各参数请参见 PLC 产品手册说明。

（3）HSC_Period

"HSC_Period" 数据类型与用于为 "周期" 模式组态的 HSC 对应。利用 CTRL_HSC_EXT 指令，程序可以按指定测量间隔访问输入脉冲数量。此指令允许用高纳秒精度计算输入脉冲之间的时间间隔。各参数请参见 PLC 产品手册说明。

13.2.3　PWM

S7-1200 PLC 与其他西门子的 PLC 类似，也具有 PWM（脉冲宽度调制）功能，可以为用户提供占空比可调的脉冲输出串。

PWM 是一种周期固定、脉宽可调节的脉冲输出。PWM 功能使用数字量输出，但其输出控制方面的功能与模拟量输出类似，如它可以控制电动机的转速、阀门的转角等。S7-1200PLC 提供了两个输出通道用于高速脉冲输出，分别可组态为 PTO 或 PWM。PTO 的功能只能由运动控制指令实现，PWM 功能使用 CTRL_PWM 指令块实现。一个通道只能被组态为 PTO 或 PWM 功能。

脉冲宽度可表示为脉冲周期的百分之几、千分之几、万分之几或 S7 Analog（模拟量）形式，脉宽的范围可从 0（无脉冲，数字量输出为 0）到全脉冲周期（无脉冲，数字量输出为 1）。

用户在使用 PWM 功能时，务必确认采用 DC/DC/DC 类型的 CPU，继电器输出类型的 S7-1200 CPU 本体 DO 不能使用 PWM 功能（可以通过扩展 SB 信号板来实现 PWM 功能）。由于继电器的机械特性，在输出频率较快的脉冲时会影响继电器的寿命。

1. 脉冲输出的作用

由于 PWM 输出可从 0 到满刻度变化，因此可提供在许多方面都与模拟输出相同的数字输出。例如，PWM 输出可用于控制电动机的速度，速度范围可以是从停止到全速；也可用于控制阀的位置，位置范围可以是从闭合到完全打开。脉冲发生器的默认输出分配如表 13-8 所示。

表 13-8　脉冲发生器的默认输出分配

名称	输出分配	脉冲	方向	名称	输出分配	脉冲	方向
PTO1	内置输入 / 输出	Q0.0	Q0.1	PTO3	内置输入 / 输出	Q0.4	Q0.5
	SB 输入 / 输出	Q4.0	Q4.1		SB 输入 / 输出	Q4.0	Q4.1
PWM1	内置输出	Q0.0	—	PWM3	内置输出	Q0.4	—
	SB 输出	Q4.0	—		SB 输出	Q4.1	—
PTO2	内置输入 / 输出	Q0.2	Q0.3	PTO4	内置输入 / 输出	Q0.6	Q0.7
	SB 输入 / 输出	Q4.2	Q4.3		SB 输入 / 输出	Q4.2	Q4.3
PWM2	内置输出	Q0.2	—	PWM4	内置输出	Q0.6	—
	SB 输出	Q4.2	—		SB 输出	Q4.3	—

① CPU 1211C 没有 Q0.4、Q0.5、Q0.6 或 Q0.7。因此，这些输出不能在 CPU 1211C 中使用。

② CPU 1212C 没有 Q0.6 或 Q0.7。因此，这些输出不能在 CPU 1212C 中使用。

③ 表 13-8 适用于 CPU 1211C、CPU 1212C、CPU 1214C、CPU 1215C 以及 CPU 1217C PTO/PWM 功能。

2. CTRL_PWM（脉宽调制）指令

CTRL_PWM 指令用于提供占空比可变的固定循环时间输出，其梯形图如图 13-6 所示，参数说明如表 13-9 所示。

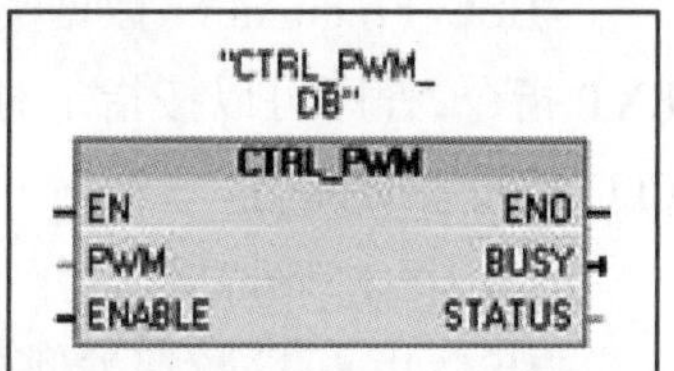

图 13-6　CTRL_PWM（脉宽调制）指令梯形图

PWM 输出以指定频率(循环时间)启动之后将连续运行,脉冲宽度会根据需要进行变化以影响所需的控制。

表 13-9 参数说明

参数和类型		数据类型	说明
PWM	IN	HW_PWM	PWM
		(Word)	标识符:已启用的脉冲发生器的名称将变为“常量”(constant)变量表中的变量,并可用作 PWM 参数。(默认值:0)
ENABLE	IN	Bool	1= 启动脉冲发生器
			0= 停止脉冲发生器
BUSY	OUT	Bool	功能忙(默认值:0)
STATUS	OUT	Word	执行条件代码(默认值:0)

13.3 编程操作

1. 创建项目

在 TIA Portal 软件的项目视图中,单击“项目”→“新建”,创建项目并命名为“运动物体的速度检测”。

2. 硬件组态

在“运动物体的速度检测”项目中添加设备,选择适配的 PLC,双击 CPU 切换至其属性界面,如图 13-7 所示。

微课
运动物体的速度检测——硬件组态

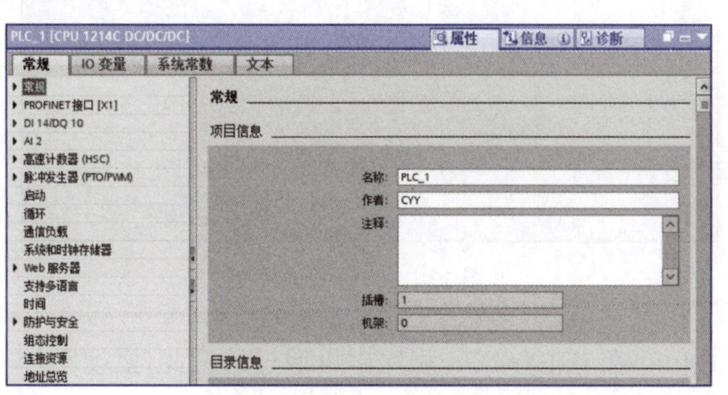

图 13-7 CPU 属性界面

① 对高速计数器进行组态:选中“HSC1”,勾选“启用该高速计数器”,如图 13-8 所示。

设置高速计数器的功能,如图 13-9 所示。

勾选“外部门输入”,并选择“高电平有效”,如图 13-10 所示。

分配硬件输入地址,包括“时钟发生器输入”和“门输入”(按实际接线确定),如图 13-11 所示。

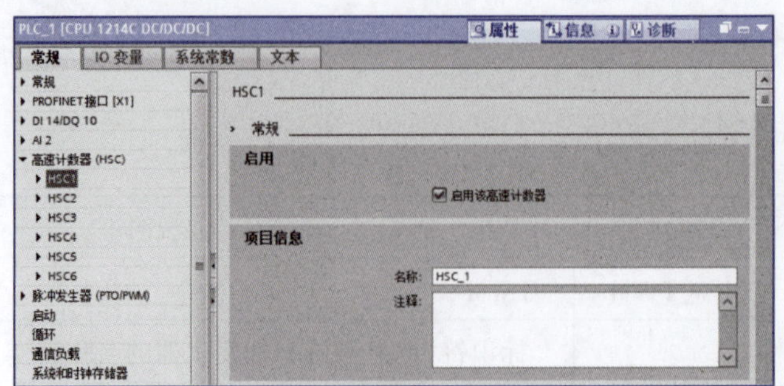

图 13-8　激活高速计数器

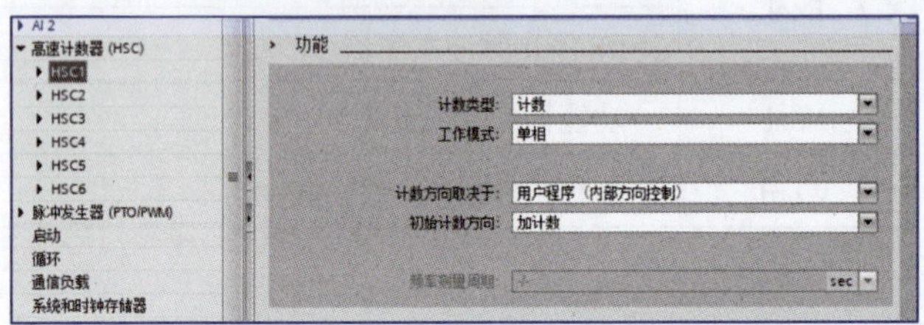

图 13-9　设置高速计数器的功能

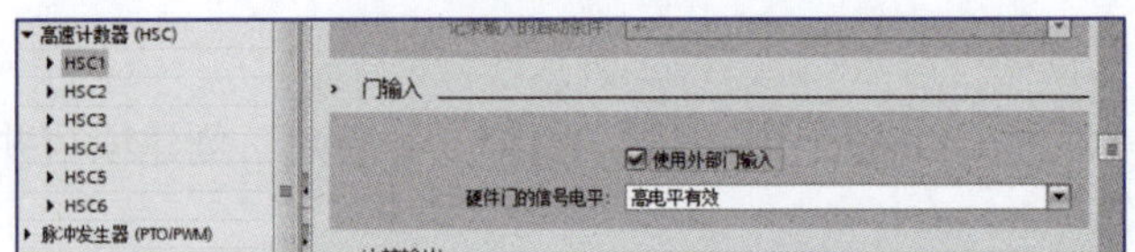

图 13-10　门输入

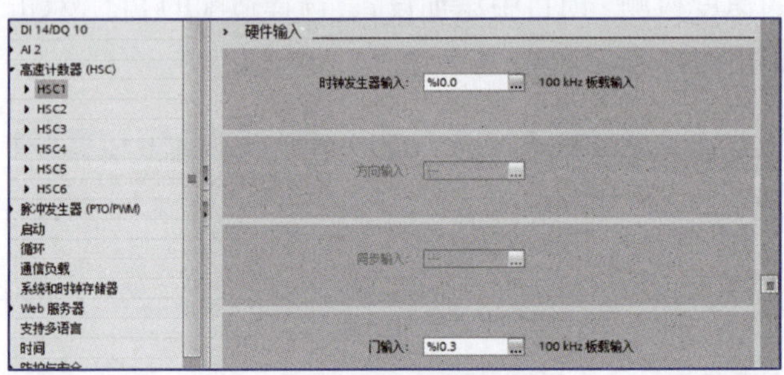

图 13-11　分配地址

高速计数器计数值存在 ID1000 中（程序中可通过访问此地址获得高速计数器计数值，访问外设地址 ID1000：P 计数值更精确），如图 13-12 所示。

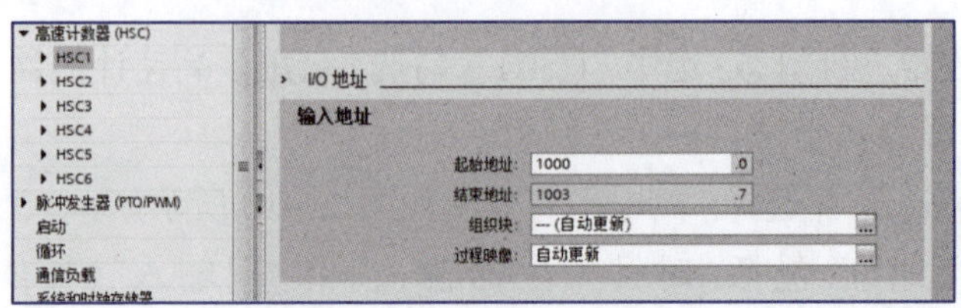

图 13-12　高速计数器返回值地址

② 对 PWM 脉冲进行组态:选中“POT1/PWM1”,勾选“启用脉冲发生器”,如图 13-13 所示。

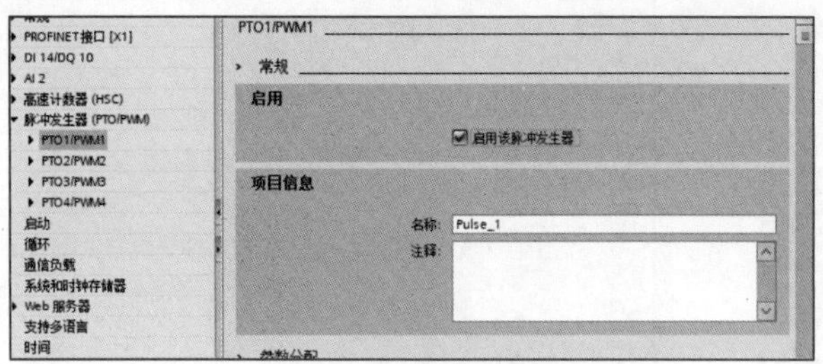

图 13-13 启用脉冲发生器

“POT1/PWM1”的“脉冲选项”按图 13-14 设置。

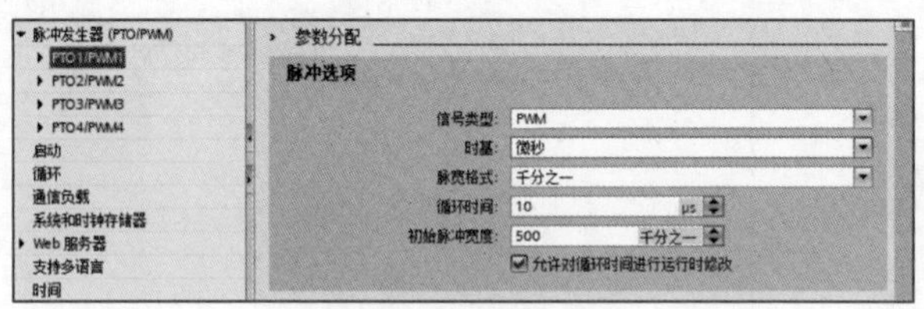

图 13-14 脉冲选项

“POT1/PWM1”的“脉冲输出”按图 13-15 设置。

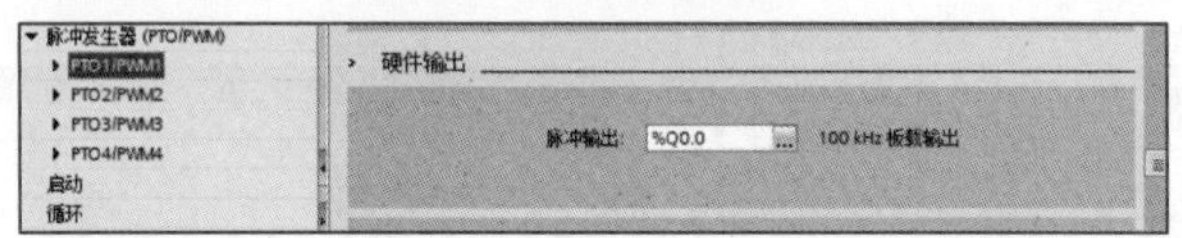

图 13-15 脉冲输出地址

③ 组态通道:将通道 0 和通道 3 输入滤波器值改为 0.8 μs,注意单位 μs,如图 13-16 所示。此值小于信号持续时间即可。脉冲信号周期为 10 μs,占空比为 50% 所以高电平的持续时间为 5 μs,即输入滤波器值小于 5 μs 即可。

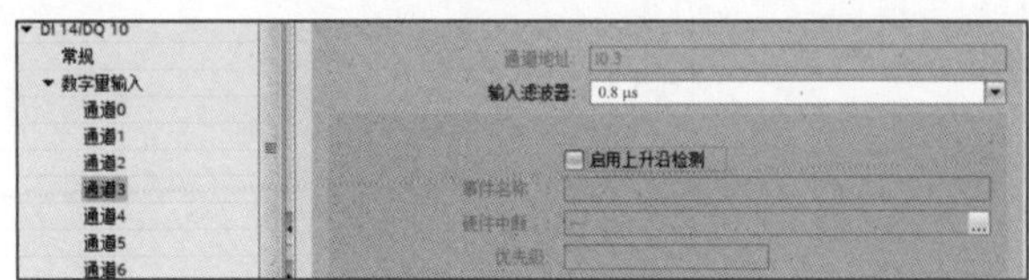

图 13-16 通道

微课 运动物体的速度检测——建立数据块及变量表

3. 建立数据块及变量表

在 PLC1 下新建一个全局数据块命名为“运动物体的速度检测”,在“运动物体的速度检测”下新建一个名称为“hsc”,数据类型为“hsc_count”的变量。展开此变量,将参数“EnHsc”的“起始值”设置为 1,如图 13-17 所示。

继续添加数据块中的变量(注意起始值),如图 13-18 所示。

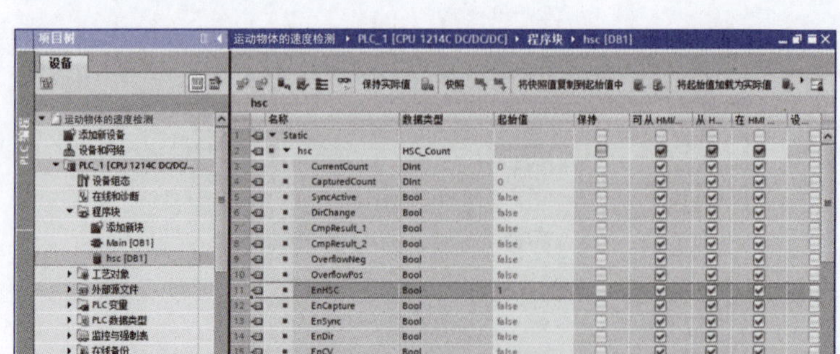

图 13-17　HSC_Count

图 13-18　添加数据块中的变量

建立变量表，如图 13-19 所示。

图 13-19　变量表

4. 编写程序

微课
运动物体的速度检测——编写用户程序

编写“运动物体的速度检测”项目程序，如图 13-20 所示。

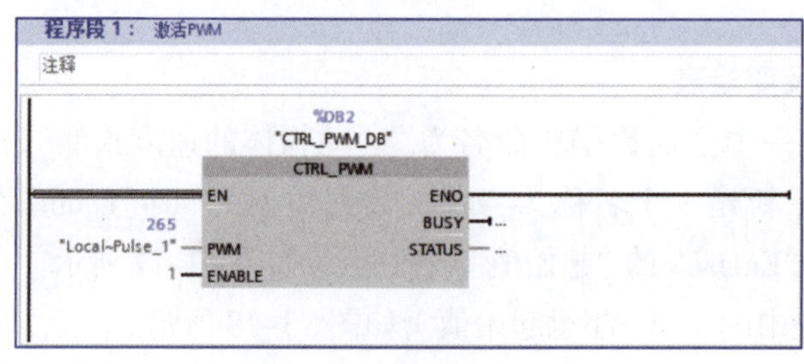

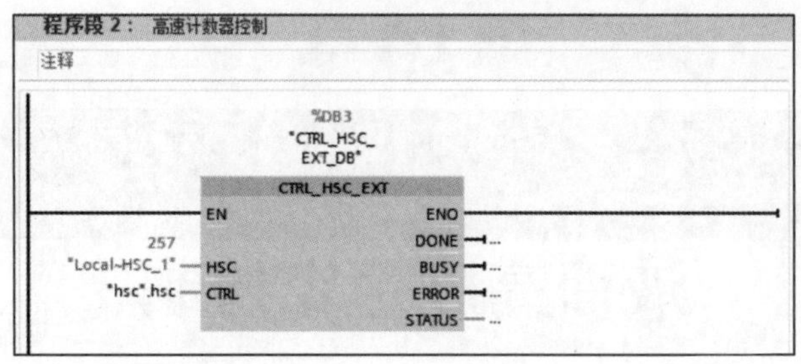

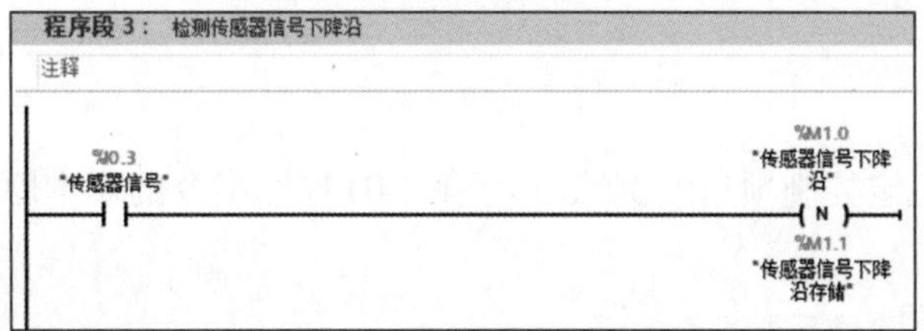

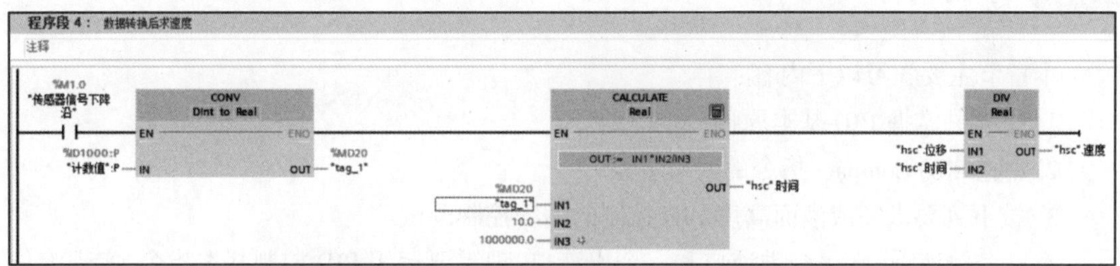

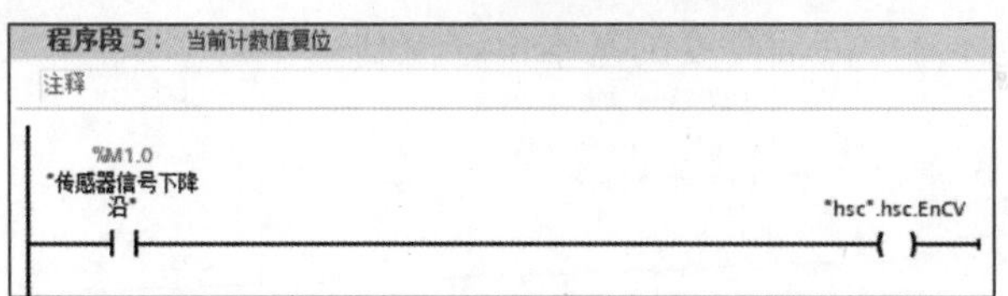

图 13-20 “运动物体的速度检测”项目程序

课 后 习 题

1. 高速计数器的 4 种工作模式为________________________________。
2. 高速计数器的 3 种计数类型为______________________。
3. HSC1 寻址的默认地址为________,数据类型为________,占________字节。
4. 简述为什么需要高速计数器。
5. 通过访问________可以查询精确的高速计数器当前值。此地址为________。
6. PWM 脉冲和 PTO 脉冲的区别是什么？

第14章 液面高度恒定控制

通过液面高度恒定控制项目实例练习，了解 PID 控制指令的基本原理和使用方法。

14.1 学习目标

本章节主要学习以下内容：

1. 了解并掌握 PID 基本原理；
2. 熟悉 PID Compact 指令的使用步骤；
3. 按下列要求完成液面高度 PID 控制的编程控制调试。

有一个储液罐，有一个进液口和一个出液口，现需要运用 PID 控制基本指令，实现液位 PID 控制场景中的液体罐中液面高度的基本恒定控制。

14.2 基础理论

目前，PID（比例 / 积分 / 微分）控制器或智能 PID 控制器（仪表）已经很多，各种各样的 PID 控制器产品已在工程实际中得到了广泛的应用。PID 控制器包括：利用 PID 控制实现的压力、温度、流量、液位控制器，能实现 PID 控制功能的可编程序控制器（PLC），还有可实现 PID 控制的 PC 系统等。可编程序控制器（PLC）是利用其闭环控制模块来实现 PID 控制。

PID 控制适用于温度、压力、流量等物理量，是工业现场中应用最为广泛的一种控制方式，其原理是，对被控对象设定一个给定值，然后将实际值测量出来，并与给定值比较，将其差值送入 PID 控制器，PID 控制器按照一定的运算规律，计算出结果，即为输出值，送到执行器进行调节，其中的 P、I、D 指的是比例、积分、微分，是一种闭环控制算法。通过这些参数，可以使被控对象追随给定值变化并使系统达到稳定，自动消除各种干扰对控制过程的影响。

14.2.1 PID 算法

PID 控制器会测量两次调用之间的时间间隔并评估监视采样时间的结果。每次进行模式切换时以及初始启动期间都会生成采样时间的平均值，该值用作监视功能的参考并用于

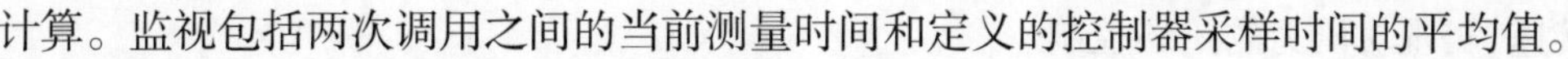

计算。监视包括两次调用之间的当前测量时间和定义的控制器采样时间的平均值。

PID 控制器的输出值由三个分量组成：

P（比例）：如果通过“P”分量计算，则输出值与设定值和过程值（输入值）之差成比例。

I（积分）：如果通过“I”分量计算，则输出值与设定值和过程值（输入值）之差的持续时间成比例增加，以最终校正该差值。

D（微分）：如果通过“D”分量计算，输出值与设定值和过程值（输入值）之差的变化率成函数关系，并随该差值的变化加快而增大，从而根据设定值尽快矫正输出值。

例如 PID 控制器使用以下公式来计算 PID_Compact 指令的输出值：

$$y=K_P\left[(b\cdot w-x)+\frac{1}{T_I\cdot s}(w-x)+\frac{T_D\cdot s}{a\cdot T_D\cdot s+1}(c\cdot w-x)\right]$$

式中，y 为输出值；x 为过程值；w 为设定值；s 为拉普拉斯算子；K_P 为比例增益（P 分量）；T_I 为积分作用时间（I 分量）；T_D 为微分作用时间（D 分量）；a 为微分延迟系数（D 分量）；b 为比例作用加权（P 分量）；c 为微分作用加权（D 分量）。

14.2.2 模拟量处理及 PID 功能

基于 PLC 的 PID 模拟量闭环控制系统如图 14-1 所示。其中，被控量 $c(t)$ 是连续变化的模拟量信号（如距离、压力、温度、流量、转速等），多数执行机构（如电动调节阀和变频器等）要求 PLC 输出模拟量信号，而 PLC 的 CPU 只能处理数字量信号，故 $c(t)$ 首先被测量元件（传感器和变送器）转换为标准量程的直流电流信号或直流电压信号 $pv(t)$，如 4–20 mA，1–5 V，0–10 V 等，PLC 通过 A/D 转换器将它们转换为数字量 $pv(n)$。图 14-1 中点画线框的部分都是由 PLC 实现的。

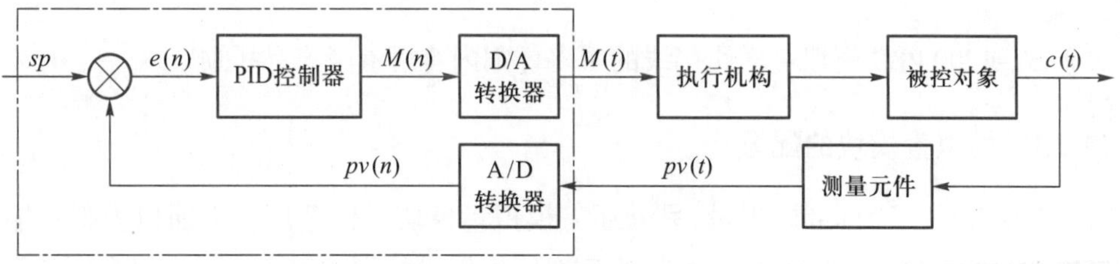

图 14-1 模拟量闭环控制系统框图

图 14-1 中，sp 是给定值，$pv(n)$ 为 A/D 转换后的实际值，通过控制器中对给定值与实际值的误差 $e(n)$ 的 PID 运算，经 D/A 转换后去控制执行机构，进而使实际值趋近于给定值。

例如，在压力闭环控制系统中，由压力传感器检测罐内压力，压力变送器将传感器输出的微弱的电压信号转换为标准量程的电流或电压，然后送给模拟量输入模块，经 A/D 转换后得到与压力成比例的数字量，CPU 将它与压力给定值进行比较并按某种控制规律（如 PID 控制算法或其他智能控制算法等）对误差值进行运算，将运算结果（数字量）送给模拟量输出模块，经 D/A 转换后变为电流信号或电压信号，用来控制变频器的输出频率，进而控制电动机的转速，实现对压力的闭环控制。

S7-1200 PLC 提供了多达 16 个 PID 控制器，可同时进行回路控制，用户可手动调试参数，也可使用自整定功能，即由 PID 控制器自动调试参数。另外 TIA Portal 软件还提供了调试面板，用户可直观地了解 PID 控制器及被控对象的状态。

14.2.3　模拟量输入 / 输出接线

S7-1200 PLC 模拟量模块的 2 线制接线和 4 线制接线如图 14-2 所示。2 线制的两根线既传输电源又传输信号，即传感器输出的负载和电源是串联在一起的，电源是从外部引入的，和负载串联在一起来驱动负载。四线制有两根电源线和两根信号线，电源和信号是分开工作的。

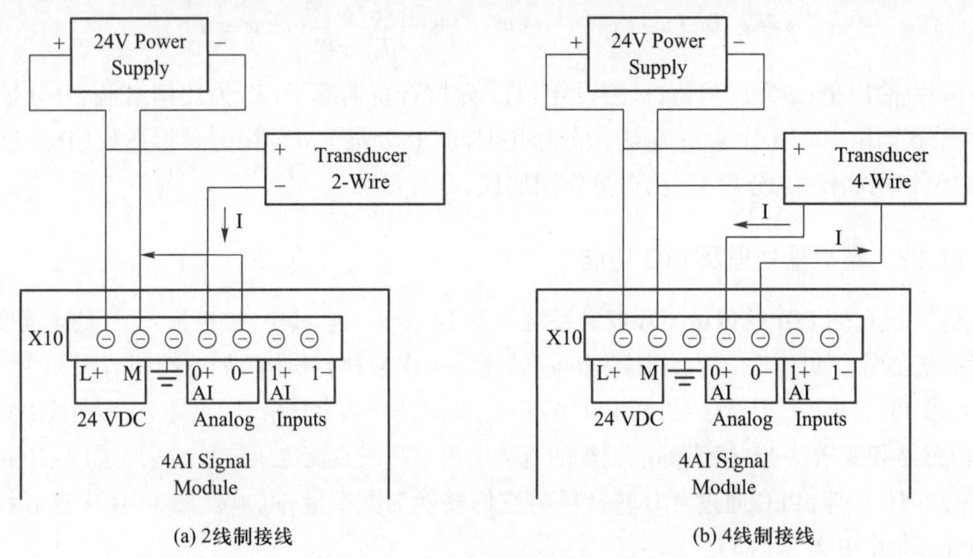

图 14-2　2 线制接线和 4 线制接线

关于 S7-1200 PLC 模拟量模块接线的更多详细内容可参考产品手册。

14.2.4　模拟量模块的配置

S7-1200 PLC 一般自带模拟量，另外还有模拟量模块可供选用。下面以模拟量输入 / 输出模块 SM1234 AI4 × 13/AQ2 × 14 Bit 为例介绍模拟量的硬件组态。通常每个模拟量模块或通道可以测量不同的信号类型和范围，要参考产品手册正确地进行接线，以免损坏模块，PLC 接线图如图 14-3 所示。

硬件接线设定了模拟量模块的测量类型和范围后，还需要在 TIA Portal 软件中对模块进行参数设定。必须在 CPU 为“停止”模式时才能设置参数并下载到 CPU 中。当 CPU 由“停止”模式转换为“运行”模式后，CPU 即将设定的参数传送到每个模拟量模块中。

在项目视图中打开“设备配置”，单击选中模拟量模块，此处选择模拟量输入 / 输出模块“SM1234 AI4 × 13/AQ2 × 14 Bit”，模拟量模块如图 14-4 所示。模拟量模块的属性对话框如图 14-5 所示，其中，包含“常规”“模拟输入”和“模拟输出”几个选项，“常规”项给出了该模块的描述、名称、订货号和注释等，“IO 地址 / 硬件标识符”项给出了输入 / 输出通道的地址，可以自定义通道地址。

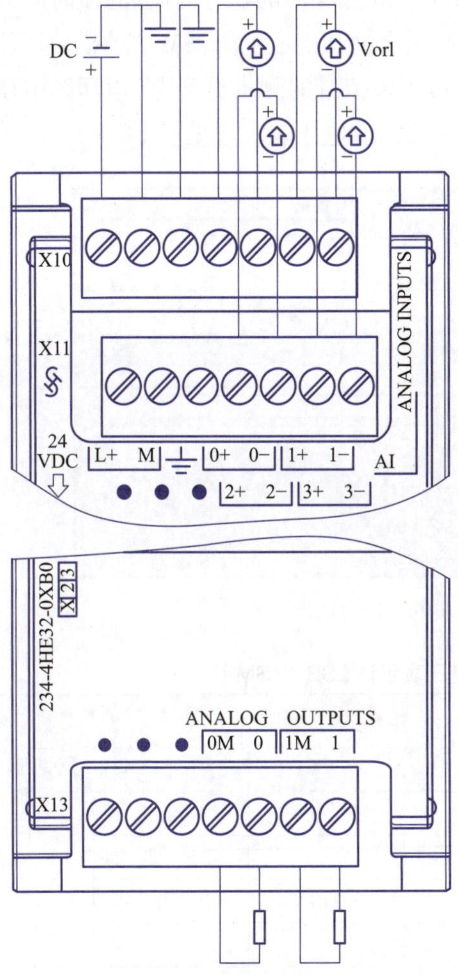

图 14-3 PLC 接线图

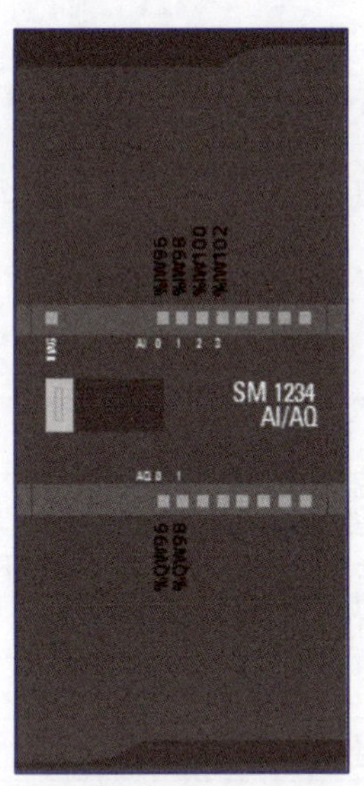

图 14-4 SM 1234 AI4/AQ2

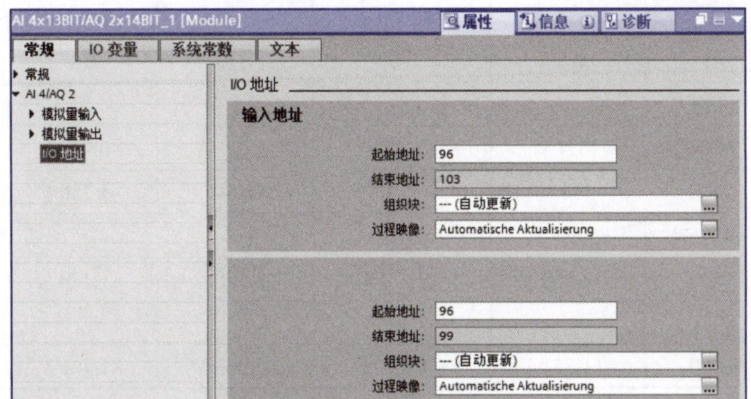

图 14-5 模拟量模块

在图 14–6 所示 AI4+AQ2 模拟量模块的属性对话框的“模拟量输入”项中，采用插入式端子排；输入参数为 13 位，2.5 V、5 V、10 V，0/4~20 mA；可选择频率抑制；可选择滤波；诊断可组态。根据模块类型及控制要求可以设置用于降低噪声的积分时间、滤波时间以及启用溢出诊断和下溢诊断等。在此设置模拟量的测量类型和电压范围，SM1234 模块所能测量的各种模拟输入量类型。如图 14–6 所示，此处设置模拟量的测量类型为“电压”，电压范围为“+/–10 V”，要与实际变送器量程相符。模拟量输入的电压表示法见表 14–1。

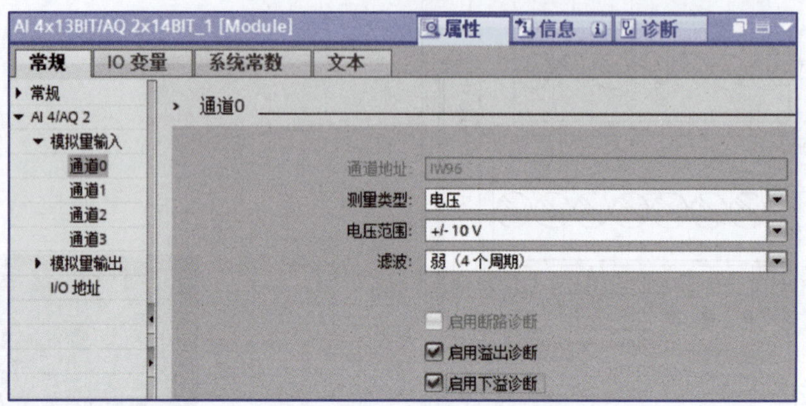

图 14–6　模拟量模块的属性对话框

表 14–1　模拟量输入的电压表示法（SB 和 SM）

系统		电压测量范围				
十进制	十六进制	± 10 V	± 5 V	± 2.5 V	± 1.25 V	
32767	7FFF*	11.851 V	5.926 V	2.963 V	1.481 V	上溢
32512	7F00					上溢
32511	7EFF	11.759 V	5.879 V	2.940 V	1.470 V	过冲范围
27649	6C01					过冲范围
27648	6C00	10 V	5 V	2.5 V	1.250 V	额定范围
20736	5100	7.5 V	3.75 V	1.875 V	0.938 V	额定范围
1	1	361.7 μV	180.8 μV	90.4 μV	45.2 μV	额定范围
0	0	0 V	0 V	0 V	0 V	额定范围
–1	FFFF					额定范围
–20736	AF00	–7.5 V	–3.75 V	–1.875 V	–0.938 V	额定范围
–27648	9400	–10 V	–5 V	–2.5 V	–1.250 V	额定范围
–27649	93FF					下冲范围
–32512	8100	–11.759 V	–5.879 V	–2.940 V	–1.470 V	下冲范围
–32513	80FF					下溢
–32768	8000	–11.851 V	–5.926 V	–2.963 V	–1.481 V	下溢

注：* 返回 7FFF 可能由以下原因之一所致：上溢（如表中所述）、有效值可用前（例如上电时立即返回）或者检测到断路。

如图 14–7 所示，SM1234 模块属性对话框的“模拟量输出”项有 AQ2 通道，输出 0~20 mA 电流（见表 14–2），可启用诊断组态和设置输出替代值。

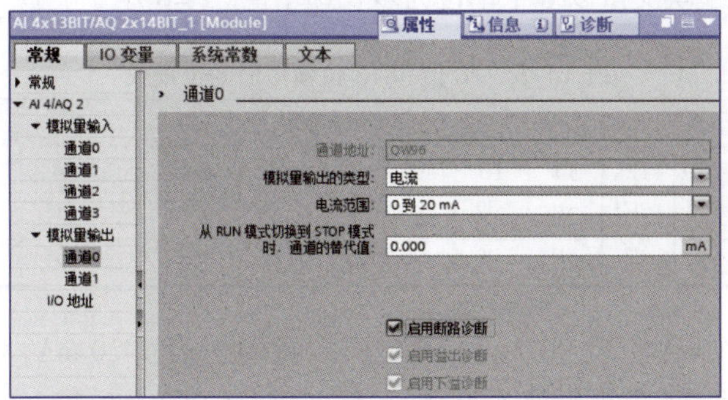

图 14–7 SM1234 模块属性对话框的“模拟量输出”项

表 14–2 模拟量输出的电流表示法（SB 和 SM）

系统		当前输出范围		
十进制	十六进制	0~20 mA	4~20 mA	备注
32767	7FFF	请参见注	请参见注	上溢
32512	7F00	请参见注	请参见注	
32511	7EFF	23.52 mA	22.81 mA	过冲范围
27649	6C01			
27648	6C00	20 mA	20 mA	额定范围
20736	5100	15 mA	16 mA	
1	1	723.4 nA	4 mA+578.7 nA	
0	0	0 mA	4 mA	
–1	FFFF		4 mA~578.7 nA	下溢范围
–6912	E500		0 mA	
–6913	E4FF			不可能。输出值限制在 0 mA
–32512	8100			
–32513	80FF	请参见注	请参见注	下溢
–32768	8000	请参见注	请参见注	

注：在上溢或下溢情况下，模拟量输出将采用 STOP 模式的替代值。

14.2.5 模拟量模块的分辨率

CPU 仅处理数字化后的模拟值。模拟量输入模块将模拟量信号转换为数字值，并由 CPU 进一步处理。模拟量输出模块将 CPU 的数字量输出值转换为模拟量信号。如表 14–3 所示通常在位 15 中设置模拟值的符号（S）：“0” 表示为正，“1” 为负。

在精度低于 16 位的模拟量模块存储器中，模拟值采用左对齐方式。未用的最低有效位数以 “0” 填充，从而减少了可表示的测量值数。无论精度如何，模块都将占用 +32 767 和 –32 768 两个值。两个连续值之间的缩放值取决于模块的精度。

以下示例中显示如何使用“0”值填充最低有效位。

精度为 16 位的模块支持以 1 个单位为步长递增值（$2^0=1$）。

精度为 13 位的模块支持以 8 个单位为步长递增值（$2^3=8$）。

表 14-3　16 位和 13 位模拟值的位模式

精度	模拟值															
位	15	14	13	12	11	10	9	8	7	6	5	4	3	2	1	0
16 位	S	2^{14}	2^{13}	2^{12}	2^{11}	2^{10}	2^9	2^8	2^7	2^6	2^5	2^4	2^3	2^2	2^1	2^0
13 位	S	2^{14}	2^{13}	2^{12}	2^{11}	2^{10}	2^9	2^8	2^7	2^6	2^5	2^4	2^3	0	0	0

例如 SM 1234 AI4/AQ2 的 AI 是 13 Bit。模拟量输入为 4~20 mA，对应的数字量为 0~27 648。单位数字对应的模拟量值：（20−4）mA/27 648=0.000 578 70 mA 可检测到的最小的电流变化：2^（16−13）× 0.000 578 70 mA=0.004 629 6 mA

如果该质量传感器 4~20 mA 对应的测量范围为 0~100 kg，则

100 kg/16 mA=6.25 kg/mA

6.25 kg/mA × 0.004 629 6 mA=28.935 g

所以可以达到测量精度是 29 g。

14.2.6　模拟量规格化

一个模拟量输入信号在 PLC 内部已经转换为一个数，而通常我们希望得到该模拟量输入对应的具体的物理量数值（如压力值、流量值等）或对应的物理量占量程的百分比数值等，这就需要对模拟量输入的数值进行转换，这称为模拟量的规格化。通常组合使用 NORM_X（标准化）指令和 SCALE_X（缩放）指令来实现模拟量的规格化，如图 14-8 所示。

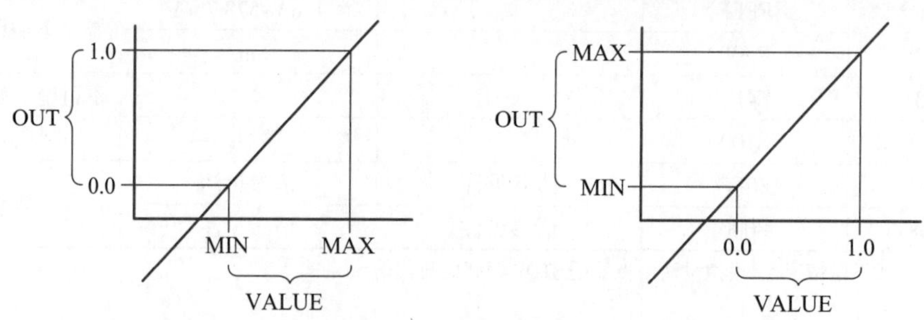

图 14-8　NORM_X（标准化）指令和 SCALE_X（缩放）指令

使用 NORM_X 指令，通过将输入 VALUE 中变量的值映射到线性标尺对其进行标准化。可以使用参数 MIN 和 MAX 定义（应用于该标尺的）值范围的限值。输出 OUT 中的结果经过计算并存储为浮点数，这取决于要标准化的值在该值范围中的位置。如果要标准化的值等于输入 MIN 中的值，则输出 OUT 将返回值“0.0”；如果要标准化的值等于输入 MAX 的值，则输出 OUT 需返回值“1.0”。

使用 SCALE_X 指令，通过将输入 VALUE 的值映射到指定的值范围内，对该值进行缩

放。当执行 SCALE_X 指令时,输入 VALUE 的浮点值会缩放到由参数 MIN 和 MAX 定义的值范围。缩放结果为整数,存储在输出 OUT 中。

14.3 S7-1200 PLC 中的 PID 控制

14.3.1 PID 控制器结构

S7-1200 PLC 中 PID 控制器功能主要依靠三部分实现:循环中断块,PID 指令块,工艺对象背景数据块。用户在调用 PID 指令块时需要定义其背景数据块,而此背景数据块需要在工艺对象中添加,称为工艺对象背景数据块。PID 指令块与其相对应的工艺对象背景数据块组合使用,形成完整的 PID 控制器。PID 控制器结构如图 14-9 所示。

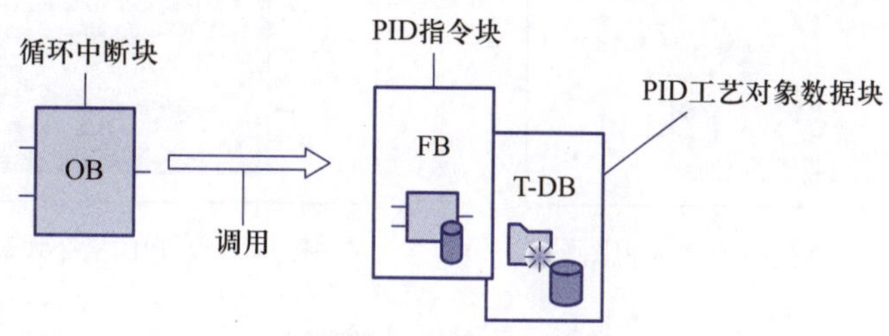

图 14-9　PID 控制器结构

循环中断块可按一定周期产生中断,执行其中的程序。PID 指令块定义了控制器的控制算法,随着循环中断块产生中断而周期性执行,其背景数据块用于定义输入 / 输出参数,调试参数以及监控参数。此背景数据块并非普通数据块,需要在目录树视图的工艺对象中才能找到并定义。

14.3.2 PID 指令

TIA Portal 软件为 S7-1200 PLC 提供以下 三种 PID 指令:

① PID_Compact 指令:用于通过连续输入变量和输出变量控制工艺过程。

② PID_3Step 指令:用于控制电动机驱动的设备,如需要通过离散信号实现打开和关闭动作的阀门。

③ PID_Temp 指令:提供一个通用的 PID 控制器,可用于处理温度控制的特定需求。

全部三个 PID 指令(PID_Compact、PID_3Step 和 PID_Temp)都可以计算启动期间的 P 分量、I 分量以及 D 分量(如果组态为“预调节”)。还可以将指令组态为“精确调节”,从而可对参数进行优化。用户无须手动确定参数。

14.3.3 PID 指令块输入 / 输出参数介绍

PID 指令块的参数分为两部分:输入参数与输出参数。其指令块的视图分为扩展视图与集成视图,在不同的视图下所能看见的参数是不一样的,在集成视图中可看到的参数为最基本的默认参数，如设定值、反馈值、输出值等，如图 14–10 所示。定义这些参数可实现控制器最基本的控制功能，而在扩展视图中，可看到更多的相关参数，如手自动切换、模式切换等，使用这些参数可使控制器具有更丰富的功能，如图 14–11 所示。

PID 指令块的输入参数说明如表 14–4 所示，输出参数说明如表 14–5 所示。

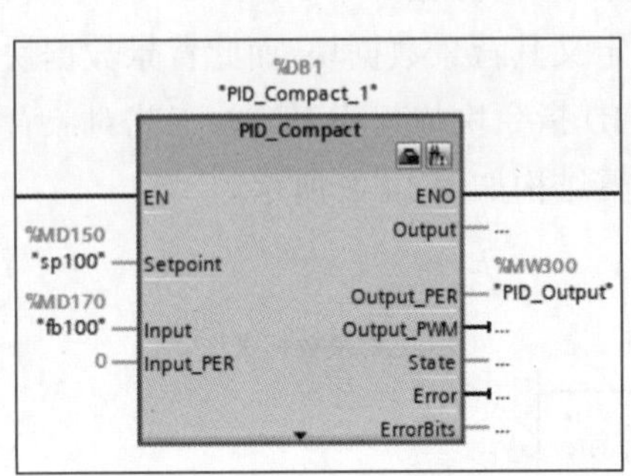

图 14–10　PID 指令块集成视图

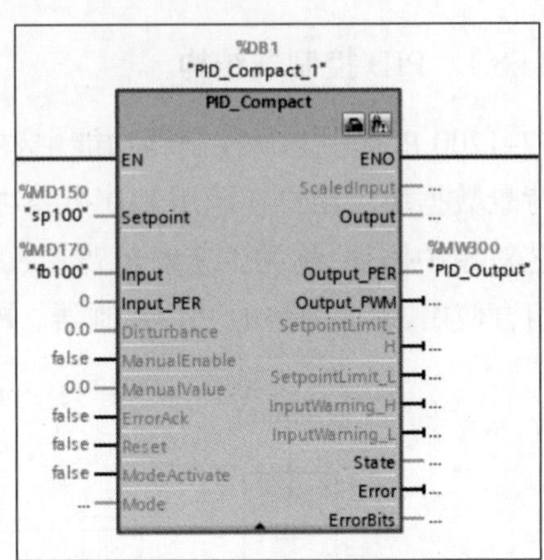

图 14–11　PID 指令块展开视图

表 14–4　输入参数说明

参数	数据类型	说明
Setpoint	REAL	PID 控制器在自动模式下的设定值
Input	REAL	PID 控制器的反馈值（工程量）
Input_PER	INT	PID 控制器的反馈值（模拟量）
Disturbance	REAL	扰动变量或预控制值
ManualEnable	BOOL	出现 FALSE -> TRUE 上升沿时会激活“手动模式”，与当前 Mode 的数值无关。 当 ManualEnable=TRUE，无法通过 ModeActivate 的上升沿或使用调试对话框来更改工作模式。 出现 TRUE -> FALSE 下降沿时会激活由 Mode 指定的工作模式
ManualValue	REAL	用作手动模式下的 PID 输出值，须满足 Config.OutputLowerLimit < ManualValue < Config.OutputUpperLimit
ErrorAck	BOOL	FALSE -> TRUE 上升沿时，错误确认，清除已经消失的错误信息
Reset	BOOL	重新启动控制器： FALSE -> TRUE 上升沿，切换到“未激活”模式，同时复位 ErrorBits 和 Warnings，清除积分作用（保留 PID 参数）。 只要 Reset = TRUE，PID_Compact 便会保持在“未激活”模式下（State = 0）。 TRUE -> FALSE 下降沿，PID_Compact 将切换到保存在 Mode 参数中的工作模式
ModeActivate	BOOL	FALSE -> TRUE 上升沿，PID_Compact 将切换到保存在 Mode 参数中的工作模式

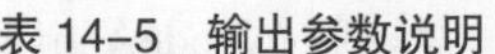

表 14-5　输出参数说明

参数	数据类型	说明
ScaledInput	REAL	标定的过程值
Output	REAL	PID 的输出值（REAL 形式）
Output_PER	INT	PID 的输出值（模拟量）
Output_PWM	BOOL	PID 的输出值（脉宽调制）
SetpointLimit_H	BOOL	如果 SetpointLimit_H=TRUE，则说明达到了设定值的绝对上限（Setpoint ≥ Config.SetpointUpperLimit）
SetpointLimit_L	BOOL	如果 SetpointLimit_L=TRUE，则说明已达到设定值的绝对下限（Setpoint ≤ Config.SetpointLowerLimit）
InputWarning_H	BOOL	如果 InputWarning_H=TRUE，则说明过程值已达到或超出警告上限
InputWarning_L	BOOL	如果 InputWarning_L=TRUE，则说明过程值已达到或低于警告下限
State	INT	State 参数显示了 PID 控制器的当前工作模式。可使用输入参数 Mode 和 ModeActivate 处的上升沿更改工作模式： State=0：未激活 State=1：预调节 State=2：精确调节 State=3：自动模式 State=4：手动模式 State=5：带错误监视的替代输出值
Error	BOOL	如果 Error=TRUE，则此周期内至少有一条错误消息处于未解决状态
ErrorBits	DWORD	ErrorBits 参数显示了处于未解决状态的错误消息。通过 Reset 或 ErrorAck 的上升沿来保持并复位 ErrorBits

PID 指令块中的输入 / 输出参数 Mode 指定了 PID 指令块将转换到的工作模式，具有断电保持特性，由上升沿或下降沿激活切换工作模式，如表 14-6 所示。

表 14-6　输入 / 输出参数 Mode

参数	数据类型	说明
Mode	INT	在 Mode 上，指定 PID 指令块将转换到的工作模式： State=0：未激活 State=1：预调节 State=2：精确调节 State=3：自动模式 State=4：手动模式 工作模式由以下沿激活： ModeActivate 的上升沿 Reset 的下降沿 ManualEnable 的下降沿 如果 RunModeByStartup=TRUE，则冷启动 CPU

注意：当 ManualEnable=TRUE，无法通过 ModeActivate 的上升沿或使用调试对话框来更改工作模式。

当 PID 出现错误时，通过捕捉 Error 的上升沿，将 ErrorBits 传送至全局地址，从而获得 PID 的错误信息，如表 14–7 所示。

表 14–7　错误代码定义

错误代码	说明
0	没有任何错误
1	参数"Input"超出了过程值限值的范围，正常范围应为 Config.InputLowerLimit < Input < Config.InputUpperLimit
2	参数"Input_PER"的值无效。请检查模拟量输入是否有处于未解决状态的错误
4	精确调节期间出错。过程值无法保持振荡状态
8	预调节启动时出错。过程值过于接近设定值。启动精确调节
10	调节期间设定值发生更改。可在 CancelTuningLevel 变量中设置允许的设定值波动
20	精确调节期间不允许预调节
80	预调节期间出错。输出值限值的组态不正确，请检查输出值的限值是否已正确组态及其是否匹配控制逻辑
100	精确调节期间的错误导致生成无效参数
200	参数"Input"的值无效：值的数字格式无效
400	输出值计算失败。请检查 PID 参数
800	采样时间错误：循环中断 OB 的采样时间内没有调用 PID_Compact
1000	参数"Setpoint"的值无效，值的数字格式无效
10000	ManualValue 参数的值无效，值的数字格式无效
40000	Disturbance 参数的值无效，值的数字格式无效

注意：如果多个错误同时处于未解决状态，将通过二进制加法显示 ErrorBits 的值。例如，显示 ErrorBits=0003 H 表示错误 0001 H 和 0002 H 同时处于未解决状态。

14.4 编程操作

1. 创建项目

在 TIA Portal 软件的项目视图中单击"项目"→"新建"，创建项目并命名为"液面高度恒定控制"。

微课
液面高度恒定控制——硬件组态

2. 硬件组态

在"液面高度恒定控制"项目中添加新设备，选择适配的 PLC 并创建，完成硬件组态。

微课
液面高度恒定控制——建立变量表

3. 建立变量表

建立变量表，如图 14-12 所示。

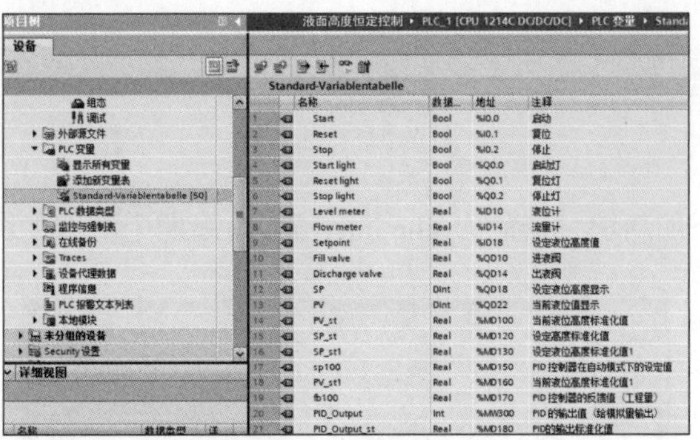

	名称	数据...	地址	注释
1	Start	Bool	%I0.0	启动
2	Reset	Bool	%I0.1	复位
3	Stop	Bool	%I0.2	停止
4	Start light	Bool	%Q0.0	启动灯
5	Reset light	Bool	%Q0.1	复位灯
6	Stop light	Bool	%Q0.2	停止灯
7	Level meter	Real	%ID10	液位计
8	Flow meter	Real	%ID14	流量计
9	Setpoint	Real	%ID18	设定液位高度值
10	Fill valve	Real	%QD10	进液阀
11	Discharge valve	Real	%QD14	出液阀
12	SP	DInt	%QD18	设定液位高度显示
13	PV	DInt	%QD22	当前液位值显示
14	PV_st	Real	%MD100	当前液位高度标准化值
15	SP_st	Real	%MD120	设定高度标准化值
16	SP_st1	Real	%MD130	设定液位高度标准化值1
17	sp100	Real	%MD150	PID 控制器在自动模式下的设定值
18	PV_st1	Real	%MD160	当前液位高度标准化值1
19	fb100	Real	%MD170	PID 控制器的反馈值（工程量）
20	PID_Output	Int	%MW300	PID 的输出值（给模拟量输出）
21	PID_Output_st	Real	%MD180	PID的输出标准化值

图 14-12　变量表

微课
液面高度恒定控制——用户程序解读

4. 编写用户程序

① 下载 FACTORY IO 的 S7-1200 PLC 的模板程序。

② 在主程序 Main[OB1]中录入图 14-13 所示程序。

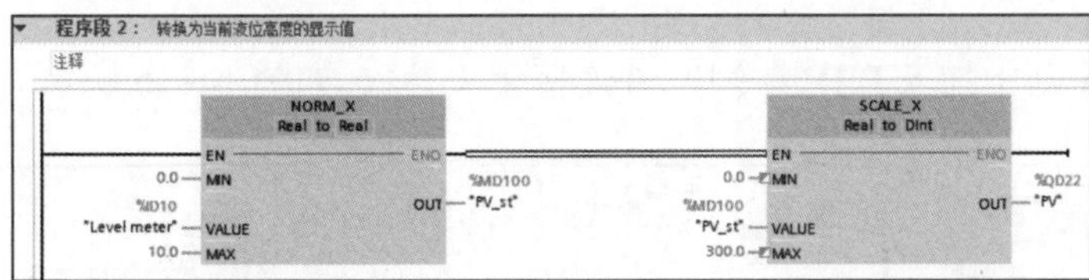

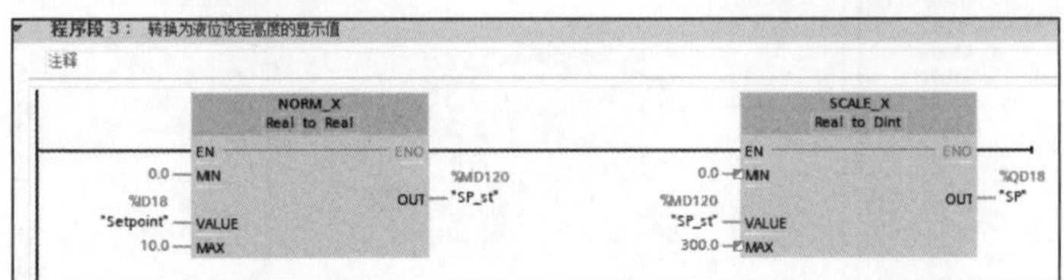

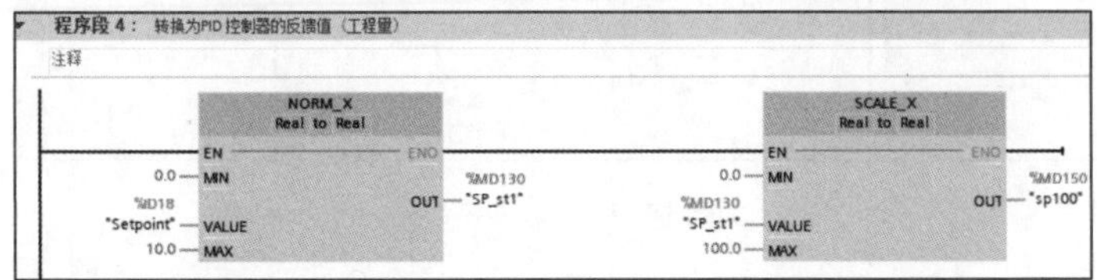

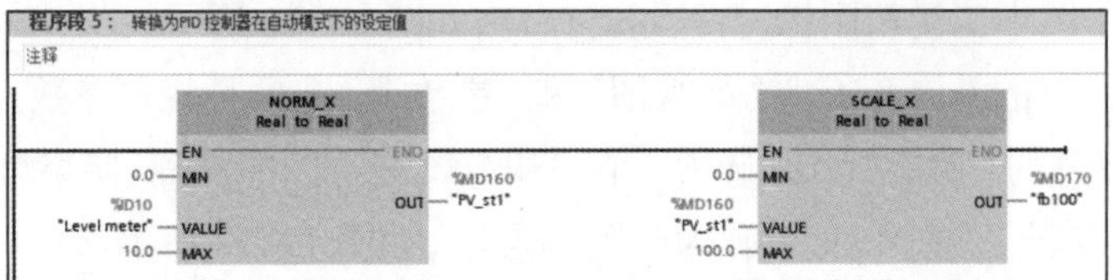

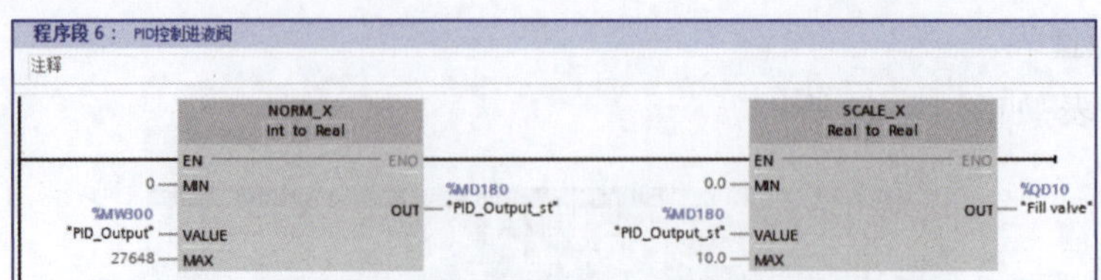

图 14–13　主程序

③ 在程序块中添加新块，选择 “Cyclic interrupt”（周期中断），如图 14–14 所示。

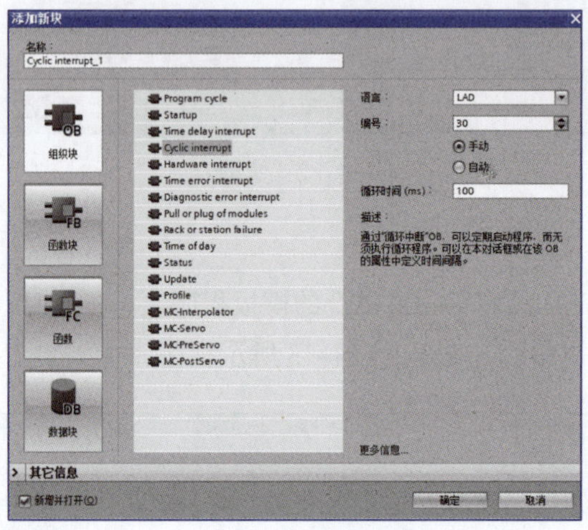

图 14–14　添加周期中断

④ 在周期中断中加入 PID 指令块，并连接相关参数，如图 14–15 所示。

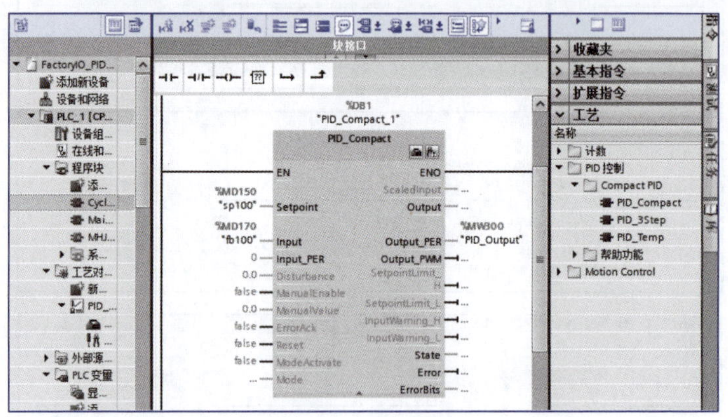

图 14–15　添加指令

微课
液面高度恒定控制——PID 控制器参数解释

⑤ 左键点击图中工具箱图标，打开组态窗口，如图 14–16 所示。

⑥ 在组态窗口的右上角有 “功能视图” 和 “参数视图” 两种控制参数选项，单击选择易于理解的 “功能视图” 选项。在 “基本设置” 下的 “控制器类型” 下拉菜单中选择 “常规”。将 Mode 设置为 “自动模式”，如图 14–17 所示。

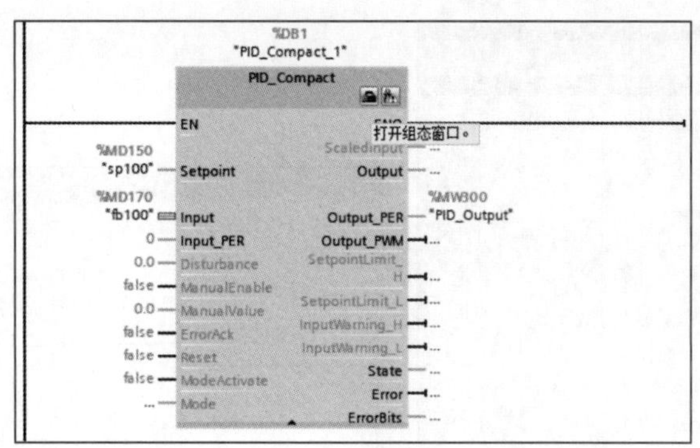

图 14-16 打开组态窗口

⑦ 设定 Input/Output 参数,如图 14-18 所示。

⑧ 过程值设定,如图 14-19 所示。

⑨ 设置“高级设置”中的“输出值限值”,如图 14-20 所示。

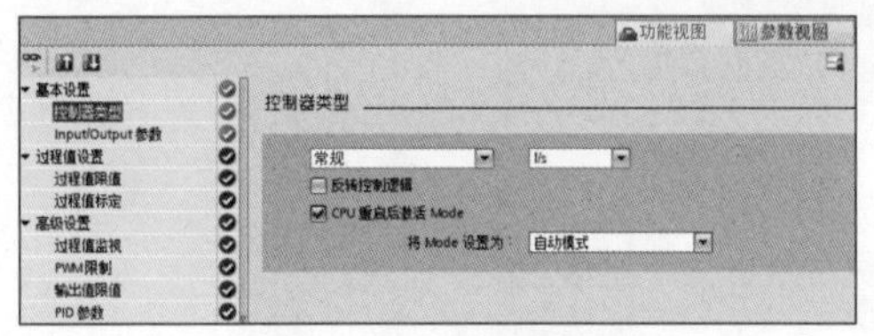

图 14-17 控制器类型

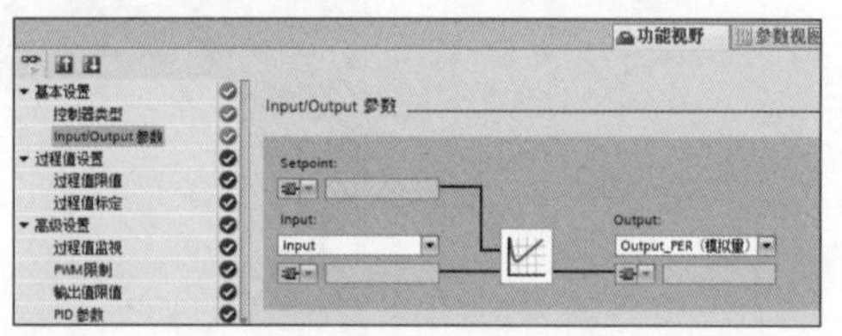

图 14-18 设定 Input/Output 参数

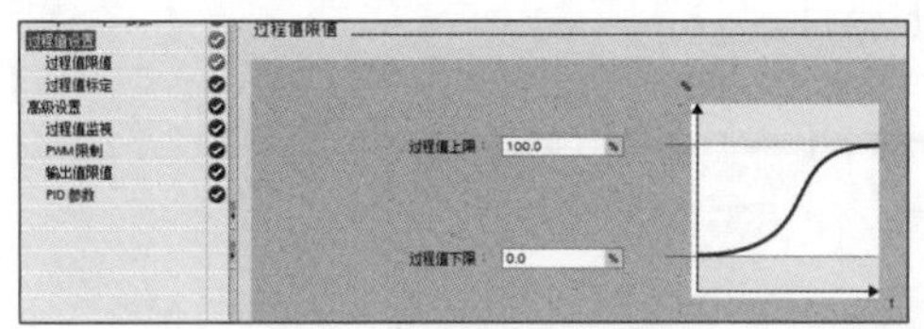

图 14-19 过程值设定

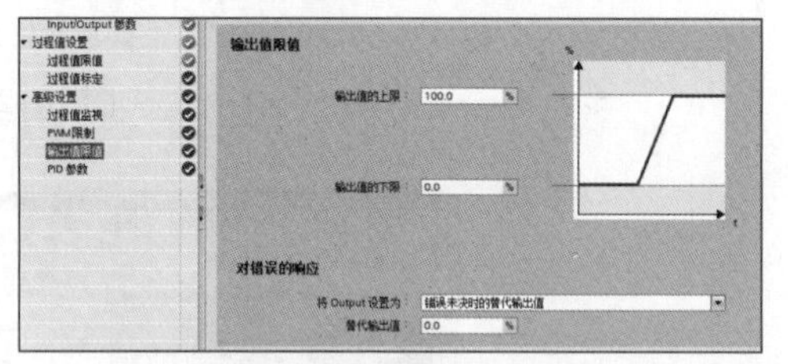

图 14-20 输出值限值

⑩ 设定“PID 参数”,如图 14-21 所示。

5. 下载调试

① 因为 PLCSim 不支持 PID 仿真,所以本实例需要连接到实体 PLC 进行调试,如图 14-22 所示。

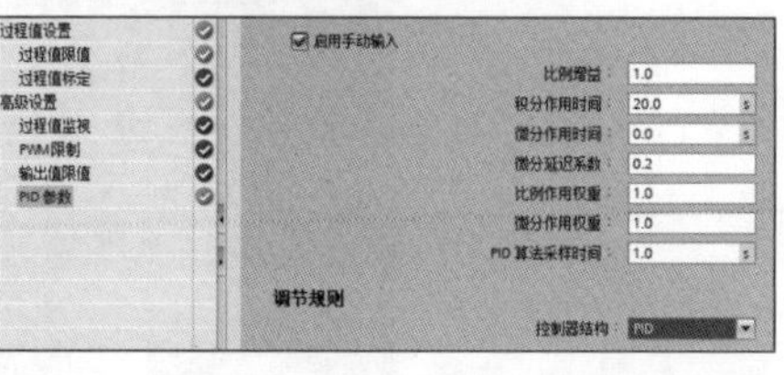

图 14-21 设定“PID 参数”

② 单击监视按钮进行实时监控,单击按钮打开调试窗口,如图 14-23 所示。

③ 单击 Start 按钮可开始对设定值、当前值和调节输出值进行监控,如图 14-24 所示。

④ 单击 Stop 按钮即可停止运行,如图 14-25 所示。

微课
液面高度恒定控制程序调试

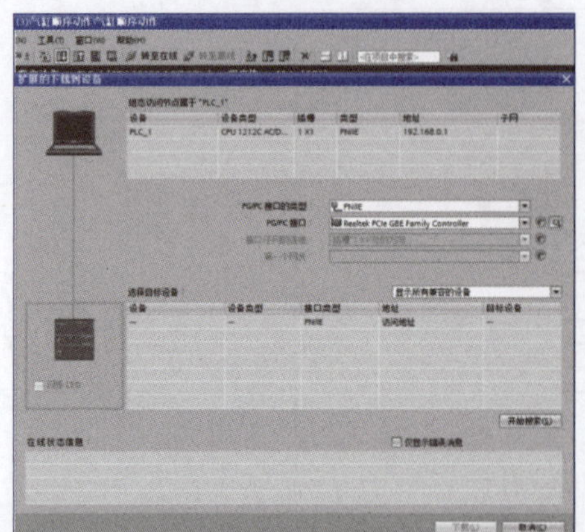

图 14-22　下载调试

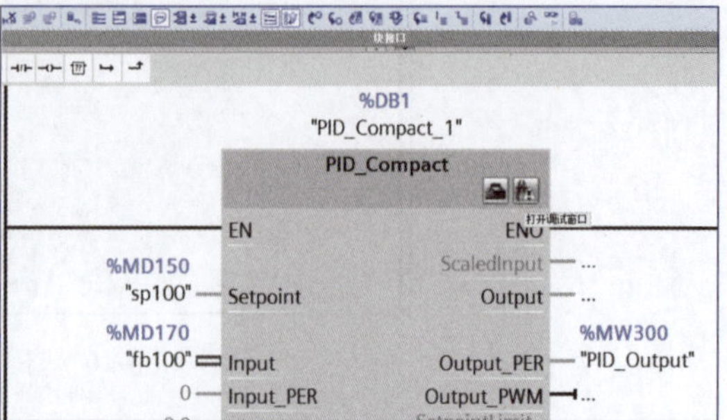

图 14-23　打开调试窗口

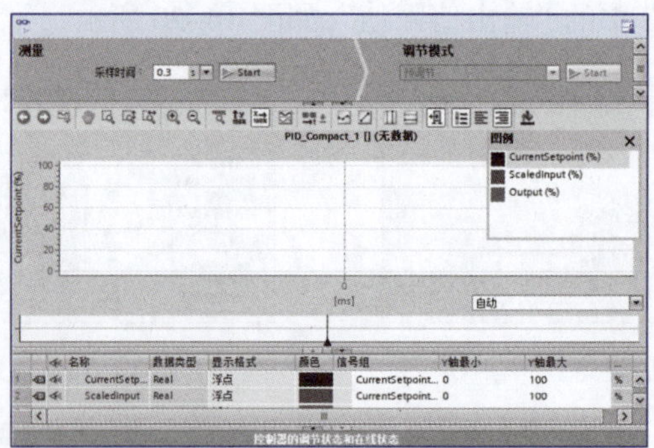

图 14-24　调试窗口

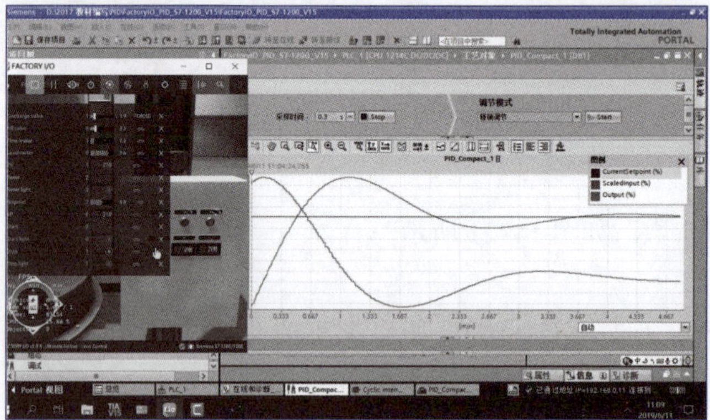

图 14-25　监控画面

课 后 习 题

简述 PID 各环节作用。

第15章

PLC与视觉模块的TCP通信

通过PLC与视觉模块的通信连接项目实例练习，了解视觉模块的TCP通信控制的基本原理和使用方法。

微课
PLC与视觉模块

15.1 学习目标

本章节主要学习以下内容：

1. 了解TCP协议的含义及连接过程；

2. 掌握PLC的TCP通信指令以及PLC与视觉模块通信的数据传输过程；

3. 按下列要求完成的PLC与视觉模块通信的编程调试。

生产线视觉模块示意图如图15–1所示，要求如下：

① 当按下起动按钮时，生产线起动，传送带开始输送被检测物。

② 当图像传感器检测到被检测物时，视觉定位气缸起动，完成对被检测物的定位，随后传送带停止输送被检测物。

③ 被检测物定位完成且传送带停止输送被检测物后，启动视觉检测，PLC控制视觉模块切换至相应的场景组、场景，完成对被检测物的检测。

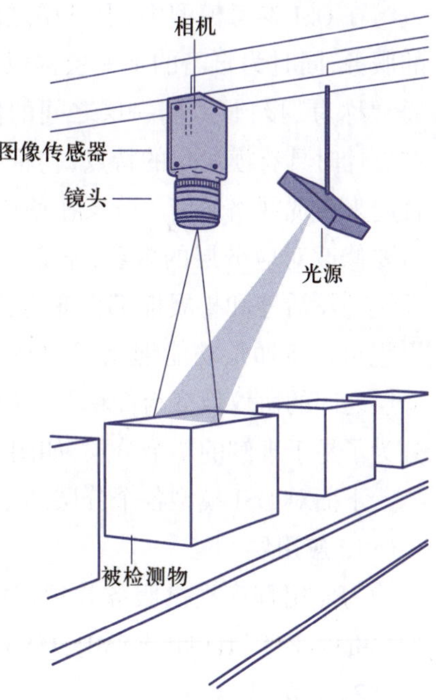

图15–1　生产线视觉模块示意图

④ 视觉检测完成后，PLC将本次视觉检测的结果记录下来。

15.2 基础理论

15.2.1　西门子PLC的开放式用户通信

西门子PLC的开放式用户通信支持两个西门子PLC之间的通信，也支持西门子PLC

和第三方设备进行通信。开放式用户通信（OUC）指的是 S7-1200/1500 或 S7-300/400 CPU 通过自身集成的 PN/IE 接口进行程序控制通信过程的名称。这种通信可以使用各种不同的连接类型，主要有 TCP、UDP 和 ISO-ON-TCP 三种。开放式用户通信的主要特点是在所传输的数据结构方面具有高度的灵活性，允许 CPU 与任何通信设备进行开放式数据交换，只要这些设备支持该集成接口可用的连接类型。由于此通信是由用户程序中的指令进行控制的，因此可建立和终止事件驱动型连接。在运行期间，也可以通过用户程序修改连接。

15.2.2　OSI 参考模型

本章所讲的西门子开放式用户通信采用的是 TCP 连接类型。TCP（transmission control protocol）是基于以太网方式实现的，位于 OSI 参考模型的第四层——传输层，它将 OSI 参考模型的上三层和下三层连接起来。由于 TCP 协议也是基于 OSI 参考模型设计的，因此在了解 TCP 协议前先了解 OSI 参考模型很有必要。OSI 参考模型是由 ISO 提出来作为通信协议设计标准的，这一模型将通信协议中必要的功能分成了 7 层。通过这些分层，复杂的网络协议变得简单起来。

在 OSI 参考模型中，上下层之间彼此提供服务。每个分层接收由它下一层所提供相应的服务，同时为自己的上一层提供相应的服务。上下层之间进行信息交互时所遵循的约定通常称为“接口”。同一层之间的信息交互所遵循的约定通常称为“协议”。OSI 参考模型在设计时具有模块化的特点，它希望实现从第一层到第七层的所有模块的通信，并将它们组合起来实现网络通信。分层在使用时可以独立使用，这样即使系统中某些分层发生变化，只需要修改对应分层的内容，不必对整个系统进行修改。因此，整个系统的灵活性和扩展性都会变得比较强。对于通信而言，使用分层思想可以将通信功能细化，每个分层都有具体的责任与义务，这样分层之间的协议就变得简单些。OSI 参考模型将复杂的协议整理并分为了易于理解的 7 个分层，如图 15-2 所示。

7	应用层
6	表示层
5	会话层
4	传输层
3	网络层
2	数据链路层
1	物理层

图 15-2　OSI 参考模型

下面对 OSI 模型各个分层的主要作用逐一说明。

1. 应用层

为应用程序提供服务并规定应用程序中通信相关的细节。例如 Telnet、FTP、HTTP、SNMP、DNS 等协议。

2. 表示层

提供数据格式转化服务，主要是将应用程序处理的信息转换为适合网络传输的格式，或将来自下一层的数据转换为上层能够处理的格式。由于不同设备对同一比特流解释的结果可能会不同，因此，使它们保持一致是这一层的主要作用。

3. 会话层

提供端连接并提供访问验证和会话管理，常见的有服务器验证用户登录、断点续传等。

4. 传输层

主要负责提供应用进程之间的逻辑通信，例如建立连接、处理数据包错误、数据包次序

等。这一层起着可靠传输的作用。只在通信双方节点上进行处理,无须在路由器上处理。

5. 网络层

为数据在节点之间传输创建逻辑链路,并分组转发数据。具体点来说,就是将数据传输到目标地址。目标地址可以是多个网络通过路由器连接而成的某一个地址。

6. 数据链路层

在通信的实体之间建立数据链路连接。例如与1个以太网相连的2个节点之间的通信,将0、1序列划分为具有意义的数据帧传送给对端。

7. 物理层

为数据端设备提供原始比特流的传输通路。具体点来说,就是负责0、1比特流(0、1序列)与电压的高低、光的闪灭之间的互换。

15.2.3 TCP的连接过程

网络与通信中通信协议因其数据发送方法不同可以分成多种类型。按照网络发送数据,通信协议大致可以分为面向有连接与面向无连接两种类型(面向无连接型包括以太网、IP、UDP等协议。面向有连接型包括ATM、帧中继、TCP等协议。)。本节所介绍的传输控制协议(TCP, transmission control protocol)是一种面向连接的、可靠的、基于字节流的传输层通信协议,由IETF(国际互联网工程任务组)的RFC793定义。不同主机的应用层之间经常需要可靠的、像管道一样的连接,但是IP层不提供这样的交换机制,而是提供不可靠的包交换。TCP是为了在不可靠的互联网络上提供可靠的端到端字节流而专门设计的一个传输协议。TCP是全双工通信模式,连接建立后,双方可以同时互相收发。

1. 连接建立

TCP的应用协议大多都是以客户端/服务器端的形式运行。客户端类似于日常生活中的客户,负责发起请求,在计算机网络中是使用服务的一方。而服务器端则表示提供服务的意思,类似于日常生活中的商店,负责处理请求,在计算机网络中主要表现为提供服务的程序或计算机。作为服务器端的程序必须得提前启动,这样才可以接收到客户端的请求,否则即使有客户端的请求发过来,服务器端也无法做到相应的处理。TCP在连接的过程中,一般由客户端主动发起建立连接请求,服务器端接收客户端的连接请求。在可靠的TCP网络通信中,客户端和服务器端通信建立连接的过程可简单表述为三次握手,TCP连接建立如图15-3所示。

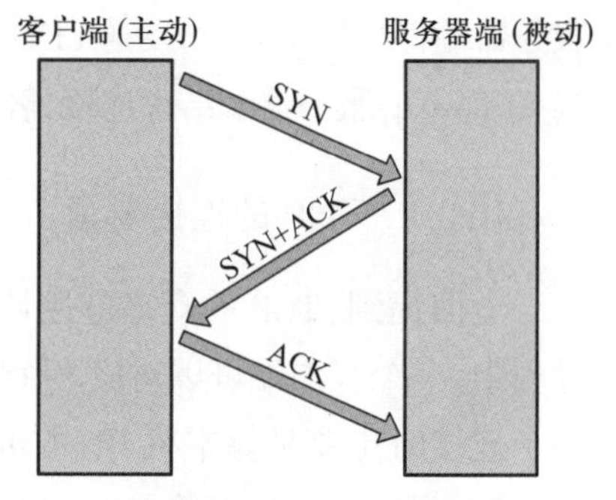

图15-3 TCP连接建立

在TCP连接过程中,客户端发送一个SYN,收到服务端的SYN+ACK后,代表连接完成。发送最后一个ACK是由protocol stack和tcp_out完成的。对于TCP建立连接三次握手的过程,可以这样理解:当客户端向服务器端发送一个SYN,服务器端接收到SYN,服务器端知道客户端发送功能是良好的,自己接收功能是良好的。随后服务器端向客户端发送 SYN+ACK，客户端接收到了 SYN+ACK，客户端知道服务器端发送、接收功能是良好的，自己发送、接收功能是良好的。随后客户端再向服务器端发送一个 ACK，服务器端收到了 ACK，服务器端知道客户端接收功能是良好的，自己发送功能是良好的。通过这三次握手，服务器端和客户端完成了双方的通信确认，确保了传输的稳定性。

2. 连接结束

当客户端与服务器端已经建立好连接后，如果有一方想要结束连接，需要完成四次挥手。服务器端和客户端均可发起连接结束。以客户端主动断开连接为例，断开 TCP 连接的过程如图 15–4 所示。

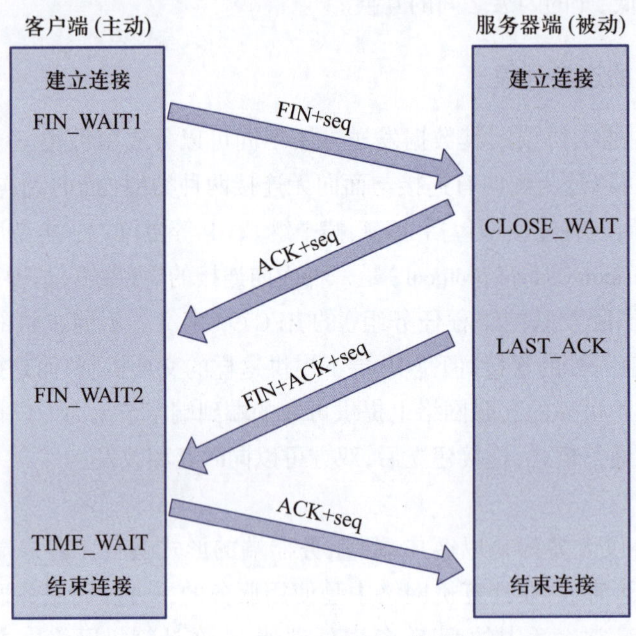

图 15–4　断开 TCP 连接

对于断开 TCP 连接的过程可以这样理解：当客户端不想和服务器端交换数据时，发送 FIN+seq 给服务器端。服务器端接收到 FIN+seq，发送给客户端 ACK+seq，表示可以停止数据交换，不过得把当前要发的数据发送完。客户端收到 ACK+seq，等待服务器端将数据发完。服务器端将数据发完后，发送 FIN+ACK+seq 给客户端，客户端收到 FIN+ACK+seq，回复服务器端 ACK+seq，服务器端结束连接，客户端在 2MSL（maximum segment lifetime）后，结束连接。

15.2.4　TCP 的连接要素

上面提到，TCP 的众多应用协议是以客户端 / 服务器端的形式运行的。在实际的连接过程中，一个客户端可以对应多个服务器端，一个服务器端也可以对应多个客户端。当产生多个连接时主要是靠本机 IP、本机 Port、目标 IP、目标 Port 来区分的。当本机 IP、本机 Port、目标 IP、目标 Port 这几个 TCP 的连接要素确定下来，这个 TCP 连接就是唯一的。

15.2.5 开放式用户通信指令

开放式用户通信指令是 PLC 与第三方设备通信的常用指令，开放式用户通信指令如表 15-1 所示。

表 15-1 开放式用户通信指令

指令	功能
TCON	建立通信连接
TSEND	通过通信连接发送数据
TRCV	通过通信连接接收数据

1. TCON 指令

TCON 指令可设置并建立通信连接。设置并建立连接后，CPU 将自动持续监视该连接。TCON 指令为异步执行指令。使用 TCON 指令可先通过单击指令上的“开始组态”按钮，进入图 15-5 所示界面完成通信组态。如果 PLC 与其他 PLC 进行通信，通信组态时伙伴选择与之通信的 PLC。如果 PLC 与第三方设备进行通信，通信组态时伙伴选择未指定，并提供第三方设备的 IP 地址及端口号。

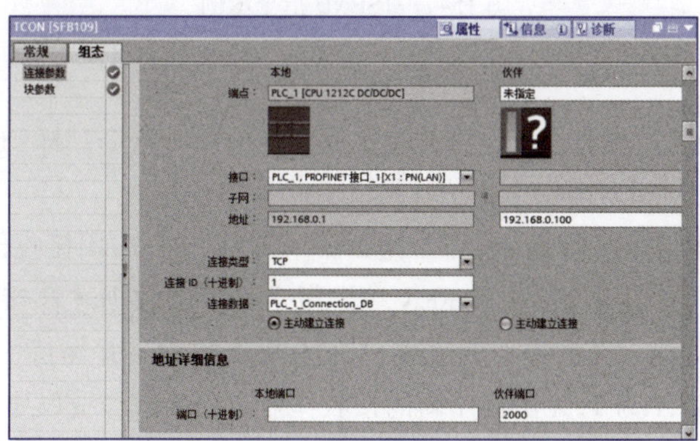

图 15-5 TCON 通信组态界面

TCON 指令示例如图 15-6 所示，当 TCON 指令的 REQ 端检测到 M20.0 出现上升沿时，启动相应作业建立 ID 端所指定的连接。当连接作业完成且无任何错误时，M10.0 操作数为 1，并保持一个扫描周期。当连接作业尚未完成时，M10.1 操作数为 1。当连接作业出现错误时，M10.2 操作数为 1，此时可通过指令状态 MW11 来查找错误的原因。

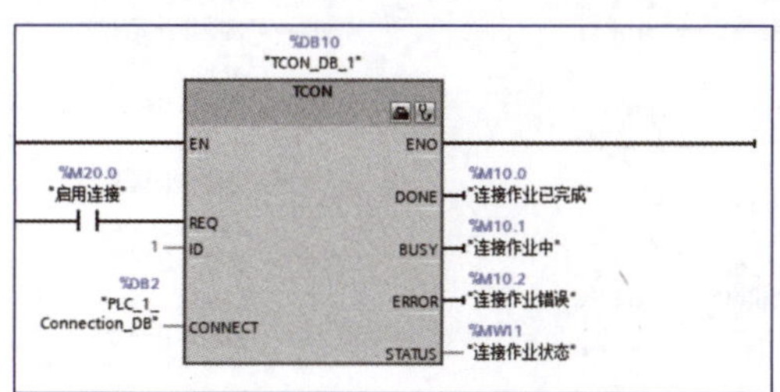

图 15-6 TCON 指令示例

2. TSEND 指令

TSEND 指令用于通过现有通信连接发送数据。与 TCON 指令一样，TSEND 指令也是异步执行指令。使用 TSEND 指令需指定通信连接的 ID。

TSEND 通信指令示例如图 15-7 所示，当 TSEND 指令的 REQ 端检测到 M20.1 产生一个上升沿时，将执行发送作业，将 DB12 数据块偏移量为 0.0~99.0 的数据发送出去。当发送作业执行完成，M13.0 操作数为 1 并保持一个扫描周期。当发送作业正在执行，M13.1 操作数为 1。当发送作业发生错误，M13.2 操作数为 1，此时可通过 MW14 的状态来查找错误的原因。

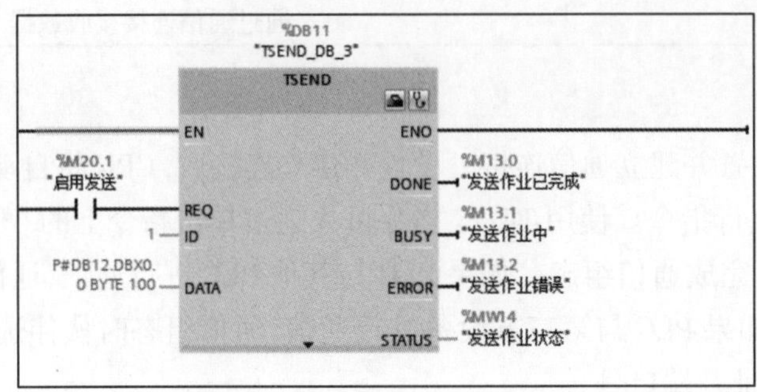

图 15-7　TSEND 指令示例

3. TRCV 指令

TRCV 指令用于通过现有通信连接接收数据。与前两个指令一样，TRCV 指令也为异步执行指令。使用 TRCV 指令需指定通信连接的 ID。

TRCV 指令示例如图 15-8 所示，当 M20.2 操作数为 1 时，启用接收作业。TRCV 指令中的 LEN 端指定为 100 个字节，接收完 LEN 端中指定长度的数据才算接收作业完成，DATA 端的区数据才能被访问。当接收作业完成，M22.0 操作数为 1 并保持一个扫描周期。当接收作业尚未完成，M22.1 为 1，无法启用新的接收作业。当接收作业发生错误，M22.2 操作数为 1，可通过 MW23 查看接收状态，找出接收作业错误的原因。当接收作业完成后，可通过 MW25 查看实际接收到的字节数。

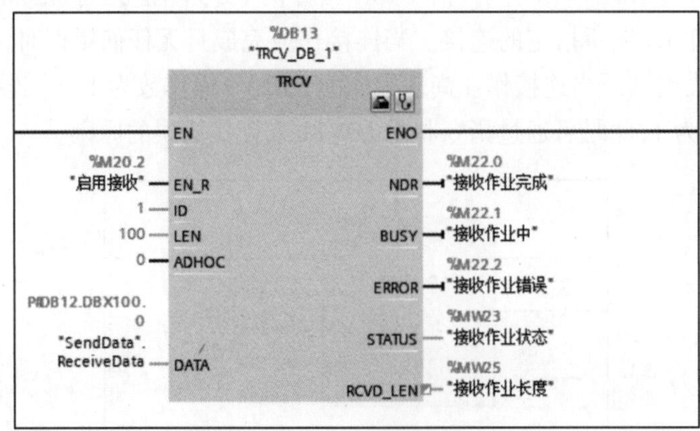

图 15-8　TRCV 指令示例

15.3 编程操作

1. 创建项目

在 TIA Portal 软件的项目视图中单击“项目”→“新建”，创建项目并命名为“PLC 与视觉模块的 TCP 通信”。

2. 硬件组态

在“PLC 与视觉模块的 TCP 通信”项目中：

① 添加新设备，选择带有 Profinet 网口的 PLC，并在 CPU“常规”选项卡中设置系统和时钟存储器，如图 15-9 所示，完成 CPU 硬件组态。

② 添加开放式用户通信的 TCON 指令，如图 15-10 所示，单击指令上的“开始组态”按钮，完成 PLC 与视觉模块 TCP 通信的通信组态，如图 15-11 所示。

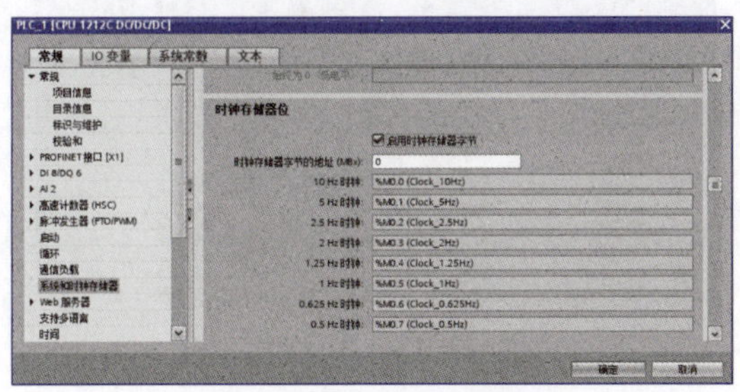

图 15-9　设置系统时钟

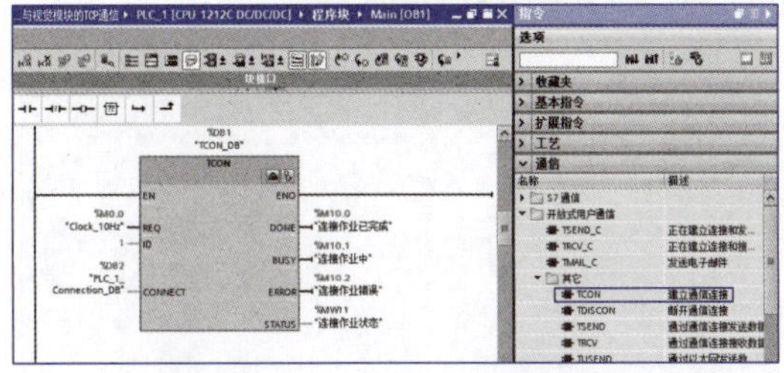

图 15-10　添加 TCON 指令

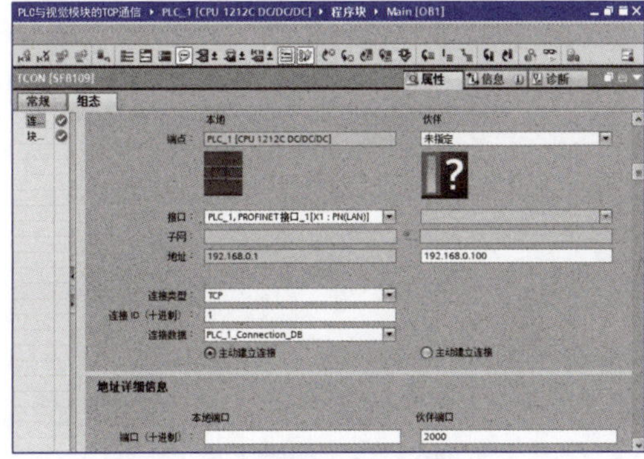

图 15-11　通信组态

3. 建立变量表

建立项目变量表，如图 15-12 和图 15-13 所示。

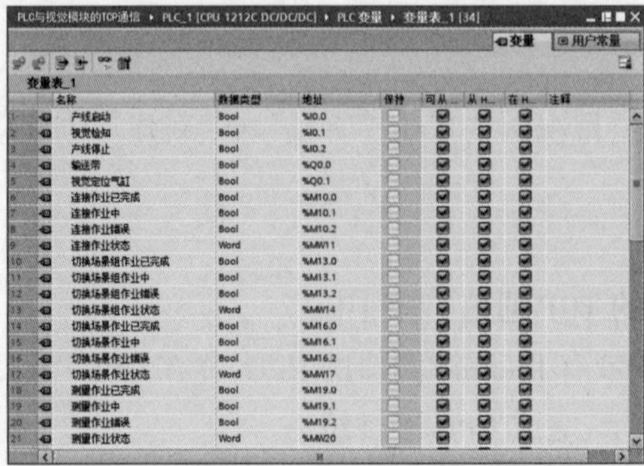

PLC与视觉模块的TCP通信 ▸ PLC_1 [CPU 1212C DC/DC/DC] ▸ PLC 变量 ▸ 变量表_1 [34]

变量　用户常量

变量表_1

	名称	数据类型	地址	保持	可从…	从 H…	在 H…	注释
1	产线启动	Bool	%I0.0					
2	视觉检知	Bool	%I0.1					
3	产线停止	Bool	%I0.2					
4	输送带	Bool	%Q0.0					
5	视觉定位气缸	Bool	%Q0.1					
6	连接作业已完成	Bool	%M10.0					
7	连接作业中	Bool	%M10.1					
8	连接作业错误	Bool	%M10.2					
9	连接作业状态	Word	%MW11					
10	切换场景组作业已完成	Bool	%M13.0					
11	切换场景组作业中	Bool	%M13.1					
12	切换场景组作业错误	Bool	%M13.2					
13	切换场景组作业状态	Word	%MW14					
14	切换场景作业已完成	Bool	%M16.0					
15	切换场景作业中	Bool	%M16.1					
16	切换场景作业错误	Bool	%M16.2					
17	切换场景作业状态	Word	%MW17					
18	测量作业已完成	Bool	%M19.0					
19	测量作业中	Bool	%M19.1					
20	测量作业错误	Bool	%M19.2					
21	测量作业状态	Word	%MW20					

图 15-12　变量表一

PLC与视觉模块的TCP通信 ▸ PLC_1 [CPU 1212C DC/DC/DC] ▸ PLC 变量 ▸ 变量表_1 [34]

变量　用户常量

变量表_1

	名称	数据类型	地址	保持	可从…	从 H…	在 H…	注释
22	接收作业完成	Bool	%M22.0					
23	接收作业中	Bool	%M22.1					
24	接收作业错误	Bool	%M22.2					
25	接收作业状态	Word	%MW23					
26	接收作业长度	Word	%MW25					
27	切换场景组	Bool	%M100.1					
28	切换场景	Bool	%M100.2					
29	执行测量	Bool	%M100.3					
30	接收检测数据	Bool	%M100.4					
31	视觉检测启动	Bool	%M100.0					
32	状态存储位1	Bool	%M200.0					
33	状态存储位2	Bool	%M200.1					
34	状态存储位3	Bool	%M200.2					

图 15-13　变量表二

4. 建立数据块

建立项目数据块，如图 15-14 和图 15-15 所示。

PLC与视觉模块的TCP通信 ▸ PLC_1 [CPU 1212C DC/DC/DC] ▸ 程序块 ▸ DB_CCD [DB5]

保持实际值　快照　将快照值复制到起始值中　将起始值加载为实际值

DB_CCD

	名称	数据类型	偏移量	起始值	保持	可从 HMI…	从 H…	在 HMI…
1	Static							
2	SceneGroupData	Array[0..4] of Char	0.0					
3	SceneGroupData[0]	Char	0.0	'S'				
4	SceneGroupData[1]	Char	1.0	'G'				
5	SceneGroupData[2]	Char	2.0	' '				
6	SceneGroupData[3]	Char	3.0	'0'				
7	SceneGroupData[4]	Char	4.0	'$R'				
8	SceneData	Array[0..3] of Char	6.0					
9	SceneData[0]	Char	6.0	'S'				
10	SceneData[1]	Char	7.0	' '				
11	SceneData[2]	Char	8.0	'0'				
12	SceneData[3]	Char	9.0	'$R'				
13	Mdata	Array[0..1] of Char	10.0					
14	Mdata[0]	Char	10.0	'M'				
15	Mdata[1]	Char	11.0	'$R'				

图 15-14　数据块一

PLC与视觉模块的TCP通信 ▸ PLC_1 [CPU 1212C DC/DC/DC] ▸ 程序块 ▸ DB_CCD [DB5]

保持实际值　快照　将快照值复制到起始值中　将起始值加载为实际值

DB_CCD

	名称	数据类型	偏移量	起始值	保持	可从 HMI…	从 H…	在 HMI…
16	ReceiveData	Array[0..11] of Char	12.0					
17	ReceiveData[0]	Char	12.0	' '				
18	ReceiveData[1]	Char	13.0	' '				
19	ReceiveData[2]	Char	14.0	' '				
20	ReceiveData[3]	Char	15.0	' '				
21	ReceiveData[4]	Char	16.0	' '				
22	ReceiveData[5]	Char	17.0	' '				
23	ReceiveData[6]	Char	18.0	' '				
24	ReceiveData[7]	Char	19.0	' '				
25	ReceiveData[8]	Char	20.0	' '				
26	ReceiveData[9]	Char	21.0	' '				
27	ReceiveData[10]	Char	22.0	' '				
28	ReceiveData[11]	Char	23.0	' '				
29	CCD_Result	String	24.0	''				

图 15-15　数据块二

5. 编写用户程序

① 编写生产线及视觉检测启动程序，如图 15-16 所示。

② 编写 PLC 与视觉模块建立通信连接的程序，如图 15-17 所示。

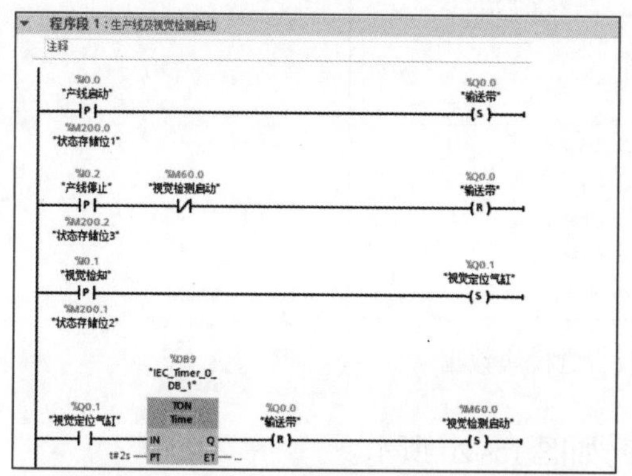

图 15-16 生产线及视觉检测启动程序

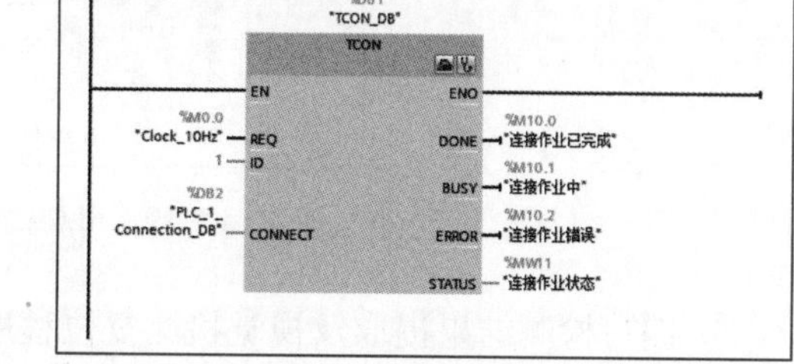

图 15-17 PLC 与视觉模块建立连接的程序

③ 编写 PLC 向视觉模块发送控制命令程序，如图 15-18 所示。

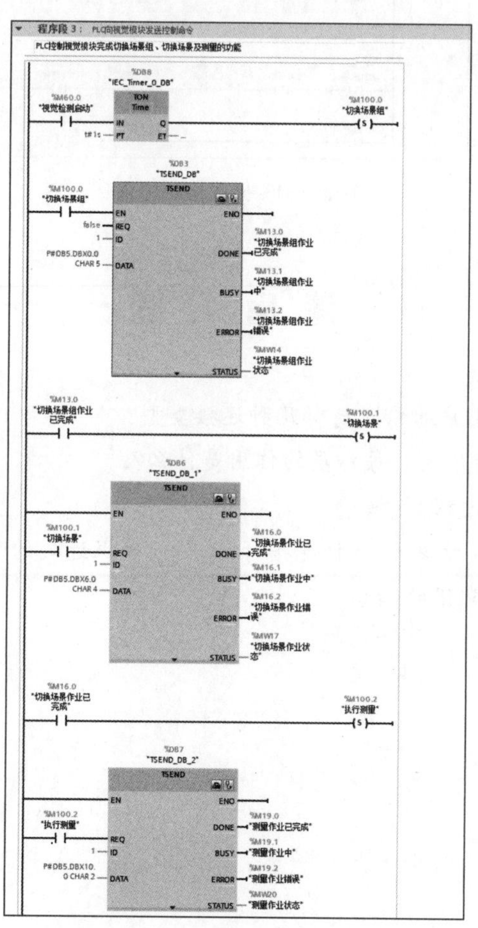

图 15-18 PLC 向视觉模块发送控制命令

④ 编写 PLC 接收视觉模块数据程序，如图 15-19 所示。

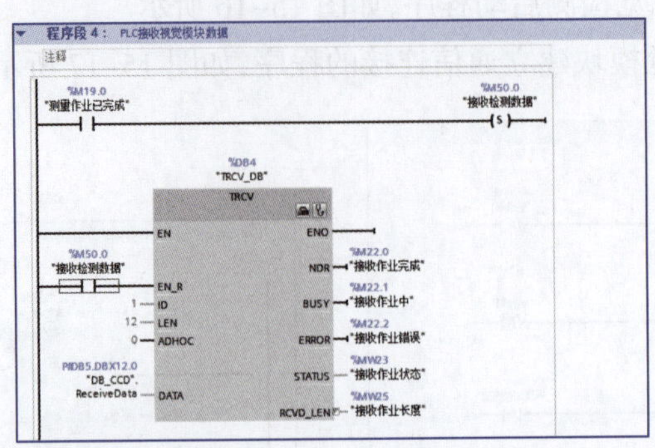

图 15-19　PLC 接收视觉模块数据

⑤ 编写检测结果提取及视觉检测复位程序，如图 15-20 所示。

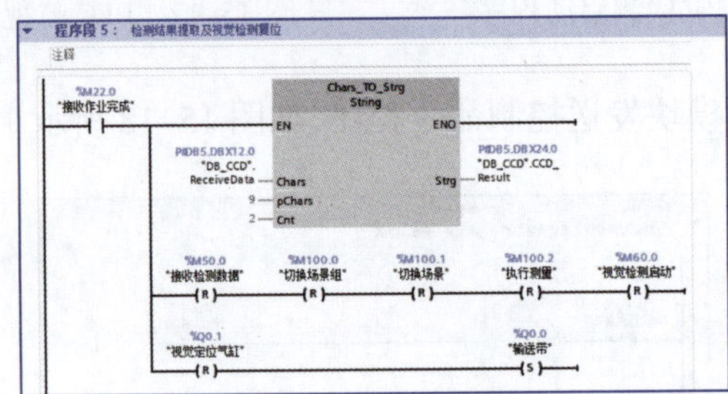

图 15-20　提取检测结果

课后习题

1. 西门子的开放式用户通信支持哪几种连接类型？
2. OSI 参考模型分为几层？每一层的作用是什么？
3. 简述 TCP 的连接过程。
4. 简述当服务器端接收多个 TCP 连接时，是如何确保连接的唯一性的。
5. 简述西门子 PLC 常用的指令。

第16章

PLC与机器人TCP通信

通过PLC与机器人TCP通信项目实例练习，了解机器人的TCP通信控制的基本原理和使用方法。

微课
PLC与ABB机器人通信

16.1 学习目标

本章节主要学习以下内容：

1. 了解TRCV的Ad-hoc接收模式；
2. 掌握PLC的TCP通信指令以及PLC与机器人通信的数据传输过程；
3. 按下列要求完成的PLC与机器人通信的编程调试。

首先建立如图16-1所示IRC5控制柜与PLC的TCP连接，实现以下要求：

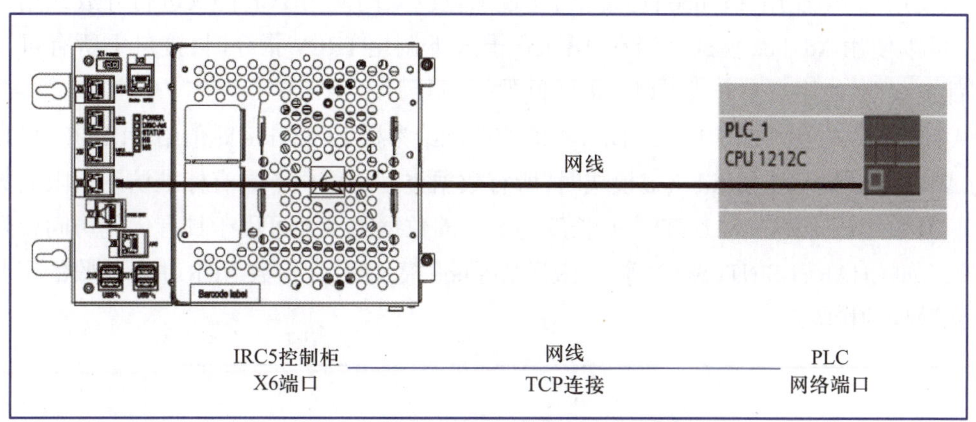

图16-1　IRC5控制柜与PLC的TCP连接

① PLC能够接收远端机器人的连接请求。

② PLC能够接收远端机器人发送的数据。

③ PLC对机器人发来的数据执行加法运算。

④ PLC将加法运算后的结果发送给机器人。

16.2 基础理论

Ad-hoc 模式

前文介绍过 TRCV 指令，TRCV 指令采用的接收模式是接收指定长度的数据。在实际应用中，经常会用到其他两种接收模式。TRCV 指令的接收模式如表 16-1 所示。

表 16-1　TRCV 指令的接收模式

协议选项	接收区中数据的可用性	连接描述的参数 Connection_type	参数 LEN
TCP （Ad-hoc 模式）	数据立即可用	十六进制：B#16#11 整数值：17	0
TCP （接收指定长度的数据）	全部接收到参数 LEN 中指定的数据长度后，该数据立即可用	十六进制：B#16#11 整数值：17	1~8192
ISO on TCP （面向消息的数据传输）	全部接收到参数 LEN 中指定的数据长度后，该数据立即可用	十六进制：B#16#12 整数值：18	如果使用了 CP，为 1~1452 如果未使用 CP，为 1~8192

使用 TRCV 指令接收指定长度的数据模式时，只有按照参数 LEN 的指定的长度将数据完全接收后，数据才能被访问。为了使数据即使没有按照 LEN 所示长度被完全接收也可以立即被使用，必须使用 Ad-hoc 模式。当通过工业以太网使用 TCP 协议进行开放式用户通信时，可以使用 Ad-hoc 模式。当在 Ad-hoc 模式下调用 TRCV 指令时，接口中所有可用的数据都被获取，使用这个方式可以立即访问数据。

Ad-hoc 模式示例如图 16-2 所示，将值 “0” 赋给参数 LEN，true 赋值给 ADHOC，可以设置为 Ad-hoc 模式。使用 Ad-hoc 模式时，所有数据类型均可用于具有标准访问权限的数据块。只有数组（ARRAY of BYTE）或长度为 8 位的数据类型才可用于具有优化访问权限的数据块（如 CHAR、USINT、SINT 等）。激活 Ad-hoc 模式时，在参数 NDR 中所接收的字节后将显示数据的接收。

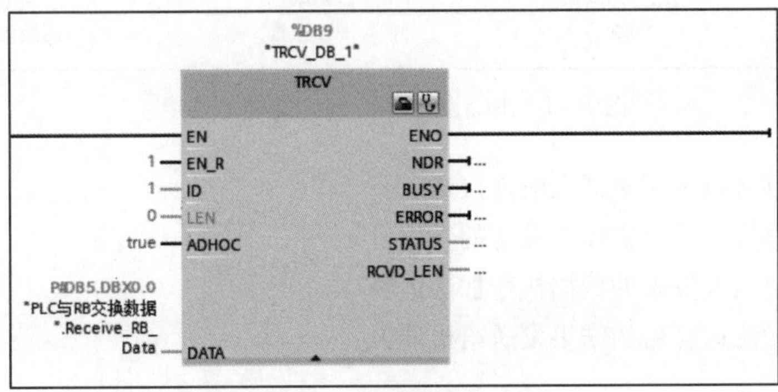

图 16-2　Ad-hoc 模式示例

16.3 编程操作

1. 创建项目

在 TIA Portal 软件的项目视图中单击“项目”→“新建”，创建项目并命名为“PLC 与机器人的 TCP 通信”。

2. 硬件组态

在“PLC 与机器人的 TCP 通信”项目中：

① 添加新设备，选择型号为 CPU 1212C DC/DC/DC 的 PLC，并在 CPU“常规”选项卡中设置系统和时钟存储器，如图 16–3 所示，完成 CPU 硬件组态。

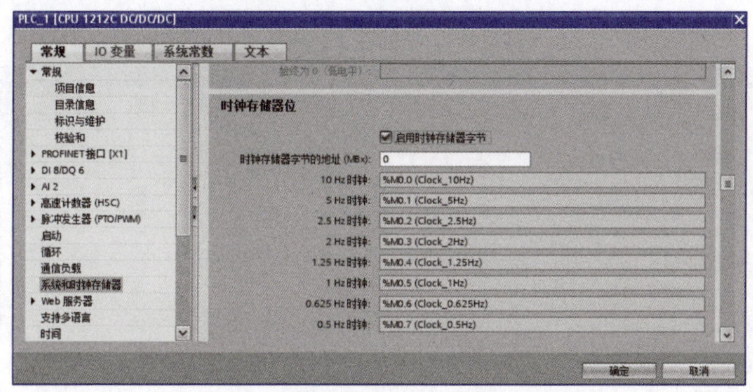

图 16–3 设置系统和时钟存储器

② 添加开放式用户通信的 TCON 指令，如图 16–4 所示，单击指令上的“开始组态”按钮，完成 PLC 与机器人 TCP 通信的通信组态，如图 16–5 所示。

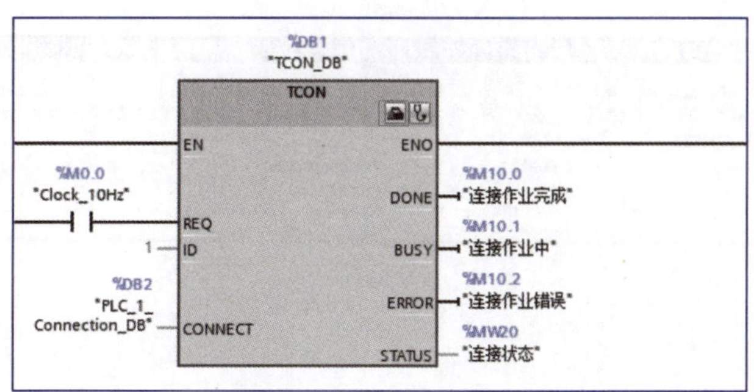

图 16–4 添加开放式用户通信的 TCON 指令

3. 建立变量表

建立项目变量表，如图 16–6 所示。

4. 建立数据块

建立项目数据块，如图 16–7 所示。

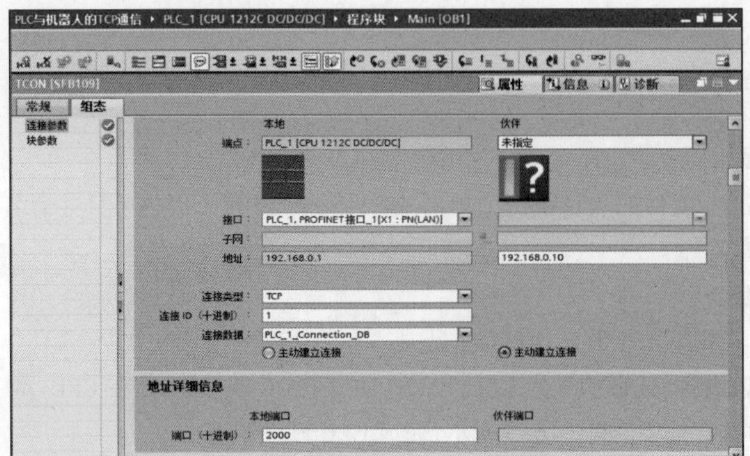

图 16-5　PLC 与机器人 TCP 通信的通信组态

PLC与机器人的TCP通信 ▸ PLC_1 [CPU 1212C DC/DC/DC] ▸ PLC 变量 ▸ 变量表_1 [18]

变量　用户常量

变量表_1

	名称	数据类型	地址	保持	可从 ...	从 H...	在 H...	注释
1	连接作业完成	Bool	%M10.0	☐	☑	☑	☑	
2	连接作业中	Bool	%M10.1	☐	☑	☑	☑	
3	连接作业错误	Bool	%M10.2	☐	☑	☑	☑	
4	接收作业完成	Bool	%M10.3	☐	☑	☑	☑	
5	接收作业中	Bool	%M10.4	☐	☑	☑	☑	
6	接收作业错误	Bool	%M10.5	☐	☑	☑	☑	
7	发送作业完成	Bool	%M10.6	☐	☑	☑	☑	
8	发送作业中	Bool	%M10.7	☐	☑	☑	☑	
9	连接状态	Word	%MW20	☐	☑	☑	☑	
10	接收状态	Word	%MW22	☐	☑	☑	☑	
11	实际接收长度	Word	%MW24	☐	☑	☑	☑	
12	发送作业错误	Bool	%M11.0	☐	☑	☑	☑	
13	发送作业状态	Word	%MW26	☐	☑	☑	☑	
14	数据处理中	Bool	%M50.0	☐	☑	☑	☑	
15	状态存储位	Bool	%M100.0	☐	☑	☑	☑	
16	启用计算	Bool	%M50.1	☐	☑	☑	☑	
17	计算完成	Bool	%M50.2	☐	☑	☑	☑	
18	发送计算结果给机器人	Bool	%M50.3	☐	☑	☑	☑	

图 16-6　项目变量表

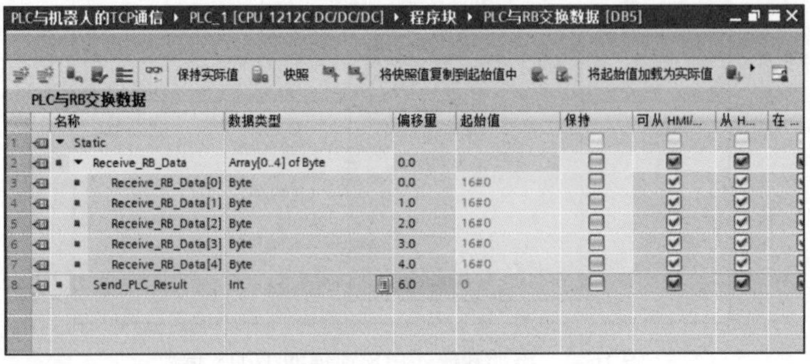

PLC与机器人的TCP通信 ▸ PLC_1 [CPU 1212C DC/DC/DC] ▸ 程序块 ▸ PLC与RB交换数据 [DB5]

保持实际值　快照　将快照值复制到起始值中　将起始值加载为实际值

PLC与RB交换数据

	名称	数据类型	偏移量	起始值	保持	可从 HMI/...	从 H...	在 ...
1	▼ Static				☐	☐	☐	
2	▼ Receive_RB_Data	Array[0..4] of Byte	0.0		☐	☑	☑	
3	Receive_RB_Data[0]	Byte	0.0	16#0	☐	☑	☑	
4	Receive_RB_Data[1]	Byte	1.0	16#0	☐	☑	☑	
5	Receive_RB_Data[2]	Byte	2.0	16#0	☐	☑	☑	
6	Receive_RB_Data[3]	Byte	3.0	16#0	☐	☑	☑	
7	Receive_RB_Data[4]	Byte	4.0	16#0	☐	☑	☑	
8	Send_PLC_Result	Int	6.0	0	☐	☑	☑	

图 16-7　项目数据块

5. 编写用户程序

① 编写加法计算程序。添加 ADD 指令并设置参数，如图 16-8 和图 16-9 所示。

② 编写 PLC 与机器人建立连接程序，如图 16-10 所示。

③ 编写 PLC 接收机器人发送的数据程序，如图 16-11 所示。

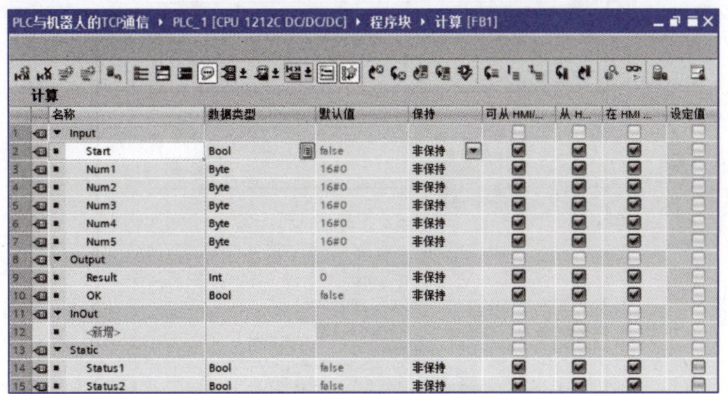

图 16-8 设置参数

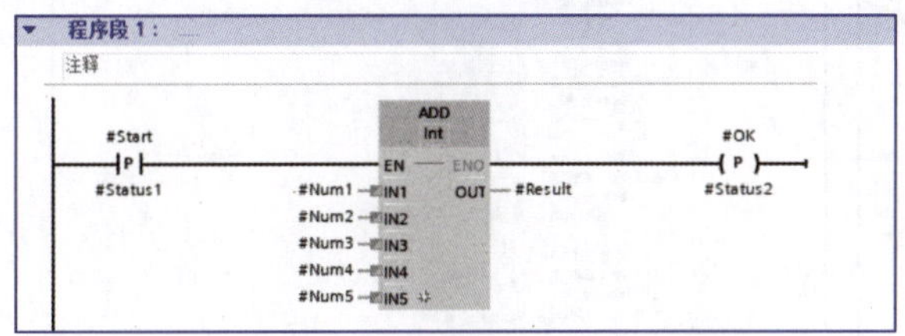

图 16-9 编写加法计算程序

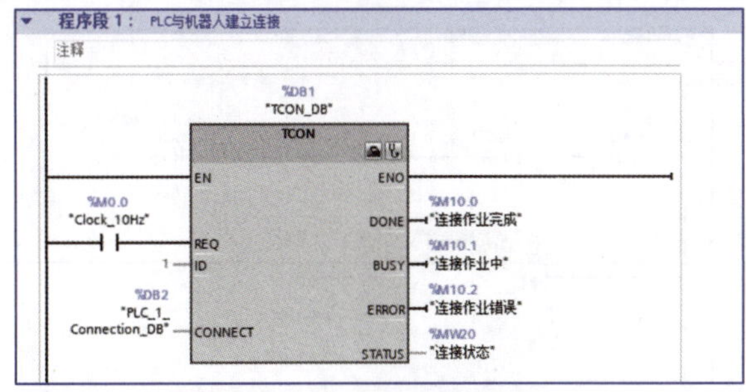

图 16-10 PLC 与机器人建立连接程序

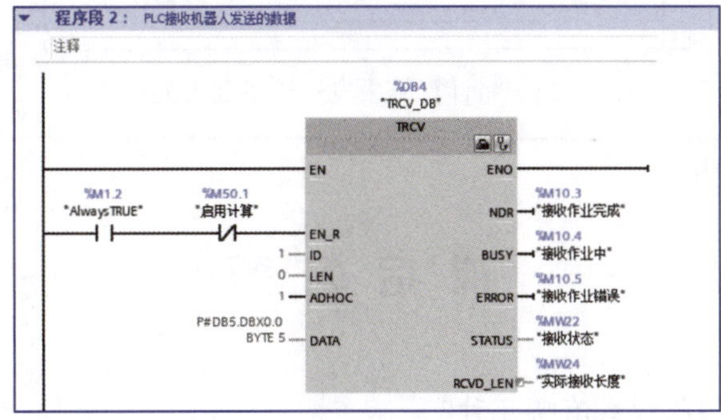

图 16-11 PLC 接收机器人发送的数据程序

④ 编写 PLC 接收完数据执行加法运算程序，如图 16-12 所示。

⑤ 编写计算完成将计算结果发送给机器人的程序，如图 16-13 所示。

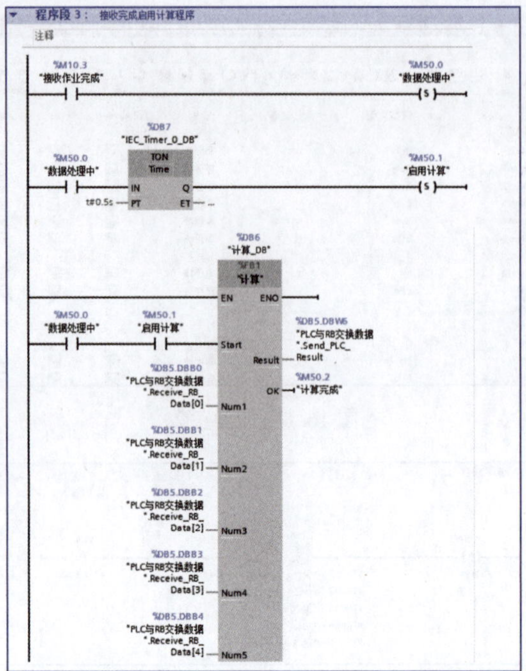

图 16-12　PLC 接收完数据执行加法运算程序

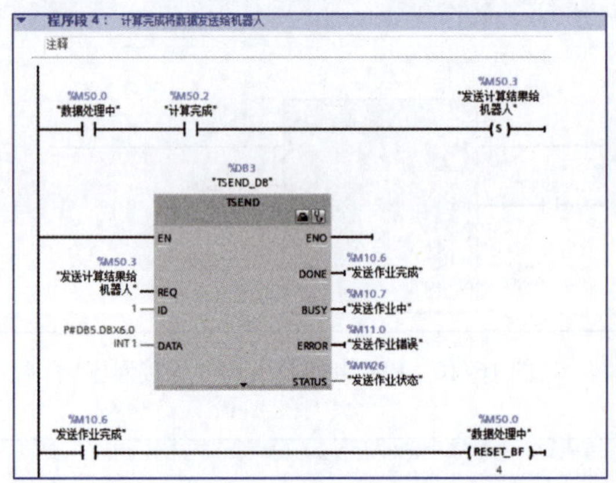

图 16-13　将计算结果发送给机器人的程序

课后习题

1. TRCV 指令的接收模式有哪几种？
2. 如何开启 TRCV 的 Ad-hoc 模式？
3. 简述 TRCV 的 Ad-hoc 模式与其他两种模式的区别。

第 17 章

故障安全型 PLC 的应用

通过故障安全型 PLC 的应用项目实例练习，了解故障安全型 PLC 的基本原理和使用方法。

17.1 学习目标

本章节主要学习以下内容：

1. 了解故障安全的相关概念；
2. 了解故障安全型 PLC 及故障安全型 PLC 与普通 PLC 的区别；
3. 掌握故障安全型 PLC 的组态过程；
4. 理解模块钝化的概念并能完成去钝程序的编写；
5. 掌握急停功能块的使用；
6. 将图 17–1 所示故障安全型 PLC 模块按照图 17–2 所示的线路进行连接。实现以下功能：

① 按图纸完成光幕、急停与安全型 PLC 的线路正确连接。

② 当按下“启动”按钮时，机器人开始执行搬运物料程序。

③ 当故障安全型 PLC 进入钝化状态后，机器人停止执行搬运物料程序。

④ 当导致故障安全信号模块的故障解除且 PLC 重新运行后，模块的钝化现象解除。

⑤ 按下“复位”按钮，再次按下“启动”按钮，机器人执行搬运物料程序。

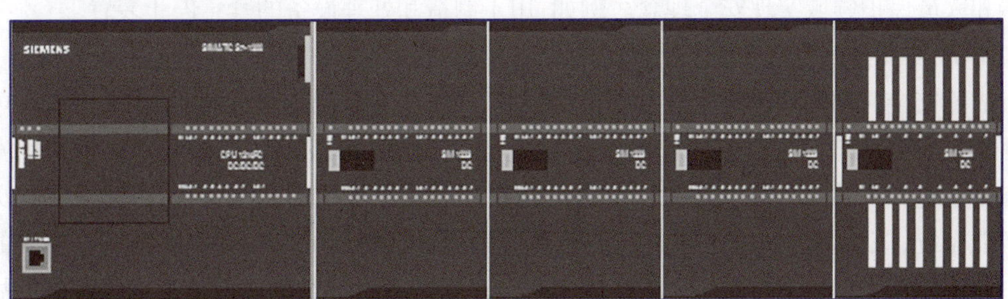

图 17–1　故障安全型 PLC 模块

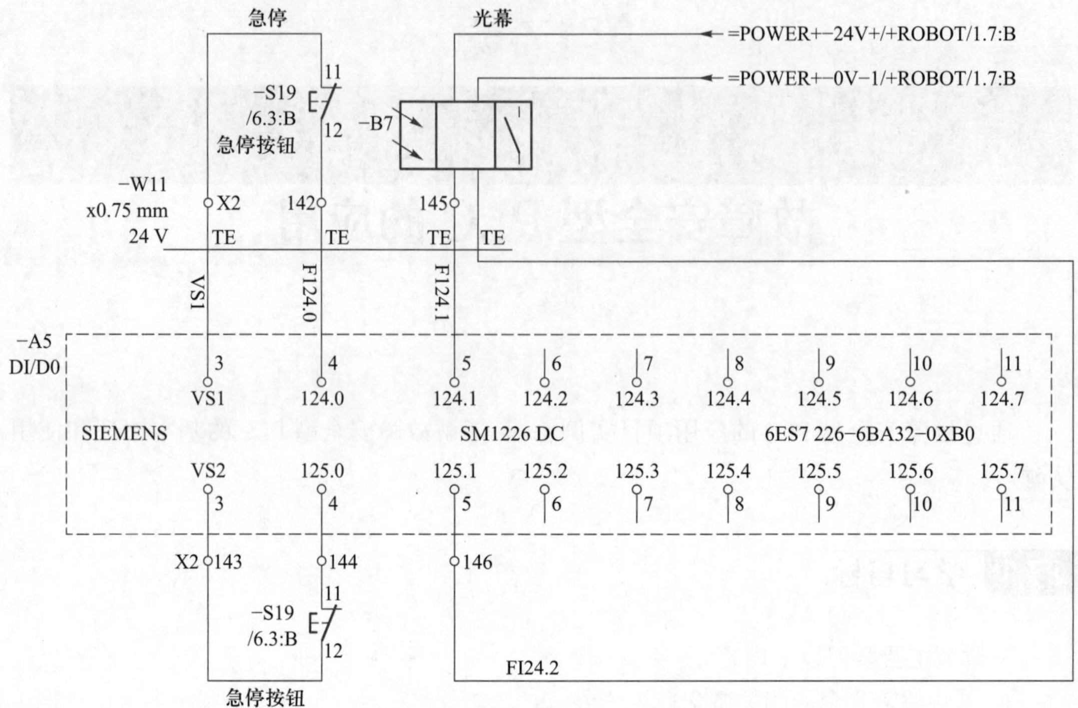

图 17-2　故障安全型 PLC 的线路

17.2 基础理论

17.2.1　故障安全

在介绍故障安全型 PLC 之前，先介绍几个关于故障安全的概念。

1. 故障安全

故障安全指的是当设备发生故障时，能将其自动导向安全位置或状态的技术。

2. 西门子故障安全系统

安全工程的目标是通过使用面向安全的技术装置，尽可能地将对人类和环境的危害降到最低，而不限制工业生产以及机器和化学产品的必要使用。西门子故障安全系统可以在机器和人员保护领域实现安全理念。例如，用于制造和处理设备的紧急停止装置。

3. 故障安全自动化系统

故障安全自动化系统对生产过程进行控制，当发生意外操作或故障时，该生产过程可以立即实现安全状态。这些生产过程为故障安全控制过程，在这些生产过程下立即关闭安全状态不会危及人员或环境。故障安全自动化系统超越了传统的安全工程，可建立影响深远的智能系统，该系统将一直延伸到电子驱动器和测量系统。可以在具有高级安全要求的应用中使用故障安全自动化系统。故障安全自动化系统通过详细的诊断信息提供改进的故障检测和定位功能，可以在安全相关中断后快速恢复生产。

17.2.2 故障安全型 PLC

在汽车制造、食品、化工等行业的装配线中，自动化控制系统得到了广泛的应用，其中西门子 PLC 是控制系统的核心，在系统中发挥了重要作用。随着各个行业中对安全性要求的提高，普通类型的西门子 PLC 系统无法满足所有要求，这就需要使用安全性更高的西门子 PLC，即故障安全型 PLC。由故障安全型 PLC 组成故障安全自动化系统。这里所谓的故障安全自动化系统必须满足下面条件：其一，当用一组自动化装置构造一个自动化系统，此系统可以实现一组故障安全保护功能；其二，当其中一个或多个自动化装置发生故障的时候，这个系统仍然能够保持安全功能不丢失。下面以 S7-1200 PLC 为例来介绍故障安全型 PLC。S7-1200 故障安全自动化系统需要故障安全 CPU 和故障安全信号模块 SM。

1. 故障安全型 CPU

故障安全型 CPU 经过 TUV（德国技术监督协会）组织的安全认证。在发生故障时，可确保控制系统切换到安全模式（典型为停止状态）。就相当于一个开关量输入信号，可以组态为应用两个点同时来采集这个开关量输入信号，一旦两个点通道同时采集的信号不一致，系统则进行相应特定的处理。

故障安全 CPU 同时执行安全程序和标准应用程序。通过 PROFIsafe 协议验证故障安全 CPU 和故障安全信号模块之间的通信。可以使用程序编辑器创建安全程序，可以使用功能块图（FBD）或梯形图（LAD）编程语言编写故障安全函数块（FB）和函数（FC），并创建故障安全数据块（DB）。

故障安全自动化系统通过编码处理同时执行两种程序。编译安全程序时，故障安全自动化系统将自动执行安全检查并插入附加的故障安全逻辑，从而进行错误检测和错误响应。这可确保对错误和故障进行准确检测并做出适当的响应，使故障安全自动化系统保持在安全状态或将其切换到安全状态。

除了安全程序外，还可以在故障安全 CPU 上运行标准用户程序。标准程序可以在故障安全 CPU 中与安全程序共存。故障安全 CPU 可以保护安全程序中安全相关的数据不受标准用户程序数据的意外影响。

故障安全 CPU 提供了五个安全等级，如表 17-1 所示，用于限制对特定功能的访问。为故障安全 CPU 组态安全等级和密码时，可以对那些不输入密码就能访问的功能和存储区进行限制。每个等级都允许在访问某些功能时不使用密码。故障安全 CPU 的默认状态是没有任何限制，也没有密码保护。要限制对故障安全 CPU 的访问，可以对故障安全 CPU 的属性进行组态，然后输入并确认密码。

2. 故障安全信号模块 SM

S7-1200 PLC 的故障安全 SM 和标准 SM 之间的主要区别是故障安全 SM 通过冗余设计实现功能安全，包括使用两个处理器控制故障安全操作。这两个处理器互相监视，并确认它们正在同时执行相同代码，自动测试 I/O 电路，并在发生故障时将故障安全 SM 设置为安全状态。每个处理器监视内部和外部电源以及模块内部温度，如果检测到异常状况，还可以禁用模块。

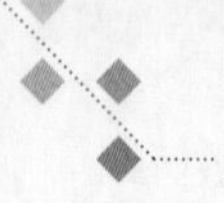

表 17–1　故障安全 CPU 的五个安全等级

安全级别	访问限制
完全访问含故障安全（无保护）	允许完全访问，没有密码保护。这是故障安全 CPU 的最低保护等级
安全访问（无保护）	允许完全访问，除了对故障安全块进行写访问。 以下情况需要密码：修改（写入）故障安全块以及更改 CPU 模式（RUN/STOP）
读访问	允许 HMI 访问和各种形式的 PLC 到 PLC 通信，无密码保护。 以下情况需要密码：修改（写入）CPU 以及更改 CPU 模式（RUN/STOP）
HMI 访问	允许 HMI 访问和各种形式的 PLC 到 PLC 通信，无密码保护。 以下情况需要密码：读取 CPU 中的数据、修改（写入）CPU 以及更改 CPU 模式（RUN/STOP）
无访问权（完全保护）	不允许没有密码保护的访问。 以下情况需要密码：进行 HMI 访问、读取 CPU 中的数据、修改（写入）CPU 以及更改 CPU 模式（RUN/STOP）

17.2.3　故障安全型 PLC 与普通 PLC 的区别

① 故障安全型 PLC 在硬件模块的设计上与普通 PLC 是有区别的。比如，在输入 / 输出模块（I/O 模块）上，都是双通道的设计，可以对采集的信号进行比较和校验。另外，在模块上也增加了更多的诊断功能，能够对短路或者断线等外部故障进行诊断。另外，故障安全型 CPU 通过一定的校验机制，可以保证信号在 PLC 内的传输和处理都是准确的，而普通 CPU 则不能处理安全的信号。

② 故障安全型 PLC 是经过安全认证的，能够被用于安全系统，也能被用于普通系统；但普通 PLC 不能被用于安全系统。

③ 安全程序中的标准安全功能的功能块也是经过安全认证的，普通程序的功能块是没有经过认证的。

④ 故障安全型 PLC 之间的通信是通过 PROFIsafe 协议描述安全外围设备和安全控制器间的通信。它是对标准 PROFIBUS DP 和 PROFINET IO 的补充技术，用于减少安全控制器和安全设备间数据传输的失效率和错误率，以达到或超过相关标准要求的等级，来保证数据安全的。而普通 PLC 之间的数据交换是通过 PROFIBUS 或 PROFINET 协议来保证数据安全的。而 PROFIsafe 协议是加载在 PROFIBUS 或 PROFINET 协议层之上的，在数据中增加了更多的校验机制，因此可靠性更高。

⑤ 故障安全自动化系统中可以将安全模板与标准模板混用，也可以使用标准的 PROFIBUS 或 PROFINET 网络进行安全数据的传输。

17.2.4　钝化与去钝

1. 钝化

钝化表示的是故障安全型 PLC 的一种状态，当整个故障安全信号模块或模块的单个通道发生钝化时，PLC 会自动使用故障安全值“0”代替过程值。简单地说，就是在钝化状态下输出模块没有输出，即使安全程序中输出地址还在置位；输入模块提供替代值“0”给安全程序，即使实际信号状态为接通“1”状态。在设计急停通道时，一般采用双回路设计，如果其中有一路信号丢失，导致通道差异，安全模块会自动监测到信号错误，并使输入模块进入钝化状态，此时故障安全型 PLC 会用故障安全值“0”代替过程值，并且 PLC 的 DIAG 红色指示灯会闪烁，通过在线的错误诊断，可以看到错误信息，如图 17–3 所示。

除了可以通过 PLC 的在线诊断功能来判断安全模块的工作状态，还可以通过访问安全模块的 DB 块来读取模块的工作状态。例如在安全信号模块的 DB 块中，观察 PASS_OUT 和 QBAD 的位状态，若为 true，则模块已经钝化，如图 17–4 所示。

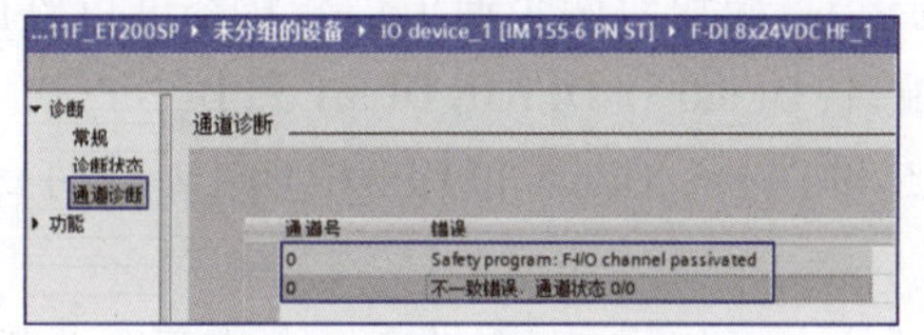

图 17–3 故障安全型 PLC 钝化诊断

F00000_F-DI8x24VDCHF_1

	名称	数据类型	起始值	监视值
1	▼ Input			
2	PASS_ON	Bool	false	FALSE
3	ACK_NEC	Bool	true	TRUE
4	ACK_REI	Bool	false	FALSE
5	IPAR_EN	Bool	false	FALSE
6	DISABLE	Bool	false	FALSE
7	▼ Output			
8	PASS_OUT	Bool	true	TRUE
9	QBAD	Bool	true	TRUE
10	ACK_REQ	Bool	false	FALSE

图 17–4 故障安全信号模块 DB 状态

2. 去钝

当安全信号模块发生钝化后，当导致故障安全信号模块钝化的错误消失后，需要用户对模块状态进行确认，此时需要检查外部的硬件接线，找到问题后及时处理，请求应答信号 ACK_REQ 会变为 1，表示请求去钝，然后通过程序，置位 ACK_REI，给出应答信号，完成去钝。置位 ACK_REI 的操作就称作去钝。去钝完成后，模块由故障安全值 0 切换到过程值，输出状态重新由输出过程映像区地址控制，输入过程映像区地址提供实际的信号状态。

17.2.5 传感器评估

传感器评估（Sensor evaluation）包含 3 种传感器评估类型：1oo1 评估（1oo1 evaluation）；1oo2 评估，对等（1oo2 evaluation，equivalent）和 1oo2 评估，非对等（1oo2 evaluation，non-equivalent）。具体在“通道参数”中选择，如图 17–5 所示。

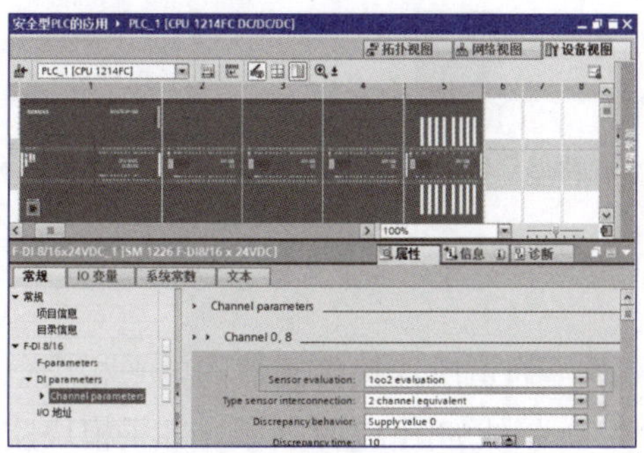

图 17–5 通道参数设置

1. 1oo1 评估

1oo1 评估，使用了一个输入通道，与一个单通道传感器连接，接线如图 17-6 所示。

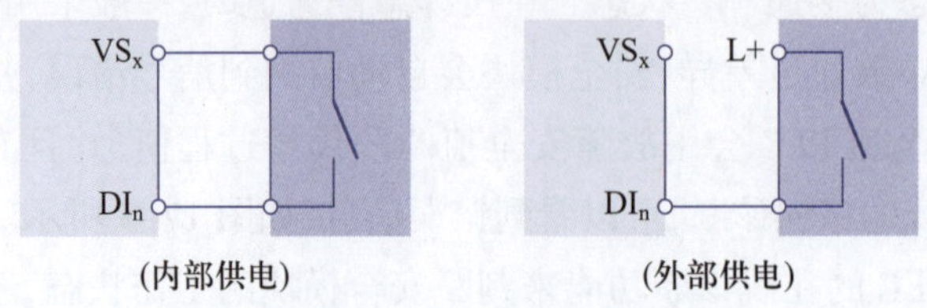

图 17-6　1oo1 评估接线

2. 1oo2 评估

使用两个输入通道，与一个双通道对等 / 非对等传感器，或与两个单通道传感器连接。在进行 1oo2 评估时，两个通道将组合成一个通道对，模块对两个通道信号状态进行监视。以 F-DI 8/16X24VDC 为例，以下输入通道相互配对：DI a.0 和 DI b.0，DI a.1 和 DI b.1，DI a.2 和 DI b.2，DI a.3 和 DI b.3，DI a.4 和 DI b.4，DI a.5 和 DI b.5，DI a.6 和 DI b.6，DI a.7 和 DI b.7。并由通道 DI a.0~DI a.7 地址读取过程信号状态。

① 1oo2 评估，对等：两个通道所连接传感器的电平相同（两个动合触点或两个动断触点），即同时为 1，或同时为 0，接线如图 17-7 所示。如果模块监测到两个通道信号不同会报警进入钝化状态。

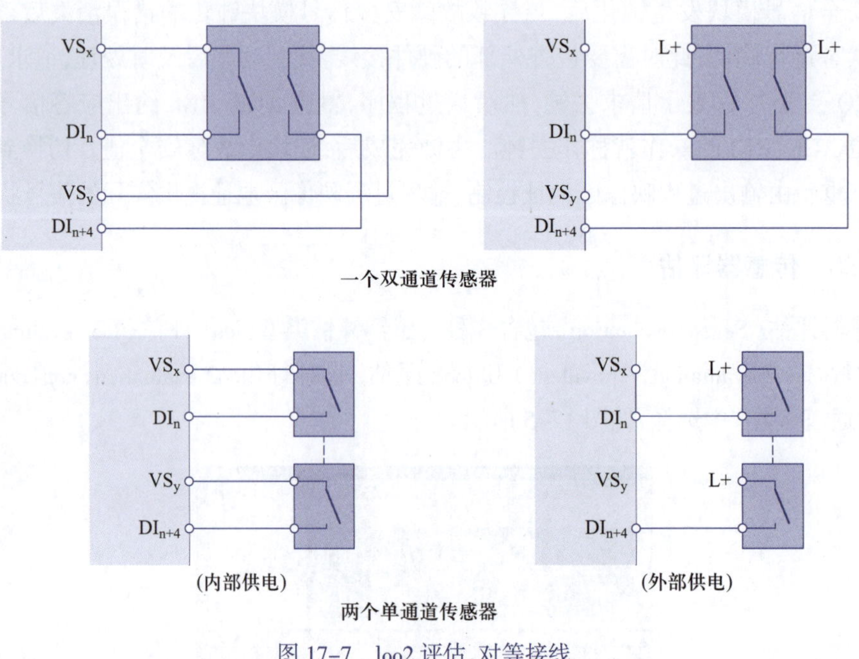

图 17-7　1oo2 评估，对等接线

② 1oo2 评估，非对等：两个通道所连接传感器的电平相反（一个动合触点和一个动断触点），即一个为 1，另一个为 0，接线如图 17-8 所示。如果模块监测到两个通道信号相同会报警进入钝化状态。

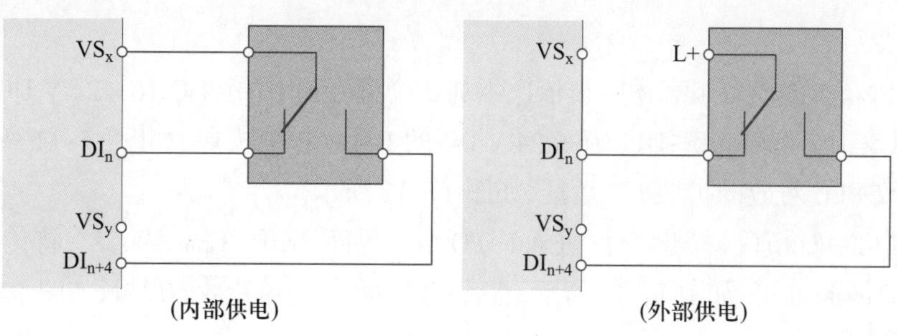

图 17-8 1oo2 评估,非对等接线

17.2.6 急停功能块

急停功能块是故障安全型 PLC 特有的安全功能块,经过安全系统认证,可用于故障安全系统,急停功能块示例如图 17-9 所示。

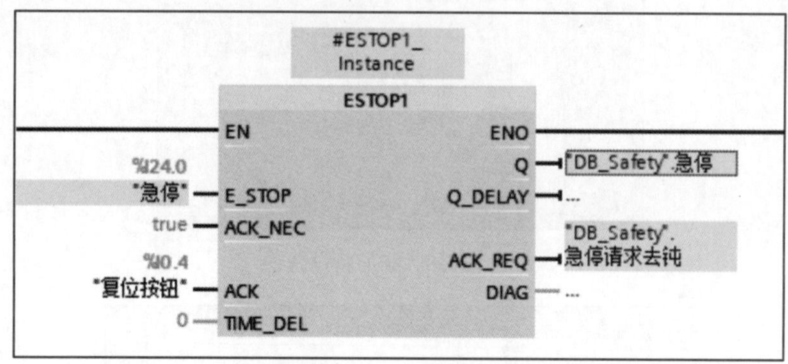

图 17-9 急停功能块示例

当 ESTOP1 的输入端 E_STOP 操作数的状态变为 0 的时候,ESTOP1 的输出端 Q 也变为 0。当 ESTOP1 的输入端 E_STOP 操作数的状态变为 1 的时候,ESTOP1 的输出端 ACK_REQ 变为 1,Q 还是保持 0 的状态。此时按下 ESTOP1 的输入端 E_STOP 的按钮,ESTOP1 的输入端 ACK 检测到了一个上升沿,ESTOP1 的输出端 Q 才变为 1。需要注意的是,当 F-System 启动的时候,ESTOP1 的输入端 ACK 需要提供一个上升沿。

17.3 编程操作

1. 创建项目

在 TIA Portal 软件的项目视图中,单击“项目”→“新建”,创建项目并命名为“故障安全型 PLC 的应用”。

2. 硬件组态

在“故障安全型 PLC 的应用”项目中:

① 添加新设备,选择添加型号为 CPU1214FC DC/DC/DC 的故障安全型 CPU,如图 17-10

所示。

② 在 PLC_1 的设备组态视图里依次添加 3 个型号为 DI 16/DQ 16×24 V DC 的标准 I/O 扩展模块以及 1 个型号为 F-DI 8/16×24 V DC 的 F-I/O 扩展模块，如图 17-11 所示。

③ 修改 PLC 对应的扩展 I/O 地址，如图 17-12 所示。

④ 选中 F-I/O 模块，右击属性，进入 F-I/O 组态界面，选中“Channel0，8”，将传感器评估方式改为“1oo2 evaluation”，如图 17-13 所示，然后完成对急停通道参数的设置，如图 17-14 所示。

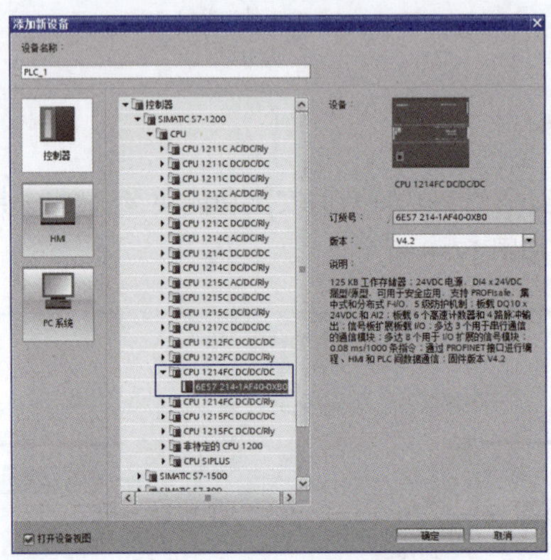

图 17-10　添加新设备

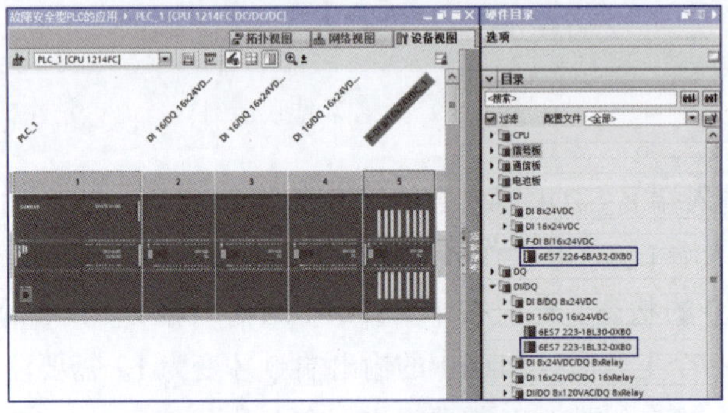

图 17-11　添加扩展模块

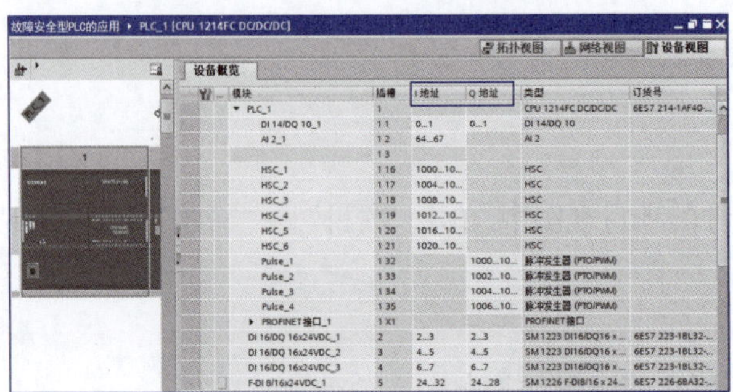

图 17-12　修改 PLC 对应的扩展 I/O 地址

图 17-13 选中“Channel0，8”

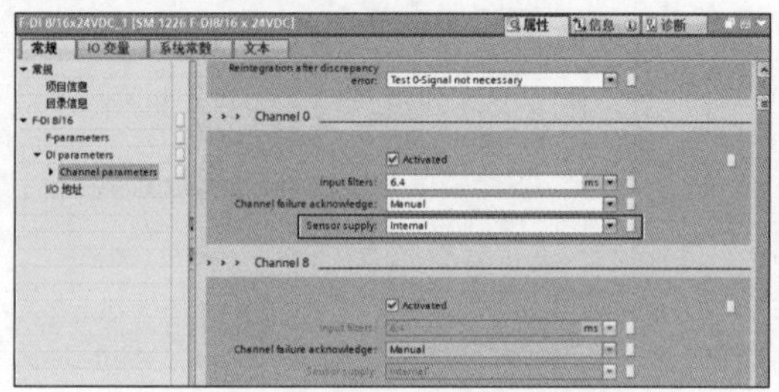

图 17-14 急停通道参数的设置

⑤ 选中“Channel 1，9”，将传感器评估方式改为“1oo2 evaluation”，如图 17-15 所示，然后完成对光幕通道参数的设置，如图 17-16 所示。

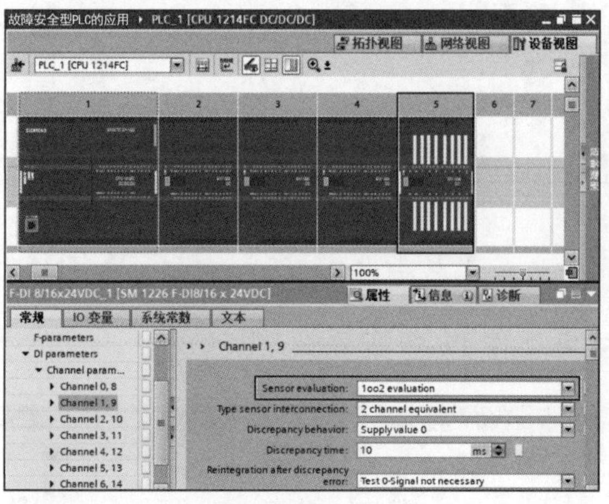

图 17-15 选中 Channel 1，9

⑥ 选中“Safety Adiministrator”界面中的“Access Protection”，设置安全程序的密码为 123456，如图 17-17 所示。

3. 建立变量表

建立项目变量表，如图 17-18 所示。

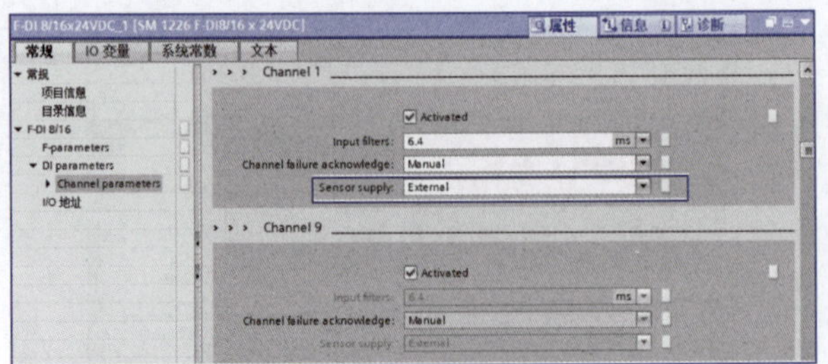

图 17-16　光幕通道参数的设置

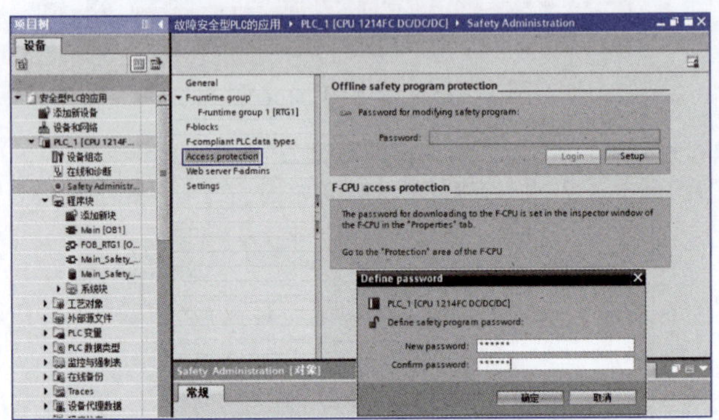

图 17-17　设置安全程序的密码

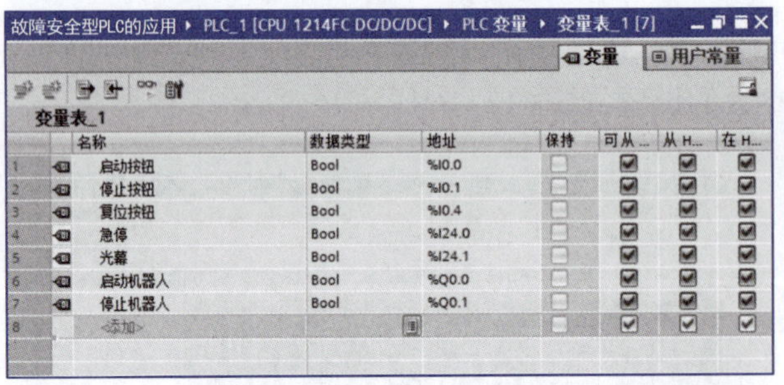

图 17-18　项目变量表

4. 建立安全数据块

建立项目安全数据块，如图 17-19 所示。

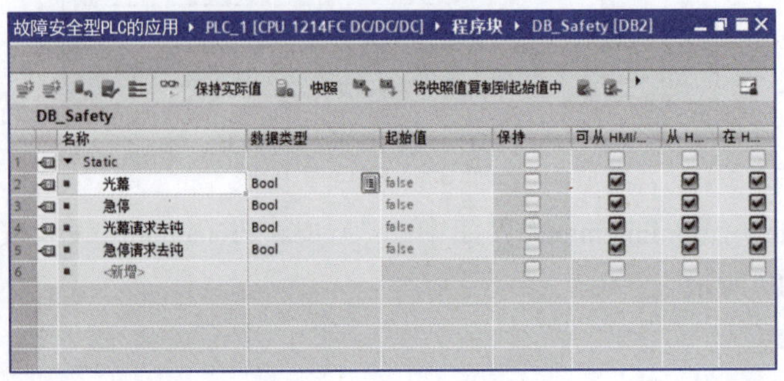

图 17-19　项目安全数据块

5. 编写用户程序

① 主程序如图 17-20 所示。

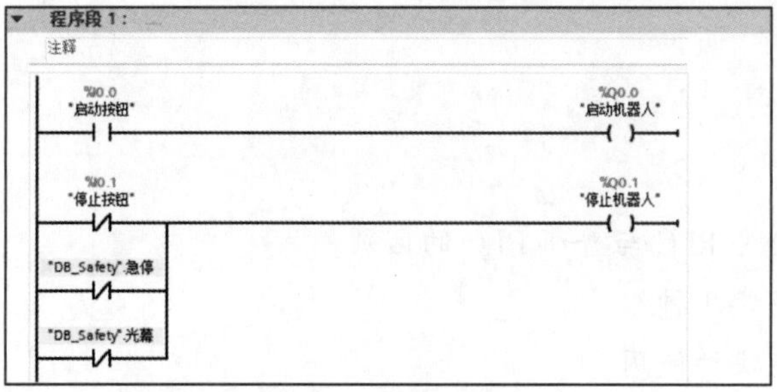

图 17-20　主程序

② 安全运行组程序如图 17-21 所示。

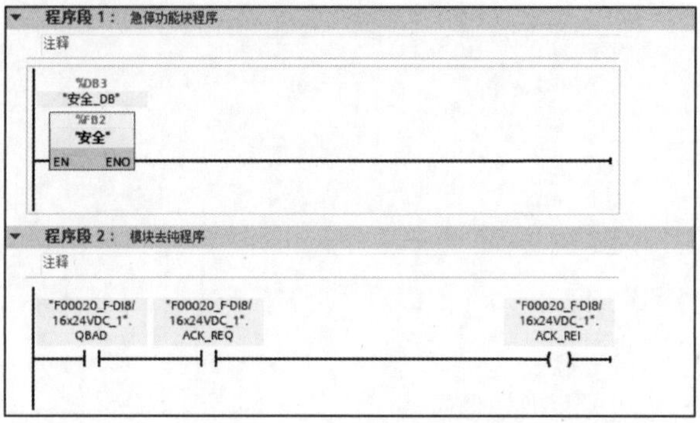

图 17-21　安全运行组程序

③ 急停功能块程序如图 17-22 所示。

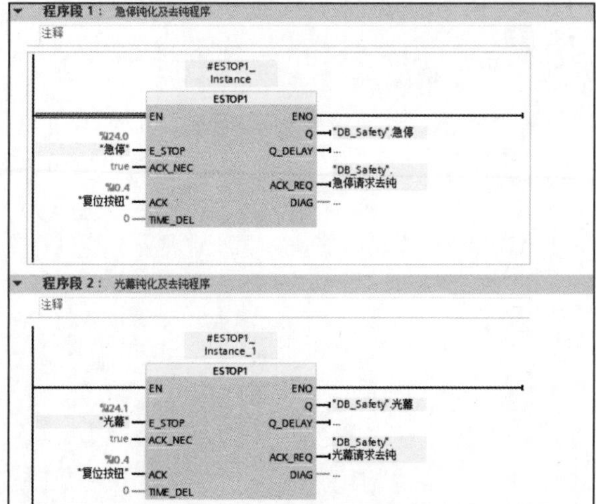

图 17-22　急停功能块程序

课后习题

1. 钝化是什么?
2. 去钝是什么?
3. 简述故障安全型 PLC 与普通 PLC 的区别。
4. 传感器评估有哪几种?
5. 简述急停功能块的使用。

第 18 章 批数据处理

通过批数据处理项目实例练习，掌握 SCL 函数块的基本原理和使用方法。

18.1 学习目标

本章节主要学习以下内容：

1. 了解西门子 PLC 的 SCL 编程语言以及其适用范围；
2. 掌握 SCL 表达式的用法；
3. 掌握 SCL 运算符的用法；
4. 掌握 SCL 赋值运算的用法；
5. 掌握 SCL 常用程序控制指令的用法；
6. 能够利用 SCL 完成下列项目要求的程序编写。

某公司有一批数据需要按照一定规则处理，如图 18–1 所示，试编写 SCL 函数块完成该项目。要求如下：

① 待处理的数据是一批一维数组，每个数组里面包含 6 个 int 类型数据。

② 对该数组按照从小到大或从大到小重新排列，要求在调用函数时，可以选择具体的排序方法。

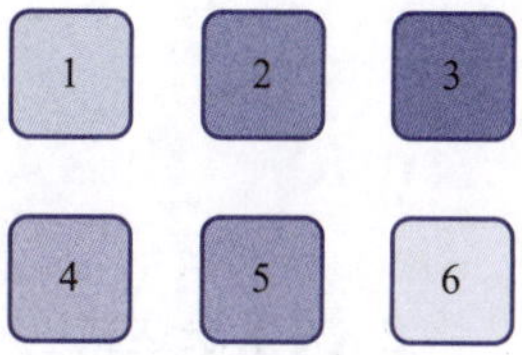

③ 排序完的结果可以输出给其他数组。

④ 当上升沿时，启动排序。排序完成结果保持 PLC 的一个扫描周期时间。

1	2	3
4	5	6

图 18–1　一组数据

18.2 基础理论

18.2.1　SCL

SCL（structured control language，结构化控制语言）是一种基于 PASCAL 的高级编程语言。这种语言基于标准 DIN EN 61131–3（国际标准为 IEC 1131–3）。根据该标准，可对用于可编程序控制器的编程语言进行标准化。SCL 实现了该标准中定义的 ST 语言（结构化文本）的 PLCopen 初级水平。

SCL 与传统 PLC 编程语言相比,除了包含 PLC 的典型元素(例如,输入、输出、定时器或存储器位)外,还包含高级编程语言的特性:表达式、运算符、赋值运算。SCL 还提供了程序控制指令,可以实现程序分支创建、循环及跳转功能。因此,SCL 常被用于数据管理、过程优化、配方管理及数学计算。

在使用 SCL 编程时需要遵守下列规则:

① 指令可跨行。

② 每个指令都以分号“;”结尾。

③ 不区分大小写。

④ 在必要的地方使用注释。注释不会影响程序的执行。

18.2.2 SCL 的表达式

表达式由操作数和与之搭配的运算符组成,常见的操作数有常数、变量或函数调用,常见的运算符有 *、/、+ 或 -。表达式将在程序运行时进行运算,然后返回一个值。表达式根据其使用的运算符可以分为算术表达式、关系表达式和逻辑表达式。

1. 算术表达式

算术表达式既可以是一个数字值,也可以是由带有算术运算符的两个值或表达式组合而成。算术表达式示例如图 18-2 所示,“Number1”和“Number2”是 byte 类型数据,“Number3”是 int 类型数据。第一条 SCL 语句的算术表达式是一个数字值,即“1”。第二条 SCL 语句的算术表达式是带有运算符的两个值,即“Number1”+“Number2”。第三条 SCL 语句的算术表达式是由表达式组合而成,即“Number1”+“Number2”+1。

```
"Number1" := 1;
"Number3" := "Number1" + "Number2";
"Number3" := "Number1" + "Number2" + 1;
```

图 18-2 算术表达式示例

2. 关系表达式

关系表达式可以对两个操作数的值或数据类型进行比较,然后得到一个布尔值。如果比较结果为真,则结果为 true,否则为 false。关系表达式常常被用于条件判断。关系表达式示例如图 18-3 所示,在该段 SCL 程序中,关系表达式是对两个操作数的值进行比较,关系表达式为“Number2”>“Number3”。如果操作数“Number2”的值大于操作数“Number3”的值,则该表达式运算结果为 true,反之则为 false。

3. 逻辑表达式

逻辑表达式由两个操作数以及逻辑运算符或取反操作数组成。逻辑表达式示例如图 18-4 所示,a、b、c 是三个 bool 类型的数据,第一条 SCL 语句的逻辑表达式是取反操作数,即“NOT "a"”。第二条 SCL 语句的逻辑表达式是由两个操作数及逻辑运算符组成,即“"a" AND "b"”。

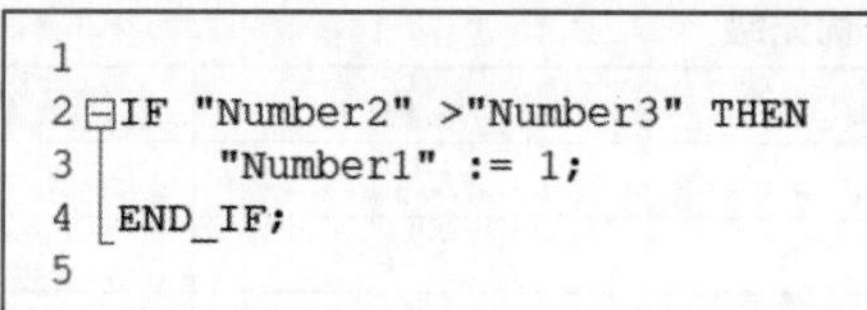

```
IF "Number2" >"Number3" THEN
    "Number1" := 1;
END_IF;
```

图 18-3 关系表达式示例

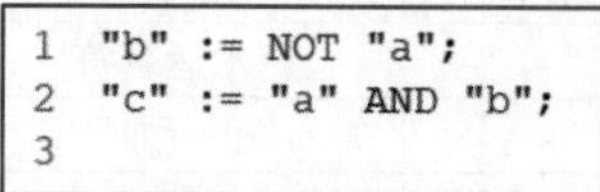

```
"b" := NOT "a";
"c" := "a" AND "b";
```

图 18-4 逻辑表达式

18.2.3 SCL 的运算符

SCL 运算符的主要作用是将表达式连接起来或者嵌套,不同的运算符具有不同的优先级。表达式的运算顺序是由运算符的优先级和括号决定的。表达式在运算时遵循以下规则:

① 括号中的运算的优先级最高。

② 算术运算符优先于关系运算符,关系运算符优先于逻辑运算符。

③ 同等优先级运算符的运算顺序则按照从左到右的顺序进行。

④ 赋值运算的计算按照从右到左的顺序进行。

表达式运算示例如图 18-5 所示,a 和 b 是两个 bool 类型的数据,根据以上原则,最先运算表达式“4*5”,接着运算“2+3”,然后再运算“2+3>4*5”,接着运算“2+3>4*5 OR "a"”,最后将右边的运算结果赋值给 b。

```
"b" := 2+3>4*5 OR "a";
```

图 18-5 表达式运算示例

由图 18-5 所示表达式运算可以看出,同是算术运算符在进行表达式运算时优先级也是不一样的。乘法运算符的优先级高于加法。不同表达式的运算符优先级如表 18-1 所示,优先级的数值越小表示其优先级越高。

18.2.4 SCL 的赋值运算

SCL 的赋值运算就是利用赋值运算符,将一个表达式的值分配给一个变量。赋值运算符的左侧应为变量,右侧应为表达式的值。在进行赋值运算时,右边表达式的值数据类型应与左侧变量的数据类型一致。

赋值运算分为单赋值运算、多赋值运算以及组合赋值运算。赋值运算示例如图 18-6 所示,“Number1”“Number2”和“Number3”是三个 byte 类型数据。第一个 SCL 语句将“Number1”的值给“Number3”,属于单赋值运算。第二个 SCL 语句将“Number2”的值先给“Number1”,再将“Number1”的值给“Number3”,属于多赋值运算。第三个 SCL 语句,将“Number1”+“Number3”的结果给到“Number3”,属于组合赋值运算。

表 18–1　运算符优先级

运算符	运算	优先级	运算符	运算	优先级
算术运算符			>	大于	6
+	一元加	2	<=	小于等于	6
–	一元减	2	>=	大于等于	6
**	幂运算	3	=	等于	7
*	乘法	4	<>	不等于	7
/	除法	4	逻辑运算符		
MOD	模运算	4	NOT	取反	3
+	加法	5	AND 或 &	“与”运算	8
–	减法	5	XOR	“异或”运算	9
+=, –=, *=, /=	组合赋值运算	11	OR	“或”运算	10
引用运算符			其他运算符		
REF	引用		( )	括号	1
^	取消引用	1	:=	赋值	11
?=	赋值尝试	11			
关系运算符					
<	小于	6			

```
"Number3" := "Number1";
"Number3" := "Number1" := "Number2";
"Number3" += "Number1";
```

图 18–6　赋值运算示例

18.2.5　SCL 的常用程序控制指令

1. 条件执行（IF）指令

条件执行（IF）指令可以根据条件控制程序流的分支。执行 IF 指令时，将对 IF 后指定的表达式进行运算。如果表达式运算结果为 true，则表示条件成立，执行相对应的程序语句。如果表达式运算结果为 false，则表示条件不成立，执行相对应的程序语句。IF 指令示例如图 18–7 所示，a 和 b 是两个 int 类型数据，当 a 的值大于 1 时，表达式 “"a">1” 运算结果为 true，将执行 “"b": =1” 语句；当 a 的值等于 1 时，表达式 “"a">1” 运算结果为 false，表达式 “"a"=1” 运算结果为 true，将执行 “b” : =2 语句；当 a 的值小于 1 的时候，表达式 “"a">1” 和 “"a"=1” 运算结果均为 false，将执行 “"b": =3” 语句。

2. 创建多路分支（CASE）指令

创建多路分支（CASE）指令可以根据数字表达式的值执行多个指令序列中的一个。需要注意的是表达式的值必须为整数，执行该指令时，会将表达式的值与多个常数的值进行比较。如果表达式的值等于某个常数的值，则将执行紧跟在该常数后编写的指令。CASE 指令示例如图 18–8 所示，“a” 和 “b” 是两个 int 类型数据，当 “a” 的值为 1 时，将执行 “b” : =1 语句；当 “a” 的值在 2 到 4 之间的时候，将执行 “b”: =2 语句；否则，将执行 “b”: =3 语句。

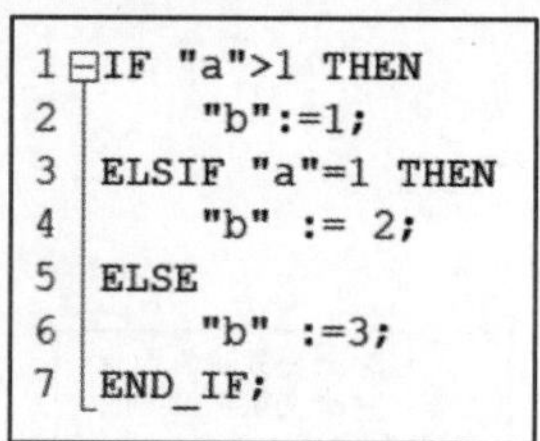

```
IF "a">1 THEN
    "b":=1;
ELSIF "a"=1 THEN
    "b" := 2;
ELSE
    "b" :=3;
END_IF;
```

图 18-7 IF 指令示例

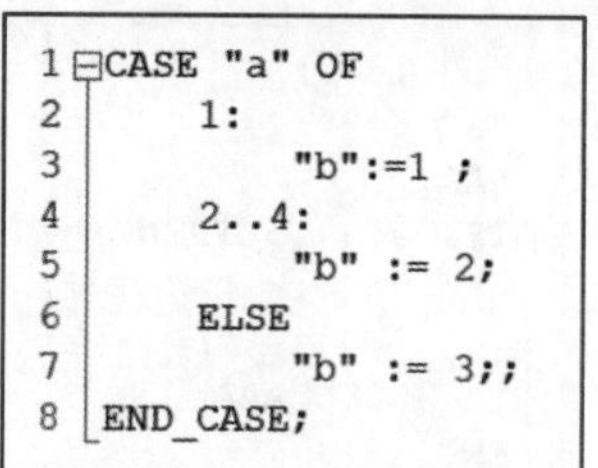

```
CASE "a" OF
    1:
        "b":=1 ;
    2..4:
        "b" := 2;
    ELSE
        "b" := 3;;
END_CASE;
```

图 18-8 CASE 指令示例

3. 循环(FOR)指令

循环(FOR)指令用于重复执行程序循环,直至循环的运行变量不在指定的取值范围内。需要注意的是在使用 FOR 循环指令时,应注意避免陷入死循环中。FOR 指令示例如图 18-9 所示,a 和 b 是两个 int 类型数据,a 作为循环体的运行变量,指定取值范围为 0~4,每执行一次循环体内的指令,即""b": ="b"+1",运行变量 a 都会自动加 1。在 PLC 的一个扫描周期内,将会执行 5 遍""b": ="b"+1",循环完成后,b 数据的值为 5。使用复查循环条件(CONTINUE)指令,可以终止当前连续运行的程序循环。使用立即退出循环(EXIT)指令可以终止整个循环的执行。

4. 满足条件执行(WHILE)指令

满足条件时执行(WHILE)指令用于重复执行程序循环,直至不满足执行条件为止。WHILE 条件是结果为布尔值(True 或 False)的表达式,常常将逻辑表达式或比较表达式作为条件。WHILE 指令示例如图 18-10 所示,a 是 int 类型数据,当""a"<5" 条件成立时,将执行""a": ="a"+1",直至 a 数据的值变为 5 时。在 PLC 的一个扫描周期内,将会执行 5 遍""a": ="a"+1"。

```
"b" := 0;
FOR "a" := 0 TO 4 DO
    "b" := "b" + 1;
END_FOR;
```

图 18-9 FOR 指令示例

```
"a" := 0;
WHILE "a"<5 DO
    "a" := "a" + 1;
END_WHILE;
```

图 18-10 WHILE 指令示例

5. 跳转(GOTO)指令

跳转(GOTO)指令可以从标注为跳转标签的指定点开始继续执行程序。跳转指令需要和标签配合使用并且跳转标签和跳转指令必须在同一个块中。在同一个块中,跳转标签的名称是唯一的,不过每个跳转标签可以是多个跳转指令的目标。GOTO 指令示例如图 18-11 所示,AAA 是跳转标签,当 a 的值小于 5 时,程序在执行到"GOTO AAA"时,将会跳转到 AAA 处执行程序。

6. 注释信息指令:(* *)

注释信息指令示例如图 18-12 所示,在 SCL 编程时,可以通过注释信息指令给程序添加一个注释段,以便于其他人员阅读和维护程序。括号内"(*...*)"的文本将被处理为注释信息。注释不会影响程序的执行。一般使用"(*...*)"进行多行注释,使用"//"进行单行注释。

```
"b" := 0;
"a" := 0;
AAA:
IF "a" < 5 THEN
    "a" := "a" + 1;
    "b" := "b" + 2;
    GOTO AAA;
END_IF;
```

图 18-11　GOTO 指令

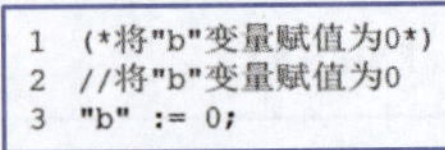

```
(*将"b"变量赋值为0*)
//将"b"变量赋值为0
"b" := 0;
```

图 18-12　注释信息指令示例

18.3 编程操作

1. 创建项目

在 TIA Portal 软件的项目视图中，单击 “项目” → “新建”，创建项目并命名为 “批数据处理”。

2. 硬件组态

在 “批数据处理” 项目中，添加新设备，选择型号为 CPU 1212C DC/DC/DC 的 PLC，完成 CPU 硬件组态，如图 18-13 所示。

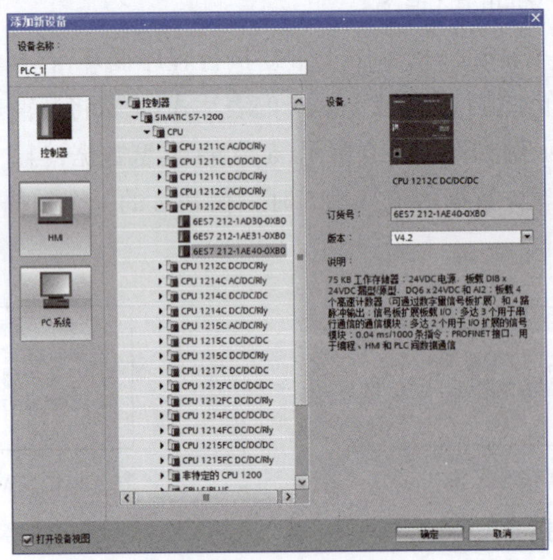

图 18-13　添加新设备

3. 建立变量表

建立项目变量表，如图 18-14 所示。

4. 建立数据块

建立项目数据块，如图 18-15 所示。

5. 编写用户程序

① 编写排序函数块并配置参数，如图 18-16 ~ 图 18-20 所示。

② 编写主程序，如图 18-21 所示。

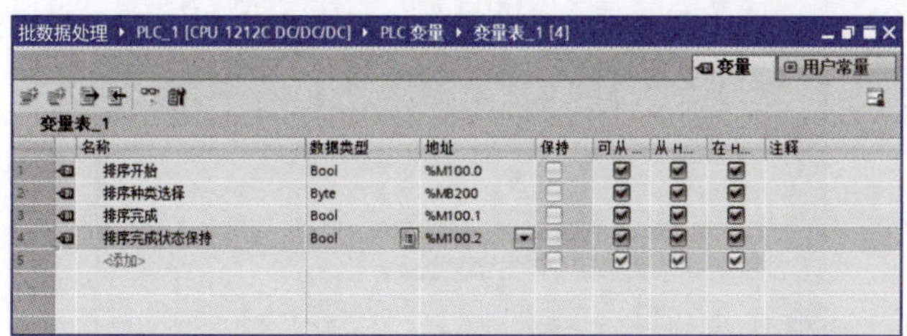

批数据处理 ▸ PLC_1 [CPU 1212C DC/DC/DC] ▸ PLC变量 ▸ 变量表_1 [4]

变量表_1

	名称	数据类型	地址	保持	可从…	从H…	在H…	注释
1	排序开始	Bool	%M100.0	☐	☑	☑	☑	
2	排序种类选择	Byte	%MB200	☐	☑	☑	☑	
3	排序完成	Bool	%M100.1	☐	☑	☑	☑	
4	排序完成状态保持	Bool	%M100.2	☐	☑	☑	☑	
5	<添加>			☐	☑	☑	☑	

图 18-14　项目变量表

批数据处理 ▸ PLC_1 [CPU 1212C DC/DC/DC] ▸ 程序块 ▸ DB_Rank [DB1]

DB_Rank

	名称	数据类型	起始值	保持	可从HMI/…	从H…	在HMI…	设定值
1	Static			☐	☐	☐	☐	☐
2	Data1	Array[0..5] of Int		☐	☑	☑	☑	☐
3	Data1[0]	Int	6	☐	☑	☑	☑	☐
4	Data1[1]	Int	4	☐	☑	☑	☑	☐
5	Data1[2]	Int	3	☐	☑	☑	☑	☐
6	Data1[3]	Int	5	☐	☑	☑	☑	☐
7	Data1[4]	Int	2	☐	☑	☑	☑	☐
8	Data1[5]	Int	1	☐	☑	☑	☑	☐
9	Data2	Array[0..5] of Int		☐	☑	☑	☑	☐
10	Data2[0]	Int	0	☐	☑	☑	☑	☐
11	Data2[1]	Int	0	☐	☑	☑	☑	☐
12	Data2[2]	Int	0	☐	☑	☑	☑	☐
13	Data2[3]	Int	0	☐	☑	☑	☑	☐
14	Data2[4]	Int	0	☐	☑	☑	☑	☐
15	Data2[5]	Int	0	☐	☑	☑	☑	☐

图 18-15　项目数据块

批数据处理 ▸ PLC_1 [CPU 1212C DC/DC/DC] ▸ 程序块 ▸ 排序 [FB1]

排序

	名称	数据类型	默认值	保持	可从HMI/…	从H…	在HMI…	设定值
1	Input				☐	☐	☐	☐
2	RankRule	Int	0	非保持	☑	☑	☑	☐
3	Data	Array[0..5] of Int		非保持	☐	☐	☐	☐
4	Start	Bool	false	非保持	☑	☑	☑	☐
5	Output				☐	☐	☐	☐
6	Data_Ranked	Array[0..5] of Int		非保持	☑	☑	☑	☐
7	Finished	Bool	false	非保持	☑	☑	☑	☐
8	InOut				☐	☐	☐	☐
9	<新增>				☐	☐	☐	☐
10	Static				☐	☐	☐	☐
11	i	Int	0	非保持	☑	☑	☑	☐
12	DataToRank	Array[0..5] of Int		非保持	☑	☑	☑	☐
13	R_TRIG_Instance	R_TRIG			☑	☑	☑	☐
14	RankStart	Bool	false	非保持	☑	☑	☑	☐
15	RankMark	Bool	false	非保持	☑	☑	☑	☐
16	RankFinished	Bool	false	非保持	☑	☑	☑	☐
17	Temp				☐	☐	☐	☐
18	Temp_Storage	Int			☐	☐	☐	☐
19	Constant				☐	☐	☐	☐
20	<新增>				☐	☐	☐	☐

图 18-16　排序函数参数配置

批数据处理 ▸ PLC_1 [CPU 1212C DC/DC/DC] ▸ 程序块 ▸ 排序 [FB1]

```
REGION 排序初始化

    #R_TRIG_Instance(CLK := #Start,
                     Q => #RankStart);
    IF #RankStart THEN
        FOR #i := 0 TO 5 DO
            #DataToRank[#i] := #Data[#i];
        END_FOR;
        #RankMark := True;
    END_IF;

END_REGION
```

图 18-17　排序函数一

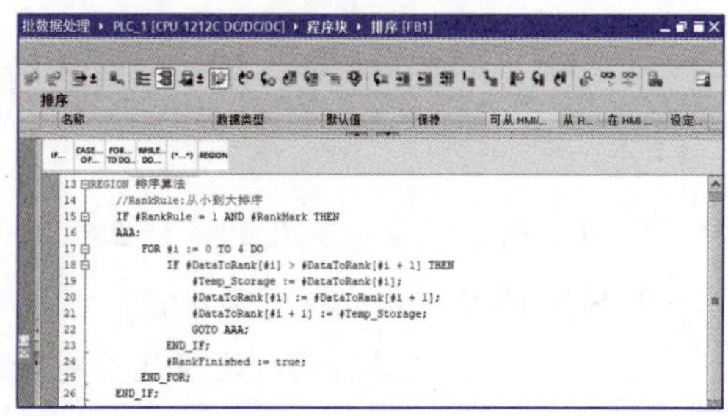

批数据处理 ▸ PLC_1 [CPU 1212C DC/DC/DC] ▸ 程序块 ▸ 排序 [FB1]

```
REGION 排序算法
    //RankRule:从小到大排序
    IF #RankRule = 1 AND #RankMark THEN
    AAA:
        FOR #i := 0 TO 4 DO
            IF #DataToRank[#i] > #DataToRank[#i + 1] THEN
                #Temp_Storage := #DataToRank[#i];
                #DataToRank[#i] := #DataToRank[#i + 1];
                #DataToRank[#i + 1] := #Temp_Storage;
                GOTO AAA;
            END_IF;
            #RankFinished := true;
        END_FOR;
    END_IF;
```

图 18-18　排序函数二

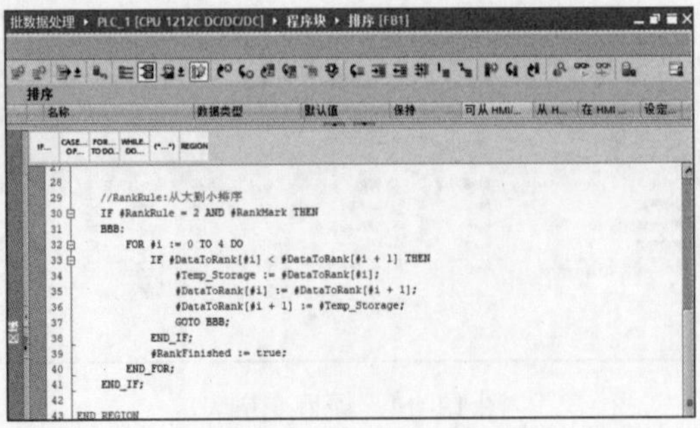

图 18-19　排序函数三

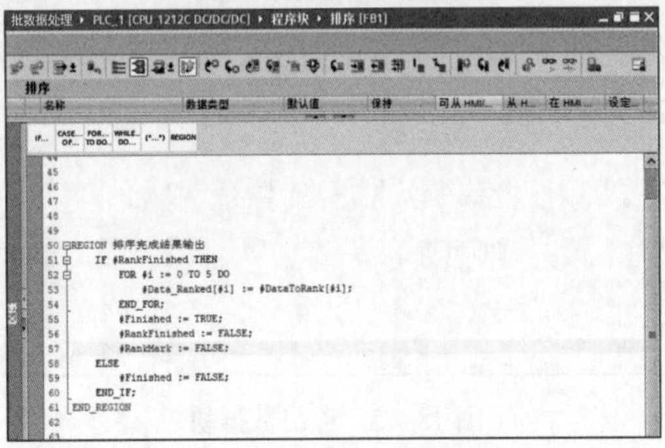

图 18-20　排序函数四

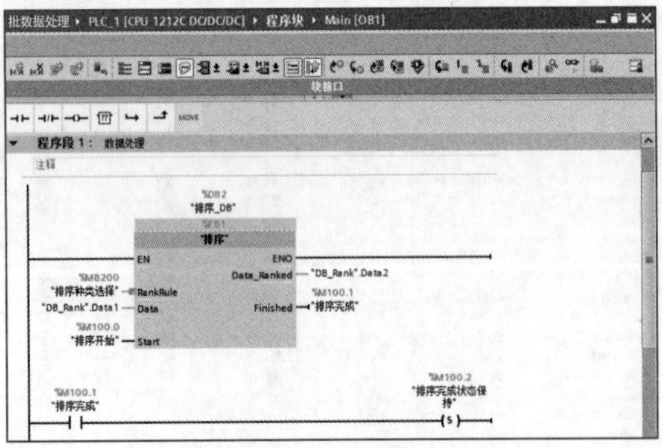

图 18-21　主程序

课 后 习 题

1. SCL 语言的表达式指的是什么？
2. SCL 语言的表达式有哪几种？
3. 简述 SCL 运算符的种类及运算时的优先级。
4. SCL 的常用程序控制指令有哪些？
5. 在进行 SCL 编程时有哪些规则需要注意？

参 考 文 献

[1] 王烈准.电气控制与 PLC 应用技术[M].北京:机械工业出版社,2010.

[2] 陈建明.电气控制与 PLC 应用[M].3 版.北京:电子工业出版社,2014.

[3] 廖常初.S7-1200PLC 编程及应用[M].北京:机械工业出版社,2017.

[4] 刘华波,刘丹,赵岩岭,等.西门子 S7-1200 PLC 编程与应用[M].北京:机械工业出版社,2018.

参考文献